普通高等教育“十三五”规划教材

Access 2010 数据库原理及应用

主编　刘侍刚

副主编　毛　庆　彭亚丽　黄　昭　陈昱莅

科学出版社

北　京

内 容 简 介

本书按照教育部高等院校非计算机专业计算机基础教学——“数据库基础及其应用”的基本要求，以 Access 2010 关系数据库为平台，介绍了数据库管理系统的相关理论知识及系统开发应用技术，包括 Access 关系数据库的相关理论基础知识、表、查询、窗体、报表、宏和 VBA 程序设计等内容。全书涵盖了教育部考试中心制订的《全国计算机等级考试二级 Access 数据库程序设计考试大纲》的基本内容。

本书可作为普通高等院校各专业计算机公共课的教材，也可作为全国计算机等级考试二级 Access 科目的培训教材。

图书在版编目(CIP)数据

Access 2010 数据库原理及应用/刘侍刚主编. —北京：科学出版社，2018. 1

普通高等教育“十三五”规划教材

ISBN 978-7-03-056150-3

Ⅰ. ①A… Ⅱ. ①刘… Ⅲ. ①关系数据库系统-高等学校-教材
Ⅳ. ①TP311.138

中国版本图书馆 CIP 数据核字 (2017) 第 326441 号

责任编辑：李 萍 张瑞涛／责任校对：郭瑞芝
责任印制：张 伟／封面设计：铭轩堂

科学出版社 出版
北京东黄城根北街 16 号
邮政编码：100717
http://www.sciencep.com

北京中石油彩色印刷有限责任公司 印刷
科学出版社发行 各地新华书店经销
*
2018 年 1 月第 一 版 开本：720 × 1000 1/16
2022 年 2 月第四次印刷 印张：24
字数：484 000

定价：75. 00 元

(如有印装质量问题，我社负责调换)

前　言

我们正处于一个信息时代，信息其实就是经过处理后的数据。对数据进行有效的处理可以使我们提高工作效率，提升生活品质。如何对数据进行有效的管理和使用呢？这是一个值得研究的问题，而数据库正是我们要学习的对象。

数据库技术研究如何存储、使用和管理数据，它是现代信息系统和众多应用系统的核心技术。数据库技术的应用已经遍布我们生活的每一个角落。进入大数据时代，生活中的许多行为可以通过数据的分析和处理得到有价值的结果。例如，对人们超市的购物习惯的分析和研究可以让超市的货物摆放更加符合人们的购物习惯，提升超市的销售额和利润率；对人们开车习惯进行分析，设置合理的加油站和服务区，可以让人们旅途更加顺畅；对网上搜索关键字的分析可以让人们获得更多的信息，如可以得到某个区域是否发生流行性疾病、当前区域的消费水平、人们的知识程度等信息。

本书结合全国计算机等级考试需求，在 Microsoft Office 2010 环境下，在介绍关系数据库基础理论知识的基础上，介绍 Access 2010 数据库的创建方法，详细介绍数据库中表、查询、窗体、报表、宏和 VBA 等对象的使用方法。本书总结了作者多年的教学经验，对教学中遇到的关键问题、难点和重点进行了详细讲解。

本书编写分工如下：黄昭编写了第 1～3 章，毛庆编写了第 4 章和第 7 章，陈昱莅编写了第 5 章和第 6 章，彭亚丽编写了第 8 章。全书由刘侍刚策划统筹，由毛庆审阅统稿。

本书由陕西师范大学教材建设基金资助出版，同时得到了陕西师范大学计算机科学学院各位领导和同事的关心与帮助，在此表示衷心的感谢。本书能够顺利与读者见面，科学出版社也给予了大力支持，在此一并致谢！

由于编者水平有限，书中难免存在不足之处，敬请广大读者批评指正。读者可通过邮箱 maoqing@snnu.edu.cn 来提出宝贵意见。

编　者

2017 年 12 月

目　录

第 1 章　数据库基础知识

数据库技术出现于 20 世纪 60 年代，最初主要是用来解决文件处理系统问题。关系模型的诞生，为数据库设计提供了构造和处理数据库的标准方法，极大地推动了数据库的发展与应用。随后，关系数据库管理系统技术应用到个人计算机上。当前，数据库技术与 Internet 技术相结合，形成内联网、局域网甚至在 WWW 上发布数据库的数据。数据库技术已成为现代信息科学与技术的重要组成部分，是计算机数据处理与信息管理系统的核心。

数据库技术涉及信息、数据、数据处理和数据库管理系统等一系列概念。数据库技术解决了计算机信息处理过程中大量数据能否有效组织和存储的问题，从而在数据库系统中减少数据存储冗余、实现数据共享、保障数据安全以及高效地检索数据和处理数据，可满足信息化社会中各行各业对大量数据实时管理、组织和存储的需求。用户可以通过数据库，对各种数据进行组织、归类、整理，并使其转化为高效的有用数据。数据库应用已渗透到人们工作和生活的各个方面。

本章主要介绍数据库系统的基本概念、数据库技术的发展、数据库系统与数据库系统的体系结构、关系数据库的基本理论、数据库管理系统软件、数据库语言、数据库设计方法步骤以及 Access 2010 基础知识等相关内容。

1.1　数据库系统基本概念

1.1.1　信息、数据与数据处理

生活中的各种各样活动信息都可以用一系列数据来记录和描述。例如，在一个学校中，学生的学号、姓名、性别、年龄和出生地等都是信息，这些信息反映了学生的属性或状态。当这些信息用文字、数字记录出来，即形成了数据，因此信息是以数据为载体的。

1) 信息

信息是指音讯、消息、通信系统传输和处理的对象，泛指人类社会传播的一切内容。人们通过获得、识别自然界和社会的不同信息来区别不同事物，从而认识和改造世界。在通信与控制系统中，信息是一种普遍联系的形式。信息是对客观世界中各种事物的运动状态和变化的反映，是客观事物之间相互联系和相互作用的表

征，表现出事物运动状态与变化的内容。信息可以从数据中抽象出来，对决策支持起实际作用和价值。例如，如果明日的最高气温将达到36℃，则根据此数据可得到明日炎热的信息。信息的其他特点还包括：依附性、价值性、时效性、共享性、真伪性、传递性和可处理性等。信息作为一种重要资源，已和能源、物质并称为构成人类社会生活的三要素。

2) 数据

数据是指对客观事件进行记录并可以鉴别的符号，是对客观事物的性质、状态和相互关系等进行记载的物理符号或符号的组合。它通常是可识别的、抽象的符号。它是信息的载体，是信息的具体表现形式。它不仅可以用数字表示，还可以是用文字、字母、数字符号的组合、图形、图像、视频、音频等来表示的不同类型的信息，是客观事物的属性、数量及其位置等相互关系的表示。例如，在学生管理系统中，记录某学生的姓名、性别、学号、专业编号、出生日期、电话号码、E-mail、民族、政治面貌等，依次填写可得到这样一条记录：刘肃然，女，41601016，30503，1997/5/8，135****5682，135****5682@163.com，汉族，党员。该条记录中的各项内容就是数据，记载了该学生的基本信息。

3) 信息和数据的关系

数据和信息之间是相互联系的关系。数据用来反映客观事物属性，是信息的具体表现形式。数据经过加工处理便成为信息；而信息经过数字化转变成数据才能存储和传输。信息是各种数据所表达的意义，数据则是承载信息的物理符号。同一信息可以通过不同形式的数据来表示。例如，某班同学的期末考试成绩可以通过数字表示，也可以通过饼状图、柱状图或线形图等来表示。可以说数据是符号化的信息；信息是语义化的数据。

4) 数据处理

数据处理的基本目的是从大量的、原始的、杂乱无章的和难以理解的数据中抽取并获得某些有价值和有意义的信息。数据处理包括收集、存储、加工和传播等一系列活动。同时，利用计算机科学地保存和管理大量的复杂数据，可以方便用户利用这些信息资源。数据处理的核心是数据管理，包括数据收集、整理、组织、存储、查询、维护和传输等操作。数据处理是系统工程和自动控制的基本环节，贯穿于人们生产、生活的各个领域。

1.1.2 数据管理技术的发展过程

数据处理技术是根据数据管理的需求发展的。例如，学校教学管理部门需要对学生、教师、课程和成绩等信息进行收集和管理。数据管理技术是对数据进行分类、组织、编码、输入、存储、检索、维护和输出的技术。随着计算机硬件、软件技术的发展，数据管理技术大致经历了三个阶段：人工管理阶段、文件系统阶段和数据库系统阶段。

1. 人工管理阶段

20 世纪 50 年代以前，计算机主要用于数值计算。在当时的硬件中，外存只有纸带、卡片和磁带，无直接存取设备；软件中没有操作系统及管理数据的软件；数据量小，并且数据无结构，由用户直接管理，数据间缺乏逻辑组织，且数据依赖于特定的应用程序。在人工管理阶段，数据管理主要有以下特点。

(1) 数据无法保存。在此阶段，计算机主要用于数值计算，不需要将数据长期保存，只在计算时将数据输入，用完后不保存原始数据，也不保存计算结果。

(2) 数据缺乏独立性。一组数据对应一个程序，数据面向应用，独立性很差。应用程序与数据之间的关系如图 1.1 所示。

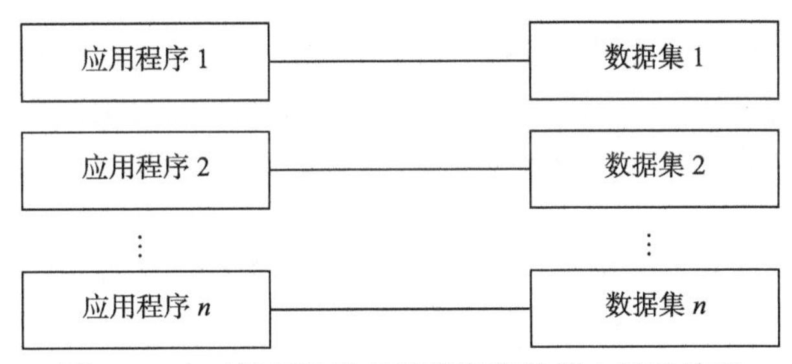

图 1.1　人工管理阶段应用程序和数据之间的关系

(3) 数据无法共享。由于数据和程序一一对应，当两个程序用到相同的数据时，必须各自定义、各自组织，数据无法共享、无法相互利用和互相参照，从而导致程序之间有大量冗余数据。

(4) 数据管理由应用程序完成。应用程序中不仅要规定数据的逻辑结构，而且在程序中还要设计其物理结构，包括存储结构的存取方法、输入输出方式等。一旦数据在存储器上改变物理地址，就需要相应地改变应用程序。

(5) 没有文件的概念。由程序员自行设计数据的组织方式等内容。

2. 文件系统阶段

20 世纪 50 年代后期到 60 年代中期，出现了磁鼓、磁盘等数据存储设备。随之发展出新的数据处理系统。这种数据处理系统是把数据组织成相互独立的数据文件，按照文件的名称对其进行访问，对文件中的记录可进行存取，并可对文件进行修改、插入和删除，这就是文件系统。文件系统实现了记录内的结构化，指出记录内数据之间的关联。在此阶段，数据管理的特点如下：

(1) 数据可长期保存。数据可以以文件的方式存在，可长期进行保存。

(2) 数据管理由文件管理系统完成。文件管理系统解决了应用程序和数据之间的公共接口问题，使得应用程序采用统一的存取方法来操作数据。同时，应用程序和数据之间不再是直接的对应关系，如图 1.2 所示。

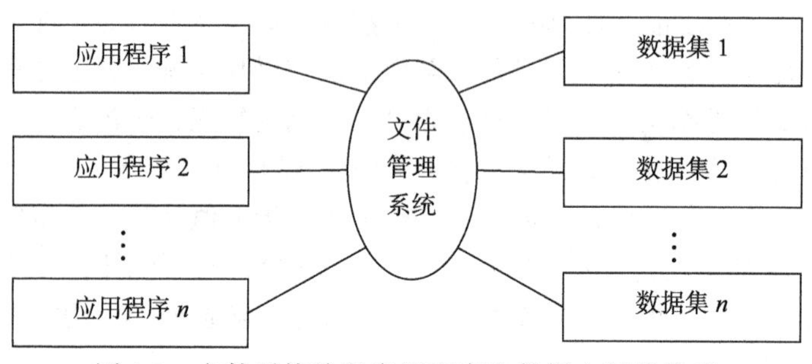

图 1.2　文件系统阶段应用程序和数据之间的关系

(3) 数据独立性差。提供了文件管理功能和访问文件的存取方法，程序和数据之间有了数据存取的接口，程序可以通过文件名和数据打交道，不必再寻找数据的物理存放位置。但此时数据的存放还依赖于应用程序的使用方法，不同的应用程序仍难以共享同一数据文件。

(4) 数据共享性差，冗余度大。文件系统对数据存储没有相应的模型约束，数据冗余度较大。

(5) 文件的形式多样化。由于有了直接存取的存储设备，文件就不再局限于顺序文件，还有了索引文件、链表文件等，因而，对文件的访问可以是顺序访问，也可以是直接访问。

3. 数据库系统阶段

20 世纪 60 年代后期，数据处理的应用越来越广，数据量急剧增长，要求共享。为此，出现了数据库这样的数据管理技术。数据库管理技术是有效地管理和存取大量的数据资源，对所有数据实行统一规划管理，形成数据中心，使数据能够满足用户的不同要求，供用户共享。数据库的特点是数据不再只针对某一特定应用，而是具有整体的结构性，共享性高，冗余度小，具有程序与数据间的独立性，实现了对数据统一的控制。根据数据存放地点的不同，可将数据库管理阶段分为集中式数据库管理阶段和分布式数据库管理阶段。特别是随着网络技术的发展，数据库从集中式发展到了分布式。分布式数据库把数据库分散存储在网络的多个结点上，彼此间用通信线路连接，此阶段数据管理有以下特点。

1) 数据冗余度低、共享性高

数据文件之间可以建立关联关系，从而大大减少了数据的冗余度，节约了存储空间，同时也避免了数据之间的不相容性和不一致性，使数据共享性显著增强，当前所有用户可以同时存取库中的数据。

2) 数据独立性提高

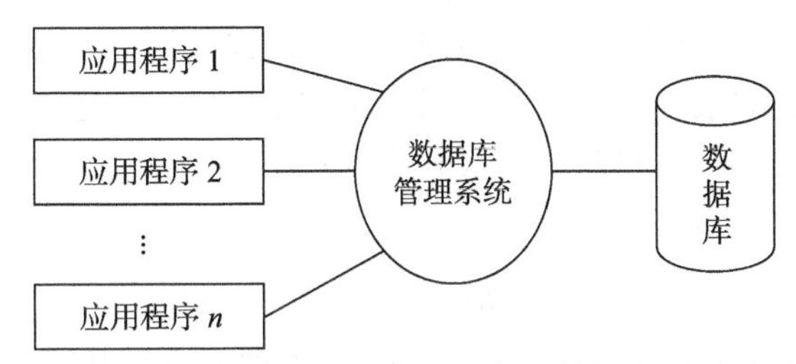

图 1.3　数据库系统阶段应用程序和数据之间的关系

数据不再是面向某个应用程序，而是面向整个系统。在该管理方式下，应用程序不再只与一个孤立的数据文件相对应，而是通过数据库管理系统(database management system，DBMS)实现逻辑文件与物理数据之间的映射，这样不但应用程序对数据的管理和访问灵活方便，而且应用程序与数据之间完全独立，使程序的编制质量和效率都有所提高。在数据库系统阶段，应用程序、数据库管理系统和数据库之间的关系如图 1.3 所示。

数据的独立性分为物理独立性与逻辑独立性两种。物理独立性是指当数据的存储结构改变时，数据的逻辑结构不变，从而应用程序也不必改变；逻辑独立性是指当数据的总体逻辑结构改变时，数据的局部逻辑结构不变，应用程序也可不必修改。

3) 统一的数据控制功能

当多用户同时访问数据库中的数据时，为保证数据库中数据的正确性和有效性，数据库系统提供了以下四个方面的数据控制功能。

(1) 数据的安全性(security)控制：可防止不合法使用数据造成数据的泄露和破坏，保证数据的安全和机密。对数据的访问限制访问权限，只有通过授权用户才可执行相关的操作。

(2) 数据完整性(integrity)控制：系统通过设置完整性规则来保证数据的正确性、有效性和相容性。正确性是指数据的合法性，如代表年龄的整型数据，只能包含 0～9，不能包含字母或特殊符号；有效性是指数据是否在其定义的有效范围内，如月份只能用 1～12 内的数字来表示；相容性是指表示同一事实的两个数据应相同，否则就不相容，如一个人的性别不能既是男又是女。

(3) 并发(concurrency)控制：多用户同时存取或修改数据库时，防止相互干扰而提供给用户不正确的数据，并使数据库受到破坏。

(4) 数据恢复(recovery)：当数据库被破坏或数据不可靠时，系统有能力将数据库从错误状态恢复到最近某一时刻的正确状态。

1.1.3　数据库系统

1. 数据库

数据库(database，DB)是数据的集合。例如，在日常生活里，人们用本子记录每一笔进账与开销，记录每笔的金额、目的、时间和地点等信息，这个“本子”

就是一个简单的“数据库”，每笔金额、目的、时间、地点等信息就是这个数据库的“数据”。计算机数据库是指长期储存在计算机内、有组织的、可共享的大量数据的集合。数据库不仅包含数据本身，还包含数据间的联系。数据按一定格式组织、描述和存储，使其具有较小的冗余度、较高的独立性和易扩展性，可在多个用户间共享。

2. 数据库系统的发展

数据库系统经历了第1代的非关系型数据库系统和第2代的关系型数据库系统(relational database systems，RDBS)，正在向新一代数据库技术——对象-关系型数据库系统(object-relational database systems，ORDBS)发展。

1) 非关系型数据库系统

非关系型数据库系统是早期数据库系统的总称，包括层次型数据库和网状型数据库系统。层次型数据库系统表示对象的各个数据结构是层次级别。相邻级别的一对数据结构间的关系为父子关系。在这种关系中，一个父段可能包括多个子段，而一个子段只能对应一个父段。网状数据库是指每个记录之间存在两种或多种联系。网状数据库对象不像层次结构那样只链接连续级别。

2) 关系型数据库系统

关系型数据库系统概念简单，实体以及实体之间的联系都用关系(二维表)来表示。该数据库系统采用表格作为基本的数据结构，通过公共的关键字来实现不同关系(二维表)之间的数据联系。一次查询仅用一条命令或语句，即可访问整个关系(二维表)。通过多表联合操作，还可以对有联系的若干关系实现“关联”查询。关系型数据库系统的数据独立性强。

3) 对象-关系型数据库系统

根据数据类型扩展、管理大对象、高级函数等特点，20世纪80年代以来，面向对象数据库系统(object-oriented database systems，OODBS)技术得到快速发展。面向对象数据库系统结合关系数据库系统，构成了新一代数据库技术。面向对象的方法和技术对数据库发展的重要影响。

3. 数据库系统组成

数据库管理系统是指一个具体的数据库管理系统软件和用它建立起来的数据库。数据库系统的出现是计算机应用的一个重要分支，它使得计算机应用从以科学计算为主转向以数据处理为主，并使计算机普遍使用。虽然之前的文件系统也能处理数据，但是文件系统不提供对数据的访问，而这对数据量不断增大的应用环境是至关重要的。为了实现对任意部分数据的快速访问，就要由系统软件(数据库管理系统)来完成。数据的独立性和共享性是数据库系统的重要特征。数据库系统通常由数据、用户、硬件和软件组成。

1) 数据

数据是数据库系统的工作对象。为了区别输入、输出或中间数据，常把数据库数据称为存储数据、工作数据或操作数据。数据库中的数据包括集成的和共享的。集成是指把某特定应用环境中的各种关联的数据及其数据间的联系全部集中地按一定的结构存储，这使得数据库系统具有整体数据结构化和数据冗余小的特点。共享是指数据库中的数据可为多个不同用户所同时使用。

2) 用户

用户主要有四类：第一类是系统分析员和数据库设计人员。系统分析员负责应用系统的需求分析和规范说明等；数据库设计人员负责数据库中各级模式的设计等。第二类是应用程序员，负责编写数据库的应用程序，用于对数据进行检索、建立、删除或修改。第三类是最终用户，他们利用系统的接口或查询语言访问数据库。第四类是数据库管理员，是负责数据库系统的管理、维护和正常使用的人员。

3) 硬件

硬件是指存储数据库和运行数据库管理系统的硬件资源，包括物理存储数据库的磁盘、磁鼓、磁带或其他外存储器及其附属设备、控制器、I/O 通道、内存、CPU 以及外部设备等。选择硬件通常从以下几方面考虑：有足够大的内存，用于存放操作系统、数据库管理系统的核心模块、数据缓冲区和应用程序；有高速大容量的直接存取设备；有高速的中央处理器(central processing unit，CPU)，并拥有快速的系统响应时间；有较高的数据传输能力，以提高数据的传输率，保证足够的系统吞吐能力；有系统的高稳定性，能够提供长时间可靠稳定的服务。

4) 软件

软件是指负责数据库存取、维护和管理的软件系统，包括操作系统、数据库管理系统和应用程序。它提供一种超出硬件层之上的对数据库管理的功能，主要功能包括：数据定义功能、数据操纵功能、数据库的运行管理和数据库的建立与维护。

4. 数据库系统的特点

数据库系统具有以下特点：

(1) 数据结构化。在描述数据时不仅要描述数据本身属性，还描述数据之间的关联。数据在整体上服从一定的结构形式。

(2) 数据共享性高、冗余度低，且易扩充。

共享性高：数据库系统从整体角度描述数据，数据面向整个系统，可以减少数据冗余，节约存储空间，也可以被多个用户、多个应用同时使用。

冗余度低：同一数据被重复存储并结构化，使得冗余度可能降到最低。

易扩充：设计初期就考虑面向系统数据结构化，因此容易扩充。

(3) 数据独立性高。由于应用程序访问是通过数据库管理系统间接取数，保持了应用与数据库数据的物理独立性和逻辑独立性。

(4) 数据由数据库管理系统统一管理和控制。数据库管理系统提供统一管理和控制功能：数据的安全性保护指保护数据；数据的完整性检查；并发控制指控制多个用户同时存取、修改数据库中的数据，以保证数据库的完整性；数据库恢复；数据存储灵活，满足新的需求。

5. 数据库系统的分类

1) 按数据库存放位置

根据数据库存放位置的不同，数据库系统首先可以分为集中式数据库和分布式数据库。

(1) 集中式数据库。在客户机/服务器结构中，数据库存放在单个服务器中，并存放在一个中心位置。集中式数据库技术主要采用一个大型带多个终端的系统结构。每个终端只负责用户的输入与输出操作，而数据库及其数据库管理系统等应用程序全部存放在主机中，由主机对用户的操作做出相应的响应，然后将结果送往终端，显示给用户。这种数据库很大程度上依赖于主机系统，主机工作负荷大，系统的工作分配不合理。

(2) 分布式数据库。分布式数据库是在多台计算机上进行存储和处理的数据库。其特点体现在性能和控制上，数据库存放在多台计算机上可提高吞吐量，缩短用户和计算机间的通信延迟。分布式数据库可以通过分区将数据库分割为不同的片断并存储在多台计算机中，也可以通过复制将数据库的副本存储在多台计算机中满足不同应用需要。

2) 按数据库应用

另外，根据数据库应用，其他主流数据库包括以下几种。

(1) IBM 的 DB2：是 IBM 的一系列关系型数据库管理系统，使用在不同的操作系统平台上。主要应用于大型应用系统，具有较好的可伸缩性，可支持从大型机到单用户环境。

(2) Oracle：是一款大型关系数据库管理系统，应用于商业和政府部门。它的功能强大，能够处理大批量的数据，在网络方面也用的非常多。它的操作很简单，功能齐全。

(3) Informix：是 IBM 公司出品的关系数据库管理系统(RDBMS)家族一员。作为一个集成解决方案，它被定位为作为 IBM 在线事务处理旗舰级数据服务系统。

(4) Sybase：是美国 Sybase 公司研制的一种关系型数据库系统，是 UNIX 或 Windows NT 平台上客户机/服务器环境下的大型数据库系统。系统具有完备的触发器、存储过程、规则以及完整性定义，支持优化查询，具有较好的数据安全性。

(5) SQL Server：是一个关系数据库管理系统。Microsoft 与 Sybase 在 SQL Server 开发上分别针对不同应用平台。Microsoft 专注于 Windows NT 系统上，专注于开发推广 SQL Server 的 Windows NT 版本；Sybase 专注于 SQL Server 在 UNIX 操作系

统上的应用。

(6) PostgreSQL：是一种对象-关系型数据库管理系统，是目前较为先进，功能较为强大的自由数据库管理系统。

(7) Access：是关联式数据库管理系统。它结合了 Microsoft Jet Database Engine 和图形用户界面两项特点。Access 是 C 语言的一个函数名和一种交换机的主干道模式。

(8) FoxPro：由美国 Fox 公司 1988 年推出，随着不同版本其功能和性能有了较大的提高。主要是引入了窗口、按钮、列表框和文本框等控件，进一步提高了系统的开发能力。

(9) MySQL：是一个小型关系型数据库管理系统，目前 MySQL 被广泛地使用在 Internet 上的网站中。由于其具有体积小、速度快、成本低，并具有开放源码等特点，深受中小型网站的喜爱。

6. 数据库管理系统

数据库管理系统(database management system, DBMS)是管理数据库的软件，为用户和应用程序提供访问数据库的接口。它建立在操作系统之上，帮助用户建立、使用和管理数据。数据库管理系统还负责数据库中的数据组织、数据操作、数据维护、控制及保护和数据服务等工作。用户使用的各种数据库命令以及应用程序的执行，都要通过数据库管理系统来统一管理和控制。数据库管理系统是数据系统的核心，数据库管理系统就是实现把用户意义下抽象的逻辑数据处理，转换成为计算机中具体的物理数据处理的软件。有了数据库管理系统，用户就可以在抽象意义下处理数据，而不必顾及这些数据在计算机中的布局和物理位置。数据库管理系统主要有如下功能：数据定义功能、数据存取功能、数据库运行管理功能、数据库的建立和维护功能以及数据通信功能。为完成数据库管理系统的功能，数据库管理系统提供相应的数据语言：数据定义语言、数据操纵语言和数据控制语言。

7. 数据库管理系统的功能

数据库管理系统由于缺乏统一的标准，其性能和功能等诸多方面随系统而不同。大型系统功能比小型系统功能强，但即使同一系统，性能也是有差异。数据库管理系统的功能主要包括以下几个方面：

(1) 数据库定义功能。提供数据定义语言定义数据库结构，刻画数据库的框架，并被保存在数据字典中。

(2) 数据操作功能。提供数据操作语言，使用户实现对数据的追加、删除、更新和查询等操作。

(3) 数据库的运行管理。提供数据库的运行控制和管理功能，包括多用户环境下的并发控制、安全性检查和存取限制控制、完整性检查和执行、运行日志的组织管理、事务的管理和自动恢复等。

(4) 数据组织、存储与管理。提供分类组织、存储和管理各种数据，包括数据字典、用户数据和存取路径等，使之提高存储空间利用率，选择合适的存取方法提高存取效率。

(5) 数据库的保护。提供对数据库的保护，包括数据库的恢复、数据库的并发控制、数据库的完整性控制、数据库的安全性控制。

(6) 数据库的维护。提供数据库的数据载入、转换、转储、数据库的重组合重构以及性能监控等功能。

(7) 数据通信功能。提供与操作系统的联机处理、分时系统和远程作业输入的相关接口，以及与网络中其他软件系统的通信功能以及数据库之间的互操作功能。

8. 数据库应用系统

数据库应用系统(database application system，DBAS)是基于数据库管理系统支持下的计算机应用系统。数据库应用系统是由数据库系统、应用程序系统和用户组成的，具体包括：数据库、数据库管理系统、数据库管理员、硬件平台、软件平台、应用软件和应用界面。一般是针对一个实际问题开发出来的面向用户的系统。例如，在线购物网站就是一个数据库应用系统，用户登录到在线购物网站，可以浏览、添加、评论、定制和购买各种商品。

1.1.4 数据库系统的体系结构

不同角度或不同层次上描述数据库系统体系结构是不同的。例如，站在用户的角度，数据库系统体系结构可分为集中式、分布式、C/S(客户/服务器)和并行结构；站在数据库管理系统的角度，数据库系统体系结构一般采用三级模式结构，由外模式、概念模式和内模式构成，但这是数据库系统内部的体系结构。简单来说，数据库系统的体系结构可分为内部体系结构和外部体系结构。

1. 内部体系结构

根据美国国家标准协会和标准规划与需求委员会(ANSI/SPARC)提出的建议，数据库系统的内部体系结构是三级模式结构，分别为模式、外模式和内模式，如图 1.4 所示。

1) 模式

模式又称为概念模式或逻辑模式。模式反映了数据库系统的整体观念，是数据库中全体数据的逻辑结构和特征的描述。它是由数据库设计者以某种数据模型为基础，综合用户的数据，按照统一的观点构造的全局逻辑结构，是对数据库中全部数据的逻辑结构和特征的总体描述，也是所有用户的公共数据视图。一个数据库只有一个模式。定义模式时不仅要定义数据的逻辑结构，而且要定义数据之间的联系，并定义与数据有关的安全性、完整性要求等。它是数据库系统模式结构的中间层，既不涉及数据的物理存储细节和硬件环境，也与具体的应用程序、所使用的应用开发工具及高级程序设计语言无关。

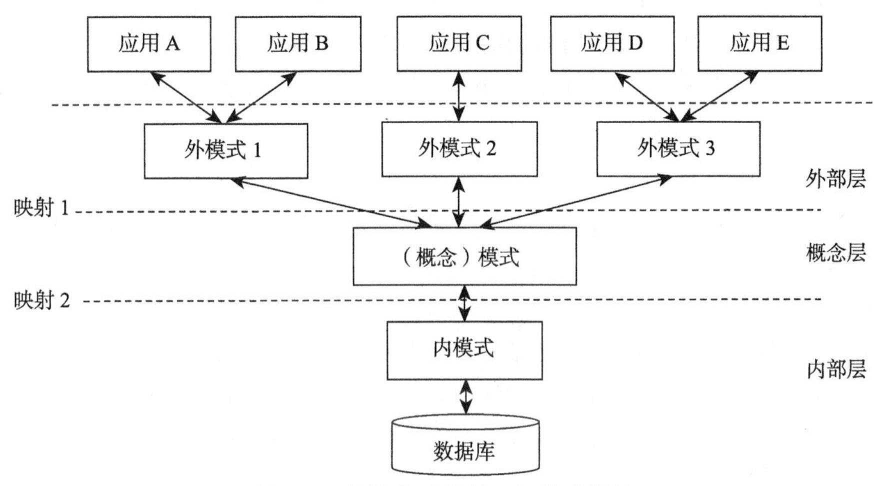

图 1.4　数据库系统的三级模式结构

2) 外模式

外模式也称为子模式或用户模式，它是某个或某几个数据库用户所使用的局部数据的逻辑结构和特征的描述，是数据库用户的数据视图，也是与某一应用有关的数据的逻辑表示。外模式是从模式导出的一个子集，包含模式中允许特定用户使用的那部分数据。一个数据库可以有多个外模式。一方面，由于数据库在看待数据的方式、对数据保密的要求等方面存在差异，其外模式描述有所不同。即使模式中的同一数据在不同的外模式中，其结构、类型、长度和保密级别等都可以不同。另一方面，所有的应用程序都是根据外模式对数据进行描述，在一个外模式中可以编写多个应用程序，但一个应用程序只对应一个外模式。根据应用的不同，一个概念模式可以对应多个外模式，外模式可以互相覆盖。外模式是保证数据库安全性的一个有力措施。

3) 内模式

内模式也称为存储模式，一个数据库只有一个内模式。它是数据在数据库内部的表示方式，描述了数据在存储介质上的存储方式和物理结构，对应着实际存储在外存储介质上的数据库。内模式规定数据在存储介质上的物理组织方式和记录寻址技术，并定义物理存储块的大小和溢出处理方法等。与概念模式相对应，内模式由数据存储描述语言进行描述。

数据库系统的三级模式是指对数据的三个抽象级别，它把数据的具体组织留给数据库管理系统管理，使用户能逻辑地、抽象地处理数据，而不必关心数据在计算机中的具体表示方式与存储方式。为了能够在系统内部实现这三个抽象层次的联系和转换，数据库管理系统在这三级模式之间提供了两层映射，这两层映射保证数据库系统中的数据能够具有较高的逻辑独立性和物理独立性。

外模式/模式映射：定义外模式和模式之间的对应关系。

模式/内模式映射：模式/内模式映像是唯一的，定义了数据全局逻辑结构和存储结构之间的对应关系。

2. 外部体系结构

外部体系结构主要有集中式结构、文件服务器结构单用户结构、主从式结构和浏览器/服务器结构。

1) 集中式结构

集中式结构由两个关键硬件组成：主机和客户终端。数据库和应用程序存放在主机中，数据的处理和主要的运算操作也在主机上进行。它的主要特点是数据和应用集中维护方便，安全性好；但对主机性能要求高，价格贵。

2) 文件服务器结构

在文件服务器结构中，数据库存放在文件服务器中，应用程序分散安排在各个客户工作站上。文件服务器只负责文件的集中管理，所有的应用处理安排在客户端完成。文件服务器结构的特点是费用低，配置灵活，但是缺乏足够的计算和处理能力，对客户端的计算机性能要求高。

3) 单用户结构

单用户结构的整个数据库系统(应用程序、数据库管理系统和数据)装在一台计算机上，为一个用户使用，不同机器之间不能共享数据，数据冗余大。

4) 主从式结构

主从式结构也称为集中式结构，是一个主机带多个终端用户结构的数据库系统。这种结构包括应用程序、DBMS、数据，都集中存放在主机上，所有处理任务都由主机来完成。各个用户通过主机的终端可同时或并发地存取数据库，共享数据资源。但系统的可靠性完全依赖主机系统。

5) 浏览器/服务器结构

浏览器/服务器(browser/server，B/S)结构，实质是一个三层结构的客户机/服务器体系。该结构是一种以 Web 技术为基础的新型数据库应用系统体系结构。它把传统 C/S 模式中的服务器分解为一个数据服务器和多个应用服务器(Web 服务器)，统一客户端为浏览器。

1.1.5 数据模型

计算机不能直接处理现实世界中的具体事物，因此必须通过进一步整理和归类进行信息的规范化，然后才能将规范信息数据化送入计算机的数据库中保存起来。模型是对现实世界事物特征的模拟和抽象。数据是描述事物的符号记录。数据模型是对现实世界数据特征的抽象，或者说是现实世界的数据模拟。把具体事物的性质进行“抽象”并“转换”为计算机能够处理的数据这一过程主要经历三个领域，即现实世界、信息世界和数据世界。其三者之间的关系如图 1.5 所示。

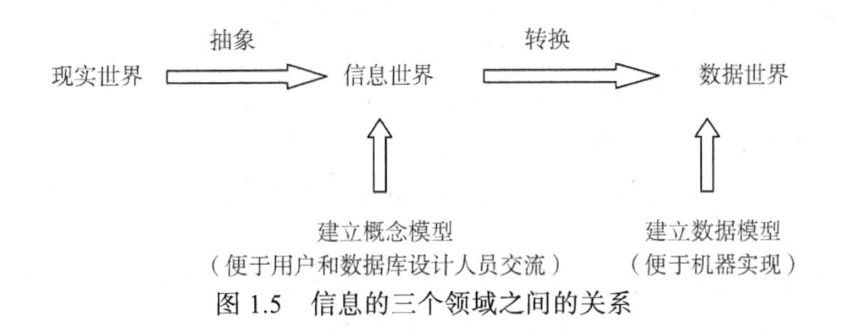

图 1.5　信息的三个领域之间的关系

现实世界：存在于人脑之外的客观世界，包括事物与事物之间的关系。

信息世界：是指现实世界在人脑中的反映。

数据世界：有时也称为机器世界，是指将信息世界中的实体进行数据化，事物与事物之间的联系用数据模式来描述。

如图 1.5 所示，首先要“抽象”出现实世界中事物的性质，在信息世界中建立“概念模型”，然后将其“转换”为可在数据/计算机世界中实现的“数据模型”。数据模型按不同的应用层次分成三种类型，分别是概念数据模型、逻辑数据模型和物理数据模型。

1. 概念数据模型

概念数据模型(conceptual data model)简称概念模型，是面向数据库用户的现实世界的数据模型，主要用来描述客观世界的概念化结构。它使数据库的设计人员在设计的初始阶段摆脱计算机系统及数据库管理系统的具体技术问题，集中精力分析数据以及数据之间的联系，与具体的数据管理系统无关。这类模型简单、清晰、容易被用户理解，是用户与数据库设计人员之间交流的语言。这种信息结构并不依赖于某个具体的计算机系统，或是某一个具体数据库管理系统所支持的数据模型，而是一种概念上的模型。概念模型只有转换成某种逻辑数据模型，才能在数据库管理系统中实现。概念模型从概念层次描述现实世界中事物以及事物之间的联系，也就是实体和实体之间的联系。在概念模型中主要有以下基本术语。

1) 实体和实体集

实体(entity)是客观存在的可以相互区别的“物体”或“事件”。实体可以是具体的人、事或物，如一位老师、一所学校等。实体也可以是抽象的概念或联系，如一场考试、一次学生活动、一次羽毛球比赛等。

实体集(entity set)是指具有相同性质(或属性)的同类实体的集合，实体集不必互不相交。例如，某所学校的所有学生信息的集合和所有老师信息的集合。

2) 属性

实体通常通过属性(attribute)来描述。换而言之，属性用于描述实体的“特征”。将一个属性赋予某个实体集，每个实体在自己的每个属性上都有各自的值。一个实体往往通过多个属性来描述其特征，如老师实体可以由工号、姓名、性别、年龄、专业、职务、职称和所属院系等属性描述。每个实体的每个属性都有一个值。例如，在某个特定的老师实体中，其工号是：200606123，姓名是张天硕，性别是男，年龄是45岁，专业是计算机技术，职务是系主任，职称是教授，所属院系是计算机科学学院。

3) 关键字和域

实体的某一属性或属性组合的值能够唯一标识出某一实体，称为关键字，也称码。例如，工号是教师实体集的关键字，由于教师姓名有相同的可能，因此不应该作为关键字。每个属性都有一个可取值的集合，称为该属性的域，或者称为该属性的值集。例如，工号的域为数字串集合，姓名的域为字符串的集合，性别的域为“男”和“女”。

4) 联系

现实世界的事物之间总是存在某种联系，这种联系必然要在信息世界中加以反映。这些联系在信息世界中被称为实体之间的联系。实体之间的联系可分为三种：一对一联系、一对多联系和多对多联系。

(1) 一对一联系 (1∶1)。

如果实体集A中的每一个实体在实体集B中至多有一个(也可以没有)实体与之联系，反之亦然，则称实体集A与实体集B具有一对一的联系。例如，班长和班级，病人和病例，学生姓名和该生学号之间具有一对一的联系。

(2) 一对多联系 (1∶n)。

如果实体集A中的每一个实体在实体集B中有一个或多个(也可以没有)实体与之联系，而实体集B中的每一个实体在实体集A中只有一个实体与之联系，则称实体集A与实体集B具有一对多的联系。例如，一个班级有多名学生，而每一名学生只能属于一个班级，则学生与班级之间具有一对多的联系。

(3) 多对多联系 (m∶n)。

如果实体集A中的每一个实体在实体集B中有n个(n=0或n=1或n>1)实体与之联系；反之，实体集B中的每一个实体在实体集A中m个(m=0或m=1或m>1)实体与之联系，则称实体集A与实体集B具有多对多的联系。例如，一名老师可以讲授多门课程，而一门课程又可以被多名老师讲授，则老师与课程之间具有多对多的联系。

2. 用 E-R 图表示概念模型

概念数据模型的表示方法有多种，其中最常用的是实体-联系图(entity-relations diagram, 简称 E-R 图)。它提供不受任何数据库管理系统约束的面向用户的表达方法，在数据库设计中被广泛用作数据建模的工具。它通过 E-R 图描述实体、实体的属性及实体之间的联系。E-R 图通用的表示规则如下。

(1) 矩形：表示实体集，框内写实体名称。

(2) 椭圆：表示属性，用连线将其与矩形框连接起来。

(3) 菱形：表示联系，菱形框内写联系名，并用连线分别与有关实体连接起来，同时，在连线旁边标上联系的类型(1∶1，1∶n，m∶n)。

(4) 线段：将属性连接到实体集或将实体集连接到联系集。

(5) 双椭圆：表示多值属性。

(6) 虚椭圆：表示派生属性。

(7) 双线：表示一个实体全部参与到联系集中。

(8) 双矩形：表示弱实体集。

E-R 图表示的概念模型独立于具体的数据库管理系统所支持的数据模型，是各种数据模型的基础，比数据模型更抽象、更接近现实世界。图 1.6 是 E-R 图描述的一个概念模型。首先确定实体集和联系。在图中，将学生、课程和教师定义为实体，学生和课程之间是“选课”关系，课程和老师之间是“授课”关系。其次，确定每个实体集的属性：“学生”实体的属性是学号；“课程”实体的属性是课程号；“教师”实体的属性是工号。在联系中反映出教师授课的教材信息、选课的成绩信息，最终得到了如图 1.6 所示的 E-R 图。

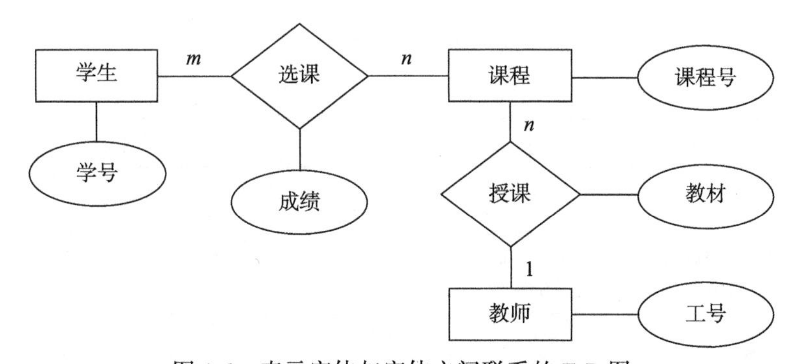

图 1.6　表示实体与实体之间联系的 E-R 图

3. 逻辑数据模型

逻辑数据模型(logical data model)简称数据模型，是一种图形化的展现方式。逻辑数据模型既要面向用户，又要面向系统，主要用于数据库管理系统的实现。随着数据库的发展，数据模型出现了层次模型、网状模型、关系模型和面向对象模型等类型，它们是按其数据结构命名的。与之相对应的数据库分别为层次数据库、网状数据库和关系数据库。

1) 层次模型

层次模型(hierarchical model)也称树型结构。它采用层次数据结构来组织数据的模型。层次模型可以简单、直观地表示实体、实体的属性以及实体之间的一对多联系。它使用记录类型来描述实体，使用字段来描述属性，使用结点之间的连线表示实体之间的联系。

一个层次模型实例如图 1.7 所示。在层次模型中，每个结点描述一个实体型(可有多条记录)，称为记录类型。结点间的有向边表示记录间的联系。层次模型中一个父结点可以对应多个子结点，而一个子结点只能对应一个父结点。一个父结点有多个子结点，这属于一对多的联系。因此，层次模型可以直接表示一对一联系和一对多联系，但不能直接表示多对多联系。层次结构模型具有如下特征：

(1) 只有一个结点没有双亲结点(双亲结点也称父结点)，该结点称为根结点。

(2) 根结点以外的其他结点有且只有一个双亲结点。层次模型可以很自然地表示家族结构、行政组织结构等。

层次结构模型的缺点主要有以下几点：

(1) 不能表示一个结点有多个双亲的情况。

(2) 不能直接表示多对多的联系，需要将多对多联系分解成多个一对多的联系。

(3) 插入、删除限制多。例如，删除父结点时相应的子结点也被同时删除等。

(4) 必须要经过父结点，才能查询子结点。

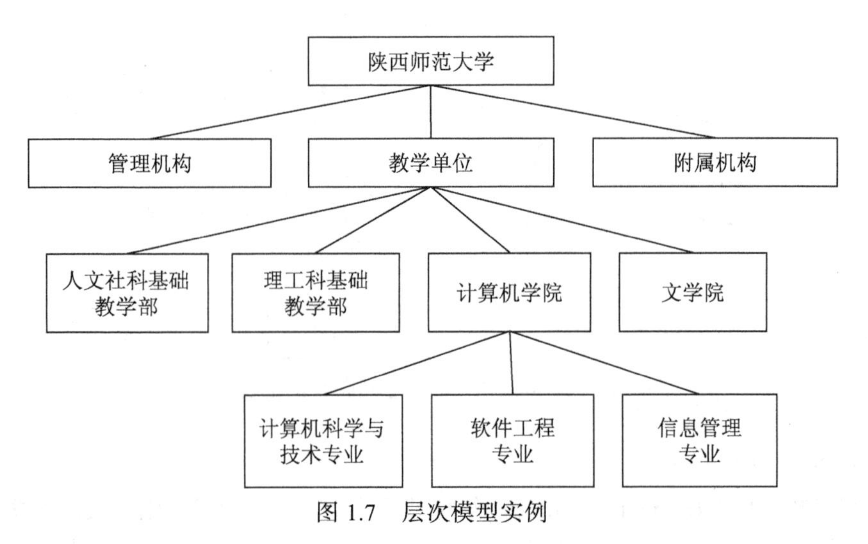

图 1.7　层次模型实例

2) 网状模型

网状模型(network model)采用网状结构，能够直接描述一个结点有多个父结点以及结点之间为多对多联系的情形。网状模型具有如下特征：

(1) 允许有一个以上的结点无双亲结点。

(2) 一个结点可以有多于一个的双亲结点。

网状模型具有良好的性能，存取效率较高。相比层次模型，网状模型中结点之间的联系具有灵活性，能表示事物之间的复杂联系，更适合描述客观世界。虽然网状模型可以直接表示多对多的联系，但它的关联性和结构很复杂，使算法难以规范化，尤其当数据库的规模变大时会变得难以维护。网状模型是用网状结构表示实体与实体之间的联系的，其模型实例如图 1.8 所示。

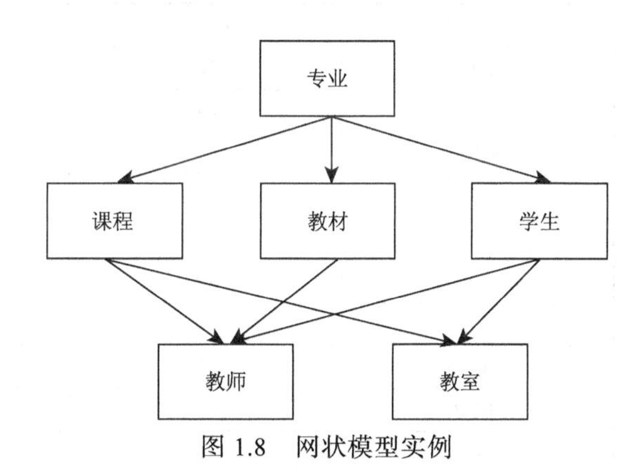

图 1.8　网状模型实例

3) 关系模型

关系模型(relational model)由关系数据结构、关系操作和完整性约束三部分组成。在关系模型中，实体和实体之间的联系均由关系来表示。关系模型是一种简单的二维表格结构，每个二维表称为一个关系；一个二维表的表头，即所有列的标题称为一个元组，每一列数据称为一个属性，列标题称为属性名。同一个关系中不允许出现重复元组和相同属性名的属性。

例如，学生管理数据库采用如表 1.1～表 1.3 所示的表格，来分别存放学生、课程和成绩信息。如果要查询张甜甜的计算机技术期末成绩，首先要在学生表(表 1.1)的“姓名”列中找到“张甜甜”，并记下她的学号“41301225”。然后，在课程表(表 1.2)的“课程名称”列中找到“计算机技术”，记下它的课程号“10010”。最后，在成绩表(表 1.3)中找到“学号”为“41301225”且“课程号”为“10010”的行所对应的期末成绩，即为张甜甜的计算机技术期末成绩。

由此可见，在关系模型中，数据的逻辑结构就是一张二维表，它由行和列组成。一张二维表对应一个关系。表中的一行表示一条记录，表中的一列即为记录的一个属性。

表 1.1　学生表

学号	姓名	性别	院系
41301225	张甜甜	女	计算机
41362596	马明涛	男	化学
41303256	刘一航	男	物理
41305685	马苗苗	女	数学
41305683	尚珍珍	女	计算机
41304356	张涛	男	新闻

表 1.2　课程表

课程号	课程名称	学分
10010	计算机技术	3
10020	大学语文	2
10030	面向对象程序设计	2
10040	大学英语	2
20010	概率论与数理统计	2
30010	思想道德修养	2
40010	软件项目管理	2

表 1.3　成绩表

学号	课程号	平时成绩	期末成绩
41301225	10010	80	85
41362596	10030	84	86
41303256	10020	70	80
41305685	10040	75	80
41305683	20010	80	85
41304356	20010	82	85
41362596	10010	76	86
41304356	30010	77	89
41305685	10020	80	90
41305685	40010	75	82

4) 面向对象模型

面向对象模型(object oriented model)是一种新兴的数据模型。它采用面向对象的方法来设计数据库。面向对象的数据库存储对象是以对象为单位，每个对象包含对象的属性和方法，具有类和继承等特点。在面向对象数据库的设计中，可以将客观世界中的实体抽象成为对象，对象可以定义为对一组信息及其操作的描述。对象之间的相互操作都得通过发送消息和执行消息来完成，消息是对象之间的接口。在面向对象模型中，实体的任何属性都必须表示为相应对象中的一个变量和一对消息。变量用来保存属性值，一个消息用来读取属性值，另一个消息则用来更新这个值。

在面向对象的数据模型中，对象是封装的，对对象的操作通过调用其方法来实现。面向对象数据模型中的主要概念有对象、类、方法、消息、封装、继承和多态等。

面向对象的数据模型主要具有以下优点：

(1) 可以表示复杂对象，精确模拟现实世界中的实体。

(2) 具有模块化的结构，便于管理和维护。

(3) 具有定义抽象数据类型的能力。

4. 物理数据模型

物理数据模型(physical data model)简称物理模型，提供了系统初始设计所需要的基础元素和相关元素之间的关系。其描述的数据是如何在计算机中存储，如何表达记录结构、记录顺序和访问路径等信息。使用物理数据模型可以在系统层实现数据库。物理数据模型不但与具体的数据库管理系统有关，还与操作系统和硬件有关。每一种逻辑数据模型在实现时都有其对应的物理数据模型。数据库管理系统为了保证其独立性与可移植性，大部分物理数据模型的实现工作由系统自动完成，而设计者只设计索引、聚集等特殊结构。

5. 数据模型的三要素

数据模型的三要素是：数据结构、数据操作和数据约束。

(1) 数据结构：主要描述数据静态特性，包括数据的类型、内容、性质和数据间的联系等。数据结构是数据模型的基础，数据操作和约束都建立在数据结构上。不同的数据结构具有不同的操作和约束。

(2) 数据操作：指对数据库中对象实例所允许的各种操作的集合，包括操作和操作规则。例如，可以对数据库中的表进行数据更新操作，更新操作要遵循一定的规则。数据模型中数据操作主要描述在相应的数据结构上的操作类型和操作方式，是操作算符的集合。

(3) 数据约束：用于确保数据库中数据的正确性、有效性和相容性的一组完整性规则的集合。数据约束用来限定符合数据模型的数据库状态以及状态的变化。约束条件可以按不同的原则划分为数据值的约束和数据间联系的约束，静态约束和动态约束，实体约束和实体间的参照约束等。可以将这种约束比照现实社会中的法律约束来理解：没有法律将导致社会动乱，有了法律违法行为将被禁止。

1.2 关系数据库

关系数据库是建立在关系数据库模型基础上的数据库，采用集合代数等概念和方法来处理数据库中的数据，也是一个被组织成一组具有描述性的表格，该表格作用的实质是装载着数据项的特殊收集体，这些表格中的数据能以许多不同的方式被存取或重新召集而不需要重新组织数据库表格。它简单灵活、数据独立性高。目前关系数据库是数据库应用的主流，许多数据库管理系统的数据模型都是基于关系数据模型开发的。本节主要介绍关系数据库的基本术语、完整性约束和关系运算等。

1.2.1 关系数据库基础知识

下面介绍几个关系数据库的基本术语。

1) 关系(表)

一个关系就是一个二维表。关系名对应于表名。

2) 属性(字段)

二维表中的每一列是一个属性，也称为一个字段，表中第一行显示的是属性名(字段名)。一个关系有多少个字段可根据需要在创建表时规定，且各字段的顺序是任意的。

3) 元组(记录)

二维表中的每一行是一个元组，也称为一条记录。一个元组由一组具体的属性值构成，表示一个实体。二维表中的每一条记录是构成关系的一个实体。可以说，“关系”是“元组”的集合，“元组”是属性值的集合，一个关系模型中的数据就是这样逐行逐列组织起来的。

4) 分量

元组中的一个属性值。关系模型要求关系必须是规范化的，最基本的条件就是关系中每一个分量必须是不可再分的数据项，是最基本的单位，即不允许表中还有表。

5) 域

属性的取值范围称为域，不同的属性具有不同的取值范围。例如，对表 1.1 来说，“月份”这个属性的取值范围只能是 1～12。

6) 关系模式

关系模式是对关系结构的描述，一个关系模式对应一个关系的结构，通常简记为：关系名(属性名 1，属性名 2，……，属性名 n)。例如，表 1.1 学生表的关系模式可记为：学生表(学号，姓名，性别，院系)。

7) 关键字

关系中能唯一区分、确定不同元组的属性或属性组合，称为该关系的一个关键字。单个属性组成的关键字称为单关键字，多个属性组合的关键字称为组合关键字。需要强调的是，关键字的属性值不能取“空值”(所谓空值就是“不知道”或“不确定”的值)，否则会导致无法唯一地区分和确定元组。

8) 候选关键字

关系中能够成为关键字的属性或属性组合可能不是唯一的。凡在关系中能够唯一区分、确定不同元组的属性或属性组合，称为候选关键字。

9) 主关键字

在候选关键字中选定一个作为关键字，称为该关系的主关键字，也称为主码或主键。关系中主关键字是唯一的。例如，表 1.1 学生表的“学号”字段就可以作为主关键字，其值可以唯一地标识每一条记录；而“性别”字段值不能唯一标识一个记录——男生女生都有多人，因此“性别”不能作为关键字。

10) 外部关键字

如果一个属性或属性组合不是所在关系的关键字，但它是其他关系的关键字，则该属性或属性组合称为外部关键字，也称为外码或外键。外部关键字显示了两个关系之间的联系，以另一个关系的外关键字做主关键字的表被称为主表，有时也称父表；具有此外关键字的表称为主表的从表，有时也称子表。

如图 1.9 所示，“学号”是学生表(父表)的主关键字，是成绩表(子表)的外部关键字；“课程号”是课程表(父表)的主关键字，是成绩表(子表)的外部关键字。

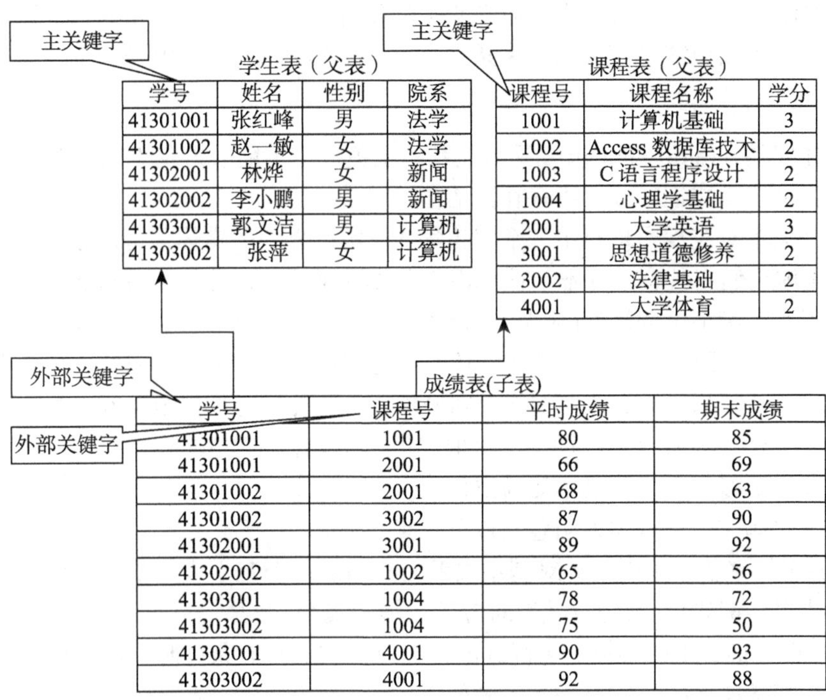

学生表（父表）

学号	姓名	性别	院系
41301001	张红峰	男	法学
41301002	赵一敏	女	法学
41302001	林烨	女	新闻
41302002	李小鹏	男	新闻
41303001	郭文洁	男	计算机
41303002	张萍	女	计算机

课程表（父表）

课程号	课程名称	学分
1001	计算机基础	3
1002	Access 数据库技术	2
1003	C 语言程序设计	2
1004	心理学基础	2
2001	大学英语	3
3001	思想道德修养	2
3002	法律基础	2
4001	大学体育	2

成绩表(子表)

学号	课程号	平时成绩	期末成绩
41301001	1001	80	85
41301001	2001	66	69
41301002	2001	68	63
41301002	3002	87	90
41302001	3001	89	92
41302002	1002	65	56
41303001	1004	78	72
41303002	1004	75	50
41303001	4001	90	93
41303002	4001	92	88

图 1.9　关系数据库

1.2.2　关系数据库中表之间的关系

表间关系按联系方式可分为三种类型：一对一联系(1∶1)、一对多联系(1∶n)、多对多联系(n∶m)。在关系数据库中，要实现表 A 和表 B 间的多对多联系，需要引入一个中间表 C 作为关联表，使得表 A 和表 B 分别与表 C 之间是一对多的联系。在关系数据库中，可以通过外部关键字来实现表与表之间的联系，公共字段是一个表的主键和另一个表的外键。

例如，学生表和课程表间的多对多联系，可通过将成绩表作为中间关联表来实现。如图 1.9 所示，学生表和成绩表之间是一对多的联系，公共字段是“学号”；课程表和成绩表之间也是一对多的联系，公共字段是“课程号”。

1.2.3　关系模型的完整性约束

关系模型的完整性规则是对关系的某种约束条件，换而言之，关系的值随着时间变化应该满足一定的约束条件。这些约束条件实际上是现实世界的要求。任何关系任何时间都要满足这些语义约束。

关系数据库中有三类完整性约束：实体完整性、参照完整性和用户定义完整性。其中，实体完整性和参照完整性是关系模型必须满足的完整性约束条件。用户定义完整性是应用领域需要遵循的约束条件，反映了具体领域中的语义约束。

1. 实体完整性

实体完整性(entity integrity)是指关系的主关键字不能重复也不能取“空值”。所谓空值就是“不知道”或“不存在”的值。

一个关系对应现实世界中一个实体集。现实世界中的实体是可以相互区分、识别的，也即它们应具有某种唯一性标识。在关系模式中，若以主关键字作为唯一性标识，则主关键字中的属性(称为主属性)不能取空值；否则，表明关系中存在着不可标识的实体，即存在不可区分的实体，这与实体的定义矛盾。因此，这个规则称为实体完整性规则。按实体完整性规则要求，主属性不得取空值。若主关键字是多个属性的组合，则所有主属性均不得取空值。例如，在“教师”关系中，“工号”这个属性为主键，则该字段不能为空值。

对于实体完整性具体说明包括以下几点。

(1) 实体完整性规则是针对基本关系而言的。一个基本表通常对应现实世界的一个实体集。例如，“教师”关系对应于教师的集合。

(2) 现实世界中的实体是可区分的，也就是它们具有某种唯一性标识。例如，每位老师都是独立的个体，是不一样的。

(3) 关系模型中以主键作为唯一性标识。

(4) 主键中的属性即主属性不能为空值。如果主属性为空值，则说明存在某个不可标识的实体，即存在不可区分的实体，这与第二条相矛盾。

2. 参照完整性

参照完整性(referential integrity)是定义建立表之间联系的主关键字与外部关键字引用的约束条件。

关系数据库中通常包含多个存在相互联系的表，表与表之间的联系是通过公共属性来实现的。所谓公共属性，它是一个表 R(称为被参照表或目标表)的主关键字，同时又是另一个表 K(称为参照表)的外部关键字。如果参照表 K 中外部关键字的取值，要么与被参照表 R 中某元组主关键字的值相同，要么取空值，则在这两个表间建立关联的主关键字和外部关键字引用符合参照完整性规则要求。如果参照表 K 的外部关键字也是其主关键字，根据实体完整性要求，主关键字不得取空值，因此参照表 K 外部关键字的取值实际上只能取被参照表 R 中已经存在的主关键字值。例如，“学号”字段是学生表(被参照表)的主关键字，同时是成绩表(参照表)的外部关键字，而且“学号”还是成绩表的主关键字之一，因此成绩表中的“学号”字段只能取学生表中已经存在的“学号”字段值，才符合参照完整性规则。

3. 用户定义完整性

任何关系数据库都应该支持实体完整性和参照完整性。这是关系模型所要求的。除此之外，不同的关系数据库根据其应用环境的不同，往往还需要一些特殊的约束条件。用户定义完整性(user-defined integrity)是指根据应用环境的要求和实际的需要，对某一具体应用所涉及的数据提出约束性条件，主要包括字段有效性约束和记录有效性。这一约束机制一般不应由应用程序提供，而应由关系模型提供定义并检验。例如，可规定“党员”字段值只能是“是”或“否”；“年龄”字段值必须是 1～100 内的整数。关系模型应提供定义和检验这类完整性的机制，以便用统一的、系统的方法处理它们。

1.2.4　关系代数

关系代数是一种抽象的查询语言，是用对关系(表)的运算来查询需要的数据。关系代数的运算对象是关系，运算结果亦为关系。关系代数用到的运算符包括四类：集合运算符、专门的关系运算符、比较运算符和逻辑运算符，见表 1.4。

由于比较运算符和逻辑运算符是用来辅助专门的关系运算符进行操作的，因此按照运算符的不同，主要将关系代数分为传统的集合运算和专门的关系运算两类。其中，传统的集合运算将关系看成是元组的集合，其运算是从关系的“水平”方向即行的角度来进行的；而专门的关系运算同时涉及行和列。

表 1.4　关系代数中的运算符

运算符		含义	运算符		含义
集合运算符	$\cup$	并	比较运算符	>	大于
	$-$	差		>=	大于等于
	$\cap$	交		<	小于
	$\times$	广义笛卡儿积		<=	小于等于
专门的关系运算符	σ	选择		=	等于
	π	投影		<>	不等于
	$\bowtie$	联结	逻辑运算符	$\neg$	非
	$\div$	除		$\wedge$	与
				$\vee$	或

1. 传统的集合运算

传统的集合运算包括并、交、差和广义笛卡儿积四种运算。

1) 并

设有两个关系 R 和 S，它们具有相同的结构。R 和 S 的并是由属于 R 或属于 S 的元组组成的集合，并运算符为∪，记为 $T = R \cup S$。

2) 差

R 和 S 的差是由属于 R 但不属于 S 的元组组成的集合，运算符为−，记为 $T = R - S$。

3) 交

R 和 S 的交是由既属于 R 又属于 S 的元组组成的集合，运算符为∩，记为 $T = R \cap S$，$R \cap S = R - (R - S)$。

4) 广义笛卡儿积

设 R 为(K_1 行，n 列)关系，S 为(K_2 行，m 列)关系，二者的广义笛卡儿积记为 $R \times S$，则是一个(($K_1 \times K_2$)行，($n + m$)列)的关系，如表 1.5～表 1.7 所示。

表 1.5　关系 *R*

学号	姓名	院系
41301001	张红峰	法学
41301002	赵一敏	法学

表 1.6　关系 *S*

学号	姓名	课程名称	成绩
41301002	赵一敏	法律基础	90
41302001	李小鹏	思想道德修养	92
41303003	李宏	Access 数据库技术	86

表 1.7　广义笛卡儿积 $R \times S$

学号	姓名	院系	学号	姓名	课程名称	成绩
41301001	张红峰	法学	41301002	赵一敏	法律基础	90
41301001	张红峰	法学	41302001	李小鹏	思想道德修养	92
41301001	张红峰	法学	41303003	李宏	Access 数据库技术	86
41301002	赵一敏	法学	41301002	赵一敏	法律基础	90
41301002	赵一敏	法学	41302001	李小鹏	思想道德修养	92
41301002	赵一敏	法学	41303003	李宏	Access 数据库技术	86

2. 关系运算

关系运算包括选择、投影、连接和除等。

1) 选择

选择(select)是指从一个关系中选取满足给定条件的所有元组。选择的条件以逻辑表达式给出，使得逻辑表达式为真的元组被选取。选择是从行的角度进行的运算，经过选择运算可以得到一个新的关系，其关系模式不变，但其中的元组是原关系的一个子集。例如，从表 1.8 中选择满足“院系为法学”这一条件的结果如表 1.9 所示。

表 1.8　学生信息表 1

学号	姓名	院系	课程名称	成绩
41301001	张红峰	法学	计算机基础	85
41301002	赵一敏	法学	法律基础	90
41302001	林烨	新闻	思想道德修养	92
41302003	王晶晶	新闻	思想道德修养	82
41303001	郭文浩	计算机	心理学基础	72
41303002	张萍	计算机	大学体育	88

表 1.9　学生信息表 2

学号	姓名	院系	课程名称	成绩
41301001	张红峰	法学	计算机基础	85
41301002	赵一敏	法学	法律基础	90

2) 投影

所谓投影(project)，就是从关系中取出若干个属性，消除重复的元组后形成的新的关系。投影所得到的新关系模式所包含的属性个数常常比原关系少或者属性排列的顺序不同。例如，从表 1.8 中选取“学号”、“姓名”和“学院”这 3 个属性字段的投影结果如表 1.10 所示。

表 1.10　学生信息表 3

学号	姓名	院系
41301001	张红峰	法学
41301002	赵一敏	法学
41302001	林烨	新闻
41302003	王晶晶	新闻
41303001	郭文浩	计算机
41303002	张萍	计算机

3) 连接

连接(join)是指从两个关系中选取满足连接条件的元组组成新的关系。连接运算从两个关系中选取属性拼接成一个新的关系，生成的新关系中包含满足条件的元组。连接过程通过连接条件来控制，连接条件中会出现两个关系中的公共属性或者具有相同语义的属性。例如，将表 1.11 和表 1.12 通过“学号”属性连接形成表 1.8。

4) 除

设关系 R 的属性可以分成互不相交的两组，用 X、Y 表示($X \cap Y$ 为空集，$X \cup Y$ 为 R 的全部属性)，则关系 R 可以表示为：$R(X,Y)$。

给定关系 $R(X,Y)$和 $S(Y,Z)$，其中 X, Y, Z 为属性组。R 中的 Y 与 S 中的 Y 可以有不同的属性名，但必须出自相同的域集。R 与 S 的除(divide)运算得到一个新的关系 $P(X)$。该 P 中只包含 R 中投影下来的 X 属性组，且该 X 属性组应满足：$R(Y)=S(Y)$。

注意：除操作是同时从行和列角度进行运算的。

表 1.11　学生信息表 4

学号	姓名	院系
41301001	张红峰	法学
41301002	赵一敏	法学
41302001	林烨	新闻
41302003	王晶晶	新闻
41303001	郭文浩	计算机
41303002	张萍	计算机

表 1.12　学生信息表 5

学号	课程名称	成绩
41301001	计算机基础	85
41301002	法律基础	90
41302001	思想道德修养	92
41302003	思想道德修养	82
41303001	心理学基础	72
41303002	大学体育	88

1.2.5　关系数据库规范化

在数据库的逻辑设计阶段，通常通过关系规范化理论来指导关系数据库设计。规范化的基本思想是每个关系都应该满足一定的规范，从而使关系模式设计合理，达到减少冗余、提高查询效率的目的。

1. 模式规范化的必要性

表 1.13 给出了学生课程成绩表(学生姓名，课程号，课程名称，成绩)。

表 1.13　学生课程成绩表

姓名	课程号	课程名称	成绩
张帆帆	1001	数学	90
李娜娜	1002	语文	95
王崇义	1003	物理	80
赵塞	1001	数学	85

在这个表中，如果要删除一个学生的记录，则连带着课程编号也被删除了。设计这样的表结构显然存在问题。一个好的方法是将表 1.13 分成两个表来保存，如表 1.14 和表 1.15 所示。此时，删除一个学生的记录不会导致课程编号消失。

表 1.14　学生成绩表

姓名	课程号	成绩
张帆帆	1001	90
李娜娜	1002	95
王崇义	1003	80
赵塞	1001	85

表 1.15　课程表

课程号	课程名称
1001	数学
1002	语文
1003	物理

从上述例子看到，如果设计出来的表不具有最佳结构，则会为某些关系带来不良后果：丢失数据、必须在多个位置更新数据或者无法添加新数据。为了使设计过程更加规范、有据可循，人们经研究发现，只要按照适当的范式来设计关系模式，就能得到良好的关系型数据库。这样，用户既不必存储不必要的重复信息，又可以

方便地获取信息。

2. 规范化理论

满足一定条件的关系模式称为范式(normal form，NF)。描述一个低级范式的关系模式，通过投影分解的方法可转换成多个高一级范式的关系模式的集合，这个过程称为规范化。关系数据模型的创始人 Codd 系统地提出了第一范式(1NF)、第二范式(2NF)和第三范式(3NF)的概念。

1) 第一范式

第一范式要求数据表不能存在重复的记录，即必须存在一个关键字，第二个要求是每个字段都已经分到最小不可再分，关系数据库的定义就决定了数据库满足这一条。因此，第一范式是数据库关系最基本的一种规范化要求，它与其他的范式不同，不需要诸如函数依赖之类的额外信息。

表 1.16 所显示的关系不满足 1NF，因为“课程”字段还可分为“课程号”和“课程名称”字段，只有将“课程”字段分开成表 1.13 所示的学生课程成绩表(学生姓名、课程号、课程名称、成绩)才满足第一范式。

表 1.16　学生课程成绩表

姓名	课程		成绩
	课程号	课程名称	
张帆帆	1001	数学	90
李娜娜	1002	语文	95
王崇义	1003	物理	80
赵蹇	1001	数学	85

2) 第二范式

如果一个关系属于第一范式，且所有的非主关键字段都完全依赖于主关键字，则称该关系满足第二范式。

例如，表 1.16 中学生课程成绩关系有 4 个字段(学生姓名，课程号，课程名称，成绩)，这个关系符合 1NF，其中“学生姓名”和“课程号”构成主关键字，但因为“课程名称”只完全依赖于“课程号”，即只依赖于主关键字的一部分，所以它不符合第二范式。

这样表中首先就会存在冗余数据，因为课程的数目有限。其次，在更改某课程号对应的课程名称时，如果漏改了某一条记录，就会存在数据不一致性。再次，如果某门课程没有学生选修，那么这门课程的信息就会丢失，所以这种关系不允许存在某门课程没有学生选修的情况。

消除部分依赖可以通过投影分解方法，达到 2NF 的标准。从关系中分解出新的二维表，使得每个二维表中所有的非关键字都完全依赖于各自的主关键字。例如，将原来的一个表分解成两个表，如表 1.15 和表 1.16 所示，这样就完全符合第二范式了：

学生成绩(学生姓名，课程号，成绩)

课程(课程号，课程名称)

3) 第三范式

如果一个关系属于第二范式，且每个非关键字不传递依赖于主关键字，这种关系就满足第三范式。简而言之，从 2NF 中消除传递依赖，就是 3NF。

例如，有一个关系(姓名，工资等级，工资额)，其中姓名是关键字，此关系符合 2NF，但是因为工资等级决定工资额，这就叫传递依赖，它不符合 3NF。同样可以使用投影分解的方法将上表分解成两个表：(姓名，工资等级)和(工资等级，工资额)。以上投影分解的方法，关系模式的规范化过程是通过投影分解来实现的。这种把低一级关系模式分解成若干个高一级关系模式的投影分解方法不是唯一的，应该在分解中满足以下三个条件。

(1) 无损连接分解，分解后不丢失信息。

(2) 分解后得到的每个关系都是高一级范式，不要同级甚至低级分解。

(3) 分解的个数最少，这就是完美要求，应该做到尽量少。

4) 其他范式

一般情况下，规范化到 3NF 就满足需要了，规范化程度更高的还有 BCNF、4NF 和 5NF。第三范式要求非主属性之间不能有函数依赖关系，BCNF 是对第三范式的进一步加强，要求任何属性(包括非主属性和主属性)都不能被非主属性所决定，是第三范式的一个子集。第四范式(4NF)要求“重复组”不应当放到一个关系中；第五范式(5NF)用来处理“连接依赖”问题等。

总之，规范化的目的是使数据库表结构更合理，消除存储异常，使数据冗余尽量小，便于数据的插入、删除和更新。规范化的基本方法就是在不丢失信息的前提下将关系(表)分解。

1.3　数据库语言

数据库系统提供了不同类型的语言，包括数据定义语言、数据操作语言、数据查询语言、据控制语言和事务控制语言等。

1) 数据定义语言

数据定义语言 (data definition language，DDL) 是 SQL 语言集中负责数据结构定义与数据库对象定义的语言，由 CREATE、ALTER 与 DROP 三个语法所组成。

2) 数据操作语言

数据操作语言(data manipulation language，DML)是指用户通过它可以实现对数据库的基本操作。在 DML 中，应用程序可以对数据库执行插入操作(把数据插入数据库中指定的位置)、删除操作(删除数据库中不需保留的记录)、修改操作(修改记录)、排序操作(改变物理存储的排列方式)、检索操作(从数据库中检索出满足条件的数据)等五种操作。

3) 数据查询语言

数据查询语言(data query language，DQL)主要用于数据的检索。其基本结构是由 SELECT 子句、FROM 子句、WHERE 子句组成的查询块。主要用于创建、修改、删除数据库对象。

4) 数据控制语言

数据控制语言(data control language，DCL)是用来设置或者更改数据库用户或角色权限的语句。用来授予或回收访问数据库的某种特权，并控制数据库操纵事务发生的时间及效果，对数据库实行监视等。

5) 事务控制语言

事务控制语言(transaction control language，TCL)是由一系列相关的 SQL 语句组成的最小逻辑工作单元，在程序更新数据库事务时至关重要，因为必须维护数据的完整性。事务由数据操作语言完成，是对数据库所做的一个或多个修改。

1.4　数据库设计

数据库设计(database design)是指对于一个给定的应用环境，构造最优的数据库模式，建立数据库及其应用系统，使之能够有效地存储数据，满足用户的信息要求和处理要求。此外，数据库设计应设计一个结构合理、使用方便、效率较高的数据库系统。

1.4.1　数据库设计的目标

数据库设计的目标是为用户和各种应用系统提供一个信息基础设施和高效的运行环境。此外，数据库设计还要满足“可恢复性”和“效率”，提高数据库的性能，尤其要满足应用系统的性能要求，还要提高存储空间的利用率，减少冗余数据。

1.4.2　数据库设计的特点

数据库设计和其他的软件系统的设计、开发、运行和维护有许多相同之处，同时更具有自身的特点。

1. 数据库建设的基本规律

数据库建设是硬件、软件和干件的结合。“三分技术，七分管理，十二分基础数据”是数据库设计的特点之一。在数据库建设中，不仅涉及技术，还涉及管理。要建设好一个数据库应用系统，既要开发技术，更要做好管理。这里的管理不仅仅是指数据库建设项目管理。

“十二分基础数据”则强调了数据的收集、整理、组织和更新，是数据库建设中的重要环节。基础数据的收集和录入是数据库建设初期工作中量最大、最繁琐的工作。

在以后数据库运行更需要将新的数据添加到数据库中，使数据库发挥其作用和价值。

2. 结构(数据)设计和行为(处理)设计相结合

数据库设计应该和应用系统相结合。整个设计过程中要把数据库结构设计和对数据的处理设计密切结合起来。这是数据库设计的两个特点。结构设计是从数据结构角度对数据库进行的设计。由于数据结构是静态的，因此数据库的结构设计又称为数据库的静态结构设计。其设计过程是：先将现实世界中的事物及事物之间的联系用 E-R 图表示，再将各 E-R 图汇总，得出数据库的概念结构模型，再将概念结构模型转换为关系数据库的关系结构模型。

行为设计指根据系统用户的行为对数据库进行的设计，是指数据查询、统计、事务处理等。由于用户的行为是动态的，因此数据库的行为设计又称为数据库的动态设计。其设计过程是：首先将现实世界中的数据及其应用情况用数据流图和数据字典表示，并描述用户的数据操作要求，从而得出系统的功能结构和数据库结构。

1.4.3 数据库设计的方法

早期数据库设计主要采用手工与经验相结合的方法。设计的质量往往与设计人员的经验与水平有直接的关系。数据库设计是一种技艺，若缺乏科学理论和工程方法的支持，设计质量难以保证。数据库设计方法中比较著名的有以下四种。

(1) 新奥尔良(new Orleans)方法：把数据库设计分为若干阶段和步骤，并采用一些辅助手段实现每一过程。它运用软件工程的思想，按一定的设计规程用工程化方法设计数据库。

(2) 基于 E-R 模型的数据库设计方法：该方法用 E-R 模型来设计数据库的概念模型，是数据库概念设计阶段广泛采用的方法。

(3) 第三范式设计方法：该方法用关系数据理论为指导来设计数据库的逻辑模型，是设计关系数据库时在逻辑阶段可以采用的一种有效方法。

(4) ODL (object definition language)方法：这是面向对象的数据库设计方法，该方法用面向对象的概念和术语来说明数据库结构。

1.4.4 数据库设计的步骤

数据库应用系统与其他计算机应用系统相比，一般具有数据量庞大、数据保存时间长、数据关联比较复杂、用户要求多样化等特点。设计数据库的目的实质上是设计出满足实际应用需求的实际关系模型。在 Access 中具体实施时表现为数据库和表的结构合理，不仅存储了所需要的实体信息，而且反映出实体之间客观存在的联系。

1. 设计原则

1) 概念单一化

一个表描述一个实体或实体间的一种联系。避免设计大而杂的表，首先分离那些需要作为单个主题而独立保存的信息，然后通过确定这些主题之间有何联系，以便在需要时将正确的信息组合在一起。通过将不同的信息分散在不同的表中，可以使数据的组织工作和维护工作更简单，同时也可以保证建立的应用程序具有较高的性能。例如，将有关学生情况的数据保存到学生表中；将成绩信息保存到成绩表中，而不是将这些数据统统放到一起。

2) 避免在表间出现重复字段

除了保证表中有反映与其他表之间存在联系的外部关键字之外，应尽量避免在表之间出现重复字段。这样做的目的是使数据冗余尽量小，防止在插入、删除和更新时造成数据的不一致。例如，在课程表中有了“课程名称”字段，在选课成绩表中就不应该有“课程名称”字段。需要时可以通过两个表的连接找到所选课程对应的课程名称。

3) 字段须是原始数据和基本数据元素

表中不应包括通过计算可以得到的“二次数据”或多项数据的组合。当需要查询年龄的时候，可以通过简单计算得到准确年龄。在特殊情况下可以保留计算字段，但必须保证数据的同步更新。

4) 外部关键字保证表之间的联系

表之间的关联应依靠外部关键字来维系，使得表结构合理，不仅存储了所需要的实体信息，并且反映出实体之间客观存在的联系，最终设计出满足应用需求的实际关系模型。

2. 设计步骤

利用 Access 开发数据库应用系统的一般步骤如图 1.10 所示。

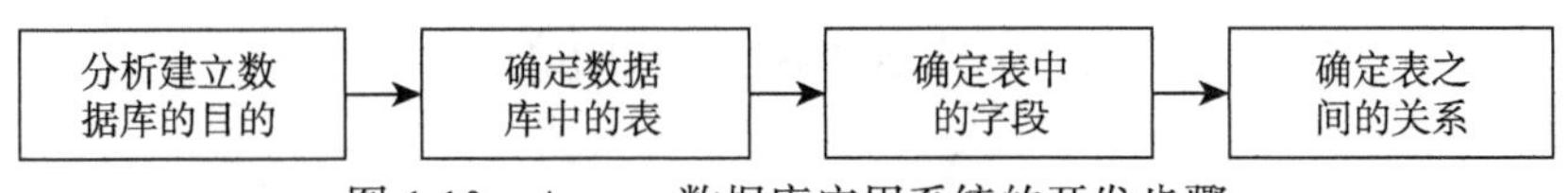

图 1.10　Access 数据库应用系统的开发步骤

首先，需求分析用来建立数据库的目标，确定数据库将保存信息的种类。其次，确定需要的表将所保存的信息进行实体分类，如教师、学生、选课、成绩等。每个实体都可以对应为数据库中的一个表。之后，确定字段设计来描述实体。其中包括字段名、关键字、字段中要保存数据的数据类型和数据的长度等。接着确定表之间(或实体间)的联系。确定联系是对每个表进行分析，确定一个表中的数据与其他表中的数据之间的联系。有时可在表中加入一个字段或创建一个新表来明确联系。最后，对数据库设计精细分析，查找其中的设计错误；创建表，并在表中加入若干数据记录，检查能否从表中得到预期的结果。可根据检查结果，适当调整数据库设计。

第 2 章　Access 2010 基础知识与操作

Access 2010 是微软公司推出的一个面向对象的、运用事件驱动的关系型数据库管理系统(RDBMS)。作为 Office 办公软件中的一员，Access 还可以与 Word、Outlook、Excel 等软件进行数据的交互和共享。Access 提供了强大的数据处理功能，可以帮助用户组织和共享数据库信息，提供有效的决策。它具有友好图形界面、易学易用、开发简单、接口灵活等特点，深受用户的欢迎。因此，许多中小型网站都使用 Access 作为后台数据库系统。

Access 2010 提供了表生成器、查询生成器、宏生成器、报表设计器等许多可视化的操作工具，以及数据库向导、表向导、查询向导、窗体向导、报表向导等多种向导，可以使用户很方便地创建一个功能完善的数据库系统。此外，Access 2010 还提供了丰富的内置函数和 Visual Basic for Application(VBA)编程功能，帮助用户和数据库开发人员设计出操作更加简便、功能更加完善的数据库系统。

本章主要介绍 Access 2010 的基本知识、工作环境及其所使用到的对象，包括启动和关闭 Access 2010、Access 2010 的界面、Access 2010 功能区、Access 2010 数据库六大对象、数据库的创建、数据库的打开、关闭与保存、数据库对象的操作和 Access 数据库的格式等。

2.1　Access 2010 简介

2.1.1　Access 概述

Access 能操作各种来源的数据，包括许多 PC 数据库和服务器、小型机及大型机上的 SQL 数据库。Access 还提供了 Windows 操作系统的高级应用程序开发系统。与其他数据库开发系统相比，Access 明显的不同就是不需要编写代码。这可以大大缩短开发时间，并且整个开发过程是可视化的。

Access 的用途主要在两个方面：一方面用来进行数据分析。Access 有强大的数据处理、统计分析能力，通过查询功能，可以方便地进行各类汇总、平均等统计，并可灵活设置统计的条件。另一方面可用来开发软件。Access 可用来开发各类管理软件，用来存储数据。

2.1.2　Access 特性与特点

1. Access 特性

Access 是一款数据库应用的开发工具软件。Access 拥有的报表创建功能能够处理任何它能够访问的数据源。Access 提供功能参数化的查询。在 Access 中，VBA 能够通过 ADO 访问参数化的存储过程。与一般的用户与服务器关系型数据库管理不同，Access 不执行数据库触发。Access 2010 包括了嵌入 ACE 数据引擎的表级触发和预存程序，在 Access 2010 中，表格、查询、图表、报表和宏在基于网络的应用上能够分别开发。

2. Access 特点

1) 优点

Access 主要具有以下优点：

(1) 存储方式单一。

(2) 面向对象。

(3) 界面友好、易操作。

(4) 集成环境、处理多种数据信息。

(5) 用变量存放属性。

(6) Access 支持开放数据库连接。

2) 缺点

Access 主要具有以下缺点：

(1) 数据库过大时，一般 Access 数据库达到 100M 左右的时候性能就会开始下降。

(2) 容易出现各种因数据库刷写频率过快而引起的数据库问题。

(3) Access 数据库安全性比不上其他类型的数据库。

2.2　Access 2010 基础知识

2.2.1　启动和关闭 Access 2010

1. Access 2010 的启动

当用户安装完 Office 2010(典型安装)之后，Access 2010 也将成功安装到系统中，这时就可以使用 Access 2010 开始创建并管理数据库。本小节主要介绍启动和退出 Access 2010 的方法。

选择“开始”→“所有程序”→“Microsoft Office”→“Microsoft Office Access 2010”命令来启动 Access 2010，如图 2.1 所示。

此外，也可在任务栏中添加 Access 2010 的程序图标，或是在桌面上创建 Access

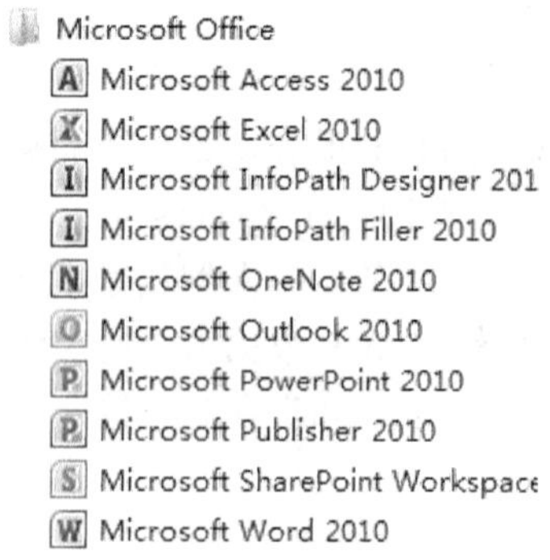

2010 的快捷方式，以后在任务栏中单击图标或是在桌面上双击快捷方式即可启动程序。操作方法为：用鼠标左键将“开始”→“所有程序”→“Microsoft Office”→“Microsoft Office Access 2010”命令拖放到任务栏或桌面即可。

Microsoft Office
Microsoft Access 2010
Microsoft Excel 2010
Microsoft InfoPath Designer 201
Microsoft InfoPath Filler 2010
Microsoft OneNote 2010
Microsoft Outlook 2010
Microsoft PowerPoint 2010
Microsoft Publisher 2010
Microsoft SharePoint Workspace
Microsoft Word 2010

图 2.1　从开始菜单选择 Access 启动

2. Access 2010 的关闭

执行下列任意一种操作都可以退出 Access 2010。

(1) 在菜单栏中选择“文件”→“退出”命令。

(2) 单击标题栏右端的 Access 窗口的“关闭”按钮。

(3) 单击标题栏左端 Access 窗口的“控制菜单”图标，在打开的下拉菜单中单击“关闭”。

(4) 双击标题栏左端的 Access 窗口的“控制菜单”图标 。

(5) 右击标题栏，在打开的快捷菜单中选择“关闭”命令。

(6) 也可按组合键 Alt + F4 键。

无论何时退出 Access，Access 2010 都将自动保存对数据所做的更改。但是，如果上一次保存之后又更改了数据库对象的设计，Microsoft Access 将在关闭之前询问是否保存这些更改。如果由于断电等原因意外地退出 Access 2010 系统，则可能会损坏数据库。

2.2.2　Access 2010 的界面

启动后的 Access 2010 初始界面如图 2.2 所示。

Access 2010 采用了一种全新的用户界面，这种用户界面是微软公司重新设计的，可以帮助用户提高工作效率。如图 2.2 所示，Access 2010 的首界面是“文件”选项卡，也称为 Backstage 视图。在 Backstage 视图中可以管理文档和有关文档的相关数据：新建、打开、保存、打印和发布文档等。若要从 Backstage 视图快速返回到文档，只需单击“开始”选项卡，或者按键盘上的 Esc。

1. “可用模板”页

如图 2.2 所示，Access 2010 启动后默认显示 Backstage 视图中的“新建”页面，中央区域显示“可用模板”。这是用户打开 Access 2010 以后所看到的第一项变化。在“可用模板”中选择“样本模板”可以看到当前 Access 2010 系统中所有的样本模板，如图 2.3 所示。

Access 2010 提供的每个模板都是一个完整的应用程序，具有预先建立好的表、窗体、报表、查询、宏和表关系等。如果模板设计满足用户的需求，则通过模板建立数据库以后，就可以立即利用数据库工具开始工作；如果模板设计不能够完全满足用户的需求，则可以使用模板作为基础，对所创建的数据库进行修改，从而得到符合用户特定需求的数据库。

图 2.2　Access 2010 初始界面

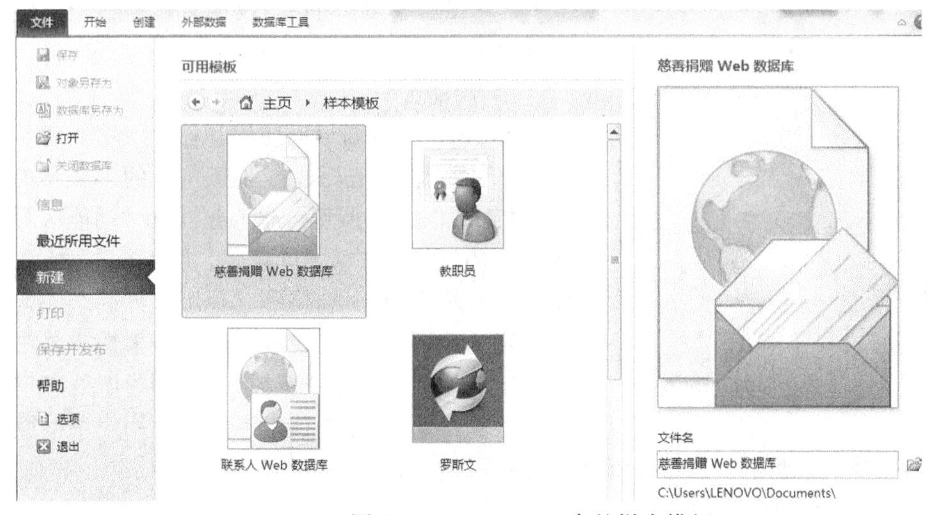

图 2.3　Access 2010 中的样本模板

2. 数据库界面

如果在样本模板中没有符合需求的数据库模板，可以双击“新建”页面上的“空数据库”或“空白 Web 数据库”选项(图 2.2)，创建一个如图 2.4 所示的空数据库。

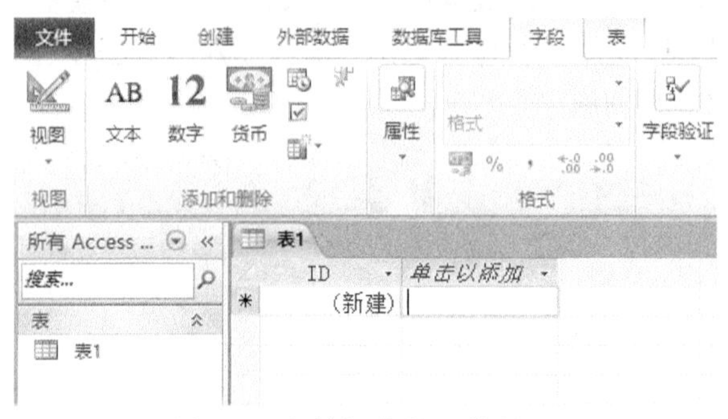

图 2.4　空数据库的工作界面

由图 2.4 可见，Access 2010 的工作界面包括标题栏、功能区选项卡、状态栏、导航栏、数据库对象窗口以及帮助等部分。

1) 标题栏

“标题栏”位于 Access 2010 工作界面的最上面，用于显示当前打开的数据库文件名。标题栏右侧有最小化、最大化(还原)和关闭三个按钮。标题栏上 Access 图标A的右侧是“自定义快速访问工具栏”，如图 2.5 所示，它提供了对最常用的命令(如“保存”和“撤销”)的即时、单击访问。单击工具栏右侧的下拉按钮，将打开“自定义快速访问工具栏”下拉菜单，可以定义工具栏中显示的快捷操作图标。

图 2.5　自定义快捷访问工具栏

2) 功能区

Access 2010 新界面使用了称为“功能区”的标准区域来替代 Access 早期版本中的多层菜单和工具栏，如图 2.6 所示。Access 2010“功能区”最大的优势就是以选项卡的形式，将通常需要使用的菜单、工具栏、任务窗格和其他用户界面组件集中在特定的位置。这样一来，用户只需根据需要在一个特定的位置查找命令按钮，而不用再四处查找命令所处的位置。由于功能区是数据库用户用得最频繁的区域，因此下一节将详细介绍功能区。

3) 导航窗格

导航窗格用于实现对当前数据库的所有对象的管理和组织。导航窗格位于程序窗口左侧，显示当前数据库中的各种数据库对象，它取代了 Access 早期版本中的数据库窗口。

图 2.6　Access 功能区展示

导航窗口有两种状态，折叠状态和展开状态，如图 2.7 和图 2.8 所示。单击导航窗格右上角的»按钮或«按钮，可以展开或折叠导航窗格。当需要较大的空间显示数据库相关内容时，可把导航窗格折叠起来。

导航窗格将数据库中的所有对象按类别分组显示。分组是一种分类管理数据库对象的有效方法，可通过单击导航窗格右上方的下拉箭头来选择不同的分组依据，如图 2.9 所示。在一个数据库中，如果某个表和某个窗体、查询或报表之间有关联，则可在导航窗格中选择“表和相关视图”分组方式，将这些对象按照各自的数据源表分为不同的组，如图 2.10 所示。

图 2.7　折叠状态

图 2.8　展开状态

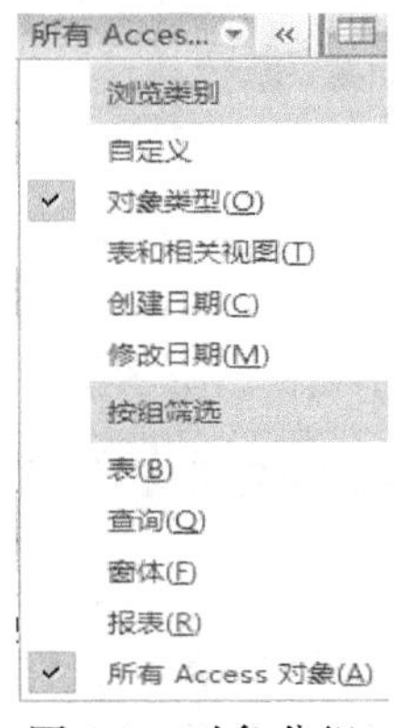

图 2.9　对象分组

图 2.10　按“表和相关视图”查看

在导航窗格中还可以自定义分组，自定义分组允许 Access 数据库开发者根据用户的需要组织数据库中的对象。例如，如果一个主窗体包含两个子窗体，那么可以把该主窗体与这两个子窗体组织在一起；或把几个相关的表或查询组织在一起。自定义数据库对象组织方式的具体操作步骤如下：

(1) 单击导航窗格的下拉箭头，选择“自定义”选项，如图 2.11 所示。

(2) 此时，将创建一个“自定义组 1”，在导航窗格中，把需要的对象拖到“自定义组 1”中，如图 2.12 所示。

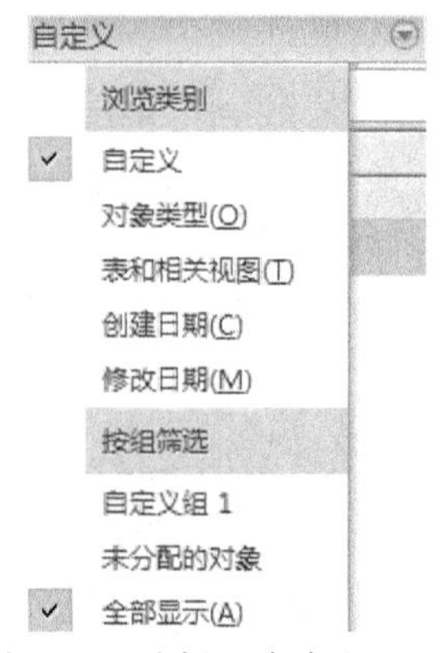

图 2.11　选择“自定义”

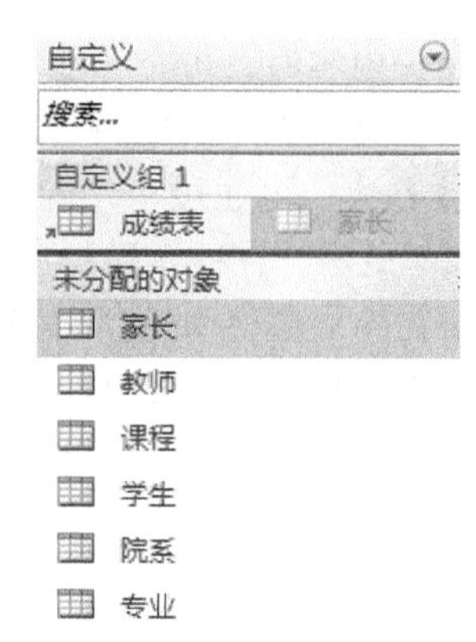

图 2.12　拖动对象到“自定义组 1”

(3) 如果需要对自定义分组重命名，可以在“自定义组 1”上单击鼠标右键，从弹出的快捷菜单中选择“重命名”命令(图 2.13)，自定义分组的名称则处于可编辑状态，如图 2.14 所示，此时可对分组重新命名。

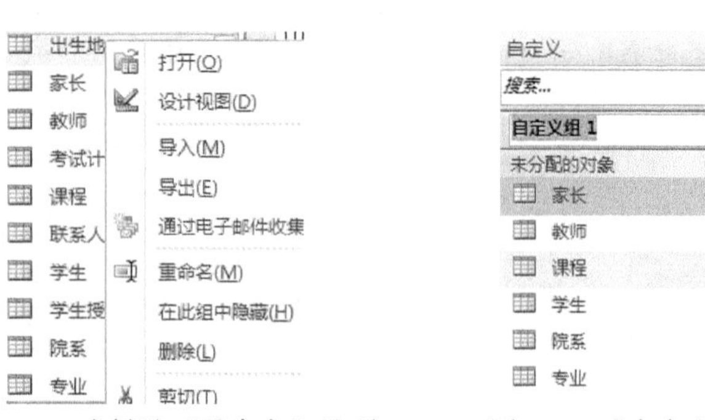

图 2.13　右键选“重命名”选项　　图 2.14　“自定义组 1”重命名

4) 选项卡式文档

Access 2010 默认将表、查询、窗体、报表和宏等数据库对象显示为选项卡式文档，如图 2.15 所示。选项卡的优点是便于用户与数据库进行交互作用，不仅占用更少的空间显示更多的内容，还方便用户查看和管理对象。

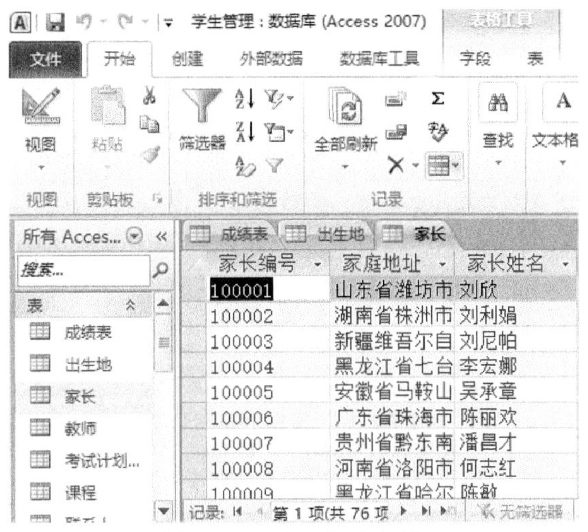

图 2.15　选项卡式文档

此外，也可以将各种数据库对象显示为重叠式窗口，具体操作步骤如下：

(1) 打开 Access 2010 需要设置的数据库。单击屏幕左上角的“文件”标签，在打开的 Backstage 视图列表中选择“选项”命令，如图 2.16 所示。

图 2.16　选择 Backstage 视图“选项”命令

(2) 弹出“Access 选项”对话框，在左侧选择“当前数据库”选项，在右侧的“应用程序选项”区域中选中“重叠窗口”单选按钮，再单击“确定”按钮，如图 2.17 所示。

图 2.17　选中“重叠窗口”单选按钮

(3) 这样就为当前数据库设置了重叠式窗口显示，重新启动数据库以后，打开几个数据表，就可以看到原来的选项卡式文档变为重叠窗口式文档了，如图 2.18 所示。

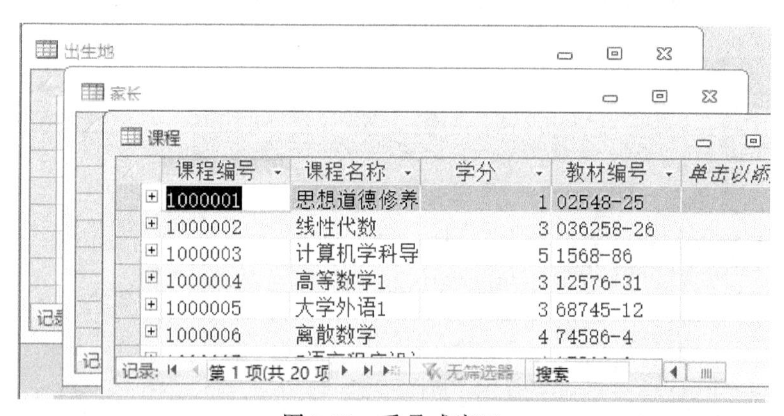

图 2.18　重叠式窗口

5) 状态栏

状态栏位于程序窗口底部，用于显示状态信息。状态栏中还包含用于切换视图的按钮。如图 2.19 所示是表的“设计视图”中的状态栏。

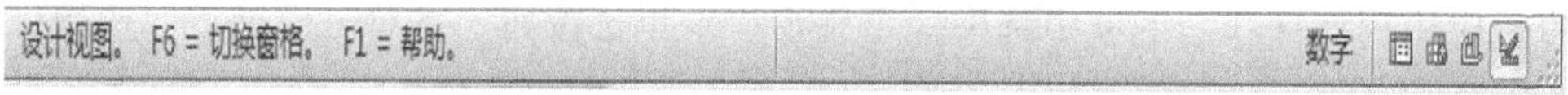

设计视图。 F6 = 切换窗格。 F1 = 帮助。　　数字

图 2.19　“设计视图”中的状态栏

6) 样式库

Access 2010 用户界面引入了一个名为“样式库”的控件，可显示样式或选项的预览。样式库控件专为功能区的使用设计。

样式库既显示命令，又显示使用命令后的结果。目的是为用户提供一种可视方式，让用户能在做出选择前查看效果，从而将关注点放在操作结果上，而不只是命令本身。例如，使用样式库进行报表的设置，对报表页面纸张大小设置的样式库如图 2.20 所示。

图 2.20　报表纸张大小设置样式库

样式库具有各种不同的形状和大小。它包括一个网格布局和一个类似菜单的下拉列表形式，甚至还有一个功能区布局，该布局将样式库自身的内容放在功能区中。

2.2.3　Access 2010 功能区

功能区位于程序窗口顶部的区域，可以在该区域中选择命令。功能区可以分为多个部分，下面将对各个部分进行相应的介绍。

1. 功能区的隐藏或显示

如果需要扩大数据库的显示区域，Access 2010 允许把功能区隐藏起来。隐藏或显示功能区，可以通过双击功能区上任意一个命令选项卡来进行，若第一次双击后功能区隐藏，则第二次双击后功能区将显示。也可以单击功能区右端的按钮隐藏功能区，单击按钮展开功能区。

2. 命令选项卡

在 Access 2010 的“功能区”中有 5 个选项卡，分别为“文件”、“开始”、“创建”、“外部数据”和“数据库工具”，称为 Access 2010 的命令选项卡。在每个选项卡下有不同的操作工具，用户可以通过这些工具，对数据库中的数据库对象进行设置。

1) “文件”选项卡

Access 2010 用“文件”选项卡取代之前版本的 Office 按钮，该选项卡可打开 Access 2010 的 Backstage 视图。Backstage 视图所包含的命令按钮可对整个数据库执行操作。Backstage 视图上的命令按钮有“保存”、“打开”和“新建”等，选择不同的命令按钮，右侧窗格中将显示不同的信息。

(1) “信息”窗格：提供了“压缩和修复数据库”和“用密码进行加密”两项操作，如图 2.21 所示。

(2) “最近使用文件”窗格：显示最近打开的数据库文件。在最近打开的每个文件的后面有一个小按钮，单击这个按钮可以把该文档固定在打开的列表中，从而给用户提供方便。

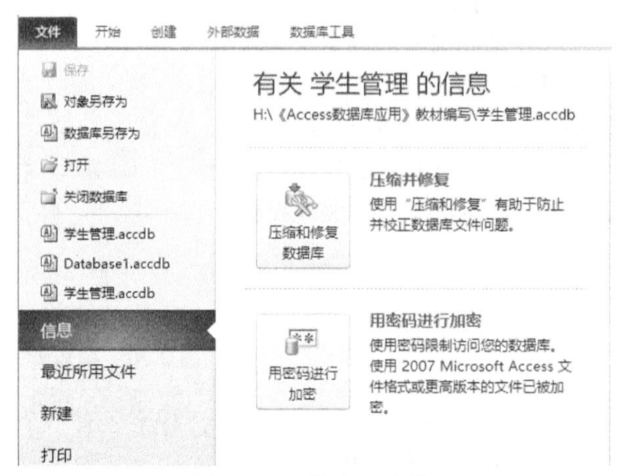

图 2.21　“信息”窗格

(3) “新建”窗格：是 Access 2010 默认的初始界面(图 2.2)，在这个窗格中可进行数据库的创建。

(4) “打印”窗格：是打印 Access 报表的操作界面，在该窗格中，有“快速打印”、“打印”和“打印预览”三个操作。

(5) “保存并发布”窗格：是保存和转换 Access 数据库文件的窗口，如图 2.22 所示。该窗口中央区域有“数据库另存为”、“对象另存为”和“发布到 Access Services”三个命令。右侧窗格中显示中间窗格所选的命令对应的下一级命令信息。

图 2.22　“保存并发布”窗格

(6) “选项”窗格：单击“选项”按钮，将打开如图 2.23 所示的“Access 选项”对话框。通过该对话框，用户可以对 Access 进行个性化设置。

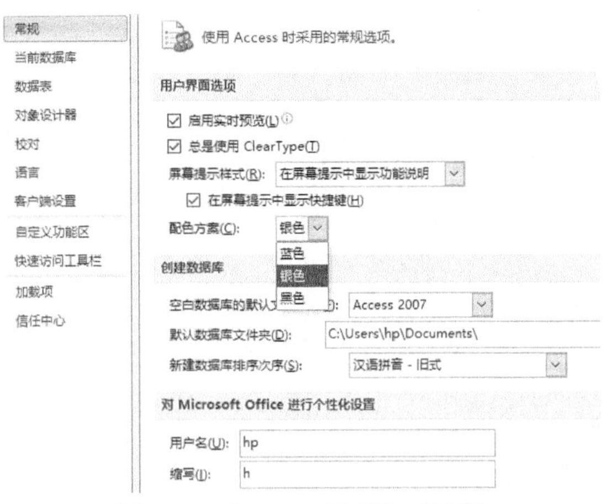

图 2.23　“Access 选项”对话框

在“常规”选项中，可以更改默认文件格式。由于 Access 2010 默认创建的数据库文件后缀名为.accdb，通过选择“空白数据库的默认文件格式”，可以创建与旧版本 Access 兼容的后缀名为.mdb 的文件。

在“自定义功能区”选项中，如图 2.24 所示，可以对用户界面的一部分功能区进行个性化设置。例如，可以创建自定义选项卡和自定义组来包含经常使用的命令。

图 2.24　“自定义功能区”窗格

在“快速访问工具栏”选项中，可以自定义工具栏。

2)“开始”选项卡

“开始”选项卡中有如图 2.25 所示的一些工具组。

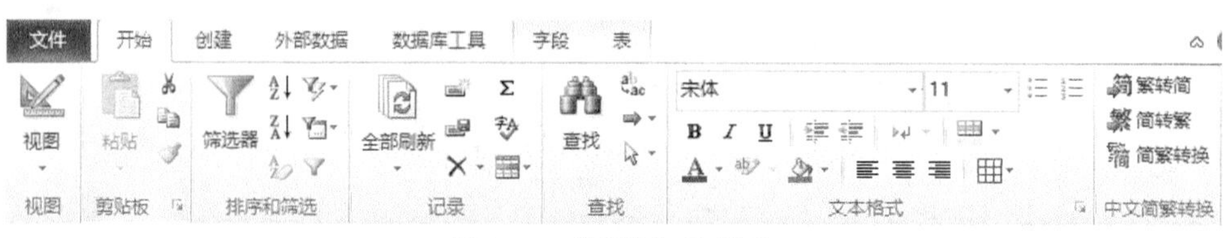

图 2.25　“开始”选项卡

利用“开始”选项卡下的工具，可以完成的功能主要有以下几个方面。

(1) 选择不同的视图。

(2) 从剪贴板复制和粘贴。

(3) 设置当前的字体格式。

(4) 设置当前的字体对齐方式。

(5) 对备注字段应用 RTF 格式。

(6) 操作数据记录(刷新、新建、保存、删除、汇总、拼写检查等)。

(7) 对记录进行排序和筛选。

(8) 查找记录。

3)“创建”选项卡

“创建”选项卡下的工具组如图 2.26 所示。用户可以利用选项卡下的工具创建数据表、窗体和查询等各种数据库对象。

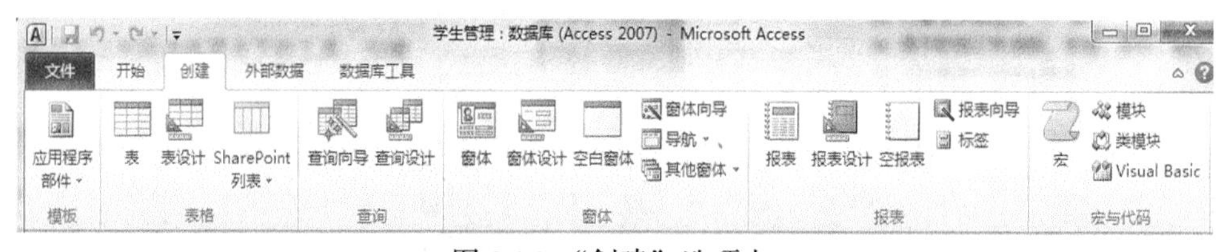

图 2.26　“创建”选项卡

通过“创建”选项卡中的工具，可以完成的功能主要有以下几个方面。

(1) 插入新的空白表。

(2) 使用表模板创建新表。

(3) 在 SharePoint 网站上创建列表，在链接至新创建的列表的当前数据库中创建表。

(4) 在设计视图中创建新的空白表。

(5) 基于活动表或查询创建新窗体。

(6) 创建新的数据透视表或图表。

(7) 基于活动表或查询创建新报表。

(8) 创建新的查询、宏、模块或类模块。

4) “外部数据”选项卡

“外部数据”选项卡下的工具组如图 2.27 所示，用户可以通过该工具组中的数据库工具，导入和导出各种数据。

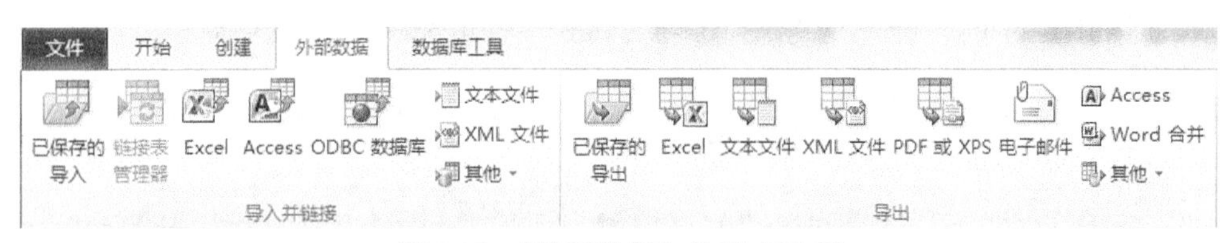

图 2.27　“外部数据”选项卡选项

通过“外部数据”选项卡中的工具，可以完成的功能主要有以下几个方面。

(1) 导入或链接到外部数据。

(2) 导出数据。

(3) 通过电子邮件收集和更新数据。

(4) 使用联机 SharePoint 列表。

(5) 将部分或全部数据库移至新的或现有的 SharePoint 网站。

5) “数据库工具”选项卡

此外，“数据库工具”选项卡下的工具组如图 2.28 所示。用户可以利用该选项卡中的各种工具进行数据库 VBA、表关系的设置等。

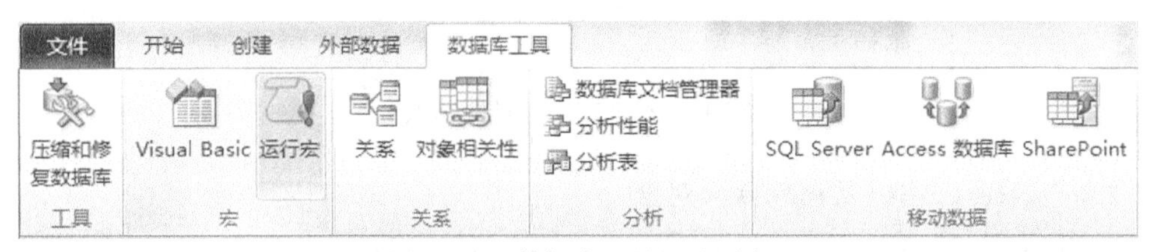

图 2.28　“数据库工具”选项卡

利用“数据库工具”选项卡下的工具，可以完成的功能主要有以下几个方面。

(1) 启动 Visual Basic 编辑器或运行宏。

(2) 创建和查看表关系。

(3) 显示/隐藏对象相关性或属性工作表。

(4) 运行数据库文档或分析性能。

(5) 将数据移至 Microsoft SQL Server 或 Access(仅限于表)数据库。

(6) 运行链接表管理器。

(7) 管理 Access 加载项。

(8) 创建或编辑 VBA 模块。

3. 上下文命令选项卡

Access 中的上下文命令选项卡是指根据用户正在使用的对象或正在执行的任务而显示的命令选项卡。例如，当用户在数据表视图中设计一个窗体时，会出现“窗体布局工具”下的“设计”、“排列”和“格式”选项卡，如图 2.29 所示。

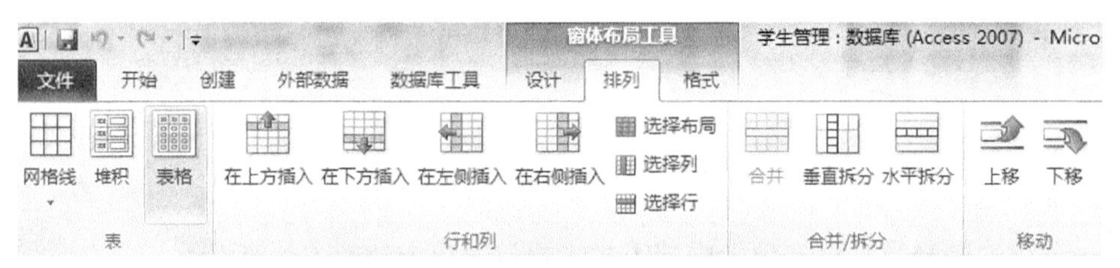

图 2.29 “窗体布局工具”选项卡

而在报表的设计视图中创建一个报表时，则会出现“报表布局工具”下的“设计”、“排列”、“格式”和“页面设置”选项卡，如图 2.30 所示。由此可见，当在设计视图中创建不同对象时，都会随之产生不同的上下文命令选项卡。

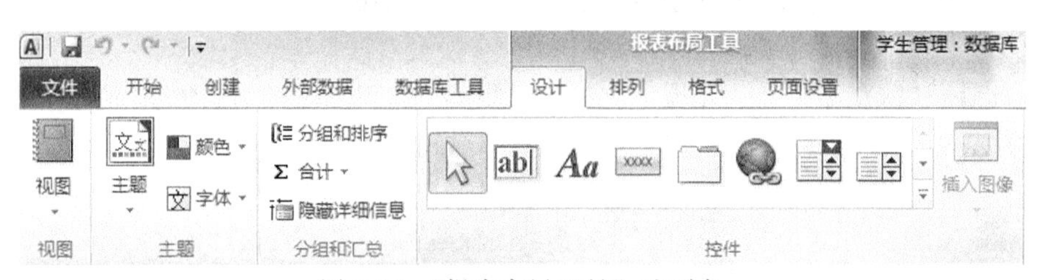

图 2.30 “报表布局工具”选项卡

2.2.4 Access 2010 数据库六大对象

数据库对象是 Access 最基本的操作对象，它是一些关于某个特定主题或目的的信息集合，具有管理数据库中所有信息的功能。在数据对象里，用户可以根据设计需要，将所用数据分别保存在相对独立的储存空间里，这些储存空间就是数据表。用户可以通过联机窗体来查看、添加和更新数据表中的数据，也可以使用查询来查找所需的数据，还可以通过报表的使用以特定的版式布局来分析数据，打印数据。总而言之，创建一个数据库对象是应用 Access 建立信息系统的第一步工作。在 Access 2010 中有六种数据库对象，即表、查询、窗体、报表和宏和模块。不同的对象在数据库中起着不同的作用。

1) 表

数据表是数据库中存储数据的唯一单位，它将各种信息分门别类地存放在各种数据表中。Access 允许一个数据库中包含多个表，用户可以在不同的表中存储不同类型的数据。通过在表之间建立关系，可以将不同表中的数据联系起来，以供用户使用。在数据库中，应该为每个不同的主题建立不同的表，这样不但可以提高数据库的工作效率，还可以减少数据输入产生的错误。

2) 查询

查询是数据库中应用得最多的对象之一，查询是数据库的核心。它可以从数据表、查询中提取满足特定条件的数据，还可以修改、添加或删除数据表记录。查询是用来操作数据库中的数据记录，利用它可以按照一定的条件或准则从一个或多个表中筛选出需要的字段，并将它们集中起来，形成动态数据集，这个动态数据集就是用户想看到的来自一个或多个表中的字段，它显示在一个虚拟的数据表窗口中。用户可以浏览、查询和打印，甚至可以修改这个动态数据集中的数据。执行某个查询后，用户可以对查询的结果进行编辑或分析，并可以将查询结果作为其他对象的数据源。

3) 窗体

窗体是 Access 数据库对象中最灵活的一种对象，其数据源可以是表或查询。窗体可用于为数据库应用程序创建用户界面，有时也被称为“数据输入屏幕”。窗体是处理数据的界面，通常包含一些可执行命令的按钮。窗体的类型比较多，通常可以分为三类。

(1) 提示型窗体：主要用于显示文字和图片信息，没有实际的数据，也没有具体功能，主要是作为数据库应用系统的主界面。

(2) 控制型窗体：这类窗体可以在窗体中设置相应菜单和一些命令按钮，用于完成各种控制功能的转移。

(3) 数据型窗体：使用该类型窗体，可以实现用户对数据库中相关数据进行操作的界面。这是 Access 数据库应用系统中使用得最多最广泛的窗体类型。

4) 报表

当要对数据库中的数据进行打印时，使用报表是最简单有效的方法。报表用于提供数据的打印格式，报表中的数据可以来自表、查询或 SQL 语句。利用报表还可以将数据库中需要的数据提取出来进行分析、整理和计算，并将数据以格式化的方式发送到打印机。可以在一个表或查询的基础上创建报表，也可以在多个表或查询的基础上创建报表。在报表中，可以控制显示的字段、每个对象的大小和显示方式，还可以按照所需要的方式来显示相应的内容。

5) 宏

宏是指一个或多个操作的集合，每个操作用来实现特定的功能。宏可以自动完成某个连续执行的任务，从而使使用和管理 Access 数据库变得更为简单。宏是一种简化的编程语言。利用宏用户不必编写任何代码，就可以实现一定的交互功能。这些功能主要包括：打开或关闭数据表、窗体、打印报表和执行查询；弹出提示信息框，显示警告；实现数据的输入和输出；在数据库启动时执行操作；查找数据等。

Access 中，可以通过从宏列表中以选择的方式创建宏，还可以利用 VBA(Visual Basic for Applications) 编程语言编写过程模块。模块是将 VBA 的声明、语句和过程作为一个单元进行保存的集合，也就是程序的集合。创建模块对象的过程也就是使用 VBA 编写程序的过程。

2.3 Access 数据库的基本操作

开发一个 Access 数据库应用系统的第一步工作就是创建一个 Access 数据库文件；第二步工作则是在数据库中创建表，并建立数据表之间的关系；随后创建其他对象，最终形成完整的 Access 数据库应用系统。

2.3.1 创建数据库

在 Access 2010 中，数据库可以看作一个数据仓库，是存放“表”、“查询”、“窗体”、“报表”、“宏”和“模块”六种对象的容器。数据库是一个独立的文件。Access 数据库应用程序开发总是从创建 Access 数据库文件开始的。

Access 2010 可以用多种方法建立数据库，既可以使用数据库向导建立，也可以直接建立一个空数据库。建立了数据库以后，就可以在里面添加表、查询和窗体等数据库对象了。下面介绍两种创建数据库的方法。

1. 创建空白数据库

创建一个空白数据库适合于创建比较复杂的数据库，特别是在没有合适的数据库模板的情况下。创建一个空数据库后，只是建立了数据库的外壳，其中没有任何对象和数据。要根据需要向空数据库中添加表、查询、窗体、宏等对象。这种方法能更加灵活地创建符合实际需要的数据库系统。

【例 2.1】 创建一个空数据库。

具体操作步骤如下：

(1) 启动 Access 2010 程序，单击“文件”选项卡进入 Backstage 视图，单击左侧导航窗格中的“新建”命令，然后在中央窗格选择“空数据库”，如图 2.31 所示。

(2) 在右侧窗格中的“文件名”文本框中输入新建文件的名称，再单击“创建”图标按钮，如图 2.31 所示。若要改变新建数据库文件的位置，可在图 2.31 中单击“文件名”右侧的文件夹图标，弹出“文件新建数据库”对话框，选择文件的存放位置，在“文件名”文本框中输入文件名称，再单击“确定”按钮即可。

图 2.31　创建空数据库

(3) 这样就创建了一个空白数据库，如图 2.32 所示，在该数据库中默认有一个空数据表“表 1”。

图 2.32　空白数据库创建

(4) 空白数据库创建好后，就可以添加表和数据了，用户可以在该空白数据库中逐一创建 Access 的各种对象。

2. 使用模板创建数据库

使用模板创建数据库是创建数据库的最快方式，用户只需要进行一些简单的操作，就可以创建一个包含了表、查询、窗体等数据库对象的数据库系统。除了可以使用 Access 提供的本地创建数据库方法，还可以利用 Internet 上的资源，在 Office.com 的网站上搜索到所需的模板，就可以把它下载到本地计算机中，快速创建数据库。

【例 2.2】 创建一个“教职员”数据库。

具体操作步骤如下：

(1) 启动 Access 2010，在 Backstage 视图的“新建”界面中单击“样本模板”，列出的 12 个模板可以分成两组：一组是传统数据库模板；另一组是 Web 数据库模板。Web 数据库模板是 Access 2010 新增的功能，可以使用户较快地掌握 Web 数据库的创建。

(2) 选择“教职员”选项，在右下方的“文件名”中输入数据库文件名并选择存放位置，然后单击“创建”按钮，如图 2.33 所示。

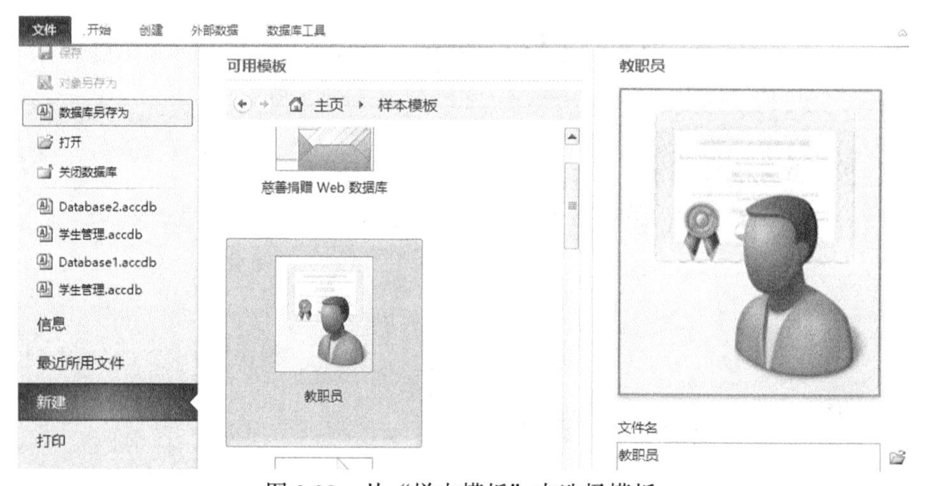

图 2.33　从“样本模板”中选择模板

(3) 这样就创建了“教职员”数据库，如图 2.34 所示。这个窗口中提供了配置数据库和使用数据库教程的链接。单击左上角的展开按钮 »，还可以查看该数据库中包含的所有 Access 对象，如图 2.35 所示。

(4) 单击导航窗口左侧如图 2.36 所示的“教职员详细信息”窗体选项，弹出如图 2.37 所示的对话框，可输入教职工具体信息资料。

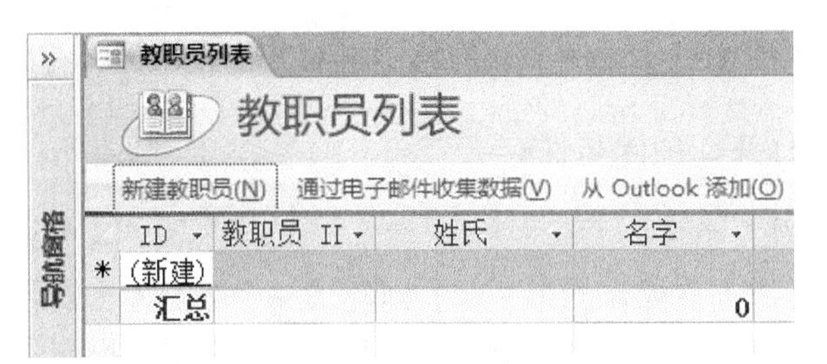

图 2.34　“教职员”数据库

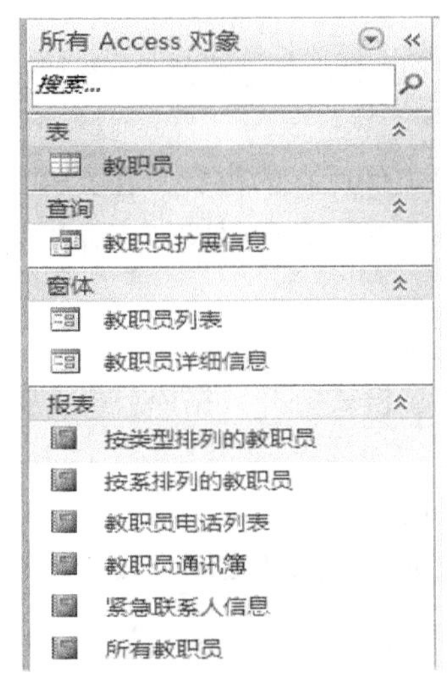

图 2.35　“教职员” 数据库中所有对象

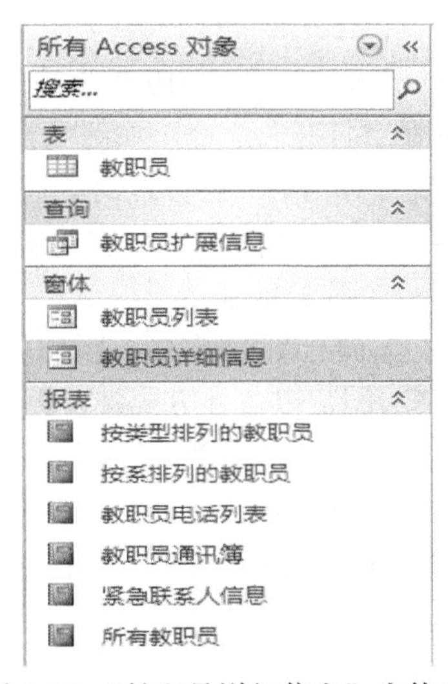

图 2.36　“教职员详细信息”窗体对象

图 2.37　“教职员详细信息”对话框

通过数据库模板可以快速创建一个专业的数据库系统，但往往不一定符合要求，因此可以先利用模板生成一个数据库，再对其修改，使其符合要求。

2.3.2　数据库的打开、关闭与保存

1. 打开数据库

打开数据库是数据库操作的第一步，创建了一个数据库，以后再用时就需要打开已经创建的数据库。这是数据库操作中最基本、最简单的操作。打开数据库的方法有两种。

1) 从 Access 中打开数据库

(1) 启动 Access 2010 程序后，选择“文件”选项卡，在打开的 Backstage 视图左侧选择“打开”命令，如图 2.38 所示。

(2) 在弹出的“打开”对话框上方选择数据库文件所在的位置，在文件列表中选择要打开的数据库文件。接着单击“打开”按钮旁的三角符号按钮，弹出一个下拉菜单，如图 2.38 所示。

(3) 下面介绍不同的方式打开数据库的不同功能。

“打开”：以这种方式打开数据库，就是以共享模式打开数据库，即允许多位用户在同一时间同时读写数据库。

“以只读方式打开”：只能查看而无法编辑数据库。

“以独占方式打开”：当有一个用户在读写数据库，则其他用户无法使用该数据库。

图 2.38　“打开”命令选项

“以独占只读方式打开”：所谓的“独占只读方式”指在一个用户打开某一个数据库后，其他用户将只能以只读模式打开此数据库，而并非限制其他用户都不能

打开此数据库。

(4) 在弹出的下拉菜单中选择一种数据库的打开方式，即可打开选中的数据库，如图 2.39 所示。

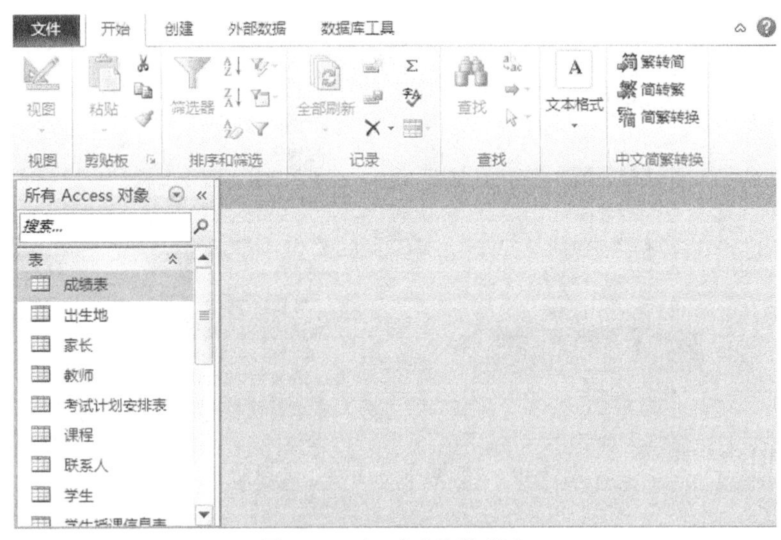

图 2.39　打开后的数据库

2) 从 Windows 资源管理器中打开数据库

(1) 在 Windows 桌面上双击“我的电脑”图标，打开 Windows 资源管理器。

(2) 打开数据库所在的文件夹。

(3) 双击数据库文件，打开数据库。

2. 关闭数据库

在保存了数据库且不再需要使用数据库时，就可以关闭数据库了。方法如下：

(1) 单击屏幕右上角的“关闭”按钮，即可关闭数据库。

(2) 单击左上角的“文件”选项卡，在打开的 Backstage 视图中选择“关闭数据库”命令，也可关闭数据库。

3. 保存数据库

在新建的数据库中添加了表等数据库对象后，需要保存数据库。另外用户对数据库做了修改以后，也需要及时保存数据库。保存数据库的方法和步骤如下：

(1) 单击屏幕左上角的“文件”选项卡，在打开的 Backstage 视图中选择“保存”命令，即可保存输入的信息。

(2) 选择“数据库另存为”命令，可更改数据库的保存位置和文件名，如图 2.40 所示。弹出 Microsoft Access 对话框，提示保存数据库前必须关闭所有打开的对象，单击“是”按钮即可，如图 2.41 所示。弹出“另存为”对话框，选择文件的存放位置，然后在“文件名”文本框中输入文件名称，单击“保存”按钮即可，如图 2.42 所示。

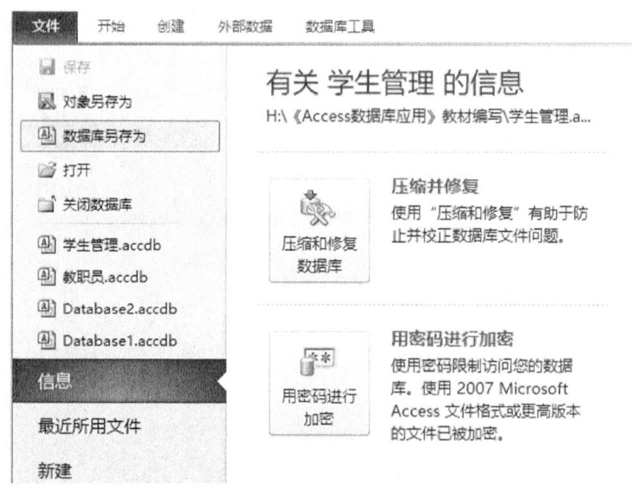

图 2.40　“数据库另存为”选择命令

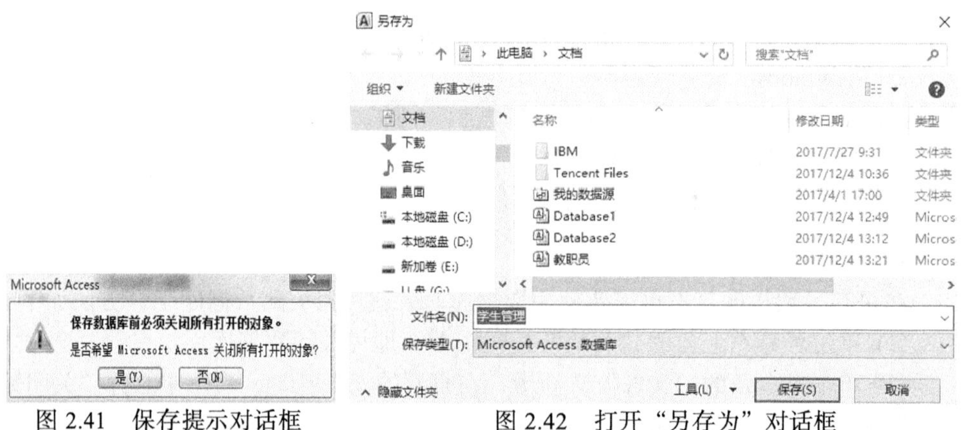

图 2.41　保存提示对话框　　　　图 2.42　打开“另存为”对话框

2.3.3　数据库对象的操作

Access 2010 数据库中有六种基本对象：“表”、“查询”、“窗体”、“报表”、“宏”和“模块”，对这些对象的操作有创建、打开、复制、删除、修改和关闭等。这里介绍基本的打开、复制、删除和关闭操作，其他操作将在后续章节中详细介绍。

1) 打开数据库对象

如果需要打开一个数据库对象，可以先在导航窗格中选择一种组织方式，找到需要打开的对象，然后双击即可直接打开该对象。

【例 2.3】 打开“学生管理系统”中的“课程表”报表。

操作步骤如下：

(1) 打开“学生管理系统”数据库，在导航窗格中单击“所有 Access 对象”右侧的下拉箭头。

(2) 从弹出的快捷菜单中选择“对象类型”命令。

(3) 在展开的对象列表中，双击“课程表”报表图标即可打开该报表(如图 2.43 所示)；或是右击“课程表”报表图标，从弹出的快捷菜单中选择“打开”命令即可。

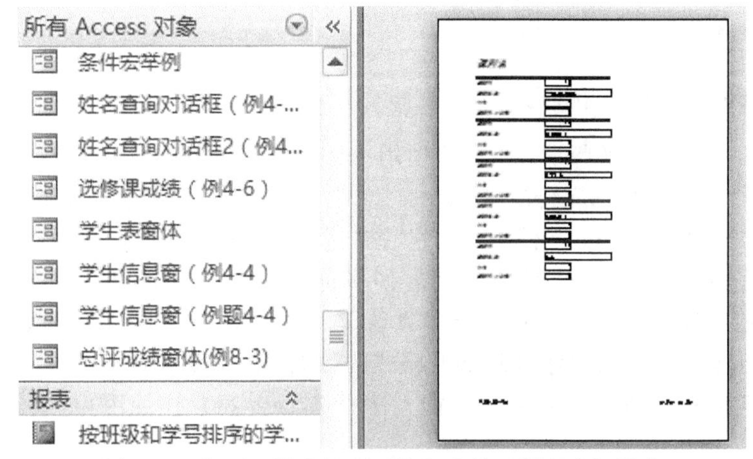

图 2.43 打开“学生管理系统”中的“课程表”报表

2) 复制数据库对象

在 Access 数据库中，使用复制方法可以创建对象的副本。

【例 2.4】 复制“学生管理系统”数据库中的“学生信息窗”窗体。

操作步骤如下：

(1) 启动 Access 2010，打开数据库“学生管理系统”；在“导航窗格”中，单击“所有 Access 对象”右侧的下拉箭头，从打开的组织方式下拉列表中，选择“对象类型”命令，找到“学生信息窗”窗体，右击“学生信息窗”，从弹出的快捷菜单中选择“复制”命令。

(2) 在“导航窗格”的空白处右击，从弹出的快捷菜单中选择“粘贴”命令，此时将打开“粘贴为”对话框，在该对话框中可以为复制的对象重新命名，或者使用默认的名称，确认名称后单击“确定”按钮。

3) 关闭对象

当打开多个对象后，如果需要关闭某个对象，最简单的方法就是，首先选中想要关闭的对象，然后在选项卡对象窗格中单击右上角的 × 按钮，即可将该对象关闭。

4) 删除数据库对象

如果要删除某个数据库对象，需要先关闭该数据库对象。在多用户的环境中，还要确保所有的用户都已经关闭了该数据库对象。

【例 2.5】 删除上述例 1.4 中创建的“学生信息窗的副本”窗体。

操作步骤如下：

(1) 在“导航窗格”中找到要删除的数据库对象“学生信息窗的副本”窗体。

(2) 右击该数据库对象，从弹出的快捷菜单中选择“删除”命令，或者按 Delete 键，选中的对象就被删除了(在执行删除命令之前，Access 会弹出提示对话框要求用户确认是否真的删除) 。

2.3.4 Access 数据库的格式

Access 具有不同的版本，可以将使用 Access 97、Access 2000、Access 2002、Access 2003 创建的数据库转换成 Access 2007-2010 文件。默认情况下，Access 2010 和 Access 2007 以.accdb 文件格式创建数据库，该文件格式通常称为 Access 2007 文件格式。此格式支持较新的功能，如多值字段、数据宏以及发布到 Access Services(使用 SharePoint Server 的新组件 Access Services 可以将新.accdb 格式的数据库发布到 Web，但不能将旧版.mdb 格式的数据库发布到 Web)。虽然共用同一文件格式，但 Access 2010 的一些新功能无法在 Access 2007 中使用。

第3章　表

表是 Access 数据库的基本对象，数据库中的所有数据都存储在表中，其他对象(如查询、窗体等)对数据库的任何操作都是基于表的。建立好数据库之后，可以通过多种方法创建数据库中的表。表是特定主题的数据集合，它将具有相同性质或相关联的数据存储在一起，以行和列的形式来描述数据。表结构设计得好坏直接会影响到数据库的性能，同时也影响整个系统设计的复杂程度。

本章将介绍建立表的各种方法，表中字段的数据类型、属性的设置，如何建立表之间的关系，为表建立索引以及表的筛选排序等。

3.1　Access 数据表的创建

数据表是数据库的核心和基础，它保存着数据库中的所有数据信息。数据表的主要功能是存储数据，它是 Access 数据库中其他对象的数据源。表中存储的数据主要用在以下几个方面：

(1) 建立功能强大的查询，完成 Excel 表格不能完成的任务。

(2) 作为窗体和报表的数据源。

(3) 作为网页的数据源，将数据动态显示在网页中。

在 Access 2010 的新建数据库中，系统会自动创建一个新表。此外，还有以下几种创建表的方式：

(1) 通过直接在数据表中输入数据来创建表。Access 2010 可以自动识别存储在该数据表中的数据类型，并据此设置表的字段属性。

(2) 通过 Access 内置的“表模板”创建表。

(3) 通过“字段模板”创建表。

(4) 通过表的“设计视图”创建表，用户需要设置每个字段的各种属性。

(5) 通过导入外部数据创建表。

(6) 通过“SharePoint 列表”，在 SharePoint 网站建立一个列表，再在本地建立一个新表，并将其连接到 SharePoint 列表中。

下面将详细介绍使用这几种方法创建表的操作步骤。

3.1.1　在数据库中创建表

通常在创建了一个新的空数据库后，系统将会自动在其中建立一个新表。具体

操作步骤如下：

(1) 启动 Access 2010，单击“空数据库”，在右下角“文件名”文本框中为新数据库输入文件名，单击“创建”图标按钮，如图 3.1 所示。

图 3.1　创建“空数据库”

(2) 这时新的空数据库已创建，并自动创建一个名为“表 1”的新表，该新表以数据表视图打开，如图 3.2 所示。

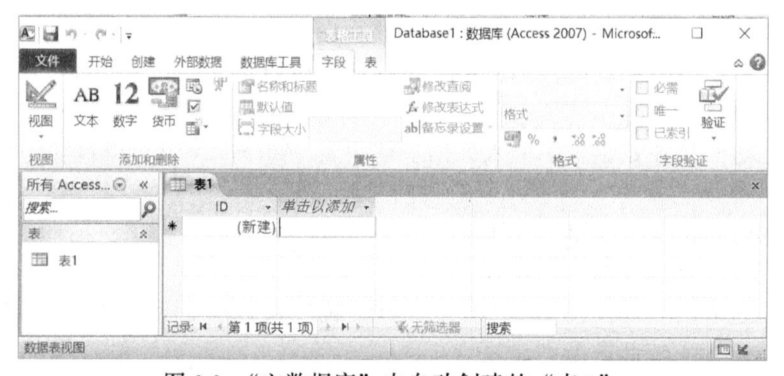

图 3.2　“空数据库”中自动创建的“表 1”

3.1.2　在现有数据库中创建新表

在使用数据库时，用户经常需要在现有的数据库中建立新表，这时可以通过直接插入一个空表，来完成。插入空表的方法见例 3.1。

【例 3.1】　在“学生管理系统”数据库中建立一个空表。

(1) 启动 Access 2010，打开建立的“学生管理系统”数据库。

(2) 在“创建”选项卡下的“表格”组中单击“表”按钮，如图 3.3 所示。

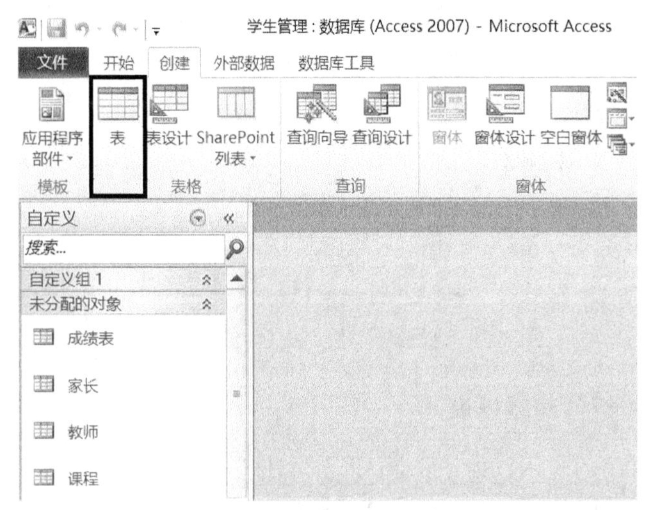

图 3.3　“表格”组中单击“表”按钮

(3) 这时将在数据库中插入一个表名为“表 1”的新表，并且默认在“数据表视图”中打开该表，如图 3.4 所示。

图 3.4　在“学籍管理系统”数据库中创建新“表 1”

(4) 在表的第一行中单击“单击以添加”，弹出如图 3.5 所示的字段类型下拉列表，选择所需的字段类型，数据表中就会增加一个字段，只需将系统默认的字段名改为所需的字段名。这样依次逐个添加字段以及内容，即可完成表的创建。

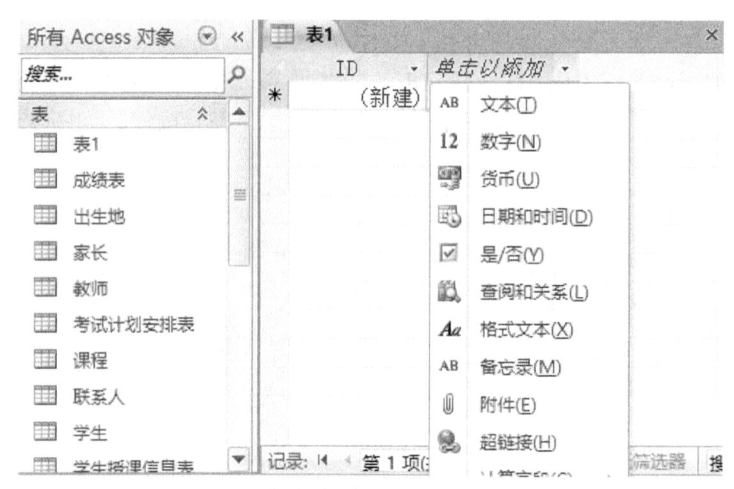

图 3.5　选择新创建“表 1”的字段类型

3.1.3　使用表模板创建数据表

对于一些常用的应用，如“联系人”、“事件”或“任务”等相关主题的数据表和窗体等对象，可以使用 Access 自带的模板。使用模板创建表的优点是简单、方便、快捷。

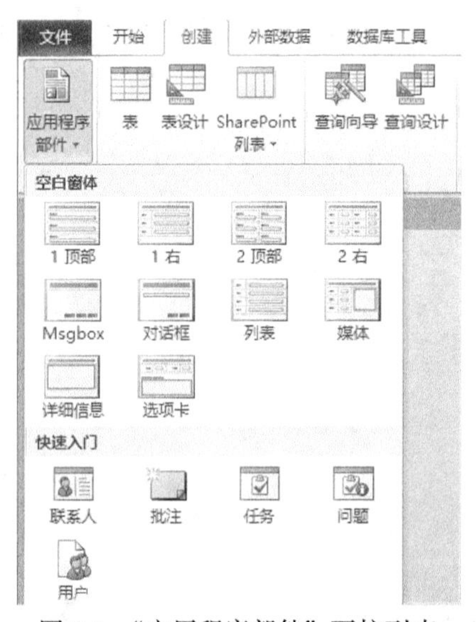

图 3.6　“应用程序部件”下拉列表

【例 3.2】　使用“表模板”在“学生管理系统”数据库中创建一个学生“联系人”表。

操作步骤如下：

(1) 打开“学生管理系统”数据库，单击“创建”选项卡。

(2) 单击“模板”组中的“应用程序部件”按钮，在弹出的下拉列表中单击“联系人”选项，将基于“联系人”表模板创建表，如图 3.6 所示。

(3) 之后弹出如图 3.7 所示“创建简单关系”对话框。打开第一个下拉箭头，从中选择“学生”表，创建“学生”表至“联系人”的一对多关系(一个学生可以有多个联系人)，单击“下一步”按钮。

(4) 弹出如图 3.8 所示“选择查阅列”对话框。选择“学生”表中的“学号”字段作为查阅列中显示的值，指定查阅列的名称为“姓名”，并勾上“允许多个值”选项(允许多个学生有同样的联系人)，然后单击“创建”按钮。

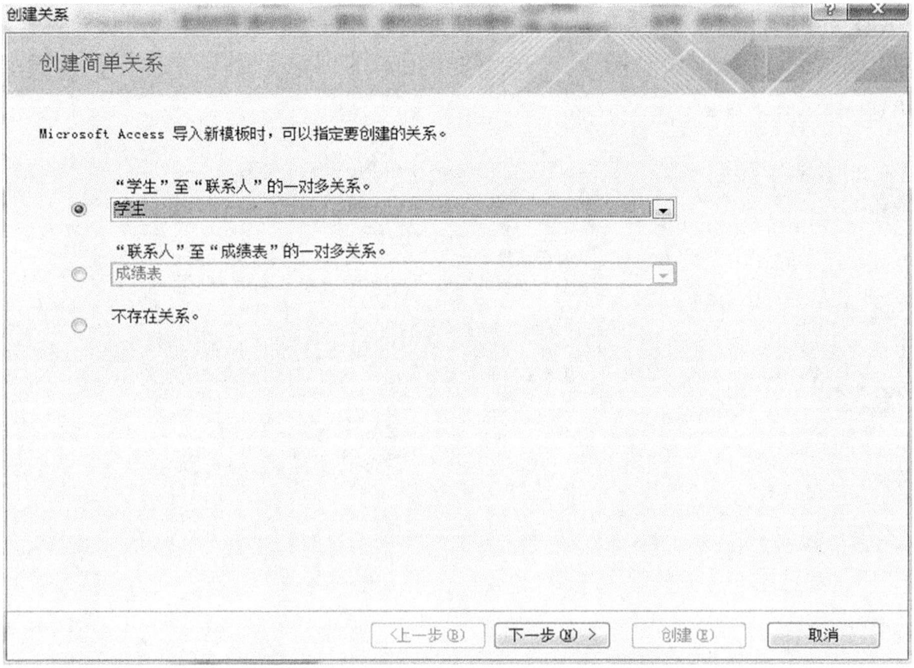

图 3.7　打开“创建简单关系”对话框

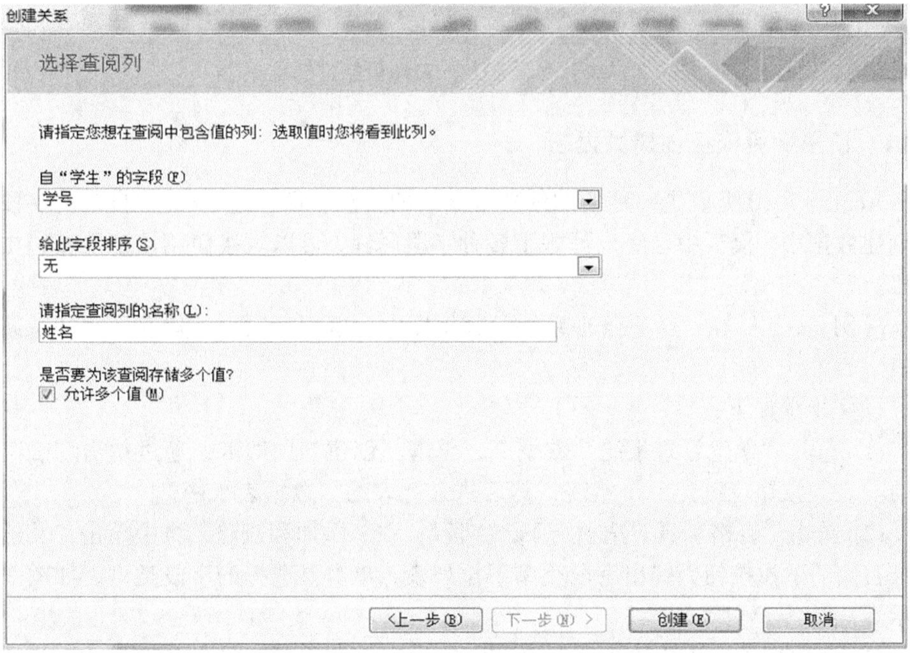

图 3.8　打开“选择查阅列”对话框

(5) 此时新建的“联系人”表就被添加到左侧导航栏中，打开“联系人”表，就可以在表的“数据表视图”中完成数据记录的创建、删除等操作，如图 3.9 所示。

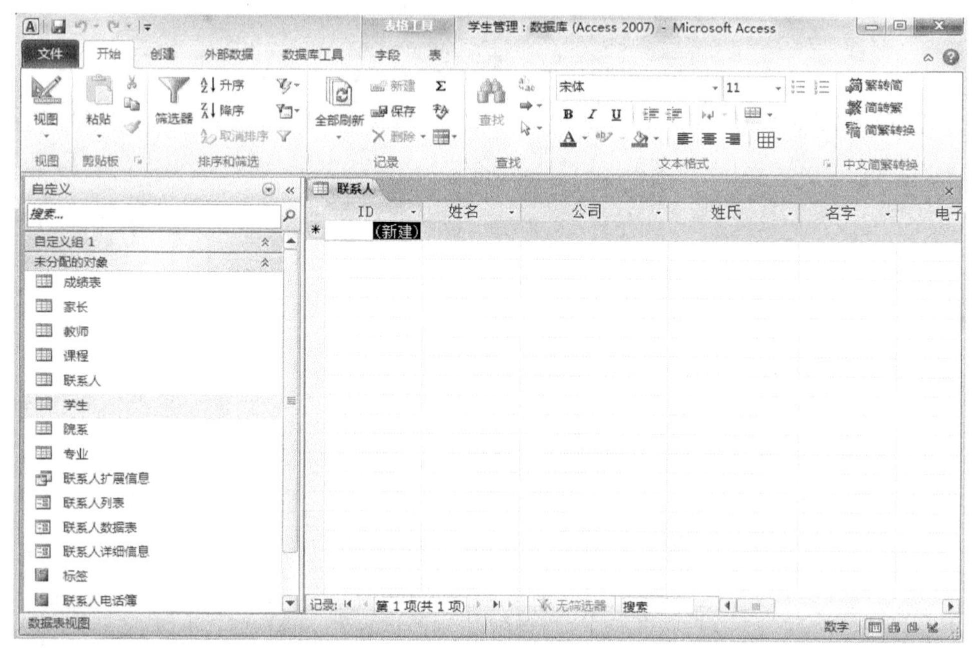

图 3.9　基于“联系人”表模板创建的数据表

3.1.4　使用字段模板创建数据表

Access 2010 提供了一种新的创建数据表的方法，即通过 Access 自带的字段模板创建数据表。模板中已经设计好了各种字段属性，可以直接使用该字段模板中的字段。

【例 3.3】　在“学生管理系统”数据库中，运用字段模板建立一个“院系信息表”。

操作步骤如下：

(1) 打开“学生管理系统”数据库，单击“创建”选项卡，通过单击“表”组中的“表”按钮，创建一个空表，然后进入此表的“数据表视图”。

(2) 单击“表格工具”选项卡下“字段”，在“添加和删除”组中单击“其他字段”右侧的下拉按钮，弹出字段类型下拉列表，单击要选择的字段类型，如图 3.10 所示。

(3) 接着即可在表中输入字段名和字段内容，最后保存并命名表为“选修课信息表”，如图 3.11 所示。

图 3.10　打开“其他字段”下拉列表

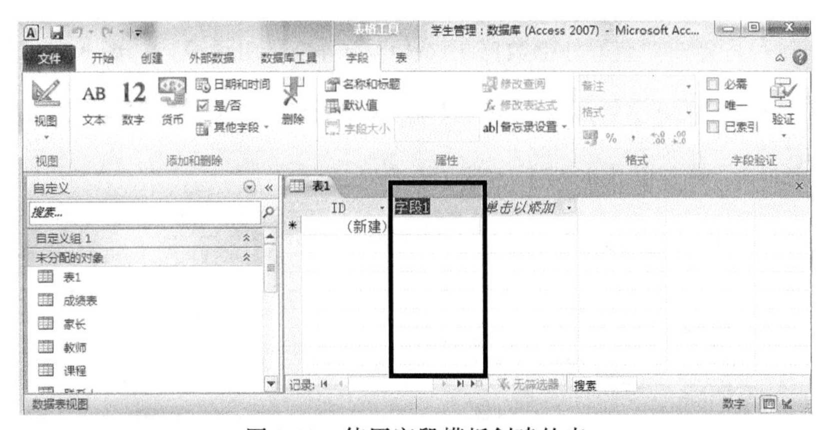

图 3.11　使用字段模板创建的表

3.1.5　通过导入并连接创建表

数据共享是加快信息流通、提高工作效率的要求。Access 提供的导入和导出功能就是用来实现数据共享的工具。

在 Access 中可以通过导入存储在其他位置的信息来创建表。例如，可以导入 Excel 工作表、Access 数据库、文本文件、XML 文件以及其他类型的文件。

【例 3.4】 在“学生管理系统”数据库中，通过导入 Excel 文件“出生地.xlsx”创建“出生地”表。

操作步骤如下：

(1) 启动 Access 2010，打开数据库“学生管理系统”。

(2) 打开“外部数据”功能区选项卡。在“导入并链接”组中选择 Excel 按钮，如图 3.12 所示。

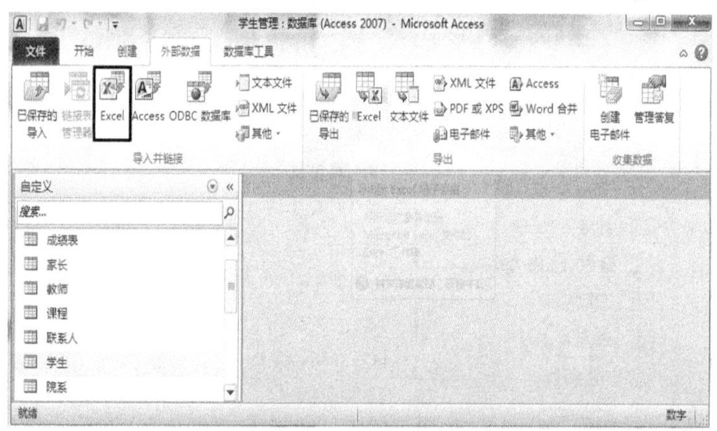

图 3.12　选择“导入并链接”组中的 Excel

(3) 随后将打开“获取外部数据-Excel 电子表格”对话框，如图 3.13 所示。

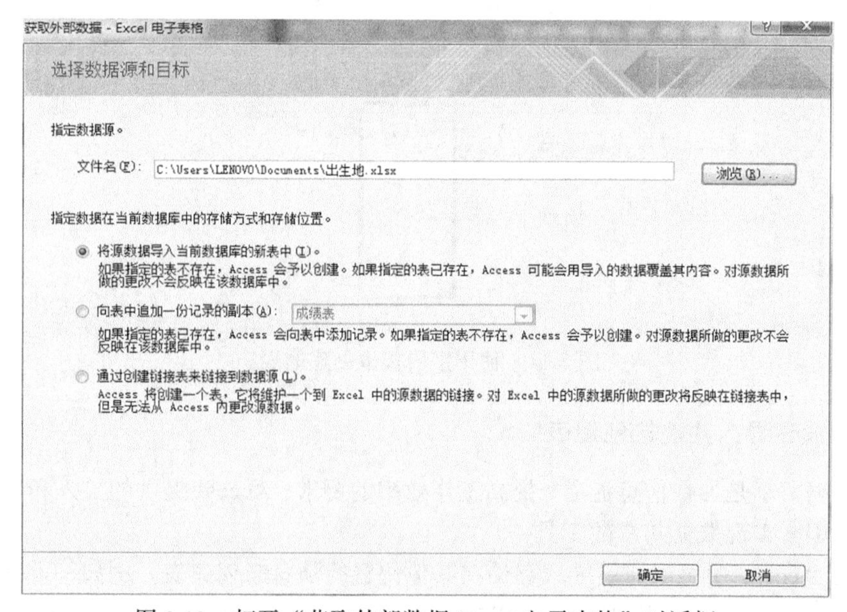

图 3.13　打开“获取外部数据-Excel 电子表格”对话框

(4) 单击“浏览”按钮，打开“打开”对话框，找到“出生地.xlsx”所在位置，单击“打开”按钮(或者直接在“文件名”文本框中输入该文件的路径信息)，在“指定数据在当前数据库中的存储方式和存储位置”选项中选中“将源数据导入当前数据库的新表中”单选按钮，这样 Access 将在当前数据库中新建表来存储导入的数据。

(5) 单击“确定”按钮，启动“导入数据表向导”，第一步是选择 Excel 文件保护的工作区域，选择“显示工作表”中含有数据的表单，下方将显示示例数据，单击“下一步”按钮，如图 3.14 所示。

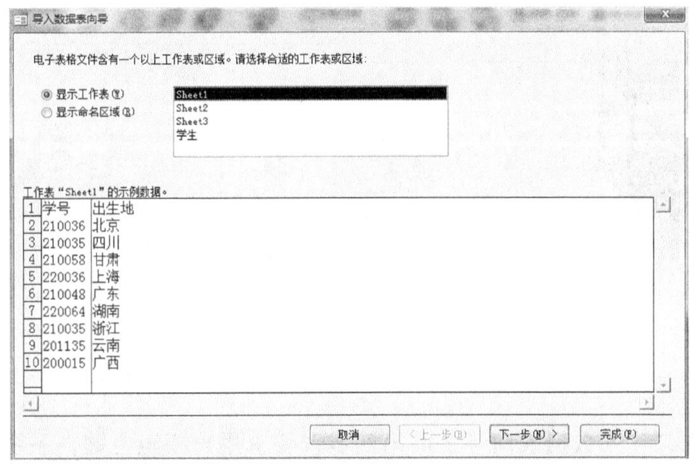

图 3.14　“导入数据表向导”一：选择工作表

(6) 进入“导入数据表向导”的第二步，勾选“第一行包含列标题”的复选框，单击“下一步”按钮，如图 3.15 所示。

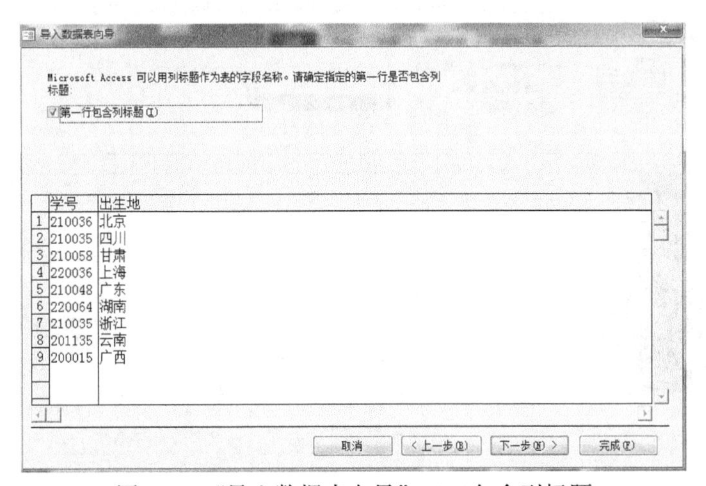

图 3.15　“导入数据表向导”二：包含列标题

(7) 进入“导入数据表向导”的第三步，可以指定每一个字段的名称和索引等信息，也可以选择不导入某列，这给数据输入带来了相当大的灵活性。本例均采用默认值，单击“下一步”按钮，如图 3.16 所示。

图 3.16　“导入数据表向导”三：指定字段信息

(8) 进入“导入数据表向导”的第四步，要求用户指定主键，系统自动添加一列 ID(自动编号)，如果用户指定主键，选择“我自己选择主键”，然后从下拉列表中选择作为主键的字段，接着单击“下一步”按钮，如图 3.17 所示。

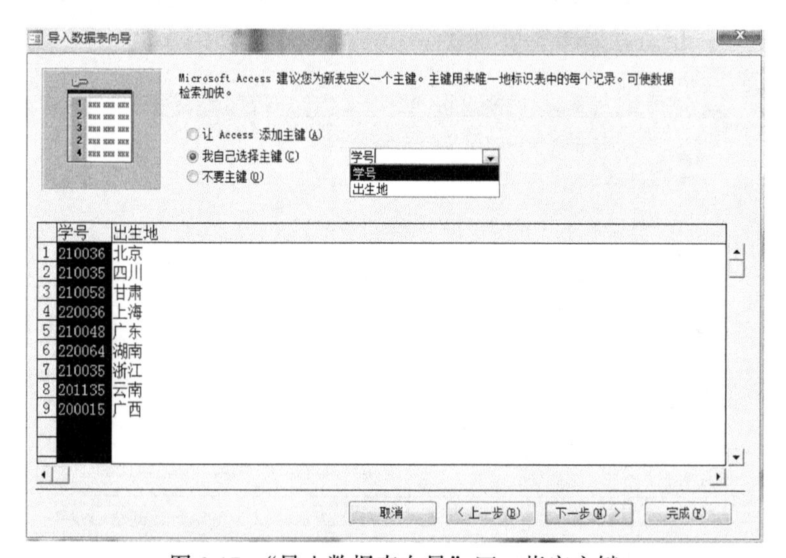

图 3.17　“导入数据表向导”四：指定主键

(9) 进入“导入数据表向导”的第五步，提示输入新表的名称，默认为数据来源的工作表名(如 Sheet1)。将表名称改为“出生地信息”，单击“完成”按钮，弹出完成导入提示对话框，如图 3.18 所示。

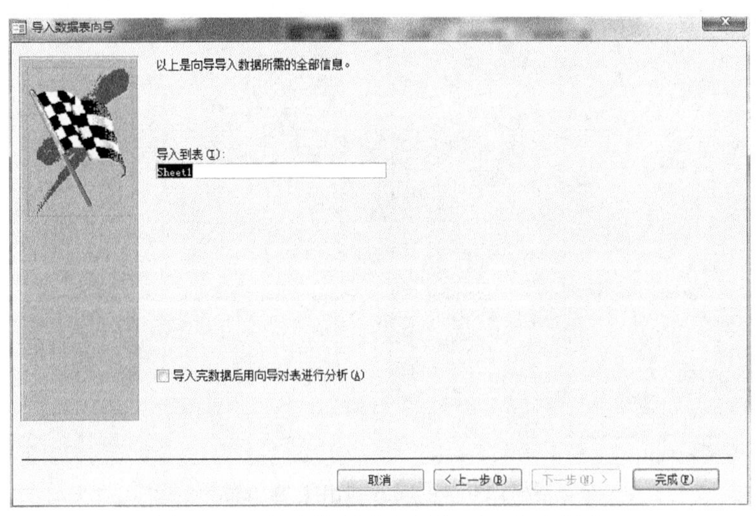

图 3.18　“导入数据表向导”五：命名新表

(10) 弹出“获取外部数据”对话框，若不需要进行相同的导入操作，不必勾选“保存导入步骤”复选框，直接单击“关闭”按钮即可，如图 3.19 所示。

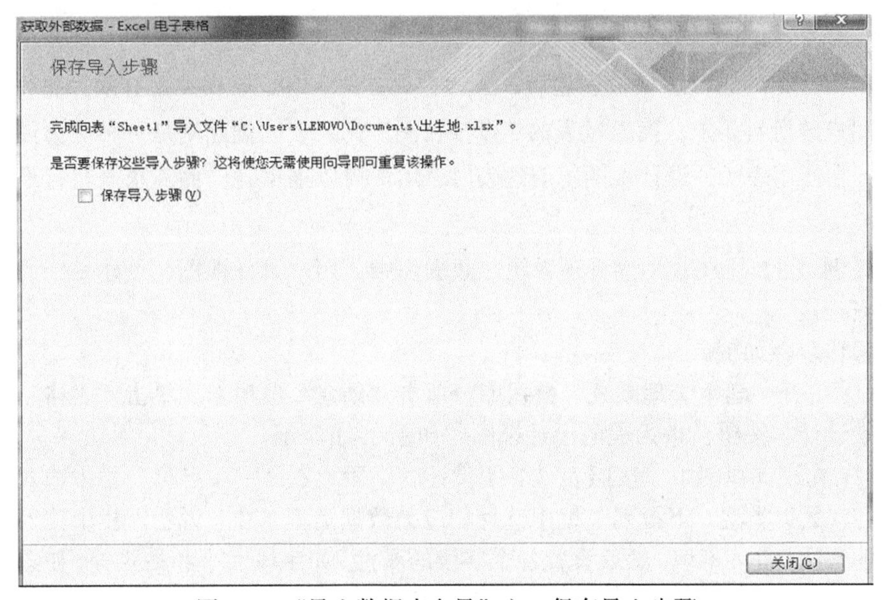

图 3.19　“导入数据表向导”六：保存导入步骤

(11) 最后打开新表“出生地信息”，如图 3.20 所示。

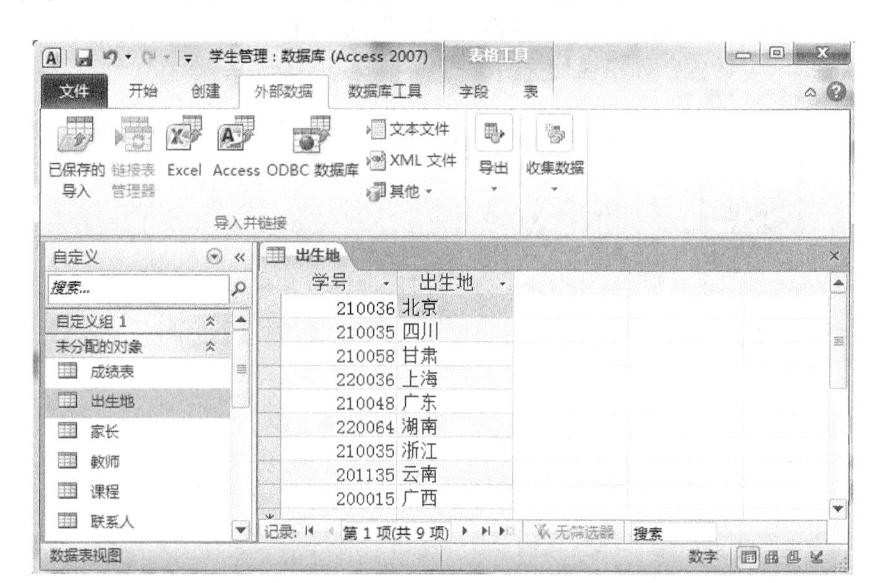

图 3.20　生成的“出生地”表

类似地，也可以从外部数据库中直接导入表至本数据库。导入外部数据能快速创建表，尤其是快速地输入数据。如果对新创建的表不满意，可以再通过表设计器在表的设计视图中进行调节，直至满意为止。

3.1.6　使用表设计视图创建数据表

前面介绍的通过表模板创建表，虽然直观方便，但是模板类型有限，往往不能符合用户的所有要求。而通过表的“设计视图”完成表的创建则是一种更为灵活的方式，在使用表的“设计视图”创建表时，用户可以根据自己的需求来自行设计和定义字段。

【例 3.5】　在“学生管理系统”数据库中，用“设计视图”创建一个“考试计划安排表”。

操作步骤如下：

(1) 打开“学生管理系统”数据库，单击“创建”选项卡，单击“表格”组中的“表设计”按钮，进入表的设计视图，如图 3.21 所示。

(2) 在设计视图中，按照表 3.1 所设计的字段，在“字段名称”栏中输入字段名，在“数据类型”下拉列表框中选择相应的数据类型，在“说明”栏中输入对该字段的备注，也可不填。然后设置各个字段的属性，如字段大小和格式等，如图 3.22 所示。

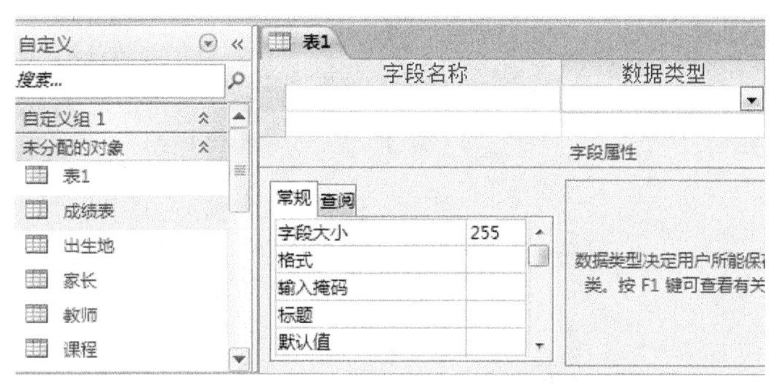

图 3.21　“表 1”的设计视图

表 3.1　“考试计划安排表”字段设计

字段名称	数据类型	是否主键	字段大小
学号	文本	是	8
姓名	文本	否	6
班级	文本	否	6
考试课程号	文本	是	4
考试时间	时间日期型	否	长日期
考试地点	文本	否	8
重修课	是/否	否	—

表1

字段名称	数据类型	说明
学号	文本	主键
姓名	文本	
班级	文本	
考试课程号	文本	主键
考试时间	日期/时间	长日期格式
考试地点	文本	
重修课	是/否	是/否

字段属性

常规　查阅

字段大小	8
格式	
输入掩码	
标题	
默认值	

图 3.22　“考试计划安排表”的设计视图

(3) 设置“学号”和“考试课程号”字段为主键，如图 3.23 所示，方法见后面例 3.10。

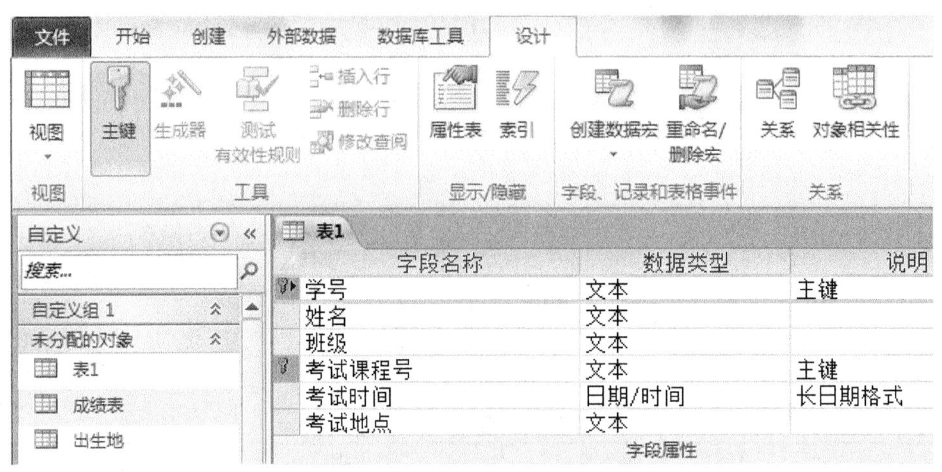

图 3.23　设置“学号”和“考试课程号”字段为主键

(4) 单击“保存”按钮，弹出“另存为”对话框，在“表名称”文本框中输入“考试计划安排表”，单击“确定”按钮完成表的创建。

(5) 填写表格内容时，只需单击屏幕左上方的“视图”按钮，切换到“数据表视图”即可，如图 3.24 所示。

图 3.24　“考试计划安排表”的数据表视图

3.1.7　使用 SharePoint 列表创建表

可以在数据库中创建从 SharePoint 列表导入的或链接到 SharePoint 列表的表。还可以使用预定义模板创建新的 SharePoint 列表。Access 2010 中的预定义模板包括“联系人”、“任务”、“问题”和“事件”。

在一个空数据库中使用 SharePoint 列表创建表的过程如下：

(1) 启动 Access 2010，打开一个空数据库。

(2) 在“创建”选项卡下的“表格”组中单击“SharePoint 列表”，接着从弹出的下拉列表框中选择“问题”选项，如图 3.25 所示。

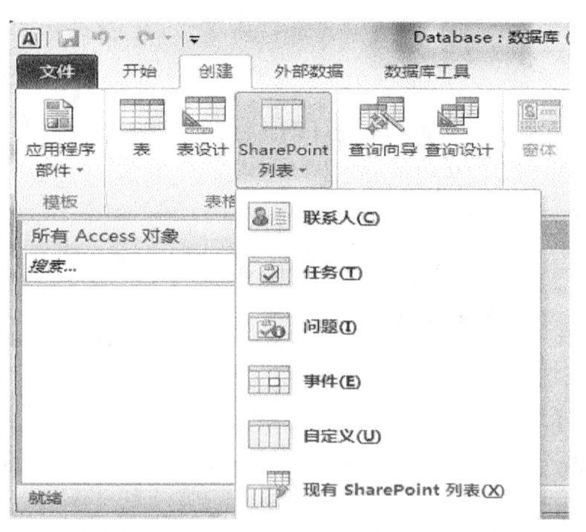

图 3.25　“SharePoint 列表”的下拉列表

(3) 弹出“创建新列表”对话框如图 3.26 所示，输入要在其中创建列表的 SharePoint 网站的 URL，并在“指定新列表的名称”和“说明”文本框中分别输入新列表的名称和说明，最后单击“确定”按钮，即可打开创建的表了。

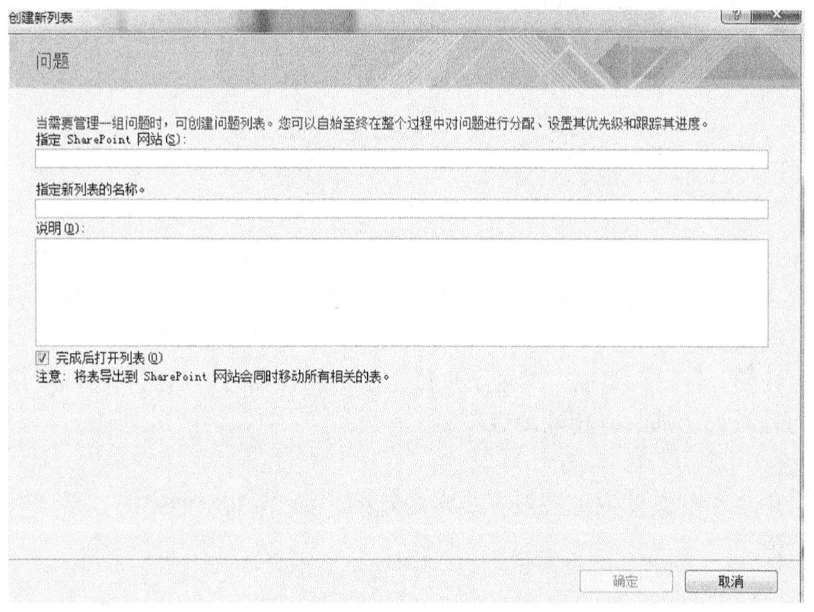

图 3.26　“创建新列表”对话框

3.2　数据表的设计

3.2.1　数据表相关概念

数据表是数据库的核心和基础，它保存着数据库中的所有数据信息。报表、查询和窗体都是先从表中获取数据信息，然后对获取到的信息进行加工、分析和处理，以实现某些特定的需要，如查找、计算统计等。

数据表是存储二维表的容器，每个表由若干个行和列组成，如图 3.27 所示。下面详细介绍数据表的一些重要概念。

1) 字段

二维表中的一列称为数据表的一个字段，它描述数据的一类特征。如图 3.27 中，“学号”、“专业编号”、“姓名”、“性别”、“出生日期”等每一列都是一个字段，分别描述出学生的不同特征。

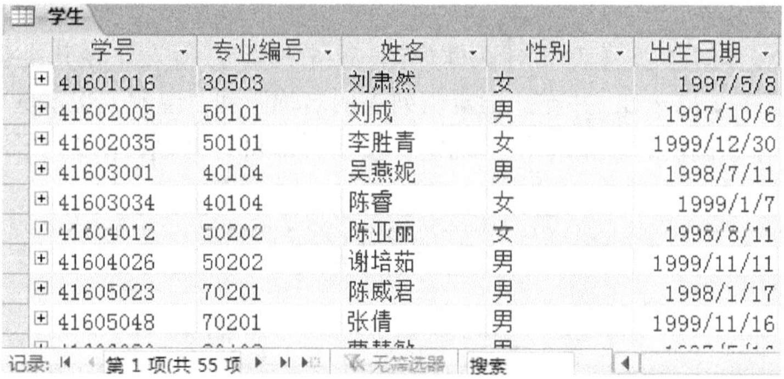

学生

学号	专业编号	姓名	性别	出生日期
41601016	30503	刘肃然	女	1997/5/8
41602005	50101	刘成	男	1997/10/6
41602035	50101	李胜青	女	1999/12/30
41603001	40104	吴燕妮	男	1998/7/11
41603034	40104	陈睿	女	1999/1/7
41604012	50202	陈亚丽	女	1998/8/11
41604026	50202	谢培茹	男	1999/11/11
41605023	70201	陈威君	男	1998/1/17
41605048	70201	张倩	男	1999/11/16

记录: 第 1 项(共 55 项　无筛选器　搜索

图 3.27　“学生”数据表

2) 记录

二维表中的一行称为数据表的一条记录，每条记录都对应一个实体，它通常由若干个字段组成。如图 3.27 中的一条记录由“学号”、“专业编号”、“姓名”、“性别”和“出生日期”等字段组成，描述了每位学生的属性信息。从图中可以看出，同一个表中的每条记录都具有相同的字段定义。

3) 值

记录中字段的具体取值一般有一定的范围，如“150****9586”是“电话”字段的一个值。

4) 主关键字

主关键字又称为主键，在 Access 数据库中，每个表包含主关键字，它可以由一个或多个字段组成，它(们)的值可以唯一表示表中的一条记录，图3.27中的“学号”就是主关键字。

5) 外键

外键是指引用其他表中的主键的字段，用于说明表与表之间的关系。

3.2.2　数据类型

在数据表中同一列数据必须具有相同的数据“格式”，这样的“格式”称为字段的数据类型。换而言之，字段的数据类型指的是表的字段中所存储的值的种类。不同数据类型的字段用来描述不同的信息，如日期数据、文字数据等。Access的数据类型有文本、备注、数字、日期/时间、货币、自动编号、是/否、OLE对象、超级链接、附件、计算、查阅向导和自定义型等类型，共13种。

在表的“设计视图”中，单击“数据类型”栏的下拉箭头，可弹出数据类型的下拉列表，如图3.28所示。

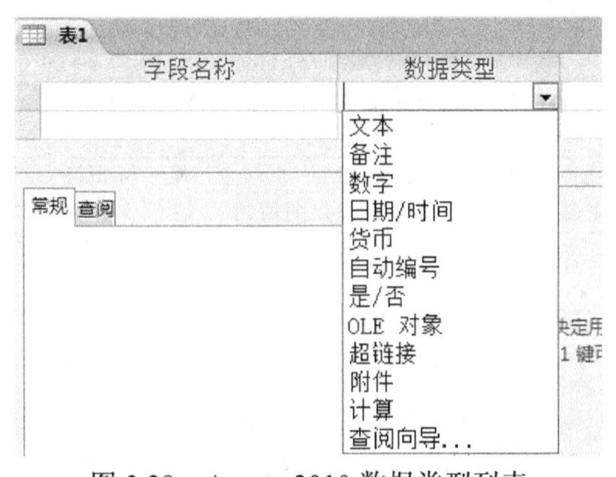

图3.28　Access 2010数据类型列表

1) 短文本

短文本型字段可以保存文本或文字与数字的组合，如姓名、地址。也可以是不需要计算的数字，如电话号码、邮政编码等。短文本型字段的默认大小为50个字符，但一般输入时，系统只保存输入字段的字符。设置“字段大小”属性可以控制能输入的最大字符个数。

2) 长文本

短文本型字段的取值最多可以达到255个字符，如果取值的字符超过了255，则需要使用长文本型字段。长文本型字段可保存较长的文本，允许存储的最大字符个数为65535。在长文本型字段中可以搜索文本，但搜索速度比在有索引的文本型字段中慢。

3) 数字

数字型字段用来存储进行算术运算的数字数据。一般可以通过设置“字段大小”属性，定义一个特定的数字型。可以定义的数字型及其取值范围如表3.2所示。

4) 日期/时间

日期/时间型字段用来存储日期、时间或日期时间的组合，范围为100～9999年。

5) 货币

货币型是数字型的特殊类型，相当于具有双精度属性的数字型。向货币型字段输入数据时，不必输入货币符号和千位分隔符，Access 会自动显示这些符号，并在此类型的字段中添加两位小数。

表 3.2　数字型字段大小的属性取值

可设置值	说明	小数位数	大小
字节	保存从 0～255 内且无小数位的数	无	1 个字节
整型	保存−32768～32767 内且无小数位的数	无	2 个字节
长整型	系统的默认数字类型，保存−2147483648～2147483647 内且无小数位的数	无	4 个字节
单精度型	保存-3.402823×10^{38}～-1.401298×10^{-45}内的负数和 1.401298×10^{-45}～3.402823×10^{38} 内的正数	7	4 个字节
双精度型	保存$-1.79769313486231\times10^{308}$～$-4.94065645841247\times10^{-324}$内的负数和 $4.94065645841247\times10^{-324}$～$1.79769313486231\times10^{308}$ 内的正数	15	8 个字节
同步复制 ID	ReplicationID，也叫全球唯一标识符 GUID，它的每条记录都是唯一不重复的值	无	16 个字节
小数	单精度和双精度属于浮点型数字类型，而小数是定点型数字类型，储存$-10^{38}-1$～$10^{38}-1$ 内的数，可以指定小数位数	最多 28	12 个字节

6) 自动编号

自动编号类型比较特殊，每次向表中添加新记录时，不需要用户为自动编号型的字段指定值，Access 会自动插入唯一顺序号。但应注意的是，不能对自动编号型字段人为地指定数值或修改其数值，每个表只能包含一个自动编号型字段。自动编号型一旦被指定，就会永远地记录连接。如果删除了表中含有自动编号型字段的一条记录，Access 就不会对表中自动编号型字段重新编号。当添加新的记录时，Access 不再使用已被删除的自动编号型字段的数值，而是按递增的规律重新赋值。

7) 是/否

是/否型又通常称为布尔型数据或逻辑型，是针对只包含两种不同取值的字段而设置的，如 yes/no、true/false、on/off 等数据。通过设置是/否型的格式特性，可以选择是/否型字段的显示形式，使其显示 yes/no、true/false、on/off 等。

8) OLE 对象

OLE 对象型是指字段准许单独地“链接”或“嵌入”OLE 对象。添加数据到 OLE 对象型字段时，Access 给出以下选择：插入新对象、插入某个已存在的文件内容或连接到某个已存在的文件。每个嵌入对象都存放在数据库中，而每个链接对象只存放于原始文件中。可以链接或嵌入表中的 OLE 对象是指在其他使用 OLE 协议程序创建的对象。例如，Word 文档、Excel 工作表、图像、声音或其他二进制数据在窗体或报表中必须使用“结合对象框”来显示 OLE 对象。

9) 超级链接

超级链接型的字段是用来保存超级链接的。超级链接型字段包含作为超级链接地址的文本或以文本形式存储的字符与数字的组合。超级链接地址是连接对象、文档或其他目标的路径。一个超级链接地址可以是一个URL或是一个UNC网络路径。超级链接地址也可能包含其他特定的地址信息，如数据库对象、书签或该地址所指向的Excel单元格范围。当单击一个超级链接时，Web浏览器或Access将根据超级链接地址到达指定的目标。一般情况下超级链接地址包含三部分内容：Displaytext(在字段或控件中显示的文本)、Address(到文件UNC路径或页面URL的路径)和Subaddress(在文件或页面中的地址)。

10) 附件

附件可以将图像、电子表格文件、文档、图表和其他类型的支持文件附加到数据库的记录，这与将文件添加到电子邮件相类似，具体取决于数据库设计者对附件字段的设置方式。附件字段非常灵活，而且可以更高效地使用存储空间，主要是因为附件字段不用创建原始文件的位图图像。

11) 计算

计算用于表达式或结果类型为小数的数据，用8个字节保存。

12) 查阅向导

查阅向导是一种比较特殊的数据类型。在进行记录数据输入时，如果希望通过一个列表或组合框选择所需要的数据以便将其输入字段中，而不是直接手工输入，此时就可以使用查阅向导类型字段。在使用查阅向导类型字段时，列出的选项可以是来自其他的表，也可以是事先输入好的一组固定的值。

Access 2010支持的字段数据类型、说明和实例如表3.3所示。

表3.3　Access 2010数据表支持的数据类型

数据类型	说明	实例
文本	(1) 文本(即字符)或文本与数字的组合，以及不需要计算的数字，如电话号码； (2) 系统默认值。在不设定字段的类型时，Access默认是文本类型数据； (3) 最大长度为255个字符或数字； (4) 可以设置“字段大小”属性控制来设置输入的最大字符长度	(1) 电话号码：029- 85335182； (2) 王5； (3) 学号41310016
备注	(1) 存储较长的文本与数字数据，或RTF格式的文本； (2) 最多可输入65535个字符	个人简历
数字	(1) 存储数学计算的数值数据。可在“字段大小”属性中选择“字节”、“整型”、“长整型”、“单精度型”、“双精度型”、“同步复制ID”或“小数”来设置数值的大小； (2) 可用1、2、4或8个字节存放	100.58

续表

数据类型	说明	实例
日期/时间	(1) 存储 100～9999 年的日期与时间数据； (2) 8 个字节存放	(1) 15/6/2014； (2) 9:30 PM
货币	(1) 存储货币值，并在计算时禁止四舍五入。用于计算的数值数据是带有 1 到 4 位小数的数据； (2) 精确到小数点左边 15 位和小数点右边 4 位； (3) 一个货币值数据占用 8 个字节的存储空间	¥198.99
自动编号	(1) 每增加一条记录，此类型数据会自动加 1，用 4 个字节存放； (2) 这些编号不重复，一旦删除，不会重现	1 2
是/否	(1) “是”或“否”值，即布尔类型，用于字段值是两个可能值中的一个； (2) 等价形式：True/False、Yes/No 或 On/Off，用 1 位表示； (3) 在 Access 中，使用“-1”表示所有“是”值，使用“0”表示所有“否”值	(1) True； (2) False
OLE 对象	(1) 用于存储由其他应用程序创建、链接、嵌入 Access 表中的声音、图像、Microsoft Office 文件和其他对象； (2) 一个 OLE 对象不能超过 1GB	Excel 工作表、Word 文档、图形或声音
超链接	存储 URL 网址，为文本类型，最多为 64000 个字符	百度主页 http://www.baidu.com
附件	(1) 图像、二进制文件、Office 文件和图表等各种文件可附加到数据库记录中。这是.accdb 格式的数据库文件的一种新类型； (2) 压缩的附件最大为 2GB，未压缩的附件大约为 700KB	图像、电子表格文件、文档、图表
计算	(1) 用于表达式或结果类型为小数的数据； (2) 计算时必须引用同一张表中的其他字段，可以使用表达式生成器创建计算； (3) 计算字段无法调用用户定义的函数，只能调用内置函数，且必须为调用的函数提供所有参数(即便某些参数是可选的)； (4) 早期版本的 Access 无法打开使用计算字段的表	[基本工资]+[津贴]
查阅向导	(1) 用来实现查阅另一个表中的数据或从一个值列表中选择值的字段； (2) Access 2010 支持创建多值查阅字段； (3) 与执行查阅的主键字段大小相同	性别 男 男 女 单击上图“性别”字段的下拉箭头，可显示(男，女) 选项列表

不同数据类型的存储特性有所不同，在设定字段的数据类型时要根据数据类型的特性来设定。例如，一个商品表中的“单价”字段应该设置为“货币”类型，“销售数量”字段应设置成“数字”类型，而“商品名”则最好设置为“文本”类型，“商品说明”最好设置为“备注”类型等。

3.2.3　字段属性

确定字段的数据类型后，还应设置字段的属性，才能高效精准地存储和显示表中的数据。需要注意的是，不同的数据类型有不同的属性。

在表的设计视图中，上半部分的设计网格，用于设置“字段名称”和“数据类型”；下半部分的选项卡是“字段属性”的设置区域，包括“常规”属性和“查阅”属性，如图 3.29 所示。在表的设计视图中，按 F1 键，可查看鼠标单击处属性的详细帮助信息。

字段属性实际上是一组约束条件，用来控制数据的输入及显示。例如，对于成绩表中的成绩字段，可以设置有效输入只能是 0～100 内的数，如果用户输入了该范围外的数字，则告知用户输入无效。

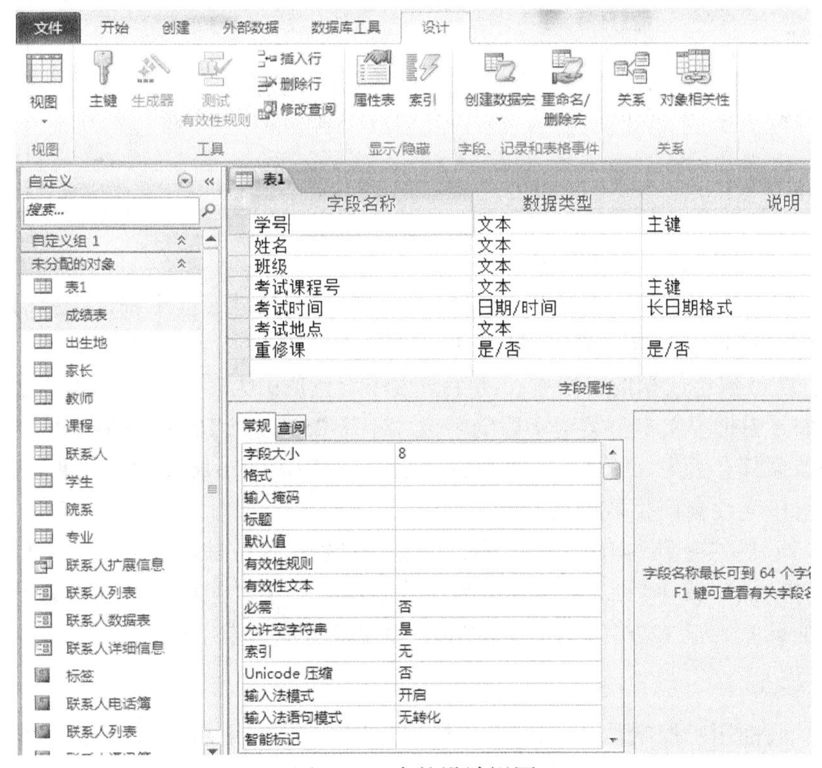

图 3.29　表的设计视图

接下来，介绍一些常见的字段属性。

1. 字段大小

字段大小用于限定文本字段所能存储的字符长度，以及数字型数据或自动编号型数据的类型。文本型字段的大小属性是指文本型字段能够保存的文本长度，取值为 0～255 个字节，默认值是 255。数字型数据的大小属性用于限定数字型数据的种类。不同种类的数字型数据，大小范围不同，如表 3.4 所示。

自动编号型数据的大小属性，可设置为“长整型”或“同步复制 ID”。

表 3.4 “数字”类型的“字段大小”属性值设置

设置	说明	小数位数	存储量
字节	保存 0～225(无小数位)内的数	无	1 字节
小数	存储 $-10^{38}-1$～$10^{38}-1$ 内的数(.adp)； 存储 $-10^{28}-1$～$10^{28}-1$ 内的数(.mdb)	28	12 字节
整型	保存–32768～32767(无小数位)内的数	无	2 字节
长整型	默认值； 保存 –2147483648～2147483647(无小数位)内的数	无	4 字节
单精度型	保存 -3.402823×10^{38}～-1.401298×10^{-45} 内的负数和 1.401298×10^{-45}～3.402823×10^{38} 的正数	7	4 字节
双精度型	保存$-1.79769313486231\times10^{308}$～$-4.94065645841247\times10^{-324}$ 内的负数和 $4.94065645841247\times10^{-324}$～$1.79769313486231\times10^{308}$ 内的正数	15	8 字节
同步复制 ID	全局唯一标识符(GUID)	N/A	16 字节

对表 3.4 的几点说明如下：

(1) 字段大小并非设置得越大越好，较小的数据处理速度更快，需要的内存更少，因此设置时应秉持“够用即好”的原则。

(2) 在已包含数据的字段中，将字段大小设置值由大转换为小，可能会丢失数据。例如，当把“文本”类型字段的字段大小从 255 改成 50 时，则超过 50 个字符以外的数据都会丢失。在设计视图中，一旦保存对字段大小属性的更改就无法撤消，因为更改该属性会产生数据变化。

(3) 改变数字型数据的字段大小，可能会出现小数位被四舍五入，或得到一个空(Null)值的情况。例如，由单精度型变为整型时，小数值将四舍五入为最接近的整数；如果值大于 32767 或小于–32768，该字段将成为空字段。

2. 格式

格式属性用于控制数字、日期、时间和文本在数据表中的显示方式。改变格式只会影响数据的显示方式，不会改变数据的存储方式和输入方式。不同类型的数据有不同的格式。文本和备注型数据可以自定义显示格式，可以使用四种格式符号来控制显示的格式，如表 3.5 所示。

Access 为“数字”、“货币”、“时间/日期”和“是/否”类型的数据提供了预定义格式。Access 显示的预定义格式与计算机所选国家/地区相对应(通过 Windows“控制面板”中的“区域和语言”设定)。例如，如果在“当前系统区域设置”中选择“英语(美国)”，则 1234.56 的“货币”格式是$1,234.56，如果选择“中文(简体，中国)”，该数字将显示为￥1,234.56。

表 3.5　文本和备注型数据的格式符号

符号	意义
@	需要输入文本字符(一个字符或空格)
&	不需要输入文本字符
<	强制所有字符都小写
>	强制所有字符都大写

如在表的设计视图中自行设置字段的格式属性，则这种格式称为自定义格式。自定义格式中可以使用的符号及其含义见表 3.6。

表 3.6　自定义格式中使用的符号及其含义

符号	意义
空格	将空格显示为原义字符
"ABC"	将双引号内的字符显示为原义字符
!	实施左对齐而不是右对齐，必须在任何格式字符串的开头使用此字符
*	随其后的字符将变成填充字符，用以填满可用的空格，可以在格式字符串中的任何位置添加填充字符
\	用于强制 Access 将紧随其后的字符显示为原义字符，也可以用双引号引起一个字符将其显示为原义字符
[color]	用于向格式中某个部分的所有值应用颜色。必须用方括号括起颜色的名称，并使用下列名称之一：黑色、蓝色、蓝绿色、绿色、洋红色、红色、黄色或白色

1) “文本”和“备注”类型

“文本”和“备注”类型没有预定义的格式，如果需要自定义“文本”和“备注”类型格式，可使用表 3.7 所示的符号。另外，“文本”和“备注”字段的自定义格式最多有两个节，每节含义见表 3.7 所示的节说明。

自定义设置“文本”和“备注”类型格式的示例见表 3.8。

表 3.7　自定义“文本”和“备注”格式时使用的符号及节的说明

<table>
<tr><th>符号</th><th>说明</th><th>节</th><th>说明</th></tr>
<tr><td>@</td><td>要求文本字符(一个字符或空格)；任何剩余的占位符将显示为空格。例如，如果格式字符串为@@@@@，而文本为 ABC，则该文本将添加两个前导空格以便向左对齐</td><td rowspan="2">第一节</td><td rowspan="2">有文本的字段的格式</td></tr>
<tr><td>&</td><td>不要求文本字符；任何剩余的占位符将不会显示任何内容。例如，如果格式字符串为&&&&&且文本为 ABC，则仅显示向左对齐的文本</td></tr>
<tr><td><</td><td>将所有字符强制为小写</td><td rowspan="2">第二节</td><td rowspan="2">有零长度字符串及 Null 值的字段的格式</td></tr>
<tr><td>></td><td>将所有字符强制为大写</td></tr>
</table>

表 3.8 “文本”及“备注”的自定义格式示例

设置	数据	显示
@@@-@@-@@@@	465043799 12	465-04-3799 -　-　12
@@@@@@@@@	465-04-3799 465043799	465-04-3799 465043799
<	davolio DAVOLIO Davolio	davolio davolio davolio
>	davolio DAVOLIO Davolio	DAVOLIO DAVOLIO DAVOLIO
@;"Unknown"	Null 值	Unknown
	零长度字符串	Unknown
	任何文本	显示出与输入相同的文本

2) “日期/时间”类型

(1) “日期/时间”的预定义格式。

“日期/时间”类型的预定义格式和例子如图 3.30 所示，有“常规日期”、“长日期”、“中日期”、“短日期”、“长时间”、“中时间”和“短时间”七种。

图 3.30　预定义的“日期/时间”数据格式

(2) 自定义“日期/时间”类型格式。

自定义“日期/时间”格式时所用符号及含义如表 3.9 所示。如果要将逗号或其他分隔符添加到自定义格式中，可将分隔符用双引号括起，如 mmm d","yyyy。

注意：与 Windows 区域设置中所指定的设置不一致的自定义格式将被忽略。

表 3.9　自定义“日期/时间”格式时使用的符号及其含义

符号	说明
：(冒号)	时间分隔符。分隔符是在 Windows 区域设置中设置的
/	日期分隔符
c	与“常规日期”的预定义格式相同
d	一个月中的日期，根据需要以一位或两位数显示(1～31)
dd	一个月中的日期，用两位数字显示(01～31)
ddd	星期名称的前三个字母(Sun 到 Sat)
dddd	星期名称的全称(Sunday 到 Saturday)
ddddd	与“短日期”的预定义格式相同
dddddd	与“长日期”的预定义格式相同
w	一周中的日期(1～7)
ww	一年中的周(1～53)
m	一年中的月份，根据需要以一位或两位数显示(1～12)
mm	一年中的月份，以两位数显示(01～12)
mmm	月份名称的前三个字母(Jan 到 Dec)
mmmm	月份的全称(January 到 December)
q	以一年中的季度来显示日期(1～4)
y	一年中的日期数(1～366)
yy	年的最后两个数字(01～99)
yyyy	完整的年(0100～9999)
h	小时，根据需要以一位或两位数显示(0～23)
hh	小时，以两位数显示(00～23)
n	分钟，根据需要以一位或两位数显示(0～59)
nn	分钟，以两位数显示(00～59)
s	秒，根据需要以一位或两位数显示(0～59)
ss	秒，以两位数显示(00～59)
ttttt	与“长时间”的预定义格式相同
AM/PM	以大写字母 AM 或 PM 相应显示的 12 小时时钟
am/pm	以小写字母 am 或 pm 相应显示的 12 小时时钟
A/P	以大写字母 A 或 P 相应显示的 12 小时时钟
a/p	以小写字母 a 或 p 相应显示的 12 小时时钟
AMPM	以适当的上午/下午指示器显示 24 小时时钟，如 Windows 区域设置中所定义

自定义设置“日期/时间”类型格式的示例见表 3.10。

3)“数字/货币”类型

(1)“数字/货币”类型的预定义格式。预定义的“数字/货币”数据类型的格式如图 3.31 所示，在“格式”属性的下拉列表中，有“常规数字”、“货币”、“欧元”、“固定”、“标准”、“百分比”和“科学记数”七种预定义格式，同时还给出了不同数据格式的相应例子。

表 3.10　自定义“日期/时间”格式示例

设置	显示
ddd", "mmm d", "yyyy	Mon, Jun 2, 1997
mmmm dd", "yyyy	June 02, 1997
"This is week number "ww	This is week number 22
"Today is "dddd	Today is Tuesday
"A.D. " #;# " B.C."	正数将在年代之前显示“A.D.”，负数则在年代之后显示“B.C.”

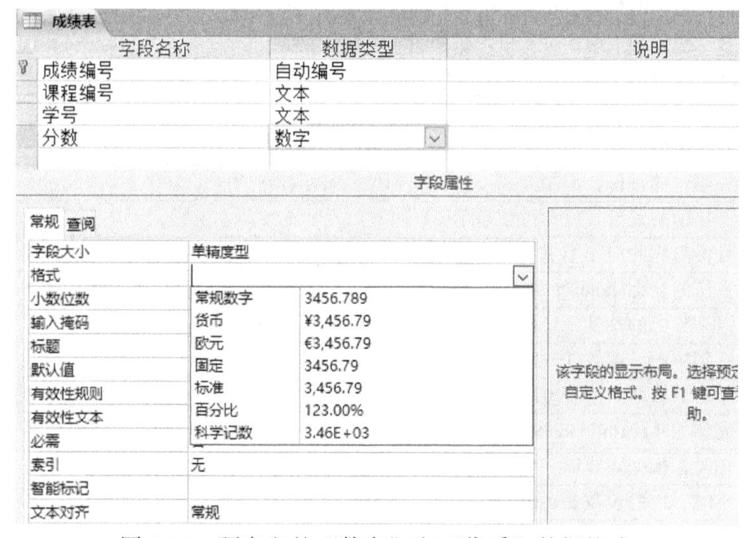

图 3.31　预定义的“数字”和“货币”数据格式

(2) 自定义“数字/货币”数据类型。自定义“数字/货币”数据类型格式时所使用的符号及其含义如表 3.11 所示。

表 3.11　自定义“数字/货币”数据类型格式时所使用的符号及其含义

符号	说明
.(英文句号)	小数分隔符，分隔符在 Windows“区域设置”中设置
,(英文逗号)	千位分隔符
0	数字占位符，显示一个数字或 0
#	数字占位符，显示一个数字或不显示
$	显示原义字符“$”
%	百分比，数字将乘以 100，并附加一个百分比符号
E– 或 e–	科学计数法，在负数指数后面加上一个减号(–)，在正数指数后不加符号。该符号必须与其他符号一起使用，如 0.00E–00 或 0.00E00
E+ 或 e+	科学计数法，在负数指数后面加上一个减号(–)，在正数指数后面加上一个正号(+)。该符号必须与其他符号一起使用，如 0.00E+00

自定义的“数字/货币”格式可以有 1～4 个节，使用英文分号“;”作为列表项分隔符，每一节的格式含义见表 3.12。

表 3.12　自定义“数字/货币”数据类型格式时各节的含义及示例

节	说明	示例
第一节	正数的格式	$#,##0.00[Green];($#,##0.00)[Red];"Zero";"Null" (读者可以尝试将上面内容写入“格式”属性，然后在数据表视图输入数据，观察显示格式)
第二节	负数的格式	
第三节	零值的格式	
第四节	Null 值的格式	

自定义“数字/货币”格式的示例见表 3.13。

表 3.13　自定义数字格式示例

设置	说明
0;(0);;"Null"	按常用方式显示正数；负数在圆括号中显示；如果值为 Null，则显示“Null”
+0.0;-0.0;0.0	在正数或负数之前显示正号(+)或负号(−)；如果数值为零，则显示 0.0

4) “是/否”类型

(1) “是/否”类型的预定义格式。“是/否”类型的预定义格式如图 3.32 所示，其中“是”、“True”和“On”是等效的，“否”、“False”和“Off”也是等效的。如果指定了某个预定义的格式并输入了一个等效值，则将显示等效值的预定义格式。

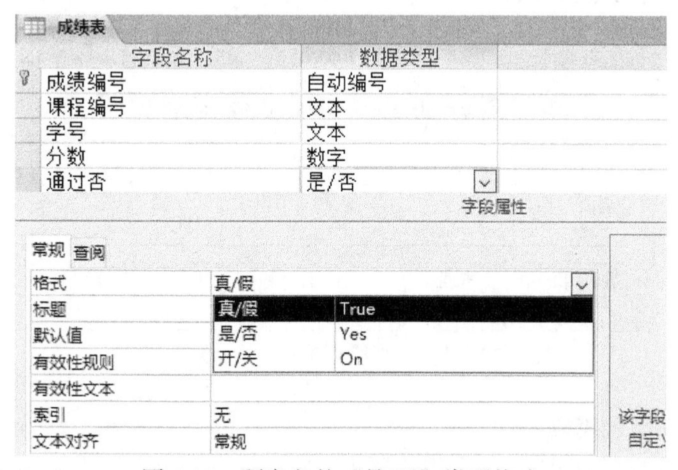

图 3.32　预定义的“是/否”类型格式

(2) 自定义“是/否”类型格式。在“是/否”数据类型的自定义格式中，可以最多使用三个节，节间以分号“;”为分割符，各节说明如表 3.14 所示。

表 3.14　“是/否”类型自定义格式的三个节内容说明

节	说明
第一节	该节不影响“是/否”数据类型，但需要有一个分号 (;) 作为占位符
第二节	在“是”、“True”或“On”值的位置要显示的文本
第三节	在“否”、“False”或“Off”值的位置要显示的文本

3. 输入掩码

输入掩码用来控制数据输入的格式。如果在数据上定义了输入掩码，同时又设置了格式属性，则在显示数据时按格式显示，而编辑的时候就会按掩码显示。要设置掩码的字段，但最好不要设置格式。

输入掩码既可以通过向导来设置，也可以根据实际情况自定义设置。

1) 输入掩码向导

在“字段属性”的“常规”选项卡中单击“输入掩码”行后面的⋯按钮，即可弹出“输入掩码向导”对话框，如图 3.33 所示，可从中快速地选择一种合适的掩码。

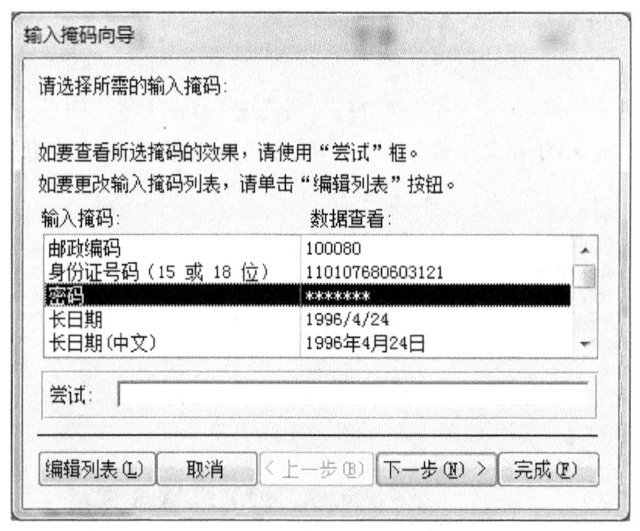

图 3.33　打开“输入掩码向导”对话框

2) 自定义输入掩码

如果向导提供的掩码不符合用户要求，用户需自行定义输入掩码，这时可使用表 3.15 中的字符。在 Access 中，可以为“文本”、“日期/时间”、“数字”和“货币”数据类型的字段设置输入掩码。

自定义输入掩码示例见表 3.16。

表 3.15　自定义输入掩码字符及其含义

字符	说明
0	数字（0～9，必须输入，不允许加号(+)与减号(−)）
9	数字或空格（非必须输入，不允许加号和减号）
#	数字或空格（非必须输入；在“编辑”模式下空格显示为空白，但在保存数据时空白将删除；允许加号和减号）
L	字母（A～Z，必须输入）
?	字母（A～Z，可选输入）
A	字母或数字（必须输入）
a	字母或数字（可选输入）
&	任一字符或空格（必须输入）
C	任一字符或空格（可选输入）
. , :;-/	小数点占位符及千位、日期与时间的分隔符（实际的字符将根据 Windows“控制面板”中“区域设置”对话框中的设置而定）
<	将所有字符转换为小写
>	将所有字符转换为大写
!	使输入掩码从右到左显示，而不是从左到右显示。键入掩码中的字符始终都是从左到右填入的。可以在输入掩码中的任何地方包括感叹号
\	使接下来的字符以字面字符显示（例如，\A 只显示为 A）

表 3.16　输入掩码示例

输入掩码	示例数值
(000) 000-0000	(206) 555-0248
(999) 999-9999	(206) 555-0248 ( ) 555-0248
(000) AAA-AAAA	(206) 555-TELE
#999	-20 2000
>L????L?000L0	GREENGR339M3 MAY R 452B7
>L0L 0L0	T2F 8M4
00000-9999	98115- 98115 -3007
>L<??????????????	Maria Brendan
SSN 000-00-0000	SSN 555-55-5555
>LL00000-0000	DB51392-0493

4. 标题

如果没有为表字段指定标题，则“字段名称”将作为“数据表视图”中的列标题；而如果为表字段指定了标题，则以此标题将作为“数据表视图”中相应的列标题，如图 3.34 所示，且控件附属标签的名称也将使用此指定标题(关于控件及附属标签将在“窗体”章中进一步介绍)。

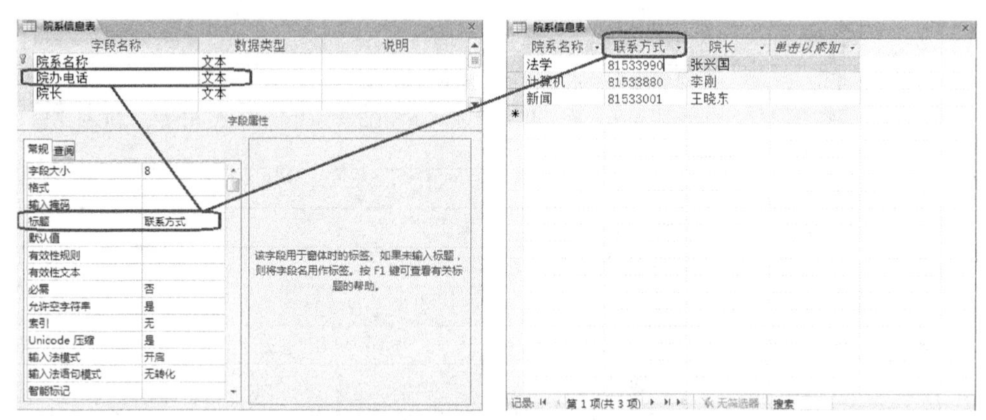

图 3.34　标题属性及其在数据表视图中的显示

标题属性是一个最多包含 2048 个字符的字符串表达式。

注意，若要在标题文本中显示&字符本身，请在标题的设置中包含两个&字符(&&)。例如，若要显示“Save & Exit”，则在“标题”属性框中键入“Save && Exit”。

5. 默认值

在默认值属性中指定的字符串值，将在新建记录时由 Access 自动输入字段中。例如，可以将“城市”字段的默认值设为“西安”，这样，当用户在表中添加记录时，西安将自动出现在新记录上。用户可以选择接受该默认值，也可以输入其他城市的名称。

默认值也可以使用表达式。例如，如果输入 now()，则新记录的字段中将显示输入数据时的日期和时间。

注意：“自动编号”或 OLE 对象数据类型的字段没有默认值属性。如果更改了默认值属性，则更改仅应用于新增记录，不会自动应用于已有记录。

6. 有效性规则和有效性文本

为了避免用户输入数据时可能出错，如在“成绩”字段录入一个负数，在“性别”字段键入一个同音字等，Access 提供了“有效性规则”属性，用于指定对输入到记录、字段或控件中的数据的要求。

如果用户只设置了“有效性规则”属性而没有设置“有效性文本”属性，则用户违反有效性规则时，Access 将显示标准的错误消息。如果设置了“有效性文本”属性，则将显示所输入的文本作为错误消息。

例如，如图 3.35 所示，性别字段的“有效性规则”是："男" or "女"，当用户输入的是“男”或“女”之外的其他字符，Access 将弹出一个提示框中，显示“有效性文本”的内容：“性别字段只能输入"男" 或者 "女"”。

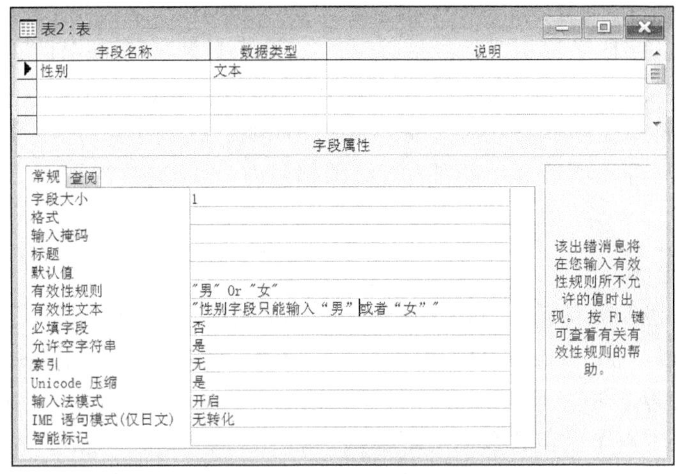

图 3.35　有效性规则示例

“有效性规则”属性的最大长度为 2048 个字符，“有效性文本”属性设置的最大长度是 255 个字符。表 3.17 是使用表达式的“有效性规则”和“有效性文本”示例。

表 3.17　有效性规则及有效性文本表达式示例

“有效性规则”属性	“有效性文本”属性
<> 0	输入值必须为非零值
>=0	输入值不得小于零
Between 50 And 100	输入值必须在 50～100 内，含 50 和 100
>50 And <100	输入值必须在 50～100 内，不含 50 和 100
>1000 Or Is Null	输入值必须大于 1000 或为空值
<#2010-01-01#	必须输入 2010 年之前的日期
>= #2010-01-01# And <#2011-01-01#	必须输入 2010 年中的日期
Like "A????"	输入值必须是 5 个字符并以字母 A 开头
Like "[A-Z]*@[A-Z].com" Or "[A-Z]*@[A-Z].net" Or "[A-Z]*@[A-Z].edu.cn"	输入的电子邮箱必须为有效的.com、.net 或.edu.cn 地址
DLookup("客户 ID", "客户", "客户 ID = Forms!客户!客户 ID") Is Null	输入值必须是唯一的“客户 ID”(域聚合函数只允许在窗体级的有效性中使用)

注意：为某个字段创建有效性规则后，Access 通常不允许 Null 值存储在该字段中。但如需使用 Null 值，必须将“Is Null”添加到有效性规则中，如“>1000 Or Is Null”，并确保“必填字段”属性设置为“否”。

虽然有效性规则中的表达式不使用任何特殊语法，但是在创建表达式时，还是得牢记下列规则：

(1) 将表的字段名称用方括号括起来，如[要求日期]<=[订购日期]+10。

(2) 将日期用“#”号括起来，如<#08/06/2017#。

(3) 将字符串值用双引号括起来，如“王明明”或“李真祯”。

(4) 用逗号分隔项目，并将列表放在圆括号内，如 IN（“北京”、“上海”、“西安”）。

7. 必填字段

“必填字段”属性用于指定字段中是否必须有值。“必填字段”属性只有两种取值：“是”或“否”。如果设置为“是”，则该字段必须被填写上数据，不允许为空；如果设置为“否”，该字段允许不输入数据。

如果将表中一个已包含数据的字段其必填字段属性设为“是”，Access 将给予一个可选项以检查在该字段的所有存在记录中是否含有值。不过，如果现有记录的该字段中含有 Null 值，仍然可以要求在所有新记录的字段中必须输入值。

注意，“必填字段”属性不能应用于“自动编号”字段。

8. 允许空字符串

“允许空字符串”属性用于指定在表字段中零长度字符串(" ") 是否为有效输入项。“允许空字符串”属性只能设置为“是”或者“否”。

“允许空字符串”属性与“必填字段”属性是相互独立的。“必填字段”属性仅确定 Null 值是否对字段有效。如果“允许空字符串”属性设为“是”，则该零长度字符串将对字段有效，与“必填字段”属性的设置无关。表 3.18 列出了上两种属性设置组合的结果。

表 3.18 “允许空字符串”属性与“必填字段”属性设置组合的结果

必填字段	允许空字符串	用户的操作	保存的值
否	否	按回车键 按空格键 输入零长度字符串	Null Null (不允许)
否	是	按回车键 按空格键 输入零长度字符串	Null Null 零长度字符串
是	否	按回车键 按空格键 输入零长度字符串	(不允许) (不允许) (不允许)
是	是	按回车键 按空格键 输入零长度字符串	(不允许) 零长度字符串 零长度字符串

9. 索引

索引在表中如同书的目录，通过它可以快速查找到自己所需要的内容。设置表的索引，可以提高搜索数据的速度和效率。一般考虑为以下字段创建索引：经常搜索的字段、进行排序的字段或在查询中连接到其他表中的字段。

索引可以根据一个字段或多个字段来创建。任何时候都可以在表“设计视图”中添加或删除索引，索引在保存表时创建。索引可帮助加快搜索和选择查询的速度，但在包含一个或多个索引字段的表中添加或更改数据时，Access 必须每次都更新索引，会降低性能。如果目标表包含索引，则通过追加查询或追加导入记录，也可能会比平时慢。

注意：“备注”、“超级链接”或“OLE 对象”等类型的字段不能创建索引。

下面介绍两种创建索引的方法：通过字段属性和通过“索引设计器”对话框创建。

1) 通过字段属性创建索引

在表“设计视图”字段属性中创建索引，只需选择要设置索引的字段，然后在其“常规”属性卡下“索引”属性行的下拉表中，选择需要的索引类型即可，如图 3.36 所示。

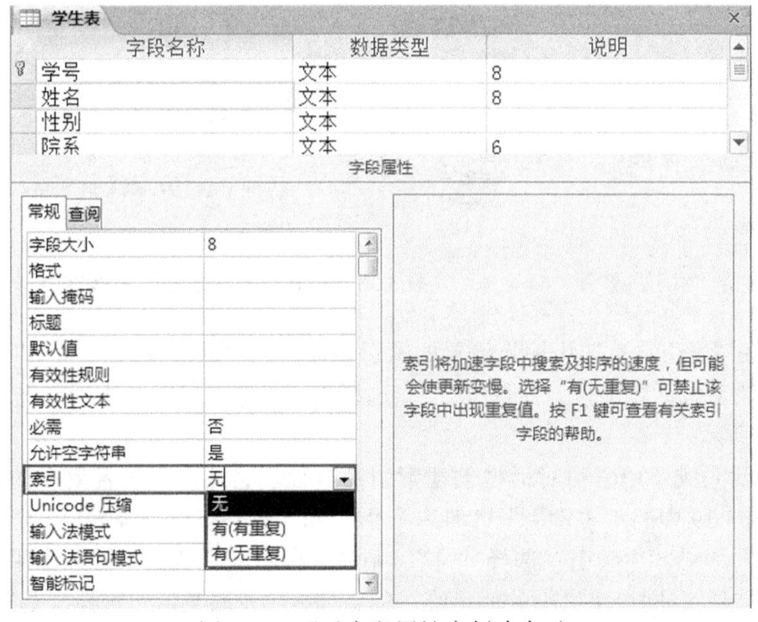

图 3.36　通过字段属性来创建索引

“索引”属性的各选项含义如下：

(1) “无”：(默认值)无索引。

(2) “有(有重复)”：该字段中的值允许重复。

(3) “有(无重复)”：该字段中的值不允许重复。

注意：如果表的主键为单一字段，Access 将自动把该字段的索引属性设为“有(无重复)”，且不能通过下拉菜单更改该属性。

2) 通过“索引设计器”对话框创建索引

创建字段索引除了可以在“设计视图”中通过字段属性设置以外，还可以通过专门的“索引设计器”对话框来设置。

【例 3.6】 通过“索引设计器”对话框为“学生”表的“联系电话”字段建立索引。

操作步骤如下：

(1) 打开“学籍管理系统”数据库，打开“学生”表。

(2) 单击“视图”按钮进入表的“设计视图”，在“表格工具”的“设计”选项卡下单击“索引”按钮，如图 3.37 所示。

(3) 系统将弹出“索引设计器”，如图 3.38 所示。可见在索引对话框中，“学号”主键的索引已经存在。

图 3.37　单击“索引”按钮

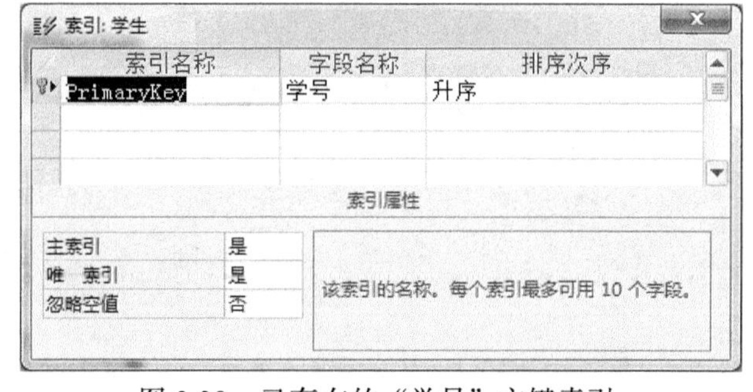

图 3.38　已存在的“学号”主键索引

(4) 在“索引名称”中输入设置的索引名称，如“联系电话”，在“字段名称”中选择“联系电话”字段，“排序次序”选择为“升序”，“唯一索引”选为“是”，如图 3.39 所示。

这时就完成了用索引对话框创建索引的过程。它还可以设置更多的“索引属性”，如图 3.39 中的“主索引”、“唯一索引”和“忽略空值”等。

注意：如果“主索引”选择“是”，则该字段将被设置为主键；如果“唯一索引”选择“是”，则该字段中的值是唯一的；如果“忽略空值”选择“是”，则该索引将排除值为空的记录。

10. Unicode 压缩

该压缩指是否允许对该字段进行 Unicode 压缩。Unicode 是 Unicode Consortium 开发的一种字符编码标准，该标准采用多于一个字节代表。每一字符使用单个字符集代表世界上几乎所有的书面语言。

Unicode 压缩属性的默认值为“是”。

11. 输入法模式

“输入法模式”属性用于选择输入数据时的输入法，如图 3.40 所示，默认为开启。

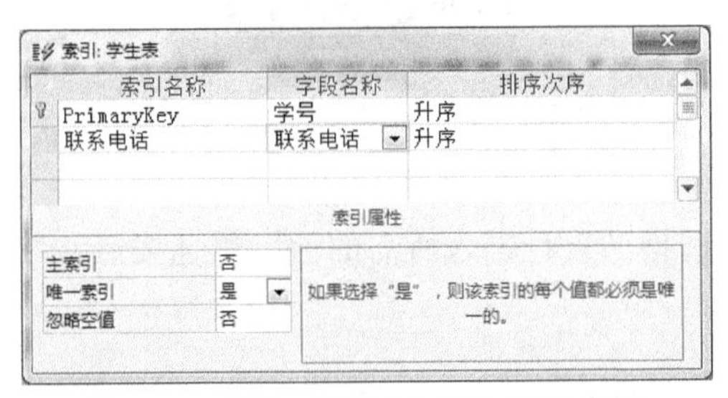

图 3.39 添加“联系电话”字段索引

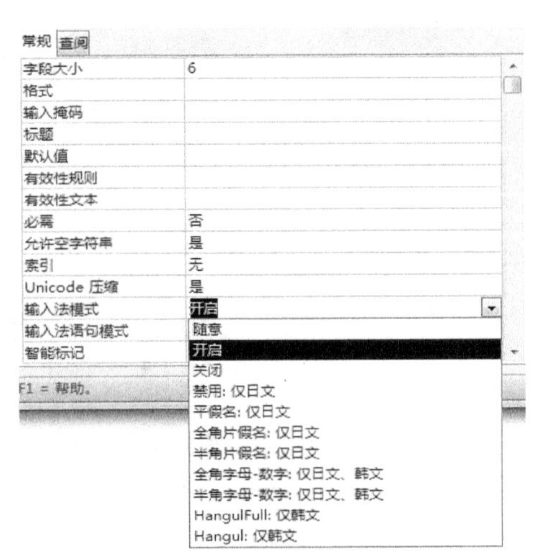

图 3.40 “输入法模式”属性选项

3.2.4 创建查阅字段和多值字段

有时在向表中的某个字段输入数据时，数据的值是一个数据集合中的某个值。例如，输入教师职称时，只能是“教授、副教授、讲师、助教”这个职称集合中的某个值。对于这种类型的数据，最简单的方法是把该字段设置成“查阅向导”数据类型。

当设置了查阅字段后，在填写这个字段内容时，就可以不用输入数据，只需从一个列表中选择数据。这样既加快了数据输入的速度，又保证了输入数据的正确性。

查阅字段中的数值有两种来源：一种是自行创建的“值列表”中的值；另一种是来自表与查询中的数值。

1. 创建“值列表”查阅字段

【例 3.7】 在学生表中，设置“性别”字段为查阅字段。

操作步骤如下：

(1) 打开“学生管理系统”数据库的“学生”表，切换到设计视图。

(2) 在“性别”字段的“数据类型”为“文本”的情况下，单击“数据类型”

的下拉箭头，从弹出的列表中选择“查阅向导”，如图 3.41 所示。

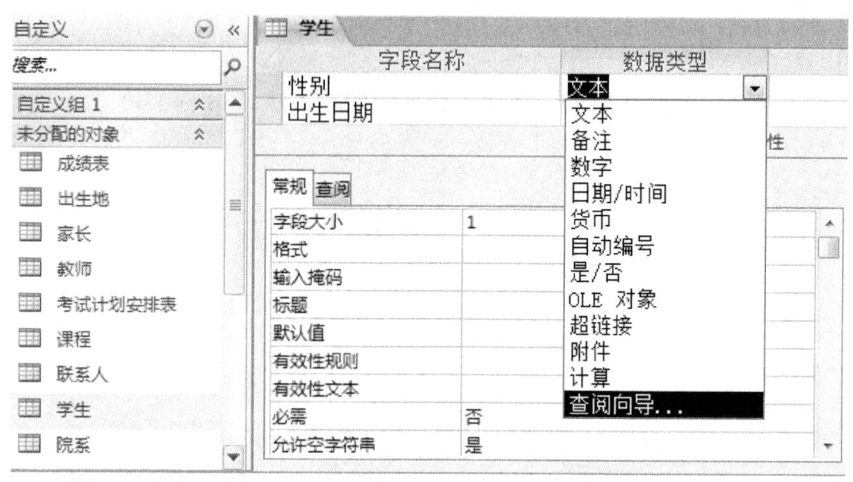

图 3.41　选择“查阅向导”数据类型

(3) 在打开的“查阅向导”对话框中选择“自行键入所需的值”单选按钮，然后单击“下一步”按钮，如图 3.42 所示。

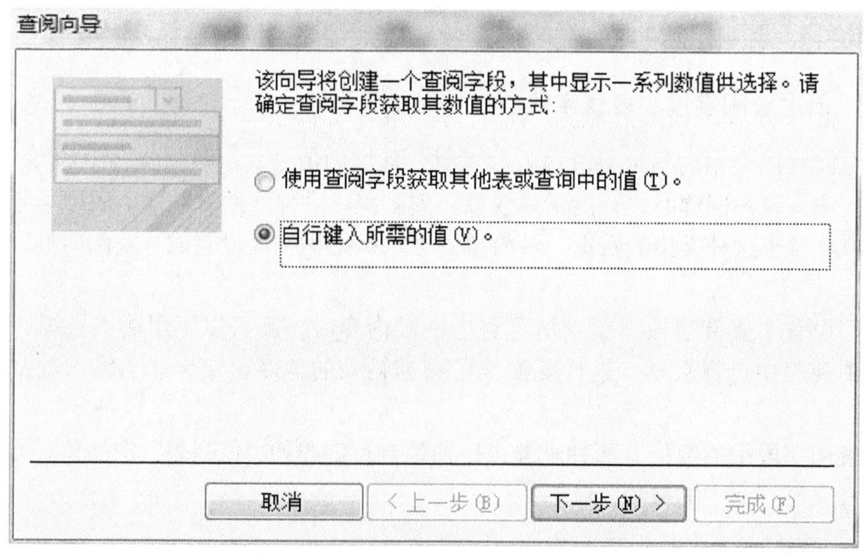

图 3.42　选择“自行键入所需的值”单选按钮

(4) 在打开的对话框中，依次在列表中输入“男”和“女”，然后单击“下一步”按钮，如图 3.43 所示。

(5) 在打开的界面中，在“请为查阅字段指定标签”栏中输入“性别”，然后单击“完成”按钮关闭对话框，如图 3.44 所示。注意，这时设计视图中“性别”字段的“数据类型”仍会显示为“文本”。

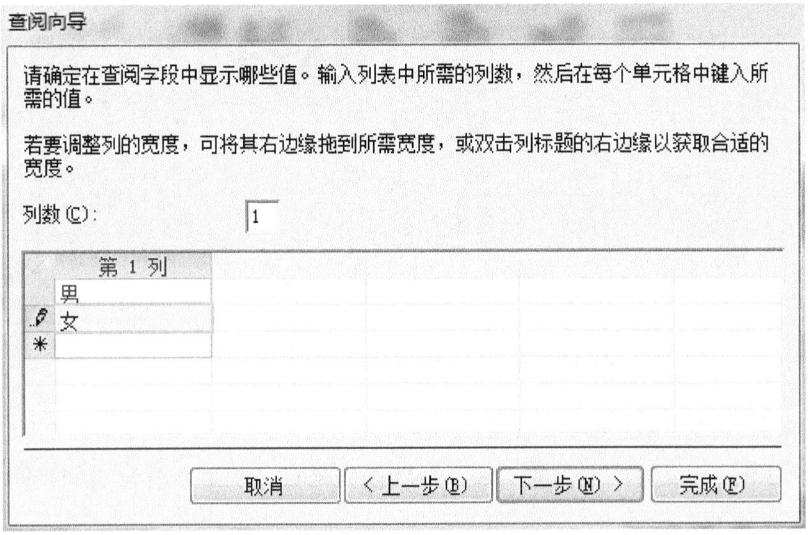

查阅向导
请确定在查阅字段中显示哪些值。输入列表中所需的列数，然后在每个单元格中键入所需的值。
若要调整列的宽度，可将其右边缘拖到所需宽度，或双击列标题的右边缘以获取合适的宽度。
列数(C):
1
第 1 列
男
女
取消
< 上一步(B)
下一步(N) >
完成(F)

图 3.43　输入要在查阅字段中显示的选项值

查阅向导
请为查阅字段指定标签:
性别
是否要将条目限于选择?
限于列表(L)
是否要为该查阅存储多个值?
允许多值(A)
以上是向导创建查阅字段所需的全部信息。
取消
< 上一步(B)
下一步(N) >
完成(F)

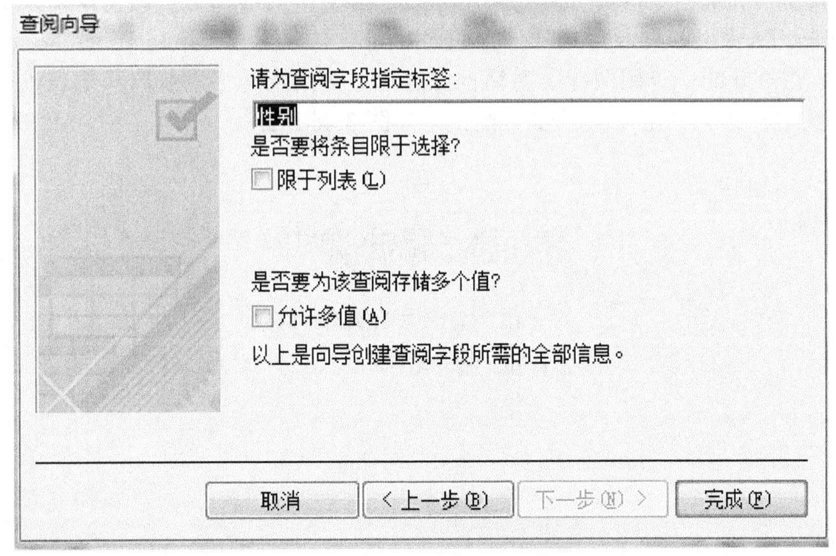

图 3.44　指定查阅字段的标签

(6) 然后保存，并切换到“学生”表的数据表视图，当鼠标选中任一条记录的“性别”字段时，会显示一个下拉箭头，下拉列表内容为“男”和“女”，如图 3.45 所示。

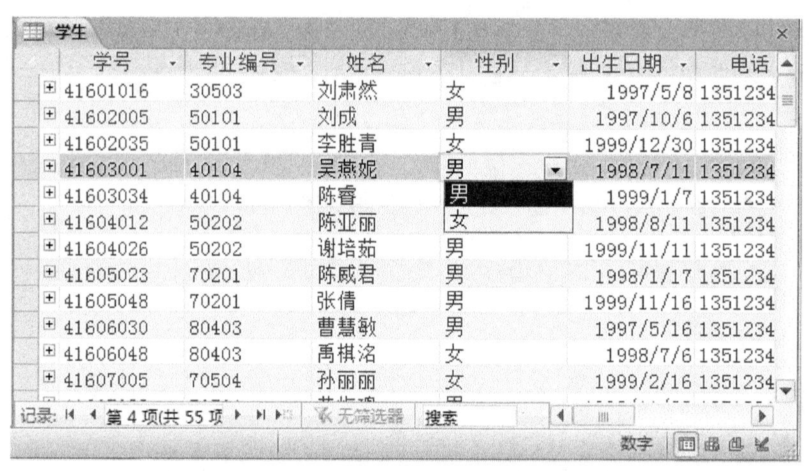

学生

学号	专业编号	姓名	性别	出生日期	电话
41601016	30503	刘肃然	女	1997/5/8	1351234
41602005	50101	刘成	男	1997/10/6	1351234
41602035	50101	李胜青	女	1999/12/30	1351234
41603001	40104	吴燕妮	男	1998/7/11	1351234
41603034	40104	陈睿	男	1999/1/7	1351234
41604012	50202	陈亚丽	女	1998/8/11	1351234
41604026	50202	谢培茹	男	1999/11/11	1351234
41605023	70201	陈威君	男	1998/1/17	1351234
41605048	70201	张倩	男	1999/11/16	1351234
41606030	80403	曹慧敏	男	1997/5/16	1351234
41606048	80403	禹棋洺	女	1998/7/6	1351234
41607005	70504	孙丽丽	女	1999/2/16	1351234

记录: 第 4 项(共 55 项　无筛选器　搜索

数字

图 3.45　设置“性别”查阅字段的结果

2. 设置来自“表/查询”的查阅字段

【例 3.8】　设置学生表的“院系”字段为来自“院系信息”表的查阅字段。

操作步骤如下：

(1) 打开“学生管理系统”数据库的“学生”表，切换到设计视图。

(2) 在“院系”字段的“数据类型”为“文本”的情况下单击“数据类型”的下拉箭头，从弹出的列表中选择“查阅向导”。

(3) 在打开的“查阅向导”对话框中选择“使用查阅字段获取其他表或查询中的值”选项，然后单击“下一步”按钮，如图 3.46 所示。

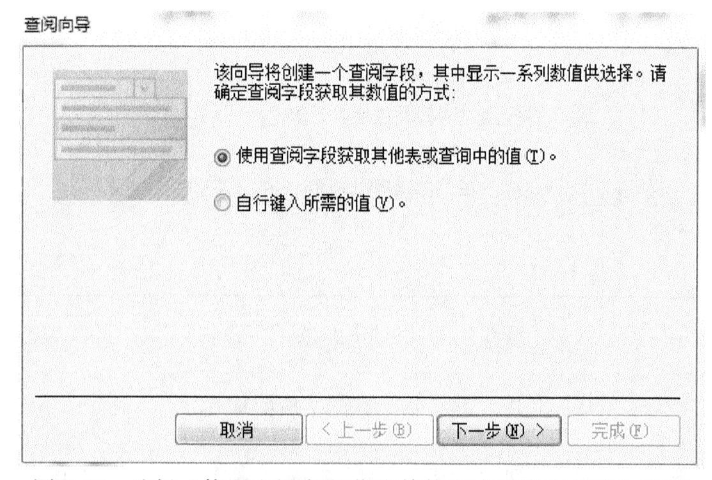

图 3.46　选择“使用查阅字段获取其他表或查询中的值”选项

(4) 在打开的对话框中，在“请选择为查阅字段提供数值的表或查询”列表框中选择“表：院系”，单击“下一步”按钮，如图 3.47 所示。

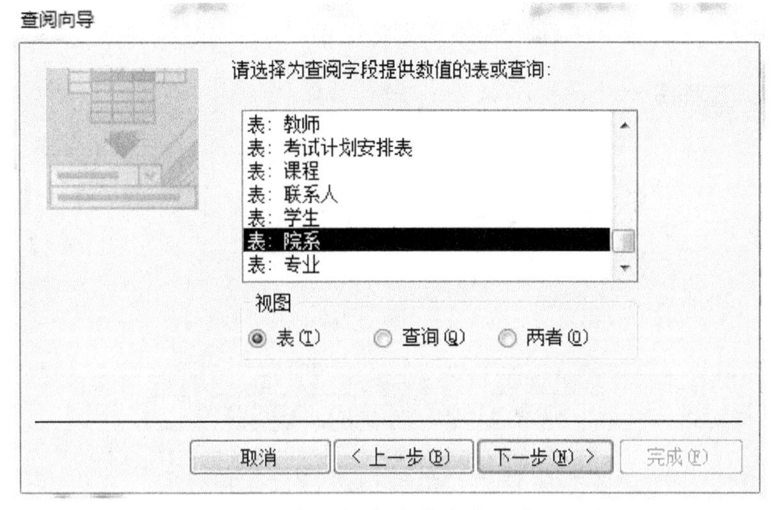

图 3.47　选择查阅字段值来自“院系”表

(5) 在打开的对话框中，在“可用字段”中选择要在查阅字段表中显示的字段，这里选择“院系名称”，然后单击 > 按钮添加到“选定字段”，然后单击“下一步”按钮，如图 3.48 所示。

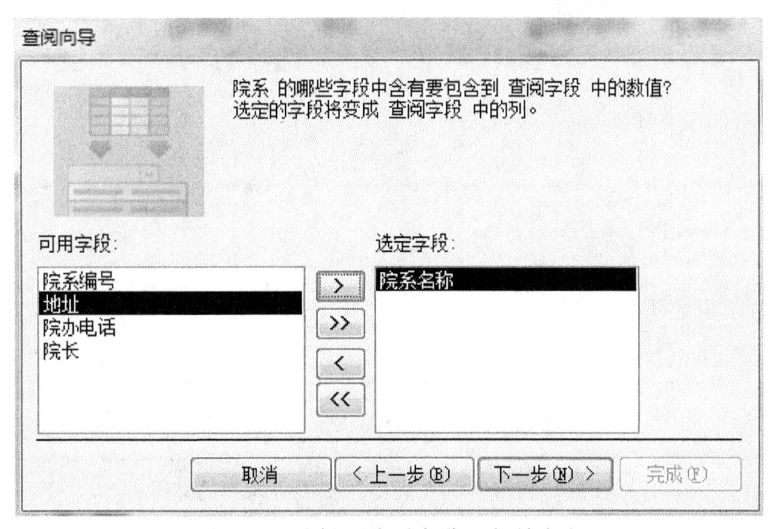

图 3.48　选择“院系名称”相关字段

(6) 在打开的对话框中，在“请确定要为列表框中的项使用的排序次序”框中选择“院系名称”字段，按升序排，单击“下一步”按钮，如图 3.49 所示。

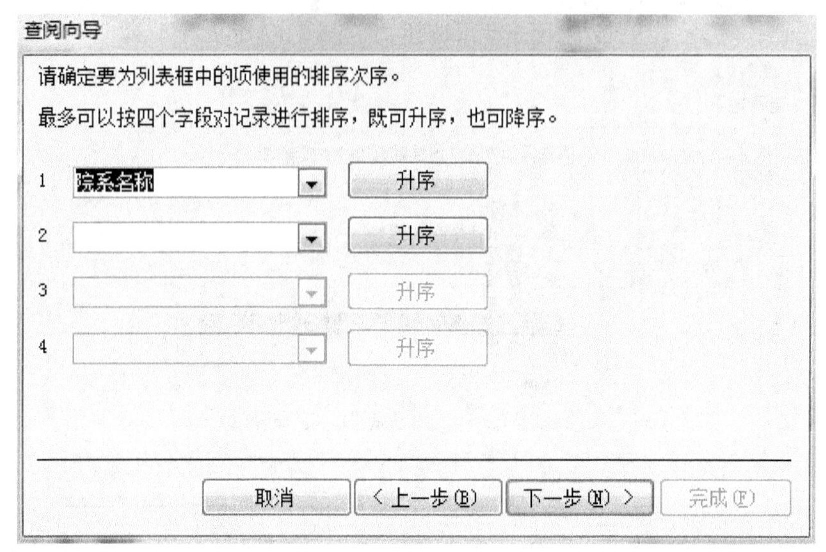

图 3.49　选择“院系名称”字段排序次序

(7) 在打开的对话框中，提示“请指定查阅字段中列的宽度”，单击“下一步”按钮，如图 3.50 所示。

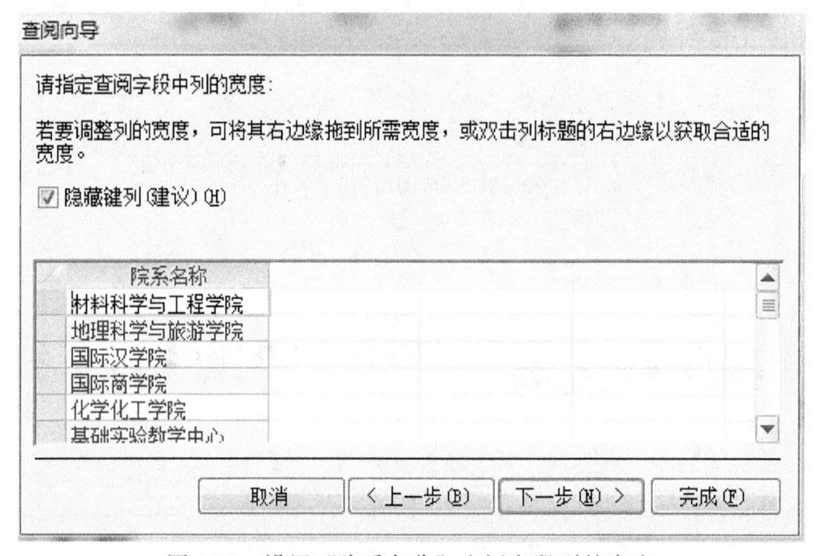

图 3.50　设置“院系名称”查阅字段列的宽度

(8) 在打开的对话框中，在“请为查询字段指定标签”栏中输入“院系”，单击“完成”按钮，如图 3.51 所示。

查阅向导
请为查阅字段指定标签:
院系
是否要在这些表之间启用数据完整性?
启用数据完整性(D)
级联删除
限制删除
是否要为该查阅存储多个值?
允许多值(A)
以上是向导创建查阅字段所需的全部信息。
取消
< 上一步(B)
下一步(N) >
完成(F)

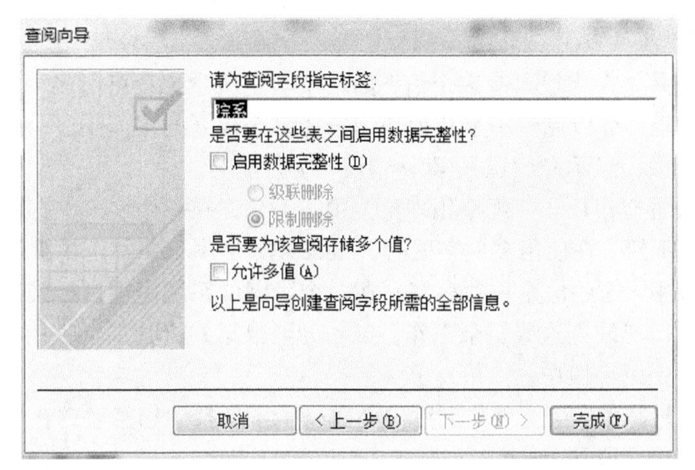

图 3.51　给查询字段指定标签

(9) 此时弹出一个对话框，提示“创建关系之前必须先保存该表。是否立即保存？”，单击“是”按钮，如图 3.52 所示，这样就在“学生”表的“院系”字段和“院系”表的“院系名称”字段之间的创建了联系。可见，设置从表或查询中的查阅数据，实际上是在两个表之间建立关系。

查阅向导
创建关系之前必须先保存该表。是否立即保存?
是(Y)
否(N)

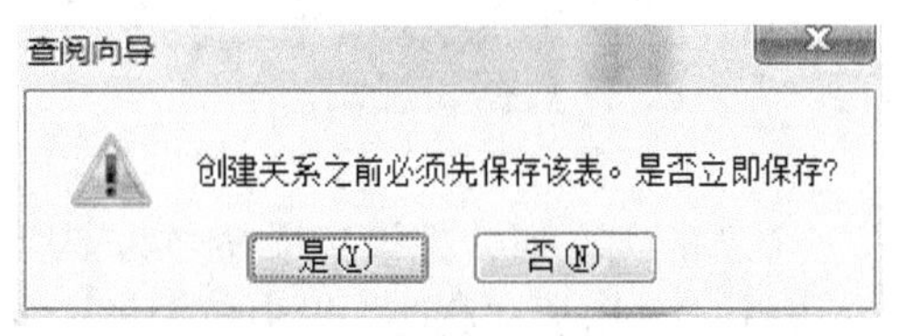

图 3.52　打开“保存”提示对话框

(10) 这时打开“学生”表的数据表视图，可见“院系”字段的值可从一个下拉列表中选择，如图 3.53 所示。

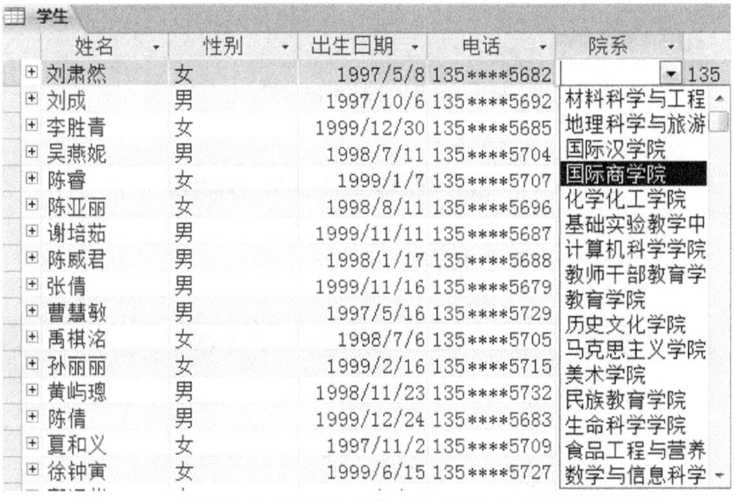

学生
姓名
性别
出生日期
电话
院系
刘肃然　女　1997/5/8　135****5682
刘成　男　1997/10/6　135****5692
李胜青　女　1999/12/30　135****5685
吴燕妮　男　1998/7/11　135****5704
陈睿　女　1999/1/7　135****5707
陈亚丽　女　1998/8/11　135****5696
谢培茹　男　1999/11/11　135****5687
陈威君　男　1998/1/17　135****5688
张倩　男　1999/11/16　135****5679
曹慧敏　男　1997/5/16　135****5729
禹祺洺　女　1998/7/6　135****5705
孙丽丽　女　1999/2/16　135****5715
黄屿璁　男　1998/11/23　135****5732
陈倩　男　1999/12/24　135****5683
夏和义　女　1997/11/2　135****5709
徐钟寅　女　1999/6/15　135****5727
材料科学与工程
地理科学与旅游
国际汉学院
国际商学院
化学化工学院
基础实验教学中
计算机科学学院
教师干部教育学
教育学院
历史文化学院
马克思主义学院
美术学院
民族教育学院
生命科学学院
食品工程与营养
数学与信息科学

图 3.53　在学生表中设置“院系”字段为查阅列的结果

3. 创建多值字段

多值字段是一个字段具有多个值，如一个学生所学课程可由多个课程组成。使用多值字段功能，可以创建一个从列表中选择多个院系的多值字段。选定的院系存储在多值字段中，显示时由逗号(默认情况下)分隔。

这种做法看似违反了“规范化理论”中“不允许在一个字段中存储多个值”的要求，但其实不然。在使用多值字段时，Access 数据库引擎并不是真的将多个值存储在一个字段中。这些值是单独存储并在一个隐藏的系统表中进行管理。Access 数据库引擎会帮用户处理这些复杂工作，自动分隔数据并将其重新收集在一起，就好像这些值是在一个字段中。

【例 3.9】 在学生管理数据库中创建一个学生授课信息表，在表中插入一个所授课程的多值字段列。

操作步骤如下：

(1) 打开学生管理数据库。在“创建”选项卡的“表”组中单击“表”按钮，打开“表 1”的数据表视图。

(2) 在“表格工具”的“字段”选项卡的“添加和删除”组中单击“文本”，插入一个新的文本列，把该字段命名为“所授课程”。

(3) 在“添加和删除”组中单击“其他字段”，在下拉列表中选择“查阅和关系”类型。

(4) 在弹出的“查阅向导”对话框中选择“使用查阅字段获取其他表或查询中的值”单选按钮，单击“下一步”按钮。

(5) 在打开的“请选择为查阅字段提供数值的表或查询”对话框中选择“表：课程”，单击“下一步”按钮，如图 3.54 所示。

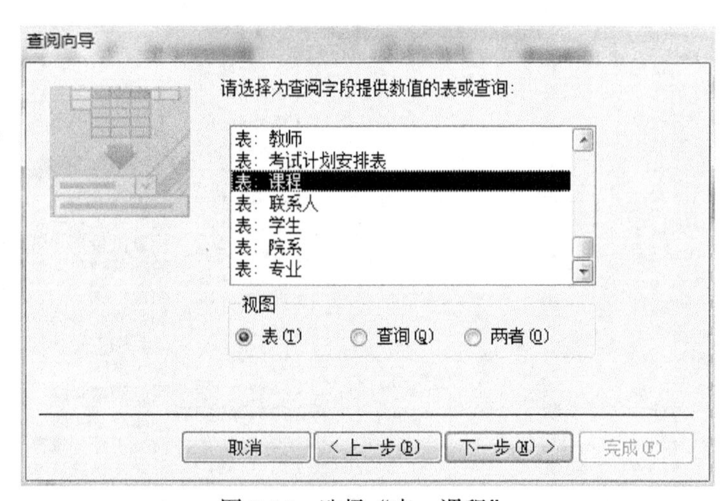

图 3.54　选择“表：课程”

(6) 在打开的对话框中提示“课程 的哪些字段中含有要包含到 查阅字段 中的数值？”，双击或是单击选定“课程名称”字段后按[>]按钮，将其添加到“选定字段”中，然后单击“下一步”按钮，如图 3.55 所示。

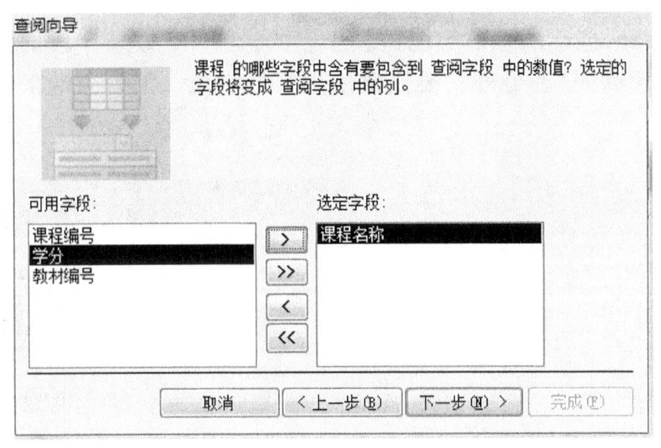

图 3.55　添加“课程名称”字段

(7) 在打开的“请确定要为列表框中的项使用的排序次序”对话框中直接单击“下一步”按钮。

(8) 打开“请指定查阅多值中列的宽度”对话框，直接单击“下一步”按钮。

(9) 在打开的对话框中，在“请为查阅字段指定标签”的文本框中输入“课程”，并选中“允许多值”复选框，然后单击“完成”按钮，如图 3.56 所示。

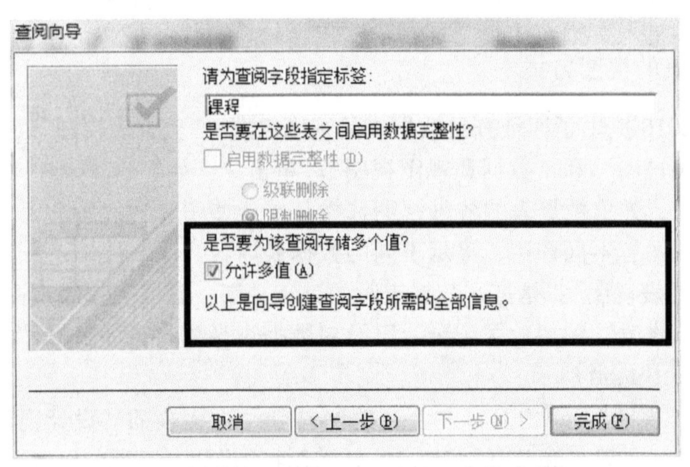

图 3.56　指定查询标签，选择“允许多值”

(10) 在打开的“另存为”提示框中输入“学生授课信息表”作为表名，单击“确定”按钮，如图 3.57 所示。

到此，多值字段创建完成。打开“课程”的数据表视图，在“课程”字段的下拉列表中，所有课程的名字都在其中，如图 3.58 所示，选中其中两个课程的复选框后，单击“确定”按钮。

注意：上面所创建的多值字段是基于表的，此外，多值字段的值还可以基于自行创建的“值列表”。另外，要谨慎使用多值字段，因为会带来查询设计的复杂性。

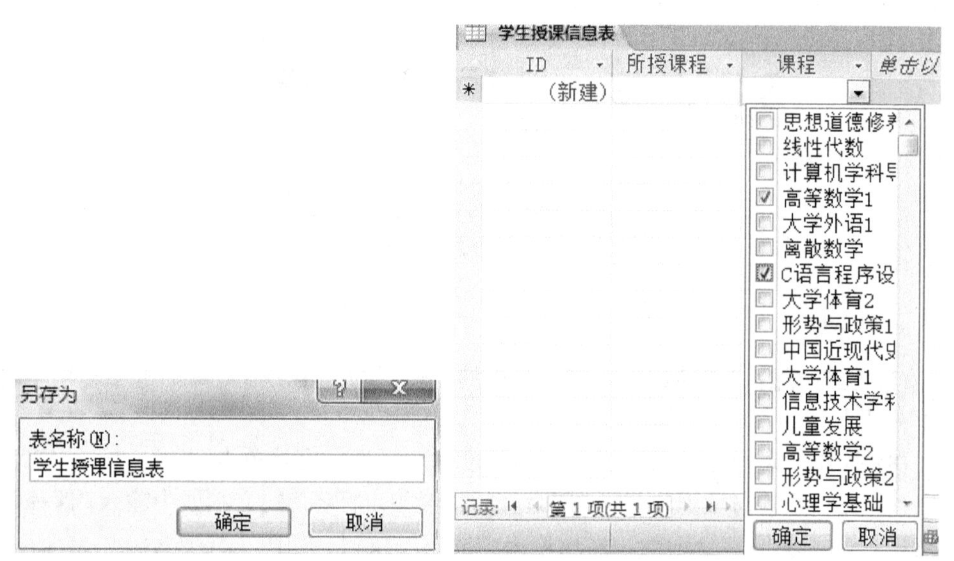

图 3.57　保存该表为“学生授课信息表”　　图 3.58　多值字段创建结果

3.2.5　数据表的视图方式

Access 2010 提供了四种查看数据表的视图方式：“数据表视图”、“设计视图”、“数据透视表视图”和“数据透视图视图”。单击“开始”选项卡中“视图”按钮下方的小三角，弹出数据表的各种视图选择菜单，如图 3.59 所示。

不同的视图有不同作用，显示不同的数据表内容。

(1)“数据表视图”：是打开数据表时的默认视图，在“数据表视图”中可以很方便地查看、修改、添加数据记录，以及对数据记录进行排序等操作。“数据表视图”的界面如图 3.60 所示。

(2)“设计视图”：单击窗口左上方的按钮，进入表的“设计视图”。在设计视图中可以设置字段名和数据类型，输入描述性的说明，还可以设置各个字段的属性。字段的属性包括数据大小、格式、默认值、有效性规则和有效性文本等，如图 3.61 所示。

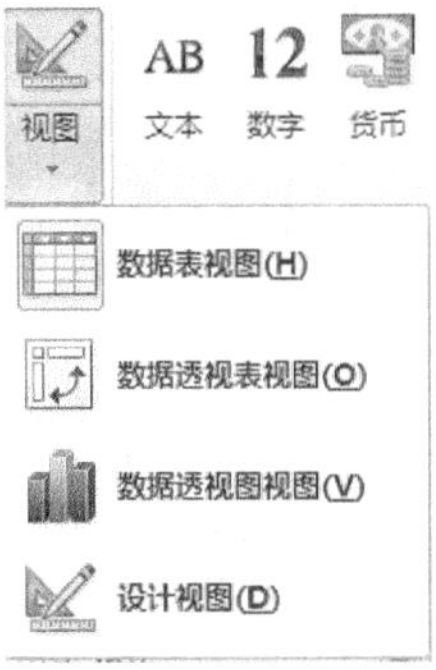

视图　文本　数字　货币

数据表视图(H)

数据透视表视图(O)

数据透视图视图(V)

设计视图(D)

图 3.59　“视图”按钮下的视图选择菜单

成绩表

成绩编号	课程编号	学号	分数
10000005	1000002	41601016	89
10000062	1000003	41601016	57
10000119	1000004	41601016	75
10000176	1000005	41601016	91
10000233	1000006	41601016	93
10000290	1000007	41601016	93
10000347	1000008	41601016	65
10000404	1000009	41601016	57
10000461	1000010	41601016	82
10000518	1000011	41601016	78
10000575	1000012	41601016	76
10000632	1000013	41601016	74
10000689	1000014	41601016	84

图 3.60　“数据表视图”界面

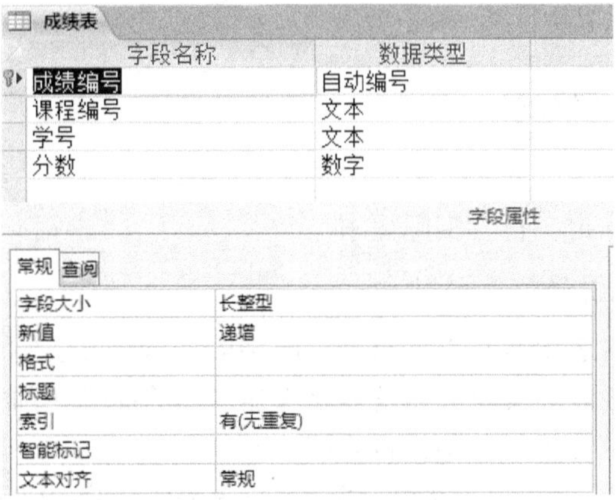

成绩表

字段名称	数据类型
成绩编号	自动编号
课程编号	文本
学号	文本
分数	数字

字段属性

常规　查阅

字段大小	长整型
新值	递增
格式	
标题	
索引	有(无重复)
智能标记	
文本对齐	常规

图 3.61　“设计视图”界面

(3)“数据透视表视图”用以创建统计表，统计表的行和列交叉处的内容反映数据表的某些统计特性，如图 3.62 所示。

将筛选字段拖至此处

交易时间

2004年10月11日	2004年11月01日	2004年12月05日	2004年12月06日	总计
总金额	总金额	总金额	总金额	无汇总信息
1,972.元	123.5元	52.元	96.32元	
52.元	1,490.元	85.元	21.元	
416.3元	1,523.元	96.元	45.2元	
789.1元	123.元	85.6元	85.12元	
475.元	654.元	178.5元	58.元	
145.8元				

将行字段拖至此处

图 3.62　“数据透视表视图”界面

(4)“数据透视图视图”用图形的方式显示数据的统计特性，如常见的平面直方图、数据饼图等，如图 3.63 所示。

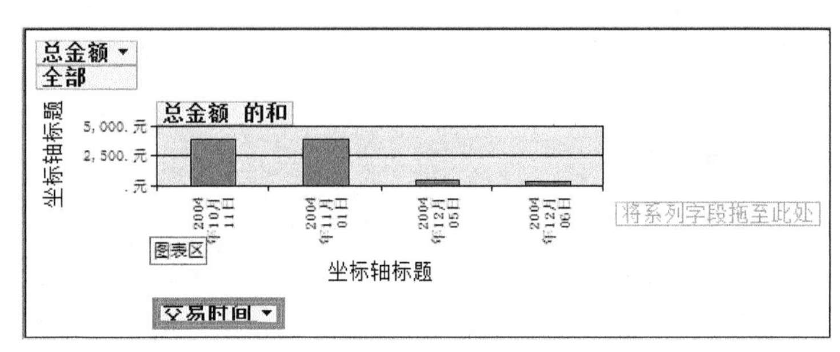

图 3.63 “数据透视图视图”界面

可见，“数据透视表视图”和“数据透视图视图”都是为了对数据表中的数据进行统计计算而设立的。

3.2.6 数据表结构的修改

在表的使用过程中，常常需要根据实际情况修改表或表的结构，这样才能保证数据库系统的灵活稳定，符合实际要求。

1. 通过设计视图修改表的结构

有时在创建好的表中常常需要对表中的字段进行修改。有的字段是用户不需要的，而某些需要的字段却又没有，就需要添加，如前面创建的“院系信息表”表。这时可以在表的“设计视图”中进行修改。

在“开始”选项卡下单击“视图”按钮，进入表的“设计视图”，在此可以对字段进行添加、删除和修改等操作，也可以对“字段属性”进行设置，如图 3.64 所示。

图 3.64 打开表的“设计视图”修改表

2. 通过数据表视图修改表的结构

用户也可以在 Access 的“数据表视图”中修改数据表的结构。

在导航窗格中双击需要进行修改的表，打开表的“数据表视图”，切换到“表格工具”的“字段”选项卡，可以看到各种修改工具按钮，这些工具按钮分为五个组，分别如下。

(1)“视图”组：单击“视图”按钮下方的小三角，可以弹出数据表的各种视图选择菜单，用户可以选择“数据表视图”、“数据透视表视图”、“数据透视图视图”或“设计视图”等。

(2)“添加和删除”组：该组中有各种关于字段操作的按钮，用户可以单击这些按钮，实现表中字段的新建、添加、查阅和删除等操作，如图 3.65 所示。

(3)“属性”组：该组中有各种关于字段属性的操作按钮，如图 3.66 所示。

图 3.65 “添加和删除”组

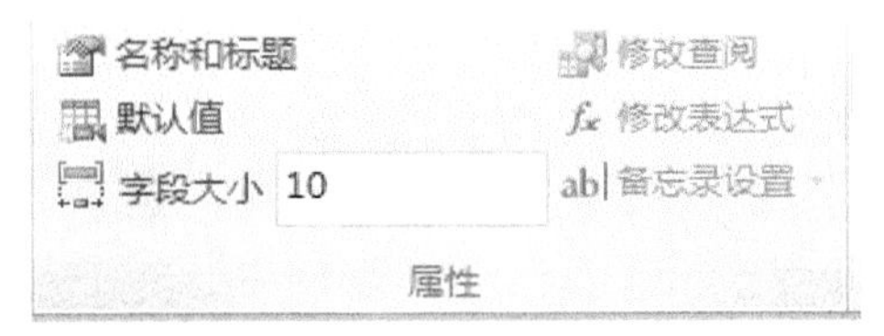

图 3.66 “属性”组

(4)“格式”组：该组可对某一字段的数据类型格式进行设置，如图 3.67 所示。

(5)“字段验证”组：可直接设置字段的“必需”、“唯一”属性等，如图 3.68 所示。

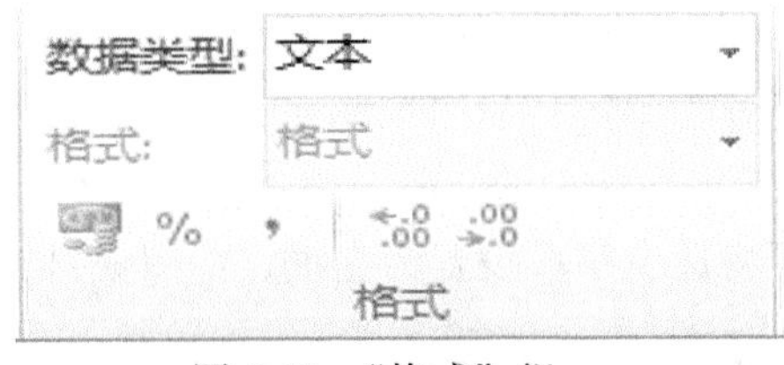

图 3.67 “格式”组

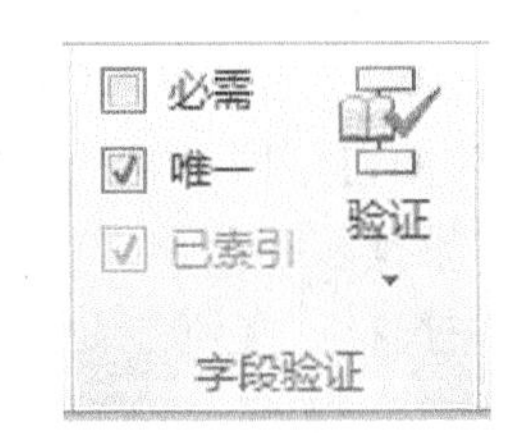

图 3.68 “字段验证”组

3.2.7 主键的设置与删除

虽然 Access 2010 不要求每个表都必须包含主键，但为表设定主键后，可以保证表中的记录能够被唯一地被识别。利用主键还可以对记录进行快速的查找和排序。例如，“学生”表中的“学号”可以作为主键，“身份证号”可以作为“银行用户列表”的主键。

当一个字段被指定为主键之后，字段的“索引”属性会自动被设置为“有(无重复)”，且无法改变这个属性。在输入值的时候，主键字段的内容不能为空或出现重复值。此外，可以根据情况删除已经设置好的主键。

1. 主键的设置

在一个表中，可以设置一个字段为主键，也可以设置多个字段为主键。主键的设置方法是相同的，不同的是选择的是一个字段还是多个字段。

【例 3.10】 设置“考试计划安排表”中的“学号”和“考试课程号”两个字段为主键。

操作步骤如下：

(1) 在“学籍管理系统”数据库中打开“考试安排表”，打开表的设计视图。

(2) 用以下方法选择作为主键的字段。

① 选择单字段：单击该字段的行选择器(前面的灰色格子)；

② 选择多个字段：按住 Ctrl 键，依次单击每个字段的行选择器。

本例中，选择“学号”和“考试课程号”两个字段，如图 3.69 所示。

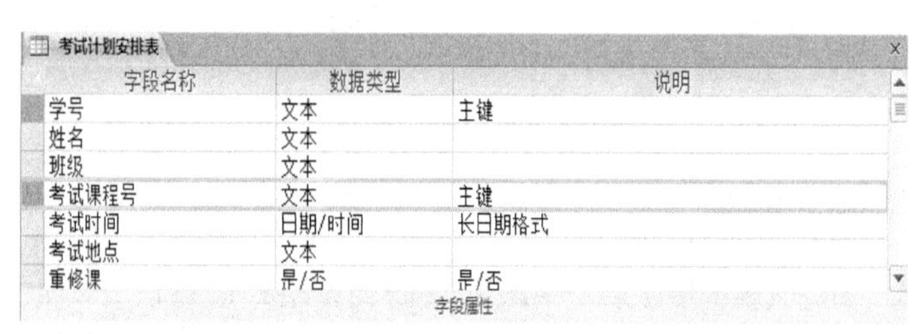

图 3.69　选择“学号”和“考试课程号”两个字段

(3) 主键的设置方法有两种：

① 选中字段后，切换到“表格工具”的“设计”选项卡，单击“工具”组中的“主键”按钮，即可将选中字段设置为主键，如图 3.70 所示。

② 如果是多字段，需按住 Ctrl 键，在选中的字段上单击鼠标右键，在弹出的快捷菜单中选择“主键”命令，即可将选中字段设置为主键，如图 3.71 所示。

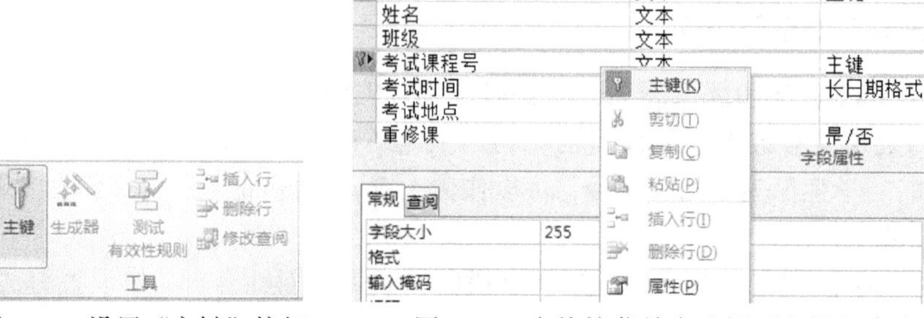

图 3.70　设置“主键”按钮　　图 3.71　在快捷菜单中选择“主键”命令

这样就完成了为“考试安排表”设置主键的操作。

如果数据表的各个字段中没有适合做主键的字段，可以使用 Access 自动创建的主键，并且为它指定“自动编号”的数据类型。

2. 主键的删除

某个字段被设置为主键后，也可以将其取消，即删除主键。删除主键的操作步骤和创建主键的步骤相同，先在“设计视图”中选中作为主键的字段，然后单击“主键”按钮，或是在快捷菜单中选择“主键”命令，即可删除主键。

删除的主键必须没有参与任何“表关系”，如果要删除的主键和某个表建立表关系，Access 会警告必须先删除该关系。

3.3　设置表的关系

在关系数据库中，不同主题的数据放在不同的表中，可有效减少数据冗余，便于数据更新。在不同表间，可通过公共字段建立表间关系，从而实现各个表中数据的引用。

数据表之间的关系指的是在两个数据表中的相同域上的字段之间建立“一对一”、“一对多”或“多对多”的联系。在 Access 数据库中，通过定义数据表的关系，可以创建能够同时显示多个数据表的数据的查询、窗体和报表等。

通常情况下，相互关联的字段是一个数据表中的主关键字，它对每一条记录提供唯一的标识，而该字段在另一个相关联的数据表中通常被称为外部关键字。外部关键字可以是它所在数据表中的主关键字，也可以是多个主关键字中的一个，甚至是一个普通的字段。外部关键字中的数据应和关联表中的主关键字字段相匹配。

3.3.1　创建表关系

在数据库中建立表关系前，要理清两个表之间的关系是“一对一”关系、“一对多”关系，还是“多对多”关系。“一对一”关系和“一对多”关系的设置方法相同，都可以在两个表之间直接设置。

在两个表之间设置“多对多”关系时，需要一个称为“连接表”的第三方表，与这两个表分别建立“一对多”关系。连接表中应当包含这两个表的主键，作为它的外键。例如，在“学生管理系统”数据库中，“学生”表和“课程”表之间的“多对多”关系可以通过“成绩”表作为连接表来实现。

【例 3.11】　在“学生管理系统”中，设置“学生”表和“课程”表之间的“多对多”关系。

操作步骤如下：

(1) 打开“学生管理系统”数据库，单击“数据库工具”选项卡中的“关系”

按钮，如图 3.72 所示，打开“关系”窗口，如图 3.73 所示。

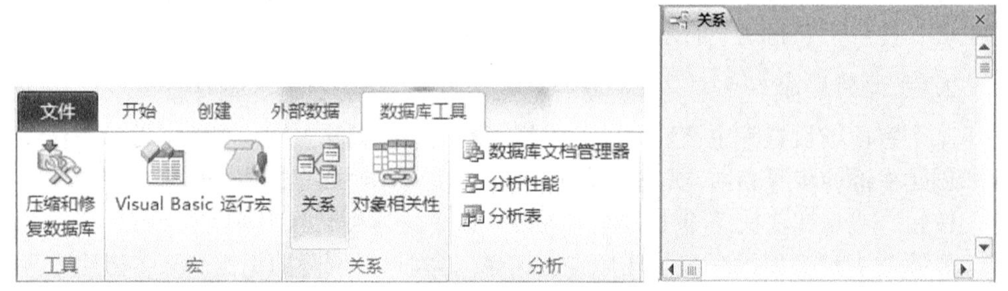

图 3.72　选择“数据库工具”中的“关系”按钮　　图 3.73　打开空白的“关系”窗口

(2) 在打开的“关系”窗口上右击鼠标，从弹出的快捷菜单中选择“显示表”命令，如图 3.74 所示，或是从“关系工具/设计”选项卡的“关系”组中单击“显示表”按钮，如图 3.75 所示。这时弹出“显示表”对话框，如图 3.76 所示。

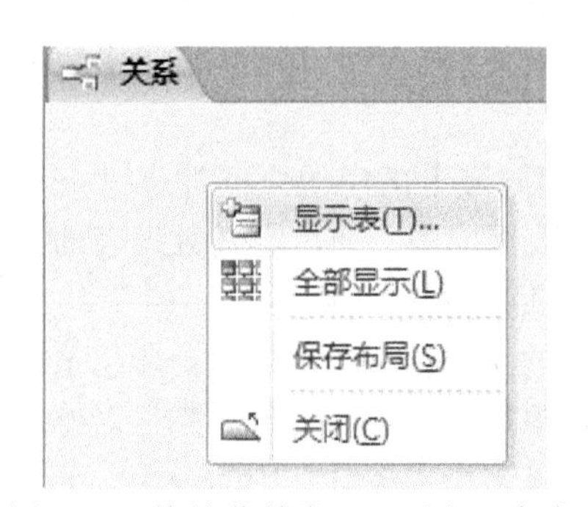

图 3.74　快捷菜单中“显示表”命令

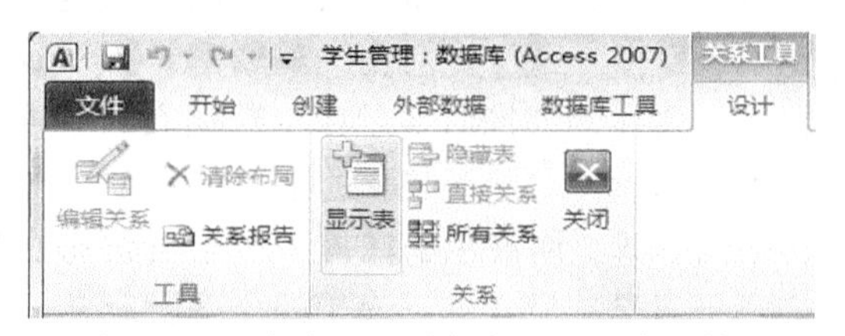

图 3.75　“设计”选项卡中“显示表”按钮

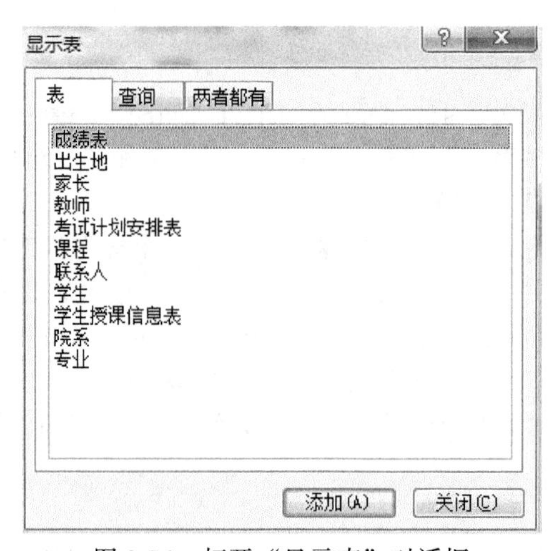

图 3.76　打开“显示表”对话框

(3) 在“显示表”对话框中选择需要建立关系的表，单击“添加”按钮将选中的表添加到“关系”窗口中。如图3.77所示，在“关系”窗中添加“学生”、“成绩表”和“课程”三个表。

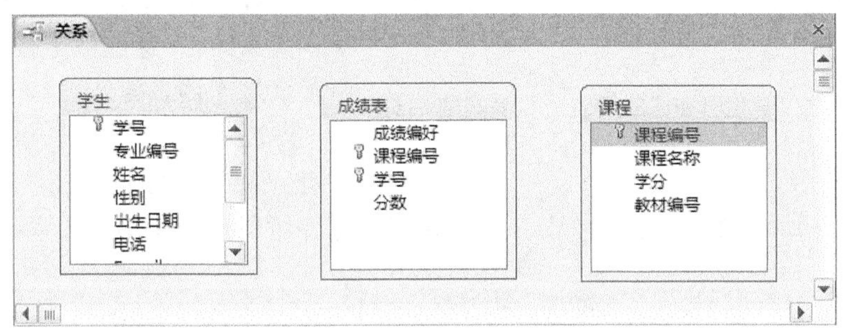

图3.77　从“显示表”对话框中添加“学生”、“成绩表”、“课程”三个表到“关系”窗口

(4) 在设置表间关系前，先找出两个表的公共字段，然后单击一个表中的该字段，按住鼠标左键拖曳到另一个表的相关字段上，释放鼠标左键即可。例如，将“学生”表的“学号”字段用鼠标拖到“成绩表”的“学号”字段处，松开鼠标后，弹出“编辑关系”对话框，如图3.78所示，在该对话框的下方将自动显示两表间的“关系类型”，本例中为“一对多”关系。

注意：如果两表间是“一对一”关系，则自动显示“一对一”。

(5) 如图3.79所示，勾选“实施参照完整性”、“级联更新相关字段”和“级联删除相关记录”复选框后，单击“创建”按钮，返回“关系”窗口，可以看到，在“关系”窗口中两个表的“学号”字段之间出现了一条关系连接线，连线上标注了表间的关系，如图3.80所示。

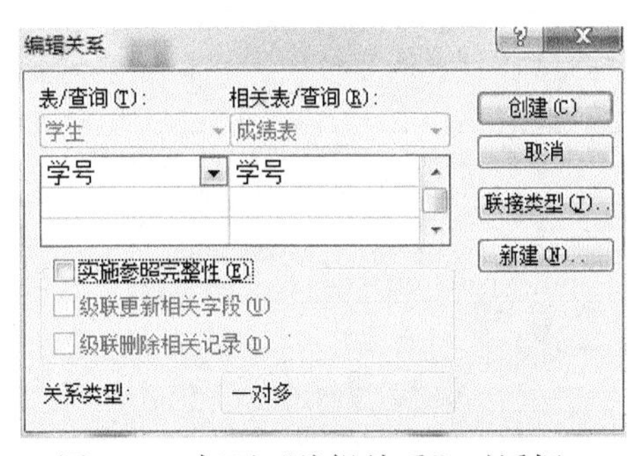

图3.78　打开“编辑关系”对话框

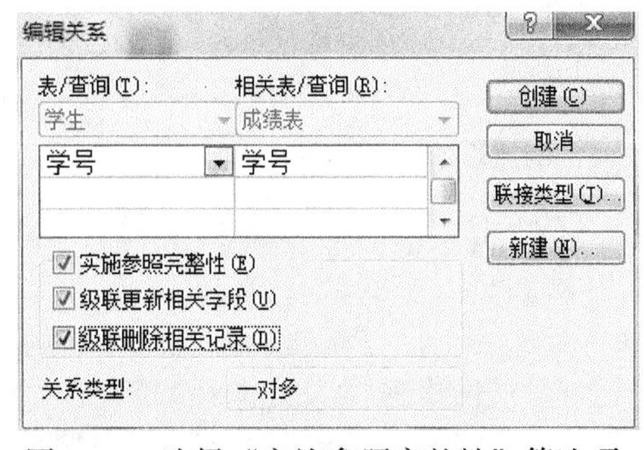

图3.79　选择“实施参照完整性”等选项

(6) 使用同样方法可完成“课程”和“成绩表”两表间的“一对多”关系设置。同时也就完成了“学生”和“课程”两表间的“多对多”关系设置，如图3.81所示。

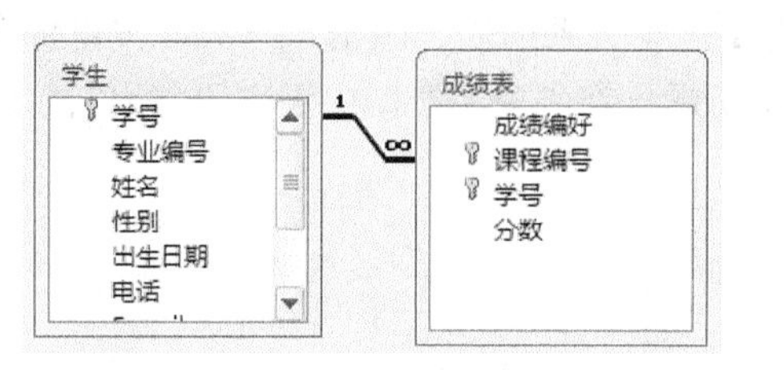

图 3.80　建立“学生”和“成绩表”两表间的一对多关系

第三个表在本例中为“成绩表”，包含“学生”和“课程”两表的主键，是另两个表的连接表。所有连接表都连接与其具有一对多关系的表，这些被连接的表的主键就是连接表的外键。

(7) 单击“关系”组中的“关闭”按钮，关闭“关系”窗口。弹出如图 3.82 所示的对话框，单击“是”按钮，保存所创建的关系及关系布局。

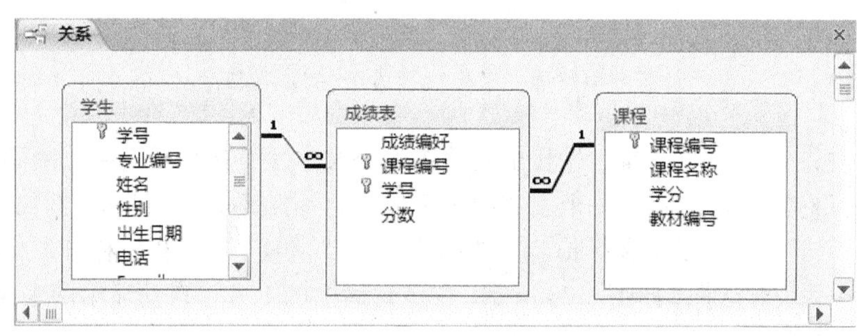

图 3.81　建立“课程”与“成绩表”两表间一对多关系

(8) 切换到“学生”表或“课程”表的“数据表视图”，可见表的左侧多出了“+”号。单击该“+”号，即可以“子表”形式显示每一个学生的成绩信息，如图 3.83 所示。

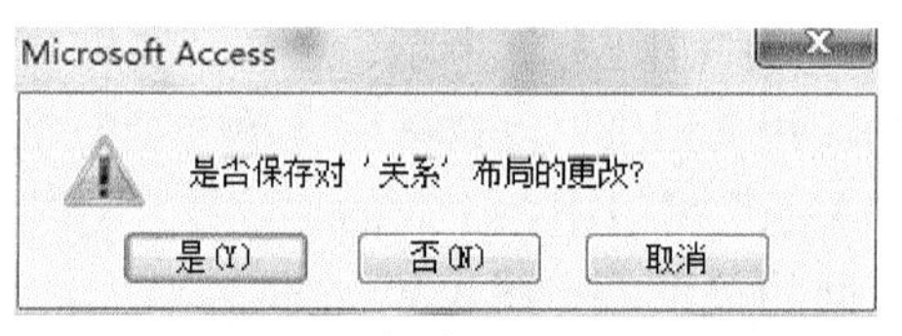

图 3.82　保存提示对话框

学生

学号	专业编号	姓名	性别	出生日期	电话	E_mail
41601016	30503	刘肃然	女	1997/5/8	135****5682	135****5682@qq.com
41602005	50101	刘成	男	1997/10/6	135****5692	135****5692@qq.com
41602035	50101	李胜青	女	1999/12/30	135****5685	135****5685@qq.com
41603001	40104	吴燕妮	男	1998/7/11	135****5704	135****5704@qq.com
41603034	40104	陈睿	女	1999/1/7	135****5707	135****5707@qq.com

课程编号	课程名称	学分	教材编号	单击以添加
1000001	思想道德修养	1	02548-25	
1000002	线性代数	3	036258-26	
1000003	计算机学科导	5	1568-86	
1000004	高等数学1	3	12576-31	
1000005	大学外语1	3	68745-12	
1000006	离散数学	4	74586-4	
1000007	C语言程序设i	4	15266-6	
1000008	大学体育2	2	258-9	

记录: 第 1 项(共 55 项　无筛选器　搜索

图 3.83　“学生”表中的“课程”表子表

注意：在一对多的表关系中，只有主表即“一”方的数据表才出现含有“子表”的结果，“多”方的数据表不会有变化。

3.3.2　修改表关系

对已经创建的表关系，有时用户需要进行查看、修改、隐藏、打印等操作，有时还需要维护表数据的完整性，这就涉及表关系的编辑。

1. “关系工具/设计”选项卡中的按钮功能

对表关系的一系列操作都可以通过“关系工具/设计”选项卡下的“工具”和“关系”组中的功能按钮来实现，如图 3.84 所示。

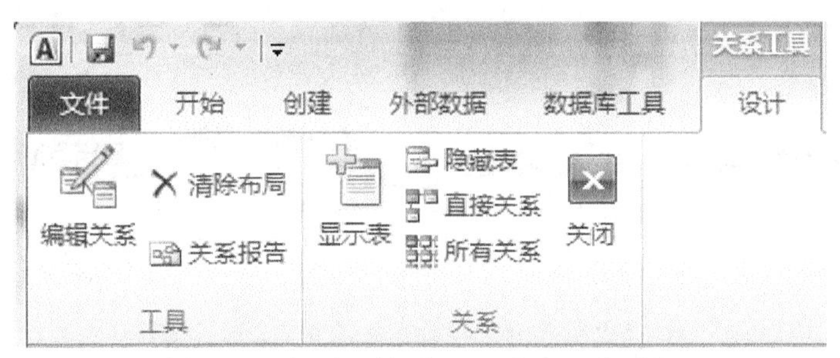

图 3.84　打开“关系工具/设计”选项卡

“编辑关系”：当需对表关系进行修改时，单击该按钮，弹出“编辑关系”对话框，如图 3.85 所示。在该对话框中，可以进行实施参照完整性、设置联接类型和新建表关系等操作。

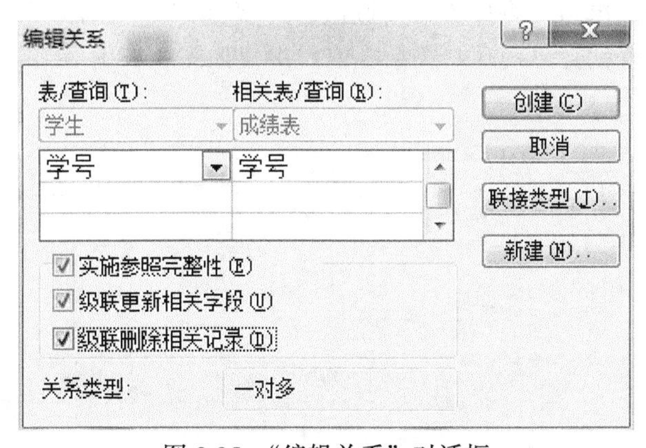

图 3.85　“编辑关系”对话框

“清除布局”：单击该按钮，弹出清除确认对话框，如图 3.86 所示。单击“是”按钮，系统将清除窗口中的布局。

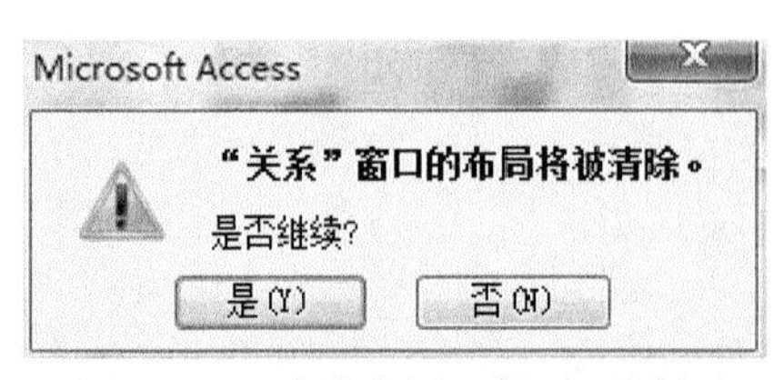

图 3.86 “清除布局”提示对话框

“关系报告”：单击该按钮，Access 将自动生成各种表关系的报表，并进入“打印预览”视图，在这里可以进行关系打印、页面布局等操作，如图 3.87 所示。

“显示表”：单击该按钮，窗口显示“显示表”对话框，具体用法如前所述。

“隐藏表”：选中一个表，然后单击该按钮，则在“关系”窗口中隐藏该表。

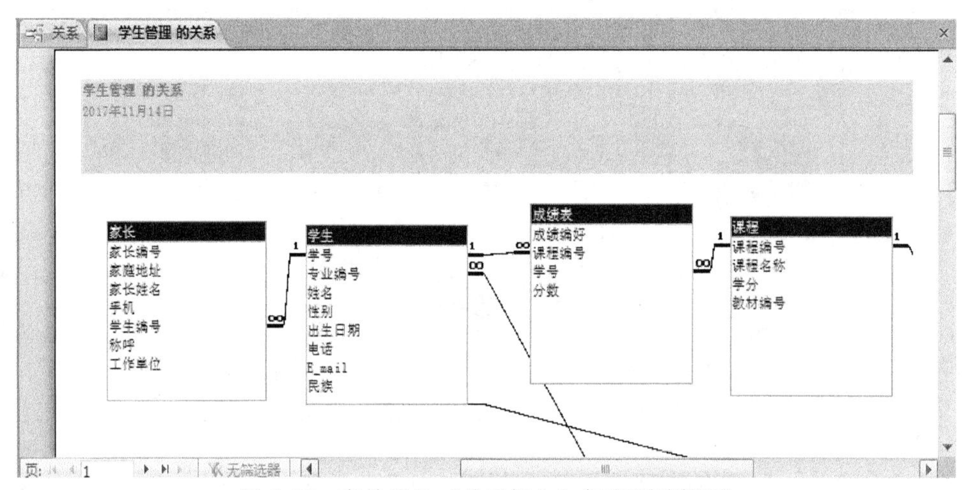

图 3.87 表关系的“关系报告”打印预览视图

“直接关系”：单击该按钮，将显示与窗口中选中的表有直接关系的表。例如，选中“学生”表，单击“直接关系”按钮后，“联系人”、“家长”、“成绩表”、“院系”、“专业”等表就会出现在“关系”窗口中，如图 3.88 所示。

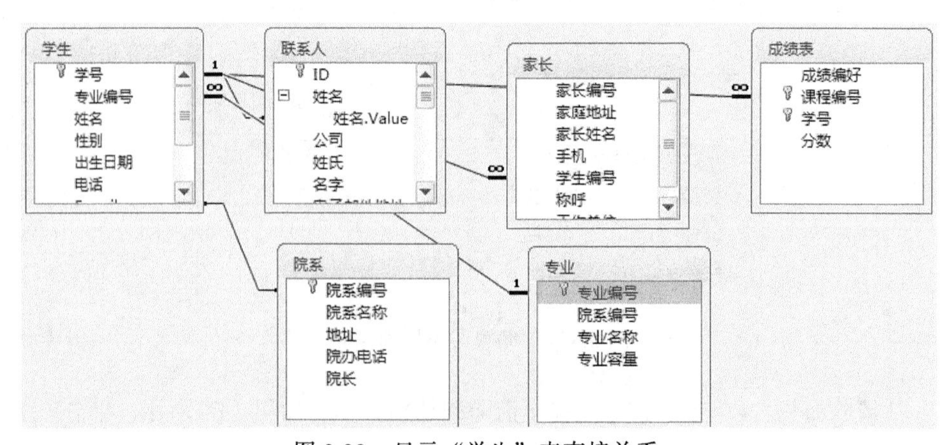

图 3.88 显示“学生”表直接关系

“所有关系”：单击该按钮，除直接关系中显示的表关系外，“教师”、“学生授课信息表”、“课程”表显示该数据库中的所有表关系，如图 3.89 所示。

“关闭”：单击该按钮，退出“关系”窗口，如果窗口中的布局没有保存，则会弹出提示对话框，询问是否保存。

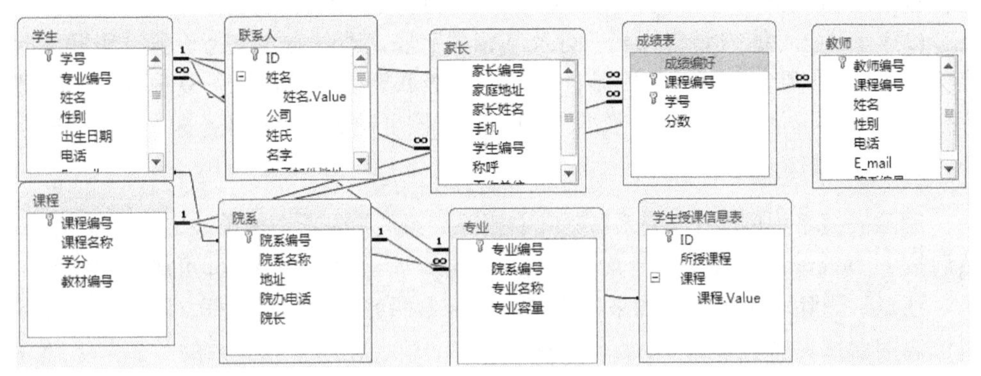

图 3.89　显示“所有关系”

2. 编辑表关系

对表关系进行编辑主要是在“编辑关系”对话框中进行的。表关系的设置主要包括实施参照完整性、级联更新字段和级联删除记录等。

打开“编辑关系”对话框的方法是：选中两个表之间的关系线，关系线会稍微变粗，然后单击“设计”选项卡下的“编辑关系”按钮；或直接双击连接线；或在关系线上单击右键，在快捷菜单中选择“编辑关系”，如图 3.90 所示，都将弹出“编辑关系”对话框(图 3.79)，即可在该对话框中进行相应的修改。

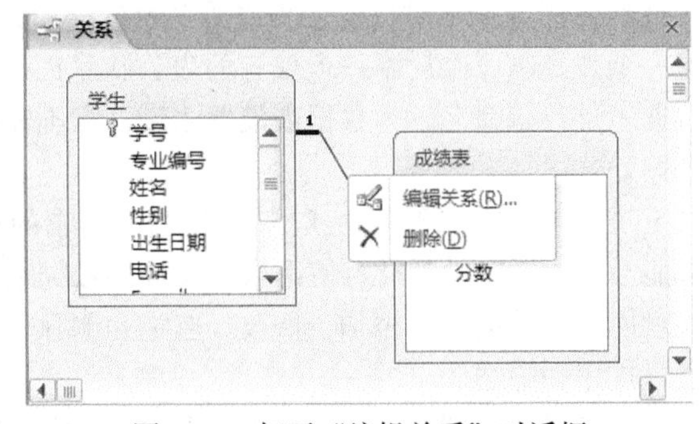

图 3.90　打开“编辑关系”对话框

在“编辑关系”对话框中，可以进行实施参照完整性、设置联接类型、新建表关系等操作。

(1) “参照完整性”是指在数据库中规范表之间关系的一系列规则，这些规则用来保证数据库中表关系的完整性和拒绝能使表的关系变得无效的数据修改。

注意：对数据库设置了参照完整性以后，就会对中间表的数据输入和主表的数据修改进行严格的限制。

(2) 有时用户需要更改表关系中一方的值，这就要求 Access 能够自动更新相关表中受影响的记录值。这样才可以完整更新数据库，使数据库的内容保持一致。在

Access 中，可以通过选中“级联更新相关字段”复选框来解决这个问题。如果实施了参照完整性并选中“级联更新相关字段”复选框，则当更新主键时，Access 将自动更新参照主键的所有字段。

注意：如果主键是“自动编号”字段，则选中“级联更新相关字段”复选框将没有意义，因为用户无法更改“自动编号”字段中的值。

(3) 有时也可能需要删除某一行及其相关字段。Access 也支持设置“级联删除相关记录”。如果实施了参照完整性并选中“级联删除相关记录”复选框，则当删除包含主键的记录时，Access 会自动删除参照该主键的所有记录，即“一删全删”。

3. 删除表关系

删除表关系，必须在“关系”窗口中删除关系线。先选中两个表之间的关系线，然后按下 Delete 键，或从快捷菜单中选“删除”命令(图 3.90)，即可删除表关系。

注意：删除表关系时，如果选中了“实施参照完整性”复选框，则同时会删除对该表的参照完整性设置，Access 将不再自动禁止在原来表关系的“多”方建立孤立记录。

如果表关系中涉及的任何一个表处于打开状态，或正在被其他程序使用，用户将无法删除该关系。必须先将这些打开或使用着的表关闭，才能删除关系。

3.4　数据表的相关操作

在使用数据表时，会涉及数据表的打开和关闭操作；在创建数据表时，可以新建一个表，也可以复制一个现有的表，然后在这个表的基础上进行修改；还可以对数据表进行重命名、为数据表设置主键；当不需要某个数据表时，还可以将该数据表删除。

现实中的需求不是一成不变的。由于需求的不确定性，在创建数据库和表之后，可能会因为需求的变化，使得当初设计的数据表的结构变得不能满足需要了，而需要对原有的数据表中添加、修改、选定和删除记录，查找和替换数据，以及对数据进行排序和筛选。

本节详细介绍数据表的相关操作及表的维护与修改。

3.4.1　打开、复制、重命名、删除和关闭数据表

1. 打开数据表

在对表进行任何操作之前，要先打开相应的表；在 Access 中，表有两种视图，可以在“数据表视图”中打开表，也可以在“设计视图”中打开表。

在“导航窗格”中，按“对象类型”浏览所有 Access 对象，选择要打开的表，

右击，从弹出的快捷菜单中选择“打开”命令，如图3.91所示，即可打开表的“数据表视图”。

在“数据表视图”中打开表以后，可以在该表中输入新的数据、修改已有的数据、删除不需要的数据，添加字段、删除字段或修改字段。如果要修改字段的数据类型或属性，则应切换到“设计视图”界面。

从“数据表视图”切换到“设计视图”的方法是：打开功能区的“开始”选项卡，或者上下文功能区“表格工具”的“字段”选项卡，这两个选项卡下面都有“视图”切换按钮，单击该按钮的下拉箭头，打开下拉菜单，如图3.92所示，选择“设计视图”命令即可。

注意：在“导航窗格”中直接双击要打开的表，可以打开表的数据表视图；另外，如果在图3.91所示的快捷菜单中选择“设计视图”命令，则可以直接打开表的设计视图。

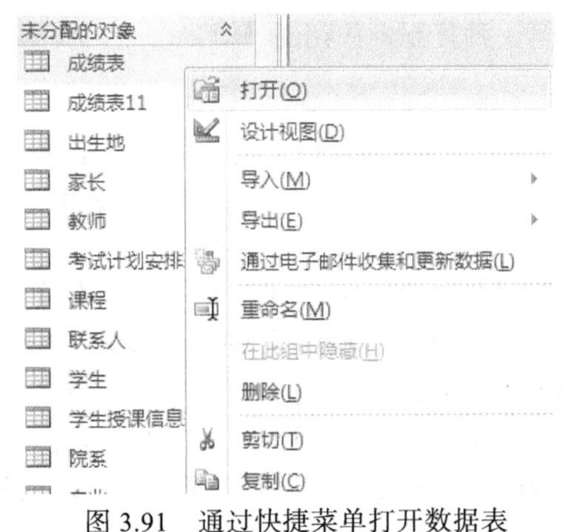

图3.91 通过快捷菜单打开数据表

图3.92 切换到“设计视图”

2. 复制数据表

复制表的操作分为两种情况：在同一个数据库中复制表和将数据表从一个数据库复制到另一个数据库。

1) 在同一个数据库中复制表

在数据库窗口中，选中需要复制的数据表后，在“开始”选项卡下的“剪贴板”组中，单击“复制”按钮，然后单击“粘贴”按钮，系统将打开“粘贴表方式”对话框，如图3.93所示。

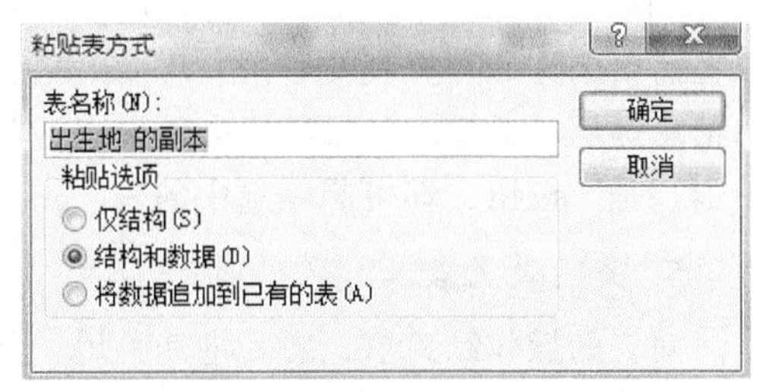

图3.93 打开“粘贴表方式”对话框

该对话框中有三种粘贴表的方式，各方式的功能如下。

(1) “仅结构”：只是将所选择的表的结构复制，形成一个新表。

(2) “结构和数据”：将所选择的表的结构及其全部数据记录一起复制，形成一个新表。

(3) “将数据追加到已有的表”：表示将所选择的表的全部数据记录追加到一个已经存在的表，且此表的结构和被复制的表的结构相同，才能保证复制数据的正确性。

先在“表名称”文本框中为复制的数据表命名，然后在“粘贴选项”区域中选择所需的粘贴方式，单击“确定”按钮完成数据表的复制操作。

2) 将数据表从一个数据库复制到另一个数据库

打开需要复制的数据表所在的数据库，选中该数据表，单击“开始”选项卡下“剪贴板”组中的“复制”按钮，然后关闭这个数据库；打开要接收该数据表的数据库，单击“开始”选项卡下“剪贴板”组中的“粘贴”按钮，同样会打开“粘贴表方式”对话框，接下来的操作方法与第一种复制操作相同。

3. 重命名数据表

要重新命名已有的数据表，可以在“当行窗格”中找到该表，然后在表名上右击，从弹出的快捷菜单中选择“重命名”命令，数据表的名称将变成可编辑状态，输入新的名称后按 Enter 键即可。

当通过 Access 用户界面更改数据表名称时，Access 会自动纠正该表在其他对象中的引用名。为实现此操作，Access 将唯一的标识符与创建的每个对象和名称映像信息存储在一起，名称映像信息使 Access 能够出现在错误时纠正绑定错误。当 Access 检测到最后一次“名称自动更正”之后又有对象被更改时，它将出现在第一个绑定错误时对该对象的所有项目执行全面的名称更正。这种机制不仅对数据表的更名有效，而且对数据库中任何对象的更名包括表中的字段都是有效的。

4. 删除数据表

如果要删除一个数据表，首先选中需要删除的表，然后按 Delete 键即可；也可以在需要删除的数据表上右击，从弹出的快捷菜单中选择“删除”命令，系统将弹出信息提示对话框。如果不想删除该表，单击“否”按钮；如果确认要删除该表，单击“是”按钮，即可删除选中的表。

5. 关闭数据表

对表的操作结束后，需要将其关闭。无论数据表是处于“设计视图”状态还是处于“数据表视图”状态，单击选项卡式文档窗口右上角的“关闭窗口”按钮都可以将打开的表关闭。如果对表的结构或布局进行了修改，则系统会弹出一个提示框，询问用户是否保存所做的修改。单击“是”按钮将保存所做的修改；单击“否”按钮将放弃所做的修改；单击“取消”按钮则取消关闭操作。

关闭数据表的另一种方法是直接在主窗口中右击要关闭的数据表的选项卡标签，从弹出的快捷菜单中选择“关闭”命令，即可关闭数据表。

3.4.2　选择、移动、插入、重命名和隐藏字段

1. 选择字段

字段的选择操作是字段操作中最基本的操作，它是其他字段操作的基础。要选择某个字段，只需要将鼠标光标移动到需要选择的字段名上，单击即可，此时被选择的字段将呈现与其他字段不同的颜色。

2. 移动字段

字段的移动是指将一个字段从一处移动到另一处，具体操作方法为：选定需要移动的字段，如图 3.94 所示。

学生

学号	专业编号	姓名	性别	出生日期	电话	
41601016	30503	刘肃然	女	1997/5/8	135****5682	135
41602005	50101	刘成	男	1997/10/6	135****5692	135
41602035	50101	李胜青	女	1999/12/30	135****5685	135
41603001	40104	吴燕妮	男	1998/7/11	135****5704	135
41603034	40104	陈睿	女	1999/1/7	135****5707	135
41604012	50202	陈亚丽	女	1998/8/11	135****5696	135
41604026	50202	谢培茹	男	1999/11/11	135****5687	135
41605023	70201	陈威君	男	1998/1/17	135****5688	135
41605048	70201	张倩	男	1999/11/16	135****5679	135
41606030	80403	曹慧敏	男	1997/5/16	135****5729	135

记录：第 1 项(共 55 项　无筛选器　搜索

图 3.94　选定需要移动的字段

按住鼠标左键不放，将光标拖动到需要移动的位置后释放鼠标即可，如图 3.95 所示，移动后的数据表视图如图 3.96 所示。

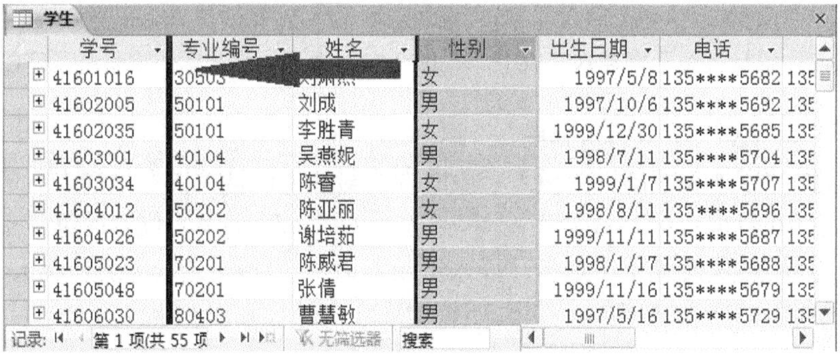

学生

学号	专业编号	姓名	性别	出生日期	电话	
41601016	30503	[illegible]	女	1997/5/8	135****5682	135
41602005	50101	刘成	男	1997/10/6	135****5692	135
41602035	50101	李胜青	女	1999/12/30	135****5685	135
41603001	40104	吴燕妮	男	1998/7/11	135****5704	135
41603034	40104	陈睿	女	1999/1/7	135****5707	135
41604012	50202	陈亚丽	女	1998/8/11	135****5696	135
41604026	50202	谢培茹	男	1999/11/11	135****5687	135
41605023	70201	陈威君	男	1998/1/17	135****5688	135
41605048	70201	张倩	男	1999/11/16	135****5679	135
41606030	80403	曹慧敏	男	1997/5/16	135****5729	135

记录：第 1 项(共 55 项　无筛选器　搜索

图 3.95　拖动字段到适合的位置

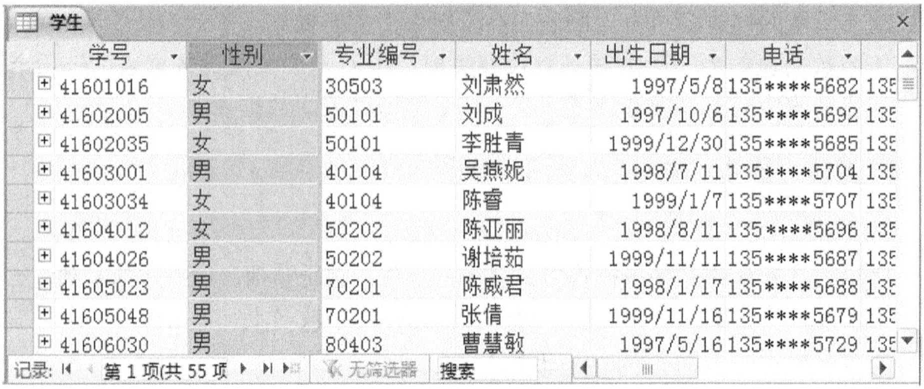

学生

学号	性别	专业编号	姓名	出生日期	电话	
41601016	女	30503	刘肃然	1997/5/8	135****5682	135
41602005	男	50101	刘成	1997/10/6	135****5692	135
41602035	女	50101	李胜青	1999/12/30	135****5685	135
41603001	男	40104	吴燕妮	1998/7/11	135****5704	135
41603034	女	40104	陈睿	1999/1/7	135****5707	135
41604012	女	50202	陈亚丽	1998/8/11	135****5696	135
41604026	男	50202	谢培茹	1999/11/11	135****5687	135
41605023	男	70201	陈威君	1998/1/17	135****5688	135
41605048	男	70201	张倩	1999/11/16	135****5679	135
41606030	男	80403	曹慧敏	1997/5/16	135****5729	135

记录: 第 1 项(共 55 项　无筛选器　搜索

图 3.96　移动后的数据表视图

3. 插入字段

1) 在设计视图中插入字段

打开表的“设计视图”，在要插入新字段的下一字段行上右击，从弹出的快捷菜单中选择“插入行”命令，如图 3.97 所示。此时，将在选定行的上方插入一个空白行，如图 3.98 所示。在此设置新字段的“字段名称”和“数据类型”即可完成新字段的插入。

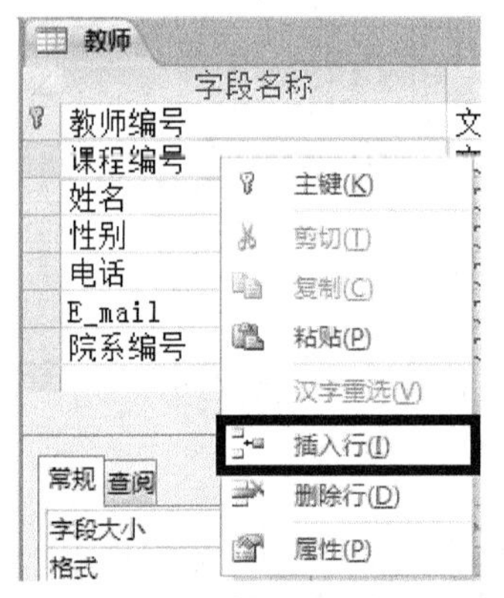

图 3.97　在“设计视图”中插入字段

教师

字段名称	数据类型
教师编号	文本
课程编号	文本
姓名	文本
性别	文本
电话	文本
E_mail	文本
院系编号	文本

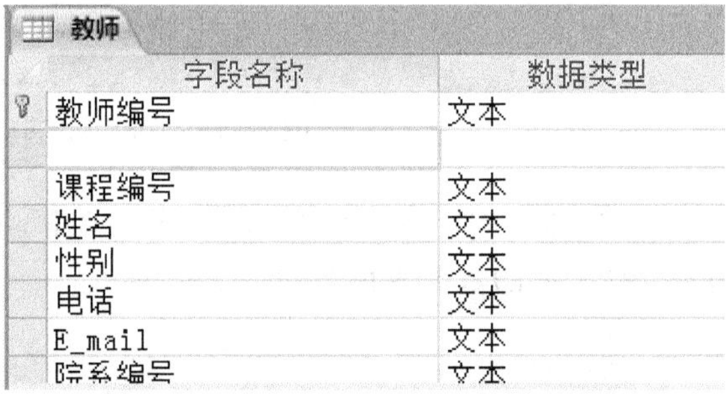

图 3.98　在“设计视图”中新插入字段

2) 在数据表视图中插入字段

在表的“数据表视图”中插入字段的方法与在“设计视图”中插入行的方法类似，首先打开数据表的“数据表视图”，选择要插入新字段的位置的下一个字段，右击，从弹出的快捷菜单中选择“插入字段”命令，如图 3.99 所示。Access 将在选定字段的前面插入新字段，如图 3.100 所示。

教师

教师编号	课程编号	姓名	性别	电话
10001	1000001			139***
10002	1000002			139***
10003	1000003			139***
10004	1000004			139***
10005	1000005			139***
10006	1000006			139***
10007	1000007			139***
10008	1000008			139***
10009	1000009			139***
10010	1000010			139***
10011	1000011			139***
10012	1000012			139***
10013	1000013			139***
10014	1000014			139***
10015	1000015			139***
10016	1000016			139***
10017	1000017			139***
10018	1000018			139***
10019	1000019			139***
10020	1000020			139***

升序(S)
降序(O)
复制(C)
粘贴(P)
字段宽度(F)
隐藏字段(F)
取消隐藏字段(U)
冻结字段(Z)
取消冻结所有字段(A)
查找(F)...
插入字段(F)
修改查阅(L)
修改表达式(E)
重命名字段(N)
删除字段(L)

记录: 第 1 项(共 20 项　无筛选器　搜索

图 3.99　在“数据表视图”中插入字段

教师

教师编号	字段1	课程编号	姓名	性
10001		1000001	杜卓	女
10002		1000002	贺晴	女
10003		1000003	张一帆	女
10004		1000004	贾凤仪	女
10005		1000005	曹慧敏	女
10006		1000006	杨佳欢	女
10007		1000007	耿梦巍	女
10008		1000008	周文芳	女
10009		1000009	吴将斌	男
10010		1000010	谭杰明	男
10011		1000011	郭璐	男
10012		1000012	王文涛	男
10013		1000013	王若楠	女

记录: 第 1 项(共 20 项　无筛选器　搜索

图 3.100　在“数据表视图”中新插入字段

4. 重命名字段

对数据表中的字段重命名，主要有以下两种情况。

(1) 在设计视图中重命名。

在表的“设计视图”中选中需要重命名的字段，在“字段名称”列中删除原来的字段名，输入新的字段名即可。

(2) 在数据表视图中重命名。

在表的“数据表视图”中双击原来的字段名，此时该字段名呈现为可编辑状态，输入新的字段名即可。

在表的“数据表视图”中，也可以通过右键快捷菜单来重命名字段，只需在要重命名的字段上右击，从弹出的快捷菜单中选择“重命名字段”命令即可。

5. 删除操作

当不再需要数据库表中某个字段时，可将其删除，字段删除操作主要有以下两种方法。

(1) 在设计视图中删除字段。

在表的“设计视图”中右击所需要删除的字段，在弹出的快捷菜单中选择“删除行”操作命令即可。

(2) 在数据表视图中删除字段。

在表的“数据表视图”中右击需要删除的字段，在弹出的快捷菜单中选择“删除字段”命令即可。

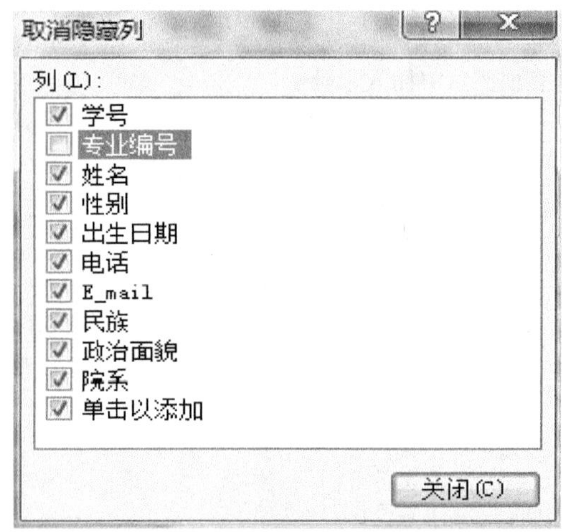

图 3.101　“取消隐藏列”对话框

6. 隐藏/取消隐藏字段

字段的隐藏操作是指将一个或多个暂时不重要的字段隐藏起来，方便查看所需的字段信息；等需要查看该字段时，再通过“取消隐藏”使其显示出来。具体操作方法为：在表的“数据表视图”中右击需要隐藏的字段，从弹出的快捷菜单中选择“隐藏字段”命令即可；当需要取消隐藏字段时，可在表的任意字段上右击，从弹出的快捷菜单中选择“取消隐藏字段”命令，打开如图 3.101 所示的“取消隐藏列”对话框，选中字段前面的复选框即可。

3.4.3　添加、修改、选定和删除记录

1. 添加记录

向表的各字段输入数据以添加一条新记录前，要先定位到新记录行，方法如下：

(1) 直接将光标定位在表的最后一行——新记录行。

(2) 单击“记录导航条” 记录: ◀ ◀ 第 1 项(共 9 项) ▶ ▶| ▶* 最后的“新(空白)记录”按钮。

(3) 单击“开始”选项卡下“记录”组中“新建”按钮，如图 3.102 所示。

(4) 将鼠标移到任意一条记录左侧的“记录选定器”(灰色格子)上，出现箭头时，右击弹出快捷菜单，选择“新记录”命令，如图 3.103 所示。

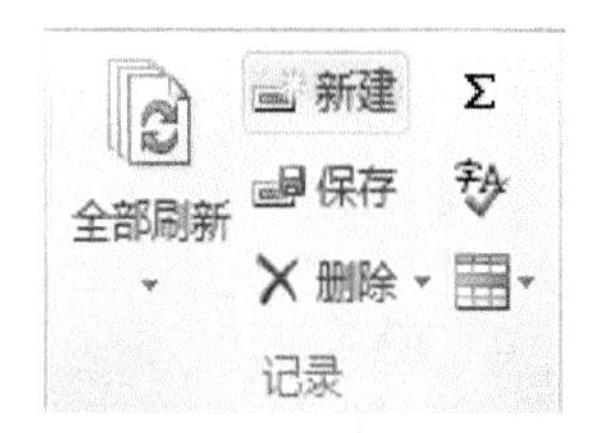

图 3.102　选择“新建”按钮

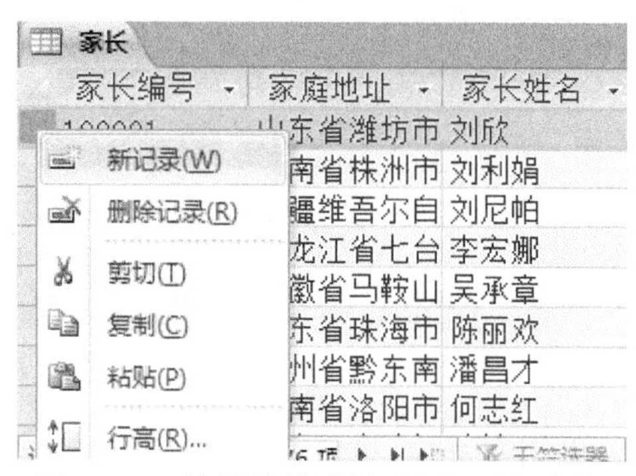

图 3.103　快捷菜单选择“新记录”命令

2. 修改记录

要修改已添加的记录，只需要单击要修改的单元格，在单元格中修改记录即可。

3. 选定记录

移动鼠标到某条记录最左侧的灰色区域(记录选定器)，此时光标变成向右的黑色箭头➔，单击即可选定该记录。

4. 删除记录

删除某条记录，需先选定该条记录。若需删除多条连续的记录，则先选定第一条记录，然后按住 Shift 键，再选择最后一条记录。若待删除的记录不连续，则需要分多次删除。

选定记录后，单击“开始”选项卡下“记录”组中的“删除”按钮(图 3.102)；或是单击右键，从快捷菜单中选择“删除记录”命令(图 3.103)。在弹出的警告信息对话框中单击“是”按钮，即可删除该条记录，如图 3.104 所示。

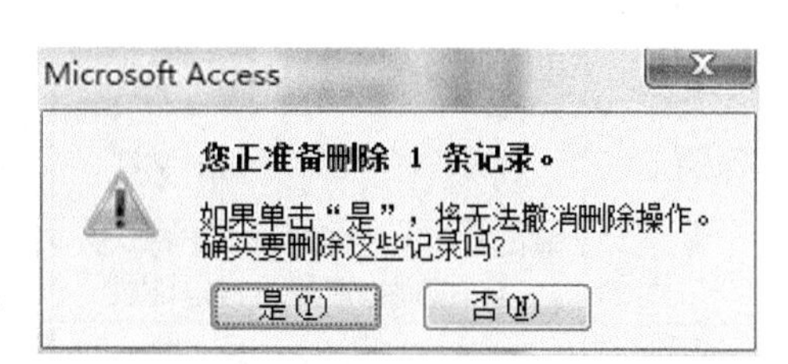

图 3.104　删除记录提示信息对话框

注意：记录一经删除，无法撤销。因此，在删除前最好做好备份，以防误操作后可以还原。

3.4.4　数据的查找与替换

1. 查找数据

在数据表中查看特定数据，有两种方法：一是直接在“记录导航条”最右侧的搜索栏中输入要查找的内容，如图 3.105 所示，输入“女”后按回车键，即可进行快速查找；二是使用“开始”选项卡中的“查找和替换”对话框中的“查找”选项卡，如图 3.106 所示。在“查找内容”列表框中输入需要查找的内容，单击“查找下一个”即可。

图 3.105 “记录导航条”的搜索栏

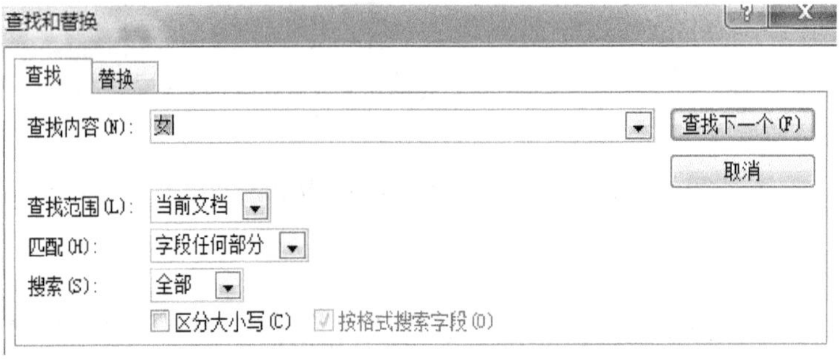

图 3.106 选择“查找”选项卡

如果有多条记录，则按回车键，光标将定位到下一个满足条件的记录处。另外，在查找中还可以使用通配符。通配符的意义如表 3.19 所示。

表 3.19 通配符的用法

字符	用法	示例
*	通配任意个字符	Ba*可以找到任意 Ba 开头的，如 Back,但找不到 Buak
?	通配任何单个字符	B?a 可以找到任意以 B 开头及 a 结尾的 3 个字符
[]	通配方括号内任何单个字符	b[ai]d 可以找到 bad 和 bid
!	通配任何不在括号内的字符	b[! ai]d 可以找到除 bad 和 bid 之外的，以 b 开头，d 结尾的 3 个字符
-	通配范围内的任何一个字符，必须以递增排序顺序指定区域	b[a-c]d 可以找到 bad、bbd 和 bed
#	通配任何单个数字字符	2#4 可以找到 204、214、224、234、244、254、264、274、284、 294

在 Access 表中，如果某条记录的某个字段尚未存储数据，则称该记录的这个字段的值为空值。空值与空字符串的含义不同。空值是缺值或还没有值(即可能存在但当前未知)，允许使用 null 值来说明一个字段里的信息目前还无法得到；而空字符串是用双引号括起来的字符串，且双引号中间没有空格(即"")，这种字符串的长度为 0。

2. 替换数据

若需要在数据表中修改多处内容相同的数据，则可以使用“查找和替换”对话框中的“替换”选项卡，如图 3.107 所示。“替换”选项卡中多了“替换为”列表框和“替换”、“全部替换”按钮。

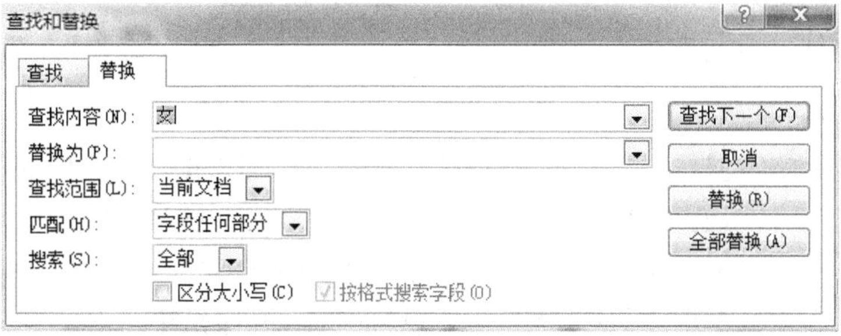

图 3.107　选择“替换”选项卡

当对数据进行替换时，首先在“查找内容”框中输入要查找的内容，然后在“替换为”框中输入替换后的内容。最后，单击“查找下一个”按钮，系统将对数据表进行搜索。

与查找不同的是，单击“查找下一个”按钮后，用户决定该位置处的字符是否需要替换。如果需要替换，则单击“替换”按钮；否则，继续单击“查找下一个”按钮，查看下一处内容。如果需要替换所有匹配的查找内容，则单击“全部替换”按钮，将自动完成所有匹配数据的替换。

3. “查找和替换”对话框

在 Access 中，用户可以通过以下两种方法打开“查找和替换”对话框。

(1) 单击“开始”选项卡下的“查找”按钮。

(2) 按下 Ctrl+F 组合键。

在“查找和替换”对话框中的各项命令作用如下。

(1)“查找内容”：输入要查找的内容。

(2)“查找范围”：设置查找范围是“当前字段”还是“当前文档”。默认值是当前光标所在的字段列。

(3)“匹配”：限定内容与“字段任何部分”、“整个字段”或“字段开头”相匹配。

(4)“搜索”：确定搜索方向，是从光标当前位置“向上”、“向下”还是“全部”搜索。

(5)“区分大小写”：选中该复选框，则对查找的内容区分大小写。

3.4.5 数据的排序与筛选

数据库的基本功能就是保存和维护数据，最终目标是用于决策。换而言之，就是对数据库中储存的数据进行分析，找出一定规律，然后应用于实践。数据库中的数据在输入时，往往是杂乱无章的，人们在进行数据分析的过程中，一般需要对数据进行排序，然后从中抽取某个范围的数据进行分析。数据的排序和筛选是两种比较常用的数据处理方法。

1. 数据的排序

排序就是将数据按照一定的逻辑顺序进行排列，即根据当前表中的一个或多个字段的值对所有记录进行顺序排列。排序时可按升序，也可按降序。

排序记录时，不同的字段类型，排序的规则会有所不同，具体规则包括如下：

(1) 英文按字母顺序排序，大、小写视为相同，升序是按 A 到 Z 排列，降序时按照 Z 到 A 排列。

(2) 中文按拼音字母的顺序排序，升序时按 A 到 Z 排列，降序时按 Z 到 A 排列。

(3) 日期和时间字段，按日期的先后顺序排序，升序时按从前向后的顺序排列，降序时按从后向前的顺序排列。

(4) 数字按大小排序，升序时从小到大排列，降序时从大到小排列。

在进行排序操作时，要注意以下几点：

(1) 对于短文本型的字段，如果它的取值有数字，那么将数字视为字符串。排序时是按照 ASCII 码值的大小排列，而不是按照数值本身的大小排列。如果希望按其数值大小排列，则应在数字前面加零。例如，对于文本字符串 5、8、12 按升序排列，如果直接排列，那么排序的结果将是 12、5、8。如想按其数值的大小升序顺序，应将 3 个字符串改为 05、08、12。

(2) 按升序排列字段时，如果字段的值为空值，则将包含空值的记录排列在列表中的第 1 条。

(3) 数据类型为备注、超级链接或附件类型的字段不能进行排序。

(4) 排序后，排列次序将与表一起保存。

对数据库的排序主要有两种方法：一种是利用工具栏的简单排序；另一种就是利用窗口的高级排序。各种排序和筛选操作都在“开始”选项卡下的“排序和筛选”组中进行，如图 3.108 所示。

图 3.108 “排序和筛选”组

另外，排序可分为基于一个字段的简单排序，多个相邻字段的排序和高级排序 3 种。

1) 单字段排序

【例 3.12】 对“学生管理”数据库“学生”表中的数据按学号字段进行升序排序。

操作步骤如下：

(1) 启动 Access 2010，打开“学生管理”数据库。

(2) 打开“学生”表的数据表视图，单击学号字段名称右侧的下拉箭头，打开排序下拉菜单，如图 3.109 所示。

(3) 在该下拉菜单中选择“升序”命令，Access 将按数字的首字对“学号”列进行排列，结果如图 3.110 所示。

图 3.109　姓名字段的排序下拉菜单　　图 3.110　对“学号”列排序后的数字表视图

注意：也可以在“开始”功能区选项卡的“排序和筛选”组中，选择“升序”、“降序”命令对数据进行排列(如图 3.108 所示)。

2) 按多个字段排序

在 Access 中，还可以按多个字段的值对记录排序。当按多个字段排序时，先根据第一个字段按照指定的顺序进行排序，当第一个字段具有相同的值时，再按照第二个字段进行排序，依次类推，直到按全部指定字段排序。

利用简单排序特性也可以进行多个字段的排序，需要注意的是，这些列必须相邻，并且每个字段都要按照同样的方式(升序或降序)进行排序。如果两个字段并不相邻，需要调整字段位置，而且把第一个排序字段置于最左侧。

【例 3.13】 在“学生管理”数据库的“成绩表”中，按“课程编号”和“分数”两个字段升序排序，即先按“课程编号”排序，同一课程编号的学生再按分数排序。

操作步骤如下：

(1) 启动 Access 2010，打开“学生管理”数据库。

(2) 打开“成绩”表的数据表视图。

(3) 将“学号”字段拖动到“成绩编号”的右侧，使得这两个字段相邻，如

图 3.111 所示。

成绩表

课程编号	成绩编号	学号	分数
1000002	10000005	41601016	89
1000003	10000062	41601016	57
1000004	10000119	41601016	75
1000005	10000176	41601016	91
1000006	10000233	41601016	93
1000007	10000290	41601016	93
1000008	10000347	41601016	65
1000009	10000404	41601016	57
1000010	10000461	41601016	82
1000011	10000518	41601016	78
1000012	10000575	41601016	76
1000013	10000632	41601016	74

记录: 第 1 项(共 1120　无筛选器　搜索

图 3.111　将“学号”字段调整为相邻

(4) 同时选中“课程编号”和“分数”两个字段列，切换到“开始”功能区选项卡，单击“排序和筛选”组中的“升序”按钮，即可实现升序排序，效果如图 3.112 所示。

成绩表

课程编号	学号	成绩编号	分数
1000001	41601016	10001088	81
1000001	41602005	10001098	73
1000001	41602005	10001136	72
1000001	41602035	10001091	87
1000001	41603001	10001110	96
1000001	41603034	10001113	100
1000001	41604012	10001102	96
1000001	41604026	10001093	84
1000001	41605023	10001094	90
1000001	41605048	10001085	98
1000001	41606030	10001135	68
1000001	41606048	10001111	78
1000001	41607005	10001121	79

记录: 第 1 项(共 1120　无筛选器　搜索

图 3.112　多字段排序结果

3) 高级排序

简单排序只可以对单个字段或多个相邻字段进行简单的升序或降序排序。在日常生活中，很多时候需要将不相邻的多个字段按照不同的排序方式进行排列。这时就要用到高级排序了。使用高级排序可以对多个不相邻的字段采用不同的排序方式进行排序。

【例 3.14】　在“学生管理”数据库中，对“成绩表”中的“课程编号”记录按编号升序排序，然后按“分数”降序排序。

操作步骤如下：

(1) 启动 Access 2010，打开 “学生管理”数据库。

(2) 打开“成绩”表的数据表视图，切换到“开始”功能区选项卡，单击“排序和筛选”组中的“高级”按钮右侧的箭头，打开“高级”选项菜单，如图 3.113 所示。

(3) 从高级选项菜单中选择“高级筛选/排序”命令，系统将打开筛选窗口，如图 3.114 所示。

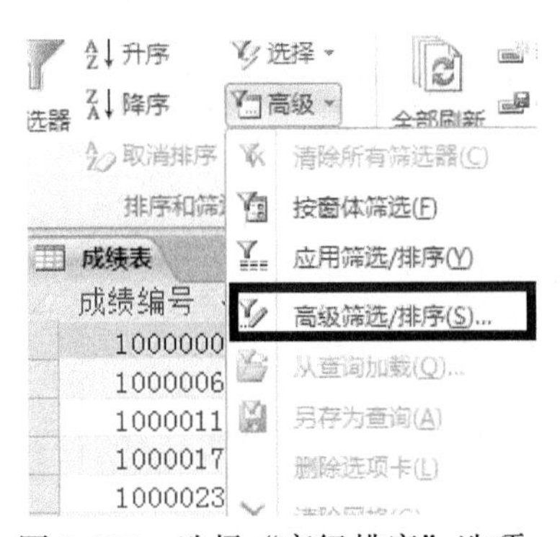

图 3.113　选择“高级排序”选项

图 3.114　“高级筛选/排序”窗口

(4) 选窗口分为上下两个区域，上面显示的是表信息，下面显不筛选和排序的具体设置。在下面的窗口中，单击“字段”行第一个单元格，出现一个下拉列表按钮，单击此按钮，打开字段下拉列表，选择需要排序的字段“课程编号”；类似地，在“排序”行的第一个单元格中，设置“课程编号”字段的排序方式为“升序”。

(5) 用同样的方法，在第二列单元格中，选择排序字段为“分数”，排序方式为“降序”，如图 3.115 所示。

(6) 设置完“筛选”窗口后，重新打开“高级”选项菜单，选择“应用筛选/排序”命令，即可按所指定的排序方式进行排序。也可以在“筛选”窗口中的空白处，右击，从弹出的快捷菜单中选择“应用筛选/排序”命令，如图 3.116 所示。

注意：若要从“筛选”窗口中删除已经指定的排序字段，则只需选中含有该字段的列，然后按 Delete 键即可。

(7) 应用高级排序后，结果如图 3.117 所示。

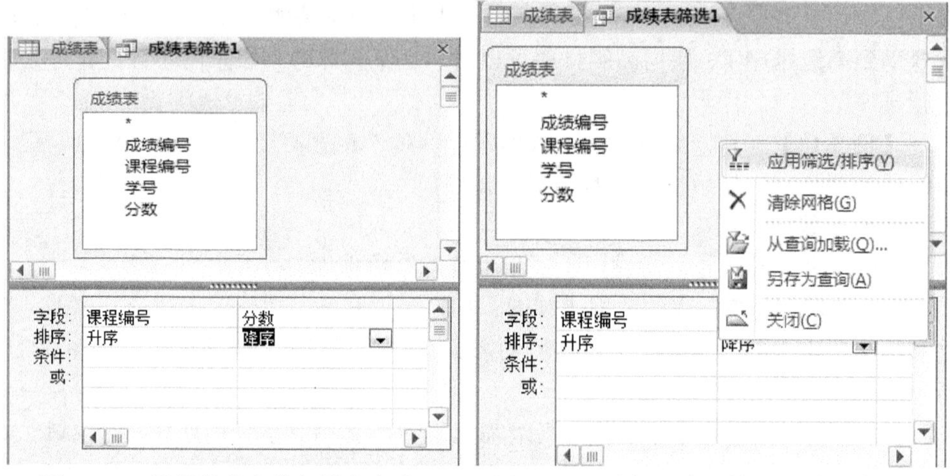

图 3.115　设置排序字段与排序方式　　　　图 3.116　选择“应用筛选/排序”命令

成绩编号	课程编号	学号	分数
10001113	1000001	41603034	100
10001109	1000001	41610035	100
10001089	1000001	41607044	99
10001112	1000001	41622021	99
10001100	1000001	41616028	99
10001118	1000001	41610027	99
10001085	1000001	41605048	98
10001086	1000001	41609044	97
10001090	1000001	41623045	97
10001102	1000001	41604012	96
10001110	1000001	41603001	96
10001132	1000001	41611039	94

记录: 第 1 项(共 1120　无筛选器　搜索

图 3.117　高级排序结果

2. 数据的筛选

如果在查看数据表时，只显示满足条件的记录，会极大提高工作效率，这就需要筛选记录。筛选记录就是将满足条件的记录显示出来，将不满足条件的记录隐藏起来。

在“开始”选项卡的“排序和筛选”组中提供了三个筛选按钮：“筛选器”、“选择”和“高级”按钮(图 3.108)。常用的筛选方式有四种：“按选定内容筛选”、“利用筛选器筛选”、“按窗体筛选”和“高级筛选/排序”。

按“选定内容筛选”、“按窗体筛选”和“输入筛选目标”是最容易的筛选记录的方法。如果可以容易地在窗体、子窗体或数据表中找到并选择想要筛选记录包含的值的实例，则可使用“按选定内容筛选”；如果要从列表中选择所需的值，而不想浏览数据表或窗体中的所有记录，或者要一次指定多个准则，则可使用“按窗体筛选”；如果焦点正位于窗体或数据表的字段中，而恰好需要在其中输入所搜索的值或要将其结果作为准则的表达式，则可使用“输入筛选目标”；如果是更复杂的筛选，则可使用“高级筛选/排序”。

1) 选择筛选

选择筛选就是基于选定的内容进行筛选，这是一种最简单的筛选方法，使用它可以快速地筛选出所需要的记录。

【例 3.15】 在“学生管理”数据库中新增入“成绩表”，并导入一些记录，然后筛选出入成绩小于 80 的全部记录。

操作步骤如下：

(1) 启动 Access 2010，打开“学生管理”数据库。

(2) 按表 3.20 所示字段创建“成绩表”，并向其中输入一些记录。

表 3.20 “成绩表”的字段

字段	数据类型	说明
成绩编号	数字	非空
课程编号	短文本	非空
学号	数字	非空
分数	数字	—

(3) 打开入库表“成绩表”的数据表视图，把光标定位到“分数”的某个单元格中。

(4) 切换到“开始”功能区选项卡，在“筛选和排序”组中单击“选择”按钮右侧的下拉箭头，可展开下拉列表，如图 3.118 所示。列表中的具体选项会根据光标所在字段的值略有不同。

注意：对于文本类型的字段，选择筛选菜单通常包含“等于”、“不等于”、“包含”和“不包含”等选项；对于时间类型的字段，还会包括“不早于”和“不晚于”选项。

(5) 如果恰好将光标定位在了字段值为 89 的单元格内，则“选择”筛选菜单中就会有“大于或等于 89”选项，如果不是字段值为 80 的单元格，则需要选择“介于”选项，打开“数字范围”对话框，如图 3.119 所示。

(6) 在“最小”和“最大”文本框中输入数字边界值，单击“确定”按钮即可。本例中“最小”值为 0,“最大”值为 80。

注意：如果执行筛选后没有返回所需要的筛选结果，其原因是光标所在的字段列不正确。

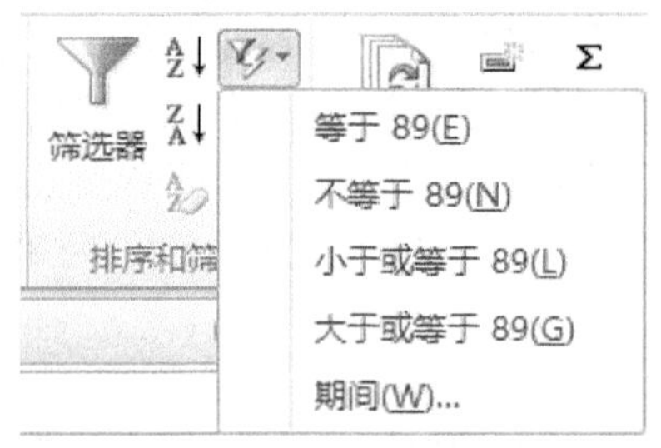

图 3.118 “选择”筛选菜单列表

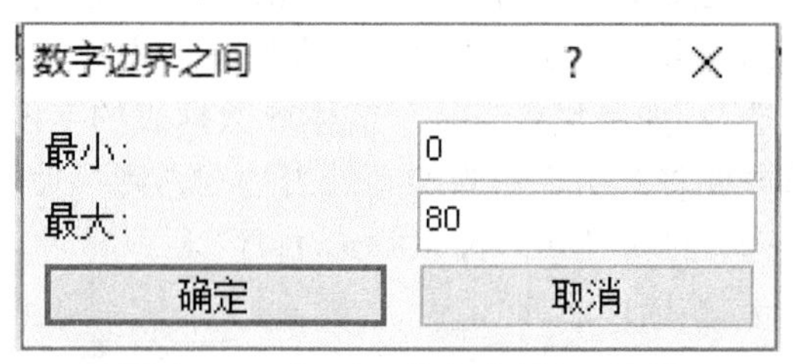

图 3.119 打开“数字范围”对话框

2) 筛选器筛选

筛选器提供了一种更为灵活的方式。它把所选定的字段列中所有不重复的值以列表形式显示出来，用户可以逐个选择需要的筛选内容。除了 OLE 和附件字段外，所有其他字段类型都可以应用筛选器，具体的筛选列表取决于所选字段的数据类型和值。

【例 3.16】 在“学生管理”数据库中的“家长”表中，筛选出所有居住在“河南省”的家长。

操作步骤如下：

(1) 启动 Access 2010，打开“学生管理”数据库。

(2) 打开“家长”表的数据表视图，把光标定位到“家庭地址”字段的某个单元格中。

(3) 单击“开始”功能区选项卡中的“筛选器”按钮，光标处将打开一个下拉列表，如图 3.120 所示。该列表中显示了所有家庭地址，且都是被选中的。

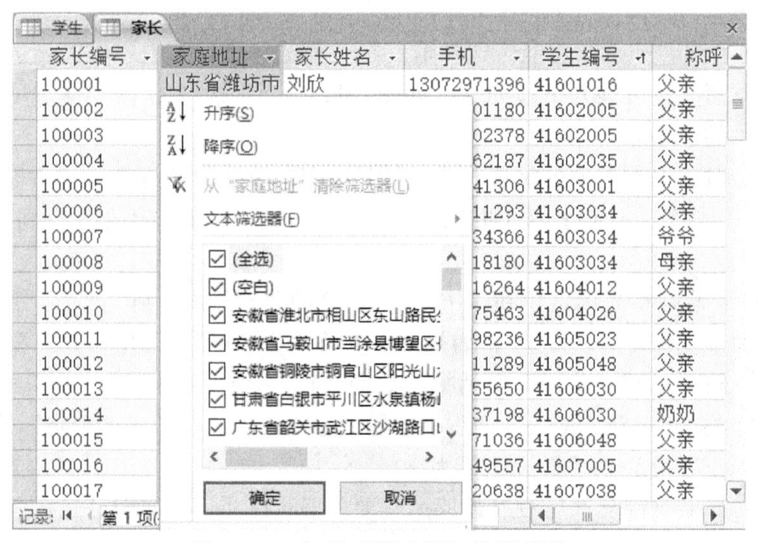

图 3.120 打开“筛选器”快捷菜单

(4) 此时，可以从这个下拉列表中取消不需要的选项。显然，当字段数量比较大时，这种方法显然不是好的选择。Access 2010 提供了另一种比较简单的方法来筛选出所有家庭住址在“河南省”的家长。

(5) 在如图 3.120 所示的“筛选器”快捷菜单中选择选项列表上方的“文本筛选器”，将打开一个子菜单，如图 3.121 所示。

图 3.121　选择“开头是”文件筛选器

(6) 选择“开头是”命令，打开“自定义筛选”对话框，如图 3.122 所示，在“家庭地址开头是”文本框中输入“河南省”，单击“确定”按钮，即可筛选出所有家庭住址在“河南省”的家长，结果如图 3.123 所示。

图 3.122　打开“自定义筛选”对话框

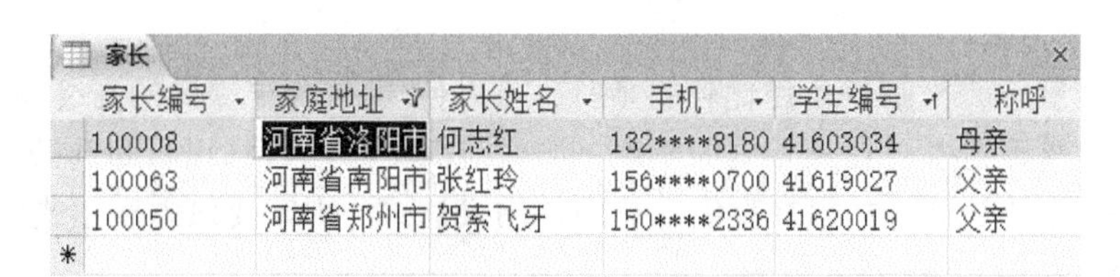

图 3.123　筛选出所有家庭住址为河南省的家长

3) 按窗体筛选

“按窗体筛选”是一种快速的筛选方法，使用它不需要浏览整个数据表的记录，而且可以同时对两个以上的字段值进行筛选。

单击“按窗体筛选”命令时，数据表将转变为单一记录的形式，每个字段都变为单记录的形式，并且每个字段都变为一个下拉列表框，可从每个列表中选取一个值作为筛选的内容。

【例 3.17】　在“学生管理”数据库中的入库“成绩表”中，筛选出成绩编号为 10000005，课程编号为 1000002 的成绩记录。

操作步骤如下：

(1) 启动 Access 2010，打开“学生管理”数据库。

(2) 打开“成绩表”的数据表视图。

(3) 切换到“开始”功能区选项卡，单击“排序和筛选”组中的“高级”按钮右侧的下拉箭头，从弹出的下拉菜单中选择“按窗体筛选”命令。

(4) 这时数据表视图转变为一条记录，将光标定位到“成绩编号”字段列，单击下拉箭头，在打开的下拉列表中选择 10000005，在把光标移到“课程编号”字段列，单击下拉箭头，从下拉列表中选择 1000002，如图 3.124 所示。

图 3.124　成绩表中按窗体筛选

(5) 在“排序和筛选”组中，单击“切换筛选”按钮，即可显示筛选结果，如图 3.125 所示。

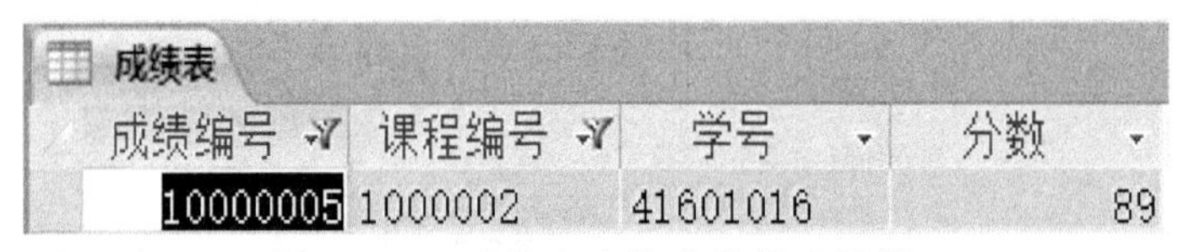

图 3.125　成绩表中按窗体筛选结果

4) 高级筛选

有些情况下，当筛选条件比较复杂时，可以使用 Access 提供的高级筛选功能。例如，如果要筛选生日在某月内的学生，那么就需要必须自己编写筛选条件，筛选条件就是一个表达式。如果在高级筛选中使用表达式，则需要熟悉表达式的编写才可以使用此功能。

【例 3.18】　在“学生管理”数据库中的“出生地表”中，筛选出出生地为“广东”的记录。

操作步骤如下：

(1) 启动 Access 2010，打开“学生管理”数据库。

(2) 打开“出生地表”的数据表视图。

(3) 切换到“开始”功能区选项卡，单击“排序和筛选”组中的“高级”按钮右侧的下拉箭头，从弹出的下拉菜单中选择“高级筛选和排序”命令，打开“筛选”窗口。

(4) 要筛选的字段出生地来自于“出生地”表的“出生地”字段，所以在“出生地”字段的“条件”行单元格中输入“广东”，如图 3.126 所示。

(5) 单击“排序和筛选”组中的“切换筛选”按钮，显示筛选的结果，如图 3.127 所示。

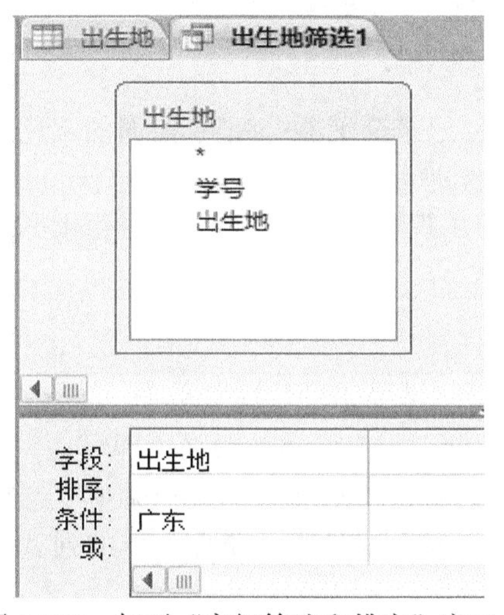

图 3.126　打开“高级筛选和排序”窗口

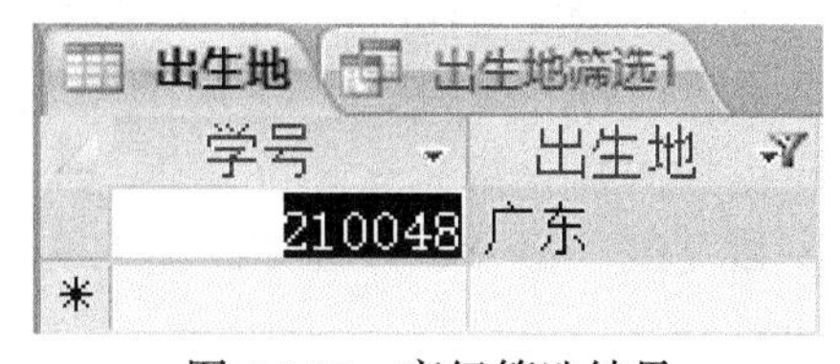

图 3.127　高级筛选结果

如果经常进行同样的高级筛选，则可把结果保存下来，重新打开“高级”筛选列表，在列表中选择“另存为查询”；或者在“筛选”窗口中的空白处，右击，从弹出的控件菜单中选择“另存为查询”命令。在打开的“另存为查询”对话框中输入查询名称即可。

在高级筛选中，还可以添加更多的字段列和设置更多的筛选条件，高级筛选实际上是创建了一个查询，通过查询可以实现各种复杂条件的筛选。

注意：筛选和查询操作是近义的，可以说筛选是一种临时的手动操作，而查询则是一种预先定制操作，在 Access 中，查询操作具有更普遍的意义。

5) 清除筛选

在设置筛选后，如果不再需要筛选时应该将它清除，否则影响下一次筛选。清除筛选后将把筛选的结果清除掉，恢复筛选前的状态。

可以从单个字段中清除单个筛选，也可以从视图内的所有字段中清除所有筛选。在“开始”功能区选项卡上的“排序和筛选”组中，打开“高级”下拉菜单，选择“清除所有筛选”命令即可把所设置的筛选全部清除掉。

3.5　数据表格式的设置

在数据表视图中，用户可以设置数据表的显示格式，包括表的行高和列宽、字体、样式、字段列的隐藏和冻结等。

3.5.1　设置表的列宽和行高

设置行宽和列高，可以通过鼠标拖动，也可以通过菜单命令来实现。

1. 鼠标拖动法

在数据表视图中，将鼠标光标移动到两个“记录选定器”(记录前面的灰色格子)的分隔处，出现上下双箭头时，上下拖动鼠标即可设置行高。

同理，将鼠标移动到两个字段名的分隔处，出现左右双箭头时，左右拖动亦可设置列宽。

2. 菜单命令法

将光标定位到任一个“记录选定器”上，右击，从弹出的快捷菜单中，选择“行高”命令，打开如图 3.128 所示的“行高”对话框，指定具体的行高值即可。

同样方法，将光标定位到任一个字段名上，右击，从弹出的快捷菜单中选择“字段宽度”命令，打开如图 3.129 所示的“列宽”对话框，指定具体的列宽值即可。

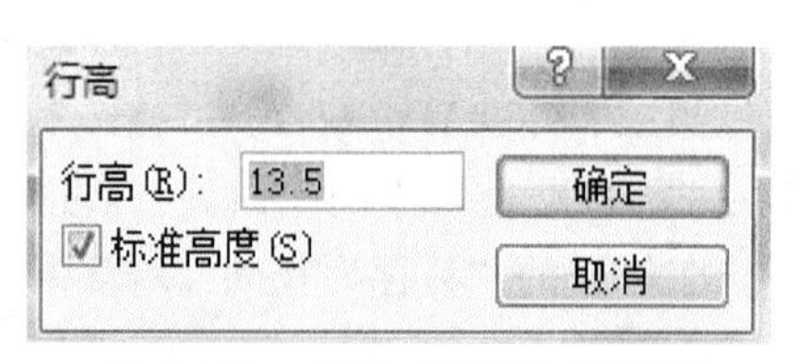

图 3.128　打开“行高”对话框

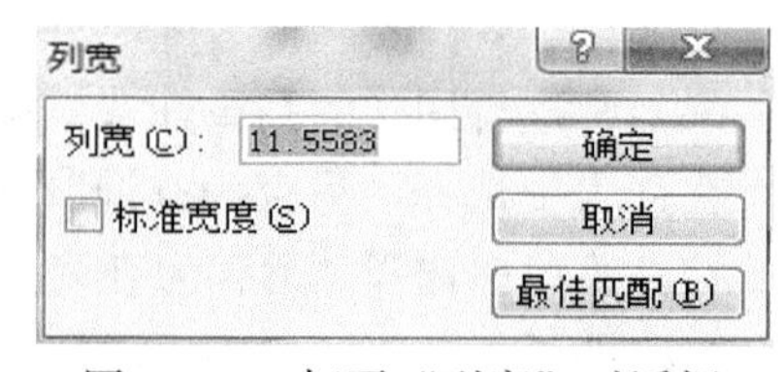

图 3.129　打开“列宽”对话框

3.5.2　设置字体格式

Access 数据表视图的默认表格样式为白底、黑字和细表格线形式。在数据表视图中，所有数据的默认格式是 5 号宋体。如果需要，用户可以改变表格的显示效果。例如在“开始”选项卡下的“文本格式”组中，自行修改字体格式，如设置字体、字号、字型、项目编号、字体颜色、填充颜色、对齐方式和边框等。另外，还可以设置表格的背景颜色、网格样式等。

1. 设置字体

数据表视图中所有数据的字体(包括字段数据字段名),其默认值均为 5 号宋体。用户可以根据实际需要更改字体。

【例 3.19】 为“学生管理数据库”中的教师表设置数据的字体为“方正细黑”，颜色为蓝色，课程编号列中的数据对齐方式为左对齐，姓名列中的数据居中对齐。

操作步骤如下：

(1) 启动 Access 2010 应用程序，打开“学生管理数据库”。

(2) 打开顾客表 Customers 的数据表视图窗口，首先在“开始”选项卡的“文本格式”组中的“字体”下拉列表中选择“方正细黑”，然后单击字体的颜色按钮后面的倒三角形，在弹出的颜色面板中选择蓝色，如图 3.130 所示。

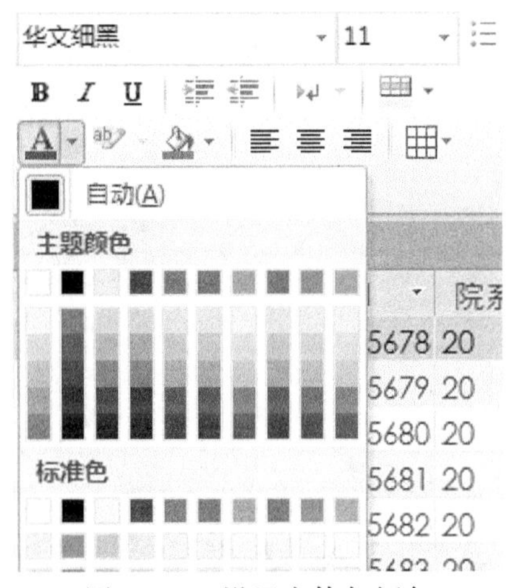

图 3.130　设置字体与颜色

(3) 选中课程编号列，在“开始”选项卡的“文本格式”组中单击“左对齐”按钮使其左对齐显示。

(4) 选中姓名列，在“开始”选项卡的“文本格式”组中单击“居中”使其居中显示。

(5) 在自定义快速访问工具栏中单击“保存”按钮，保存对数据表所做的修改，此时的数据表视图如图 3.131 所示。

教师

教师编号	课程编号	姓名	性别
10001	1000001	杜卓	女
10002	1000002	贺晴	女
10003	1000003	张一帆	女
10004	1000004	贾凤仪	女
10005	1000005	曹慧敏	女
10006	1000006	杨佳欢	女
10007	1000007	耿梦巍	女
10008	1000008	周文芳	女
10009	1000009	吴将斌	男

图 3.131　修改字体和颜色后的教师数据表视图

2. 设置数据表格式

通过“设置数据表格式”对话框，可以设置“单元格效果”、“网格线显示方式”、

“背景色”、“替代背景色”、“网格线颜色”、“边框和线型”和“方向”等数据表视图属性，以改变数据表单调的样式布局风格。设置数据表格式的操作步骤如下：

(1) 打开数据库，打开需要设置的数据表。

(2) 打开“开始”功能区选项卡，单击“文本格式”组右下角的“设置数据表格式”按钮，如图 3.132 所示。

(3) 单击该按钮后，将打开“设置数据表格式”对话框，如图 3.133 所示。通过该对话框可以设置单元格的效果、网格线的显示方式、背景色、边框和线型等信息。

图 3.132 “设置数据表格式”按钮

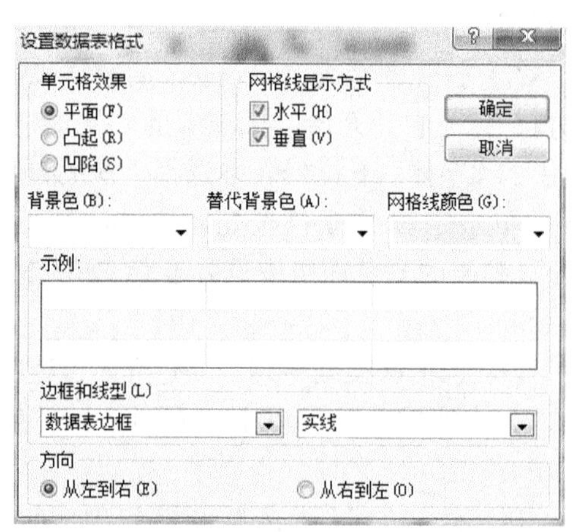

图 3.133 “设置数据表格式”对话框

(4) 单击该对话框中的“背景色”、“替代背景色”和“网格线颜色”的下拉箭头，都将打开调色板。调色板分为“主题颜色”和“标准色”两部分。在其中选择所需要的样板颜色，如果提供的样板颜色不能满足需要，还可以单击“其他颜色”按钮，在打开的对话框中选择所需颜色。

3.5.3 隐藏和取消隐藏字段

当数据表的字段较多时，可以隐藏某些字段，使数据表仅显示用户关心的字段内容。

1. 隐藏字段

【例 3.20】 隐藏“学生”表中的“性别”、“院系”和“出生日期”字段的操作步骤：在数据表视图中打开学生表，选定需要隐藏的字段三个字段，在选定的字段名上，单击右键，在弹出的快捷菜单中选择“隐藏字段”命令即可。

2. 取消隐藏字段

若要重新显示隐藏的字段，方法是：在任意字段名上单击右键，在弹出的快捷菜单中选择“取消隐藏字段”命令；在弹出“取消隐藏列”对话框中，勾选需要显示的隐藏字段，最后单击“关闭”按钮即可。

3.5.4　冻结和取消冻结字段

当数据表有许多字段，而屏幕无法显示全部字段时，这时要查看屏幕显示不了的字段，就要通过移动水平滚动条，但同时会造成前面的关键字段(如编号、姓名等)移出屏幕显示范围，从而影响数据的对照查看。

Access 的冻结字段功能可以解决这个问题。当某个或某几个字段被冻结后，无论怎么水平滚动窗口，这些冻结字段总是可见的，且位置始终固定在窗口最左边。

【例 3.21】　冻结“学生”表中的“学号”和“姓名”字段。

操作步骤如下：

(1) 打开学生表，选定“学号”和“姓名”字段。

(2) 右键单击字段名，从快捷菜单中选择“冻结字段”命令。在任意字段名上单击右键，在弹出的快捷菜单中选择“取消冻结所有字段”命令即可取消字段的冻结。

3.6　数据表的汇总行

数据表的汇总行是自 Access 2007 后新增的功能，它类似于 Excel 的汇总功能。

汇总行对表中不同类型的字段汇总的内容不同，如对文本型字段进行计数汇总，而对数字、货币字段，可通过使用聚合函数求最大值、最小值、平均值、合计、计数、标准偏差和方差等。聚合函数是对一组值执行计算并返回单一值的函数。

1. 添加汇总行

在数据表视图中打开一个表或查询，或者在窗体视图中打开窗体中的数据表，然后在“开始”选项卡上的“记录”组中，单击“合计”按钮，如图 3.134 所示。

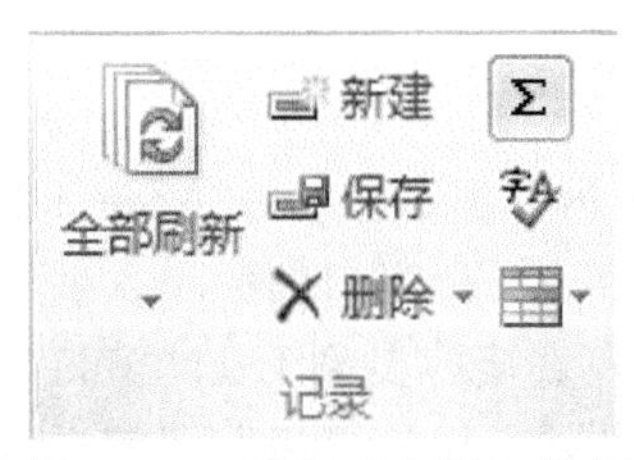

图 3.134　选择“合计”按钮

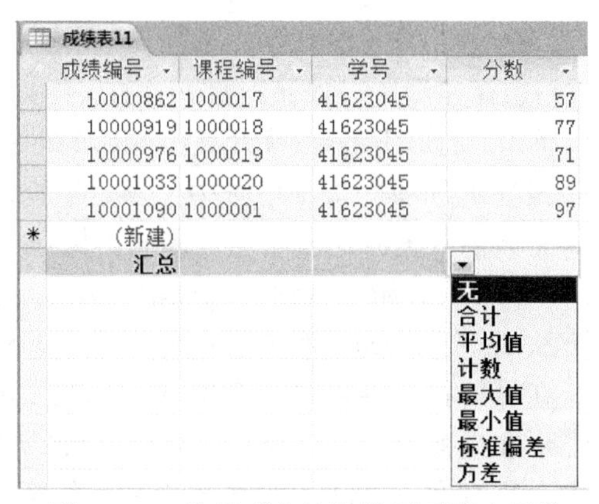

图 3.135　选择“合计”按钮下聚合函数

在表的星号行下将显示一个新的“汇总”行，在“汇总”行中，单击要合计的字段，从下拉列表中选择某种聚合函数，如“平均值”，如图 3.135 所示。

2. 隐藏汇总行

当不需要显示汇总行时，可以将其隐藏，方法是在“开始”选项卡上的“记录”组中，再次单击“合计”按钮(参见图 3.134)。若再次显示汇总行，Access 会记住每个字段应用的函数，自动显示为以前的状态。

注意，汇总行不能被剪切或删除，只能被打开或隐藏。可以复制汇总行并将其粘贴到其他文件，如 Excel 工作簿或 Word 文档。

3.7　数据的导出

从外部文件导入数据，已经在 3.1.5 小节介绍过。本节介绍如何将数据库中的数据表导出，形成供其他程序使用的对象。

【例 3.22】　将学生表导出保存为 Excel 文件。

方法 1：

(1) 打开“学生管理系统”数据库，单击“学生”表，在“外部数据”选项卡下的“导出”组中，单击“Excel”命令按钮，如图 3.136 所示，按提示操作即可。

图 3.136　在“外部数据”选项卡下的“导出”组

(2) 随后将打开“导出-Excel 电子表格”对话框，如图 3.137 所示。

(3) 选择“浏览”按钮，打开“打开”对话框，找到“学生.xlsx”所导出保存位置，单击“打开”按钮(或者直接在“文件名”文本框中输入该文件的路径信息)，在“指定导出选项”选项中选中“导出数据时包含格式和布局”复选按钮，这样 Access 将当前数据库中“学生”表导出保存为 Excel 文件。

(4) 单击“关闭”按钮，完成学生表导出。

方法 2：把 Access 和 Excel 文件打开，并同时显示在窗口中；在 Access 数据库中，在导航栏选择对象。调整 Access 数据库窗口和 Excel 窗口的大小，使它们同时显示在桌面上；在 Access 导航栏中将要导出的表直接拖曳到 Excel 窗口的单元格中，这时在 Excel 窗口中出现一个复制型光标图标，释放鼠标即可实现数据表的导出。

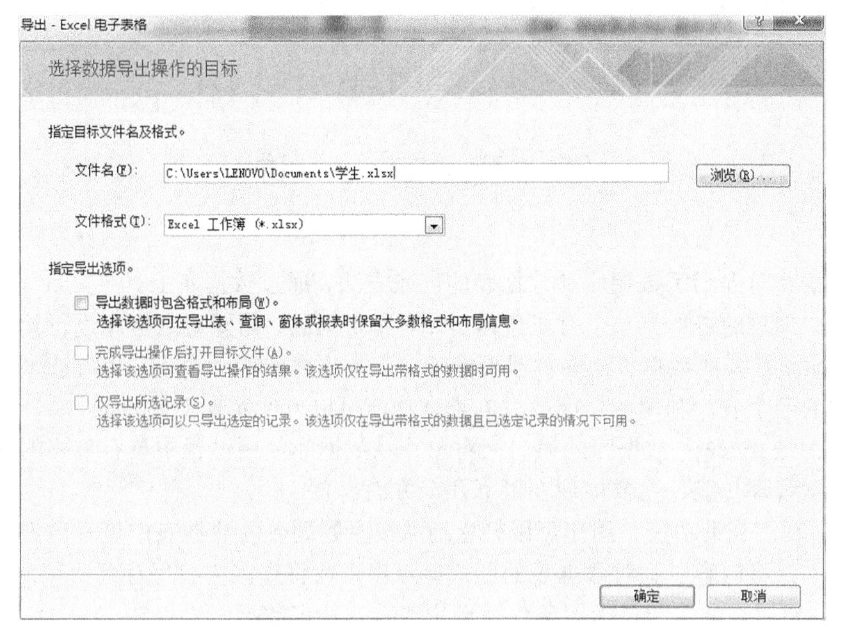

图 3.137　打开“导出-Excel 电子表格”对话框

Access 2010 导出功能支持的文件类型包括 Access 文件、Excel、Txt、PDF、XPS、HTML、XML、Outlook、dBASE、ODBC 数据库文件等。

第 4 章　查　　询

前面章节介绍了数据库和数据表的创建方法，通过数据库工具“关系”使得在数据库中创建的表形成一个有机整体。针对特定问题，需要对数据库进行针对性访问，检索出需要的数据，这些数据可能来自于数据库中的一个表，也可能来自于数据库中的多个表。利用数据库提供的查询功能可以方便实现上述目的。

查询是 Access 数据库的第二大对象，在数据库使用过程中具有重要的数据检索和数据管理功能，主要体现在以下几个方面：

(1) 利用查询功能，用户可以轻松地从按主题划分的数据表中检索出需要的数据内容，并将内容以临时数据表的形式显示出来或将查询内容保存到所制的表中。

(2) 使用查询，通过指定条件筛选快速查找特定数据，可以在 Access 数据库中查看、添加、删除或更改数据。

(3) 对于数据库中的数据表字段，根据需要进行数据表分析和处理，如对某些字段进行计算或汇总。

(4) 自动处理数据管理任务，如定期查看最新数据。

总之，查询在数据库使用过程中具有重要的意义和地位，用户通过查询可以对数据库进行数据表的检索、数据分析和数据管理等操作，也可以将查询的结果作为数据库其他对象如窗体和报表的数据源。

本章在前面建立的“学生管理 accdb”数据库基础上通过查询设计器和查询向导介绍 Access 2010 查询的各种使用方法，此外还将简要介绍 SQL 查询的用法。

4.1　查 询 概 述

在建立数据库之前，需要对数据进行抽象，将数据用不同的字段或者属性进行刻画。为了减少数据间数据的冗余，遵从不同的规范要求，设计出合理的关系型数据库，需要通过一定的数据库范式对数据字段或属性进行分析处理，从而形成结构合理、冗余度较低的若干数据表。

数据库中数据表优化的同时也带来了一些问题，即提高了数据库中数据的存储效率，也带来了一些不便之处，主要体现在当需要查看指定数据时，可能需要打开多张数据表，这些数据表通过一定的关系相连接。另外，在数据库的操作过程中表的内容可能时时处在更新中，如果将以前对数据表查找的结果进行保存，就无法看到数据表更新内容后的结果，使用查询可以有效地解决上述问题。

查询以数据库表中的数据或查询为数据源，根据给定的条件从指定的表或查询中检索出用户所需要的数据，形成一个新的数据集合。查询的结果会随着数据表中的数据的变化而变化。

Access 2010 为用户提供了一系列工具来设计查询。无论用户何时运行查询，查询都会检索数据库中的最新数据。查询所返回的数据称为记录集。对于查询结果记录集，用户可以浏览、选择、排序以及打印。一般情况下，不保存使用查询生成的记录集，但保存用于获得结果的查询结构和条件。通过重新运行查询，可以随时再次检索最新数据。查询具有标题，因此可以方便地找到它们并再次使用它们。

由于保存了查询结构和条件，因此当用户需要再次对数据库进行同类的操作，只需要重新运行此查询即可，而不用在数据库中重新对数据进行检索，这样就极大方便了用户的操作。同时，Access 2010 也允许创建并保存多个查询，以便以不同的方式、不同的条件检索数据。此外，查询的修改也非常方便，甚至可以使用一个或多个查询的结果作为其他查询的数据源，从而提高工作效率。

创建查询之前，首先对要进行的查询操作进行分析，其次要搞清楚要查询数据表的哪些内容、进行查询的种类、进行查询的条件以及条件如何表达等。只有将问题分析清楚，才能创建正确的查询，从而得到有效的结果。对于不同的数据库，针对不同问题需要，可以提出许多查询问题，如表 4.1 所示。

表 4.1 问题示例

学生管理数据库	课程管理数据库
某个学生的成绩单是什么？	有多少必修课？
一个月以内生日的同学有哪些？	大一某专业开设的课程有哪些？
某老师教授的课程及格率是多少？	采用清华大学出版社的教材有哪些？

针对数据库有许许多多的问题需求，在解决问题时，主要考虑以下几个方面：

(1) 数据源的选择。解决问题时，数据源是数据表还是来自于一个查询？是一个表还是多个表？例如，在“学生管理”数据库中，查看学生基本信息只需要“学生”数据表即可；查看学生成绩信息时，需要学生本身信息，还需要成绩的信息，因此需要“学生”和“成绩表”数据表。

(2) 查询数据字段的选择。例如，对于“学生管理”数据库，如果查询成绩排名在前十的同学信息，则需要“学号”、“姓名”及成绩各字段。

(3) 确定查询条件。例如，查询“张三”同学的信息，需要确定查询的条件为：姓名=“张三”，条件的确定由具体问题而定。

(4) 确定计算或汇总字段。有些问题的解决不能直接引用数据库中数据表的字段，需要对存在的字段进行处理得到，如求学生总分、平均分等。

4.2 Access 2010 查询类型

Access 2010 提供了五种类型的查询，包括选择查询、交叉表查询、参数查询、操作查询和 SQL 查询，以满足用户对数据的多种不同需求。

1) 选择查询

选择查询是最常见的查询类型，它从一个或多个表中检索数据，在一定的限制条件下，还可以通过选择查询来更改相关表中的记录。使用选择查询也可以对记录进行分组，并且可以对记录进行总计、计数以及求平均值等其他类型的计算。

2) 交叉表查询

交叉表查询可以在一种紧凑的、类似于电子表格的格式中显示来源于表中某个字段的合计值、计算值和平均值等。交叉表查询将这些数据分组，一组列在数据表的左侧，一组列在数据表的上部。

注意：可以使用数据透视表向导显示交叉表数据，无需在数据库中创建单独的查询。

3) 参数查询

参数查询会在执行时弹出对话框，提示用户输入必要的信息(参数)，然后按照这些信息进行查询。例如，可以设计一个参数查询，先以对话框来提示用户输入两个日期，然后检索这两个日期之间的所有记录。

参数查询便于作为窗体和报表的基础，如以参数查询为基础创建月盈利报表。打印报表时，Access 显示对话框询问所需报表的月份。用户输入月份后，Access 便打印相应的报表。也可以创建自定义窗体或对话框，来代替使用参数查询对话框提示输入查询的参数。

4) 操作查询

操作查询是在一个操作中更改许多记录的查询，操作查询又可分为四种类型：删除查询、更新查询、追加查询和生成表查询。

(1) 删除查询：从一个或多个表中删除一组记录。例如，可以使用删除查询来删除没有订单的产品。使用删除查询，将删除整个记录而不只是记录中的一些字段。

(2) 更新查询：对一个或多个表中的一组记录进行批量更改。例如，可以给某一类雇员增加 5%的工资。使用更新查询，可以更改表中已有的数据。

(3) 追加查询：将一个(或多个)表中的一组记录添加到另一个(或多个)表的尾部。例如，任课老师获得了本课程的学生成绩，利用追加查询将新的课程成绩添加到学生管理数据库中即可，不必手工键入这些内容。

(4) 生成表查询：查询的结果通常以表的形式显示处理，结果保存到临时表中，查询关闭之后，无法看到查询结果，如果想看查询结果，则必须重新运行查询。生成表查询是指将查询的结果保存到指定的表中，表的字段来自于查询的字段选择，其结果可以永久保存。

5) SQL 查询

结构化查询语言(structured query language，SQL)是一种具有特殊目的的编程语言，也是一种数据库查询和程序设计语言，用于存取数据以及查询、更新和管理关系数据库系统；同时还是数据库脚本文件的扩展名。SQL 查询是使用 SQL 语句创建的查询，经常使用的 SQL 查询包括单表查询、多表查询、集合查询和嵌套查询等。

4.3　选 择 查 询

选择查询是 Access 数据库中最常用的查询类型，它能从一个或多个表中选出满足条件的记录来组成查询结果。创建选择查询的方式有两种：使用向导和使用设计视图。

4.3.1　使用向导创建选择查询

利用查询向导可以很方便地建立选择查询，可以实现以下功能：

(1) 对一个或多个数据表进行检索查询。

(2) 利用数据表现有字段生成新的查询字段，并保存结果。

(3) 对记录进行分组，并进行总计、计数、求平均值及其他类型的数据计算。

【例 4.1】　利用查询向导创建一个查询，命名为“学生基本信息”，查询“学生管理”数据库中所有学生的学号、姓名、性别和出生日期信息。

操作步骤如下：

(1) 打开学生管理数据库(该数据库在第 3 章中已经建立)，单击“创建”选项卡，将鼠标移动到“查询”组的“查询向导”图标按钮之上，如图 4.1 所示。

(2) 单击“查询向导”图标按钮，在弹出的如图 4.2 所示的“新建查询”对话框中选择“简单查询向导”选项，再单击“确定”按钮。

(3) 在弹出的如图 4.3 所示的“简单查询向导”对话框中单击“表/查询”右侧 ∨ 图标，在弹出的列表中选择“学生”数据表，如图 4.4 所示。

(4) 在如图 4.3 所示的“简单查询向导”对话框中选择“可用字段”中数据表的相应字段，单击 > 图标，即可将该字段添加到“选定字段”中，操作结果如图 4.5 所示。

注意：>> 图标表示将“可用字段”对话框中所有字段添加到“选定字段”对话框中。

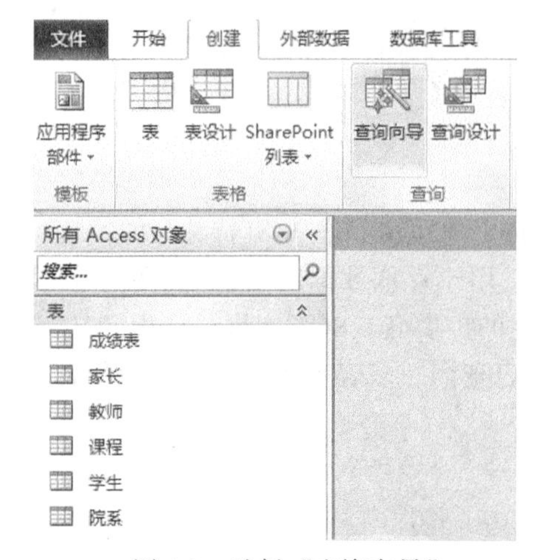

图 4.1　选择“查询向导”

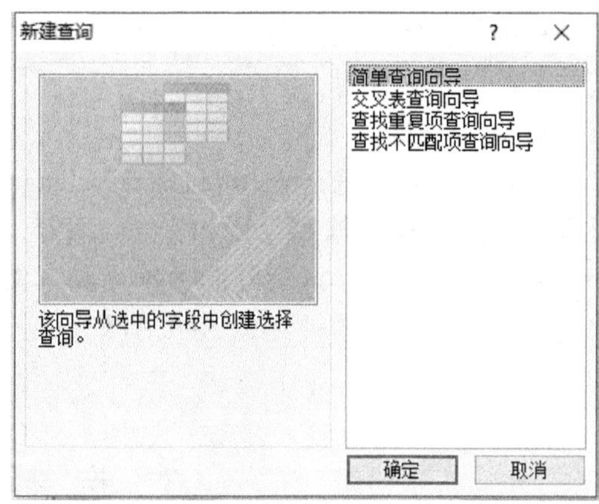

图 4.2　“新建查询”对话框

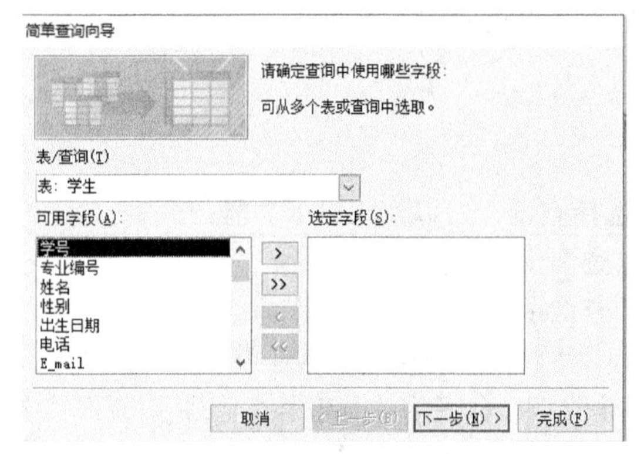

图 4.3　“简单查询向导”对话框

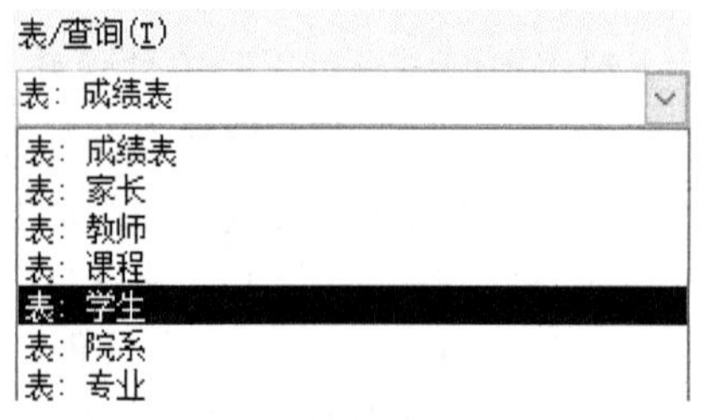

图 4.4　选择数据表

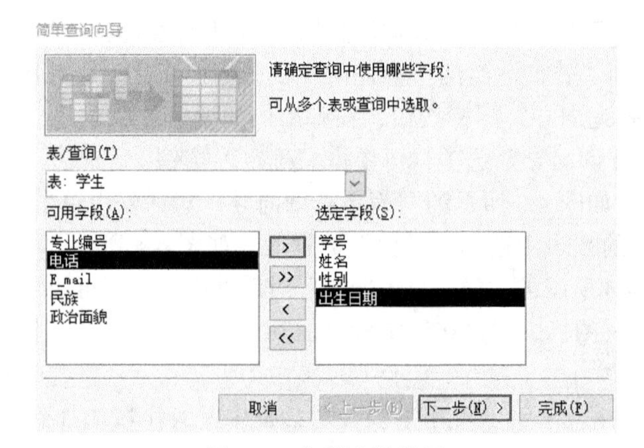

图 4.5　字段选择结果

(5) 单击“下一步”按钮，在弹出的如图 4.6 所示的对话框中输入查询的标题，选择“打开查询查看信息”选项，单击“完成”按钮，结果如图 4.7 所示。

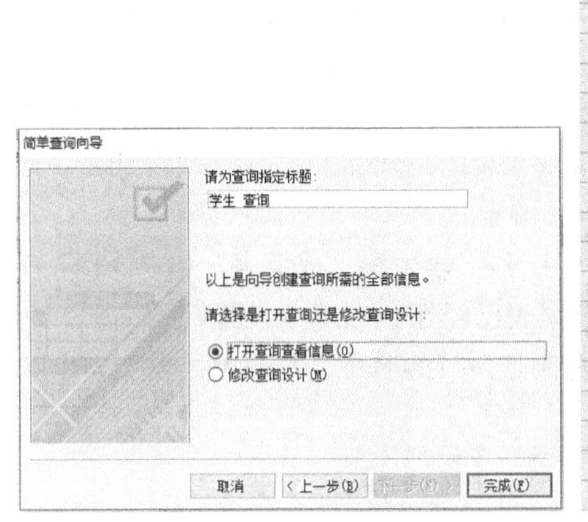

图 4.6　输入查询标题

学生基本信息

学号	姓名	性别	出生日期
41601016	刘肃然	女	1997/5/8
41602005	刘成	男	1997/10/6
41602035	李胜青	女	1999/12/30
41603001	吴燕妮	男	1998/7/11
41603034	陈睿	女	1999/1/7
41604012	陈亚丽	女	1998/8/11
41604026	谢培茹	男	1999/11/11
41605023	陈威君	男	1998/1/17
41605048	张倩	男	1999/11/16
41606030	曹慧敏	男	1997/5/16
41606048	禹棋洺	女	1998/7/6
41607005	孙丽丽	女	1999/2/16
41607038	黄屿璁	男	1998/11/23
41607044	陈倩	男	1999/12/24
41608021	夏和义	女	1997/11/2
41609035	徐钟寅	女	1999/6/15
41609044	郭泽华	女	1999/7/22
41610026	耿梦巍	女	1998/9/18

图 4.7　查询结果

通过查询向导，用户可以快速创建查询结构，但这些查询只能对数据源进行简单数据检索，不能为查询添加数据选择条件，也不能完全控制查询。因此，查询向导的使用具有一定的局限性，但不影响查询向导的使用，用户可以根据查询向导创建查询的框架，然后在图 4.6 中选择“修改查询设计”选项，进入查询设计视图，进行查询条件等编辑，从而获得预期结果。

4.3.2　使用设计视图创建选择查询

由于查询向导具有一定的局限性，因此许多用户在设计创建查询时不使用查询向导，而直接使用查询设计器来创建需要的查询。一般来说，查询向导可以创建的查询在查询设计器里都可以创建，查询设计器具有比查询向导更完备的功能，如在查询里设定查询条件、对查询进行计算和汇总等。

在设计视图中，用户拥有创建查询的全部控制权，可以根据需要选择查询的数据源、确定查询的显示字段、决定检索数据的条件等。

【例 4.2】　利用查询的设计视图创建一个查询，命名为“课程成绩”，查询学生管理数据库中所有学生的学号、姓名、选修课程名称及课程成绩。

图 4.8 “显示表”对话框

操作步骤如下：

(1) 打开学生管理数据库，选择“创建”选项卡，单击“查询”组的“查询设计”按钮，弹出“显示表”对话框，如图 4.8 所示。

(2) 在图 4.8 所示的“显示表”对话框中选择创建查询需要的数据源，本查询需要“学生”、“成绩表”和“课程”三张数据表，选择数据表，单击“添加”按钮，操作完成后单击“关闭”按钮，打开查询设计器，如图 4.9 所示。

注意：“学生”、“成绩表”和“课程”三张数据表已经在数据库中设置好了关系。

查询设计器下方设计区有若干行，各行左侧是该行的名称，其作用如表 4.2 所示。

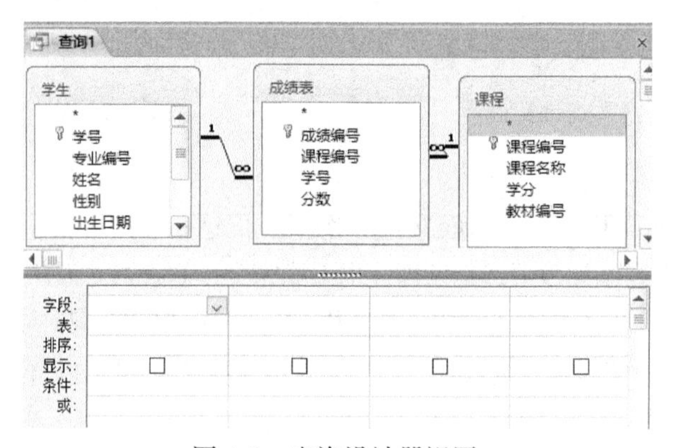

图 4.9 查询设计器视图

表 4.2 设计区中行的作用

行名称	含义
字段	用于选择要进行查询的表中显示的字段
表	设置字段所在的表或查询的名称
总计	定义字段在查询中的运算方法
排序	定义字段的排序方式是升序、降序还是不排序
显示	定义选择的字段是否在数据表(查询结果)视图中显示出来
条件	设置字段查询的限制条件
或	设置“或”条件来进行记录的选择

注意：有的行只在特殊情况下才显现，如总计行只有在单击了工具栏上的汇总按钮 Σ 后才出现。

(3) 在图 4.9 中，依次双击“学生”数据表中的学号、姓名，“课程”数据表中的课程名称以及“成绩表”数据表中的分数等字段，即将该字段添加到查询设计器下方的设计区中，如图 4.10 所示。

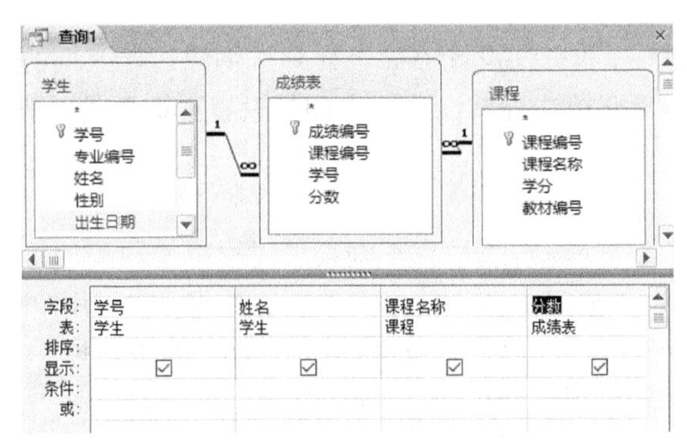

图 4.10 查询选择字段结果视图

查询字段的选择也可以通过以下途径实现：

① 单击查询设计器设计区“字段”一行的图标，打开如图 4.11 所示下拉式列表，从中选择需要的字段。

② 直接将查询设计器数据表中字段拖到查询设计器设计区中。

(4) 单击工具栏上的保存按钮，在弹出的“另存为”对话框中创建查询的名称“课程成绩”，单击“确定”按钮。

(5) 选择“设计”选项卡，单击“结果”选项组中运行按钮，或单击“结果”组的“视图”图标按钮切换到“数据表视图”模式，查询结果如图 4.12 所示。

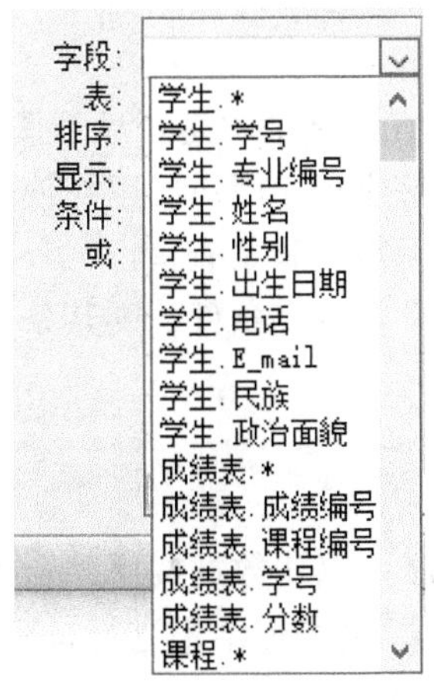

图 4.11 选择查询字段

课程成绩

学号	姓名	课程名称	分数
41617045	刘子仪	思想道德修养	92
41605048	张倩	思想道德修养	98
41609044	郭泽华	思想道德修养	97
41622044	王治坤	思想道德修养	72
41601016	刘肃然	思想道德修养	81
41607044	陈倩	思想道德修养	99
41623045	敬欣怡	思想道德修养	97
41602035	李胜青	思想道德修养	87
41618033	彭其阳	思想道德修养	63
41604026	谢培茹	思想道德修养	84
41605023	陈威君	思想道德修养	90
41623009	陈欣	思想道德修养	94
41620006	付志英	思想道德修养	85
41620049	肖跃灵	思想道德修养	86
41602005	刘成	思想道德修养	73
41611011	秦可楠	思想道德修养	70
41616028	张菁华	思想道德修养	99
41610026	耿梦巍	思想道德修养	58

图 4.12 查询运行结果

4.4　查询条件及查询选项设置

前面利用查询向导和查询设计器简单介绍了创建选择查询的方法，本节在此基础上，针对查询需求，介绍在查询设计器中如何设置查询条件及查询相关选项操作。

4.4.1　字段

查询设计器设计区字段行表示在查询设计过程中使用到的字段或字段表达式，但在查询结果中并不需要显示查询检索到的所有数据，此时用户可以选择让哪些字段在结果中显示、哪些字段不显示。如图 4.13 所示，如果去掉“学号”字段“显示”栏中的√，则查询结果(图 4.14)中不显示“学号”字段。

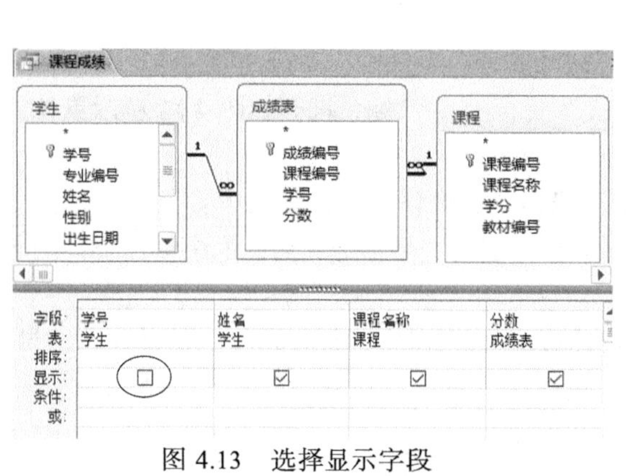

图 4.13　选择显示字段

课程成绩

姓名	课程名称	分数
刘子仪	思想道德修养	92
张倩	思想道德修养	98
郭泽华	思想道德修养	97
王治坤	思想道德修养	72
刘肃然	思想道德修养	81
陈倩	思想道德修养	99
敬欣怡	思想道德修养	97
李胜青	思想道德修养	87
彭其阳	思想道德修养	63
谢培茹	思想道德修养	84
陈威君	思想道德修养	90
陈欣	思想道德修养	94
付志英	思想道德修养	85
肖跃灵	思想道德修养	86
刘成	思想道德修养	73
秦可楠	思想道德修养	70

图 4.14　显示结果

注意：通过“显示”栏的设置，可以让用户决定查询结果中是否显示该字段，无论是否指定了某字段的条件，都可以显示或不显示该字段。用户可以在使用此查询时随时选中或取消选中每个字段的“显示”栏，而无需创建新查询。另外，尽管通过“显示”栏设置不显示某个字段，但如果该字段设置查询条件，则其条件在查询运行时依然起作用。

4.4.2　排序

数据量比较大时，需要对数据进行排序，通过排序可以让数据按照某个关键字进行升序或降序排列，便于用户快速访问。创建查询时，给查询结果进行排序设置，可以帮助用户精确定位目标数据，提高访问数据的效率。

【例 4.3】　利用查询的设计视图创建一个查询，显示“线性代数”课程成绩在前 10 的同学信息，包括学号、姓名、课程名称和成绩，将查询命名为“线性代数成绩前十的同学”。

操作步骤如下：

(1) 打开学生管理数据库，在查询设计视图里面添加三个表“学生”、“成绩表”和“课程”，这三个表之间已经建立了关系，依次添加字段“学号”、“姓名”、“课程名称”和“分数”。

(2) 在查询设计器设计区设置“分数”字段处的“排序”栏内为“降序”，如图 4.15 所示。

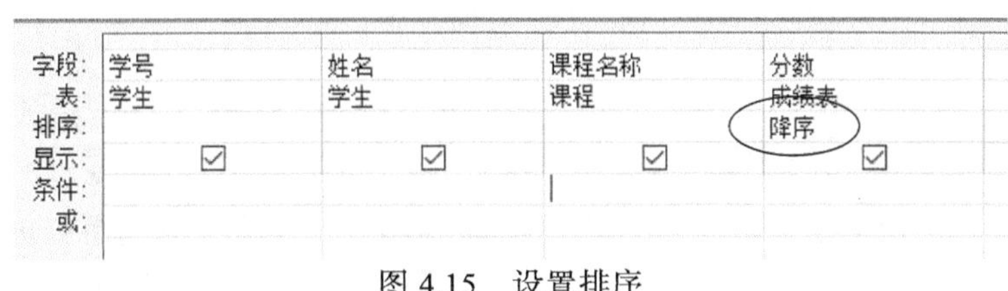

图 4.15　设置排序

(3) 选择“设计”选项卡，在“查询设置”选项组中“返回”对话框内输入数字 10，如图 4.16 所示。

(4) 在查询设计器设计区“课程名称”字段处的“条件”栏内输入“线性代数”，如图 4.17 所示。

(5) 单击工具栏的保存按钮，在弹出的对话框中输入“线性代数成绩前十的同学”，单击“确定”按钮。

(6) 单击工具栏上的查询运行命令“!”，即得到如图 4.18 所示的最终查询结果。

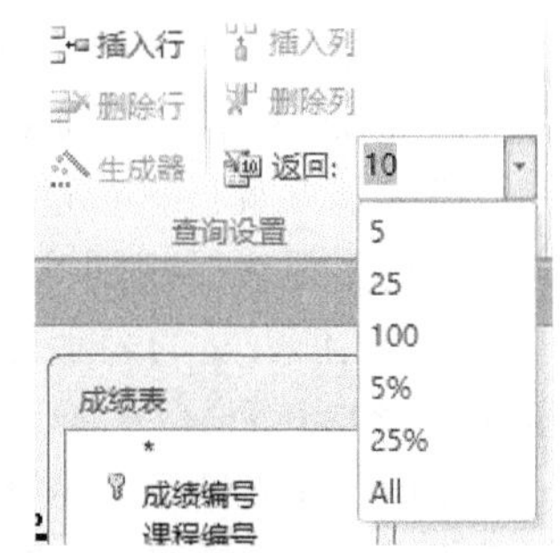

图 4.16　设置显示数据的范围

注意：查询结果显示范围与排序相关，如果查询设计过程中没有排序，则显示指定记录条数；如果查询设计过程中设置了排序，则显示记录的条数与排序的关键字密切相关，如本例中如果最高分相同的记录条数超过 10 条，则查询结果将关键字值相等的记录全部显示完。

字段:	学号	姓名	课程名称	分数
表:	学生	学生	课程	成绩表
排序:				降序
显示:	☑	☑	☑	☑
条件:			“线性代数”	
或:				

图 4.17　输入条件

线性代数成绩前十的同学

学号	姓名	课程名称	分数
41609044	郭泽华	线性代数	100
41622021	李文浩	线性代数	99
41605048	张倩	线性代数	98
41617007	郑晓龙	线性代数	98
41602035	李胜青	线性代数	98
41610046	王静怡	线性代数	97
41620049	肖跃灵	线性代数	97
41602005	刘成	线性代数	94
41620045	梁敏	线性代数	93
41610042	陈源	线性代数	93
*			

图 4.18　查询结果

4.4.3　设置常量查询条件

查询条件是指创建查询过程中用于筛选显示结果的条件。在进行查询时，用户可以有针对性地选择显示结果。例如，在学生管理数据库中，可以选择显示某个学生的信息，也可以选择显示某门课程的信息，还可以选择显示功课不及格的信息，或者有几门课不及格、不及格课程的学分在某个范围的同学信息。

查询条件是一种由引用的字段、运算符和常量组成的字符串(类似于数学公式)。在 Access 2010 中，查询条件也称为表达式。

常量指在程序运行过程中其值始终保持不变的量，包括数值、文本等数据，不同类型的常量表示规则不一样。

(1) 数值常量的表示遵循数学表示方法，如整数常量 3，1000，−5 等；实数常量 3.1415926 等。

(2) 字符常量用定界符" " (英文半角双引号)表示，如"张三"、"4"、"sum"等。

(3) 日期常量用定界符##表示，如“#1998-8-9#”表示日期 1998 年 8 月 9 日。

例如，字符串“线性代数”就是一个常量，数字 1 也是一个常量，另外还包括一些系统预定义的量如 pi = 3.1415926，等等。

如图 4.17 所示，在设计网格的“条件”栏中写入“线性代数”(Access 2010 会自动替用户加上英文双引号""，但一个好的输入习惯是自己添加双引号)，查询程序就会在检索过程中进行匹配，把课程名称字段中不等于“线性代数”的记录全部去除。

查询条件的表达可以很简单，也可以很复杂。条件复杂时可以包括多个条件，当表示多个条件时，注意条件之间的关系。如果多个条件在同一行，这些条件之间为逻辑与；如果不在同一行，则表示逻辑或。如图 4.19 所示条件中，其中关系表示为

(课程名称="大学语文" and 姓名="刘成") or (课程名称="大学体育 1" and 姓名="李胜青")

由于逻辑与的运算级别高于逻辑或，因此上述表达式等价于

课程名称="大学语文" and 姓名="刘成" or 课程名称="大学体育 1" and 姓名="李胜青"

字段:	学号	姓名	课程名称	分数
表:	学生	学生	课程	成绩表
排序:				降序
显示:	☑	☑	☑	☑
条件:		"刘成"	"大学语文"	
或:		"李胜青"	"大学体育1"	

图 4.19　查询条件逻辑关系示例

4.4.4　条件表达式

表达式是指将常量值(文本或数字)与内置函数、字段、计算式、运算符(如大于运算号>)结合起来的对象。表达式可以用来计算数字、设置条件、将数据与预设的值进行比较、设置条件(若 x 为真，则执行 y)以及把文本字符串加在一起，如使用“&”符号将两个字符串连接成一个字符串。

创建表达式时，可以把文本、数字、日期、标识符(如字段名)、运算符(如 = 或 +)、内置函数以及常数(一个预设的不变的值，如“True”)结合起来。

创建表达式的方法一般有两种。一种是用户打开表达式生成器，进行表达式编辑，操作方法如下：

(1) 打开学生管理数据库，操作至图 4.10，在查询设计器设计区条件行位置对应的“姓名”字段下方右击鼠标，弹出如图 4.20 所示的菜单，选择“生成器”，弹出如图 4.21 所示的“表达式生成器”对话框。

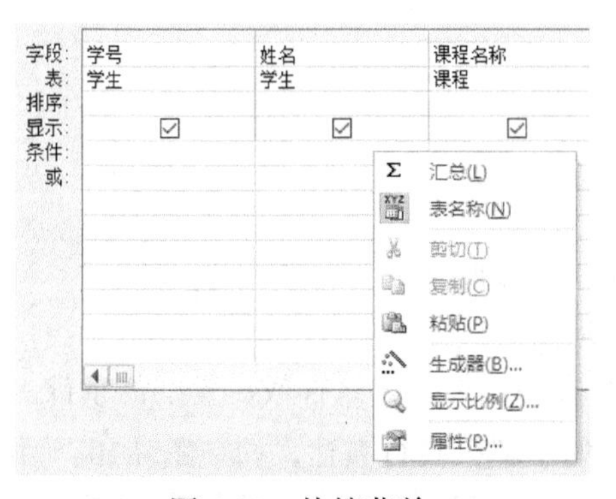

图 4.20　快捷菜单

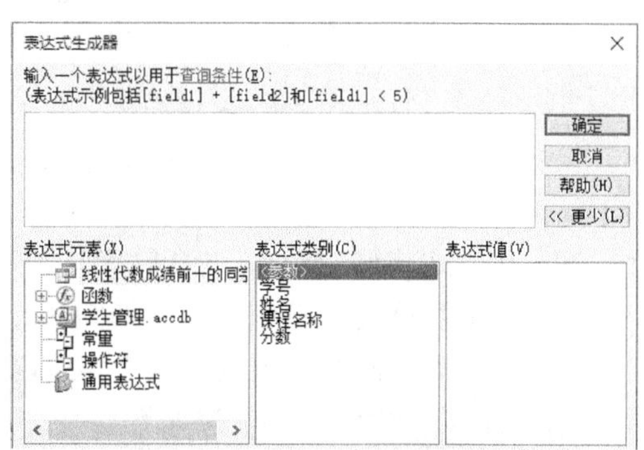

图 4.21　“表达式生成器”对话框

(2) 在“表达式元素”框中选择“线性代数成绩前十的同学”，双击“表达式类别”框中“姓名”，即可将该字段添加到表达式框中，操作结果如图 4.22 所示。

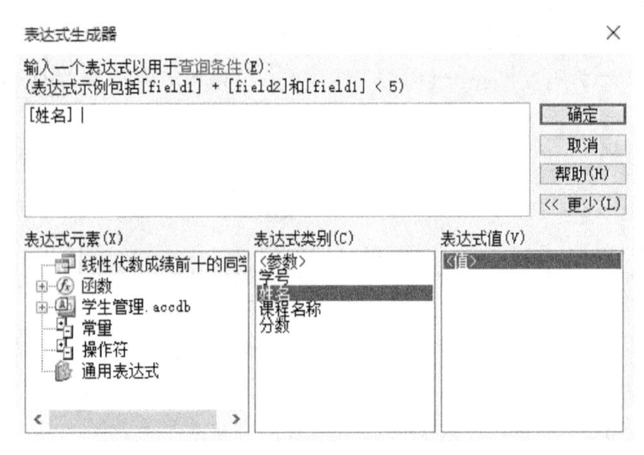

图 4.22　添加字段名称

(3) 选择“表达式元素”框中“操作符”，在“表达式类别”中选择“比较”，然后双击“表达式值”框中的“=”，操作如图 4.23 所示。

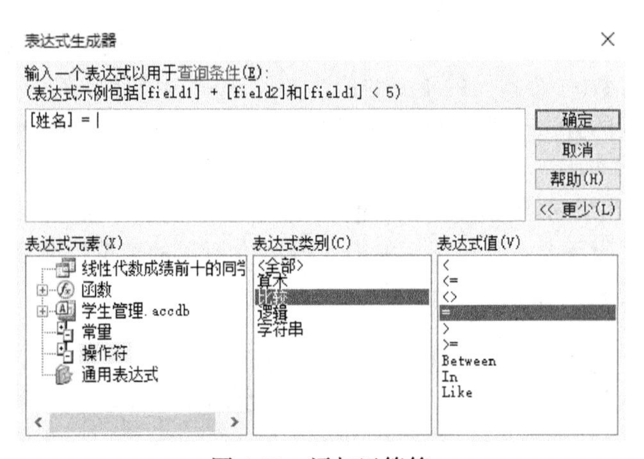

图 4.23　添加运算符

(4) 在表达式框中输入“"李胜青"”，如图 4.24 所示。

(5) 单击“确定”按钮，效果如图 4.25 所示。

(6) 用户根据需要，重复上述操作可以给查询添加新的条件或更复杂的条件。

第二种是用户对 Access 数据库有比较好的了解，自行表达，如在图 4.10 所示查询设计器中的分数下方输入条件“>95 And <98”，表示条件为“(成绩表.分数)>95 And (成绩表.分数)<98”。

当希望找到包含与输入的条件相等(=)的数据的记录时，用户可以在“条件”单元格中输入文本、数字或日期。即使只是输入一个简单的条件，Access 也会在后台编写一个表达式。

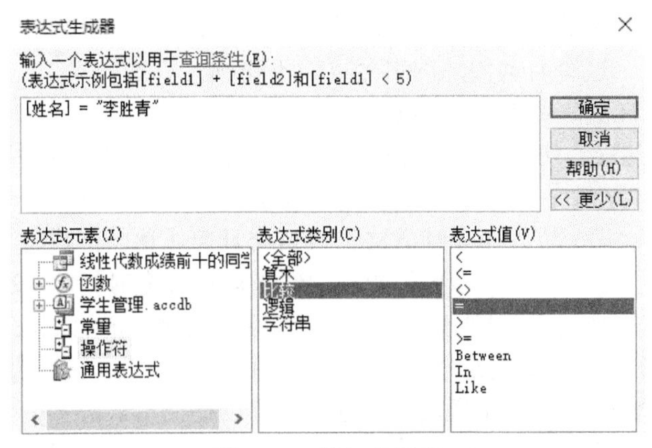

图 4.24　添加常量值

字段:	学号	姓名	课程名称	分数
表:	学生	学生	课程	成绩表
排序:				降序
显示:	☑	☑	☑	☑
条件:		[姓名]="李胜青"		
或:				

图 4.25　生成的表达式

创建表达式的两种方法各有优缺点，如果用户清楚地知道所需要的表达式的语法，可直接在查询设计网格中自己键入表达式。即使不知道表达式的语法，用户也能发现表达式生成器非常有用，因为可以使用它来创建表达式的基本结构，然后再键入其他部分来完善表达式。

在具体查询创建过程中，表达式的表现形式多种多样，但是表达式的类型是可以归纳的，表 4.3 总结了一些常见的条件类型。

表 4.3　Access 条件类型

类型	示例	说明
文本	"副教授"	找出所有职称为“副教授”的记录
数字	95	找出所有指定字段值为 95 的记录
日期	#1994/3/9#	找出所有与 1994/03/09 匹配的记录
带有比较运算符的表达式	<Now( )	使用称为 Now() 的日期函数来检索所有在今天以前的日期
带有计算式的表达式	([纯利润])<=([卖出价]*15%-100)	在条件中使用计算式

有几点说明如下。

(1) 文本表达式：在具体的词或词组前后加上双引号(英文半角)。当创建查询时，Access 会自动在键入的文本条件前后加上引号，但是遇到包含多个词或多个句号的复杂条件时，这种自动添加的引号可能不正确，如

"New York, N.Y." 或 "Sao Paulo"

(2) 数字表达式：可以在条件中使用数字和计算式。如果数据存储在数字字段(只包含数字的字段)中，则不能在数字前后加引号。

(3) 日期表达式：可以用多种方法把数据与日期做比较。设置日期时要注意在日期前后加上数字标记 (#)。用户可能注意到当运行查询时，Access 会自动地以一定格式在日期前后加上数字标记，但还是应该检查数字标记加得是否正确，以免使用了 Access 不能识别的日期格式。

(4) 带有比较运算符和计算式的表达式：可以把文本、数字、日期和函数与比较式和计算式结合在一起使用。

注意：如果检索数字或日期，但没有得到希望的结果，用户可能需要检查字段的类型。例如，某些数字可能被视为文本，如地址中的数字；而某些表达式(如大于表达式)可能起了不同的作用。用户可以通过在设计视图中查看包含该字段的表来确定数据类型。

4.4.5 函数

函数是执行某个操作的模块或功能单元，用户可根据需要调用系统所提供的函数。高效利用函数不仅可以简化表达式，而且可以有效地实现用户的目的。在 Access 2010 中，系统提供了 SQL 聚合函数、财务函数、常规函数、程序流程函数、错误处理函数、检查函数、日期/时间函数、数据库函数、数学函数、数组函数、文本函数、消息函数、域聚合函数及转换函数，共计 14 类函数。

用户对于系统提供的函数，需要掌握函数的基本用法，了解函数的基本功能以及函数的参数表示，表 4.4～表 4.9 对一些常见类型函数进行了说明。

表 4.4 常见的算术函数及其功能

函数格式	说明	示例
Abs(<数值表达式>)	返回数值表达式的绝对值	Abs(−3)=3
Int(<数值表达式>)	返回数值表达式的整数部分，参数为负数时，返回小于等于参数值的第一个负数	Int(5.6)=5 Int(−5.6)= −6
Fix(<数值表达式>)	返回数值表达式的整数部分，参数为负数时，返回大于等于参数值的第一个负数	Fix(5.6)=5 Fix(−5.6)=−5
Round(<数值表达式>[,<数值表达式>])	按照指定的小数位数进行四舍五入运算的结果。[<数值表达式>]是进行四舍五入运算小数点右边应该保留的位数。如果省略数值表达式，默认为保留 0 位小数	Round(3.152,1) =3.2 Round(3.152)=3

续表

函数格式	说明	示例
Sqr(<数值表达式>)	返回数值表达式的平方根值	Sqr(9)=3
Sgn(<数值表达式>)	返回数值表达式值的符号值。当数值表达式值大于 0，返回值为 1；当数值表达式值等于 0，返回值为 0；当数值表达式值小于 0，返回值为–1	Sgn(–3)=–1 Sgn(3)=1 Sgn(0)=0
Rnd(<数值表达式>)	产生一个位于[0，1)区间范围的随机数，为单精度类型。如果数值表达式值小于 0，每次产生相同的随机数；如果数值表达式大于 0，每次产生不同的随机数；如果数值表达式等于 0，产生最近生成的随机数，且生成的随机数序列相同；如果省略数值表达式参数，则默认参数值大于 0	Int(100*Rnd()) '产生[0,99]的随机整数 Int(101*Rnd()) '产生[0,100]的随机整数 Int(Rnd*6)+1 '产生[1，6]的随机整数

表 4.5　常见的字符函数及功能

函数格式	说明	示例
Len(<字符串表达式>)	返回字符表达式的字符个数，当字符表达式是 Null 值时，返回 Null 值	Len("This is a book!") '返回值为 15 Len("等级考试") '返回值为 4
Left(<字符串表达式>,<N>)	从字符串左边起截取 *N* 个字符构成的子串	Left("abcdef",2) '返回值为"ab"
Right(<字符串表达式>,<N>)	从字符串右边起截取 *N* 个字符构成的子串	Right("abcdef",2) '返回值为"ef"
Mid(<字符串表达式>,<N1>,[<N2>])	从字符串左边第 *N*1 个字符起截取 *N*2 个字符所构成的字符串。*N*2 可以省略，若省略了 *N*2，则返回的值是：从字符表达式最左端某个字符开始，截取到最后一个字符为止的若干个字符	Mid("abcdef",2,3) '返回值为"bcd" Mid("abcdef",4) '返回值为"ef"
Ltrim(<字符表达式>)	返回字符串去掉左边空格后的字符串	Ltrim(" abc ") '结果为"abc "
Rtrim(<字符表达式>)	返回字符串去掉右边空格后的字符串	Rtrim(" abc ") '结果为" abc"
Trim(<字符表达式>)	返回删除前导和尾随空格符后的字符串	Trim(" abc ") '结果为"abc"
InStr([Start,]<Str1>,<Str2>[,Compare])	检索字符串 Str2 在 Str1 中最早出现的位置，返回一整型数。Start 为可选参数，为数值表达式，设置检索的起始位置，如省略，从第一个字符开始检索。Compare 也为可选参数，值可以取 1、2 或 0(缺省值)，取 0 表示作二进制比较；取 1 表示作不区分大小写的文本比较；取 2 表示作基于数据库中包含信息的比较。如果指定了 Compare 参数，则 Start 一定要有参数	str1="98765" str2="65" InStr(str1,str2) '返回 4 Instr(3,"aSsiAB","a",1) '返回 5。从字符 s 开始，检索出字符 A

表 4.6　常见的日期/时间函数及功能

函数格式	说明	示例
Day(<日期表达式>)	返回日期表达式日期的整数(1～31)	Day(#2010-9-18#) '返回值为 18
Month(<日期表达式>)	返回日期表达式月份的整数(1～12)	Month(#2010-9-18#) '返回值为 9
Year(<日期表达式>)	返回日期表达式年份的整数	Year(#2010-9-18#) '返回值为 2010
Weekday(<日期表达式>)	返回 1～7 的整数。表示星期几	Weekday (#2010-9-18#) '返回值为 6
Date()	返回当前系统日期	—
Time()	返回当前系统时间	—
Now()	返回当前系统日期和时间	—
DateAdd(<间隔类型>,<间隔值>,<表达式>)	对表达式表示的日期按照间隔加上或减去指定的时间间隔值	DateAdd("yyyy",3,#2004-2-28#) '返回值为#2007-2-28#
DateDiff(<间隔类型>,<日期 1>,<日期 2>[,W1][,W2])	返回日期 1 和日期 2 按照间隔类型所指定的时间间隔数目	DateDiff("yyyy",#2009-9-19#,#2010-9-18#) '返回值为 2，两个日期相差的年数

表 4.7　常见的 SQL 聚合函数及功能

函数格式	说明	示例
Sum(<字符表达式>)	返回字符表达式中值的总和	表达式可以是一个字段名，也可以是一个含字段名的表达式
Avg(<字符表达式>)	返回字符表达式中值的平均值	
Count(<字符表达式>)	返回字符表达式中值的个数，即统计记录个数	
Max(<字符表达式>)	返回字符表达式中值的最大值	
Min(<字符表达式>)	返回字符表达式中值的最小最小值	

表 4.8　常见的转换函数及功能

函数格式	说明	示例
Asc(<字符串表达式>)	返回首字符的 ASCII 码	Asc("abcde")　'返回 97
Chr(<字符代码>)	返回与字符代码相关的字符	chr(97)　'返回字符 a chr(13)　'返回回车符
Str(<数值表达式>)	将数值表达式值转换成字符串。当一数字转成字符串时，总会在前面保留一个空格来表示正负。表达式值为正，返回的字符串包含一前导空格表示有一正号	str(99)　'返回 " 99" str(-6)　'返回 "-6"
Val(<字符串表达式>)	将数字字符串转换成数值型数字 数字串转换时可自动将字符串中的空格、制表符和换行符去掉，当遇到它不能识别为数字的第一个字符时，停止读入字符串。当字符串不是以数字开头时，函数返回 0	val("18")　'返回 18 val("12345")　'返回 12345 val("12ab3")　'返回 12 val("ab123")　'返回 0

表 4.9 程序流程函数及功能

函数格式	说明	示例
IIf(<条件式>, <表达式1>, <表达式 2>)	该函数是根据"条件式"的值来决定函数返回值。"条件式"的值为"真(True)", 函数返回"表达式 1"的值; "条件式"的值为"假(False)", 函数返回"表达式 2"的值	将变量 a 和 b 中值大的量存放在变量 Max 中, Max=IIf(a>b,a,b)

4.4.6 运算符

运算符是符号和单词，它们规定了要对数据采取的操作。

运算符能把数据与某个值进行比较、完成数学运算、使用多个条件、合并文本字段(也称为连接)，此外还具有许多其他功能。

用户对于运算符需要掌握运算符的符号表示、性质和优先级。

常见的运算符一般分为算术运算符、关系运算符、逻辑运算符和字符运算符等，具体的运算符用不同的符号表示，用户需要掌握运算符的特征。

运算符的优先级是指运算符在表达式中计算的先后顺序，一般来说在同一个表达式中优先级高的先运算，同一优先级的运算符通常按照自左向右的顺序计算，如果需要改变表达式中运算的先后次序，则可以通过添加“( )”的方法实现。

下面分类介绍运算符的用法。

(1) 算术运算符：这类运算符能完成数学运算，如把字段加在一起(分类汇总 + 小费)或把字段乘以规定的折扣率(折扣率.5)。注意：虽然在编程时可将 0.5 简记为.5，但不鼓励这种做法，还是直接写 0.5 为好，算术运算符用法见表 4.10。

表 4.10 算术运算符及用法

运算符	功能	数学表达式	Access 表达式
^	一个数的乘方	x^5	X^5
+	正号	$+x$	+x
–	负号	$-x$	–x
*	两个数相乘	XY	X*Y
/	两个数相除	5 ÷ 2	5/2 结果为 2.5
\	两个数整除(不四舍五入)	5 ÷ 2 取整	5\2 结果为 2
Mod	两个数取余	5 ÷ 2 取余	5mod2 结果为 1
+	两个数相加	$X+Y$	X+Y
–	两个数相减	$X-Y$	X–Y

(2) 关系运算符：关系运算符主要用于关系的判定，其结果为逻辑值，其用法见表 4.11。

表 4.11　关系运算符及用法

运算符	功能	举例	例子含义
<	小于	<100	小于 100
<=	小于等于	<=100	小于等于 100
>	大于	>#99-01-01#	大于 1999 年 1 月 1 日
>=	大于等于	>="97105"	大于等于“97105”
=	等于	="刘雅楠"	等于“刘雅楠”
<>	不等于	<>"男"	不等于“男”
Between and	介于两值间	Between 10 and 20	在 10 到 20 之间
In	在一组值中	IN("China","Japan","France")	在三个国家中的一个
Is Null	字段为空	Is Null	字段中无数据
Is not Null	字段非空	Is Not Null	字段中有数据
Like	匹配模式	Like "Ma*"	以“Ma”开头字符串

(3) 逻辑运算符：用于逻辑判断表达式的真假。常用的逻辑运算符有 And、Or 和 Not，见表 4.12。

表 4.12　逻辑运算符及用法

运算符	功能	举例	例子含义
Not	小于	Not Like “Ma*”	不是以“Ma”开头的字符串
And	小于等于	>=10 And <=20	在 10 和 20 之间
Or	大于	<10 Or >20	小于 10 或者大于 20

(4) 连接运算符：用于将两个字符串连接成一个字符串，连接运算符有两个，即&和+。注意：+运算符有多种用法，运算符的性质由具体的运算对象的类型决定，需要谨慎使用，连接运算符用法见表 4.13。

表 4.13　连接运算符及用法

运算符	功能	举例	例子含义
&	连接	"我" & "和你"	结果为"我和你"
+	连接	"123" + " 456"	结果为"123456"
+	加法	123+456	结果为 579

(5) 通配符。Access 系统提供了六个通配符：星号“*”、问号“？”、数字符号“#”、惊叹号“!”、连字号“–”和方括号“[]”。可以在查询或表达式中使用这些字符，用来匹配以指定字符开头或某一模式的记录、文件名或其他项目。

说明：

① 通配符专门在文本数据类型中，虽然有时候也可以成功地使用在其他数据

类型(如日期)中，但没有更改这些数据类型的“区域设置”属性。

② 在搜索星号“*”、问号“？”、井号“#”和左括号“[”本身时，必须将它们放在方括号内才能与自己匹配。

通配符具体用法见表4.14。

表4.14 通配符及用法

通配符	功能	举例
*	表示任何数目的字符，可以用在字符串的任何地方	Wh*,可以通配 What,When,While 等 *at 可以通配 cat,bat,what 等
?	表示任何单个字符或单个汉字	B?ll 可以通配 Ball,Bell,Bill 等
#	表示任何一位数字	1#3 可以通配 103，113，123 等
[ ]	表示括号内的任何单一字符	B[ae]ll 可以通配 Ball,Bell，但不包括 Bill
!	表示任何不在这个列表内的单一字符	B[! ae]ll 可以通配 Bill,Bull 等，但不包括 Ball,Bell
–	表示在一个以递增顺序范围内的任何一个字符	B[a–e]d 可以通配 Bad,Bbd,Bcd,Bed

在 Microsoft SQL Server 中，用单引号括起来的条件会被解释为文字值，而用双引号括起来的条件将被解释为数据库对象(如列或表引用)。如果在“网格”窗格中输入搜索条件，则只需简单地如果在“网格”窗格中输入搜索条件，只需简单地键入文本值，“查询设计器”将自动将其用双引号括起来。

4.4.7 汇总计算

查询设计时，有时会需要计算数据，如按国家或地区查看总运费、将两个字段相加或用价格乘以一个百分比或对学生成绩进行总分、平均分等计算，这时可以使用“总计查询”来进行多种运算，包括对满足特定条件的记录进行清点和求平均值。当计算完成后，还可以创建计算字段，并让该字段与数据库中的其他字段一起显示。在这些情况下，计算结果都不会存储在数据库中，这样有助于控制数据库的大小和提高效率。

利用总计查询可以对一组项目执行计算。它不仅可以求数据的总计，还可以计算一组项目的平均值、统计项目数、找到最小或最大数等。

【例 4.4】 在学生管理数据库中，创建查询统计并显示各门课程的最高分、最低分和平均分，保存为“各门课程统计信息”。

操作步骤如下：

(1) 打开学生管理数据库。

(2) 打开查询设计器，添加“课程”和“成绩表”两张数据表，如图4.26所示。

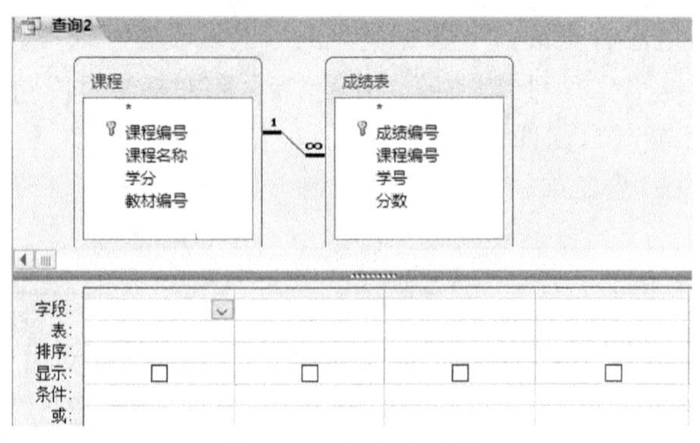

图 4.26　查询设计器

(3) 单击“查询设计”工具栏上的“显示/隐藏”按钮下的“汇总”按钮Σ(或者在查询设计区域单击鼠标右键，在弹出的快捷菜单中选择“汇总”菜单项，如图 4.27 所示)，即在设计网格里增加显示“总计”行，如图 4.28 所示。

(4) 双击“课程”表中字段“课程名称”，将其添加到查询设计区的“字段”行中。

(5) 依次在设计区“字段”行输入信息“最高分:分数”、“最低分:分数”和“平均分:分数”，在“总计”行对应位置依次选择总计方式“最大值”、“最小值”和“平均值”，如图 4.29 所示。

图 4.27　快捷菜单

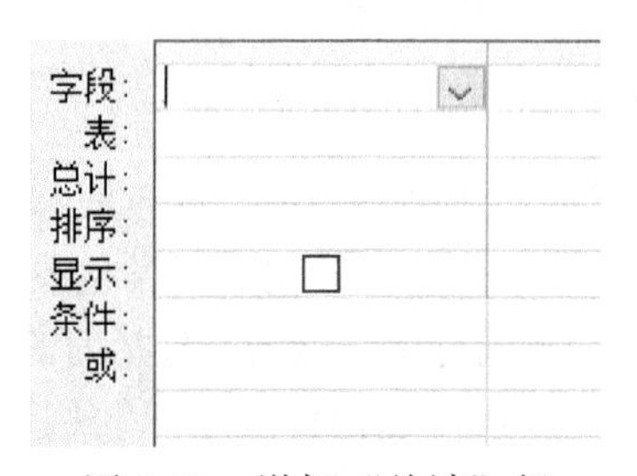

图 4.28　增加“总计”行

字段:	课程名称	最高分: 分数	最低分: 分数	平均分: 分数
表:	课程	成绩表	成绩表	成绩表
总计:	Group By	最大值	最小值	平均值
排序:				
显示:	☑	☑	☑	☑
条件:				
或:				

图 4.29　添加查询显示字段

注意：由于多次引用“分数”字段，为了区分，不同情况下给“分数”字段值

添加不同的别名，字段别名使用方法为

别名:字段或字段表达式

(6) 单击工具栏中“保存”按钮，输入“各门课程统计信息”，单击“确定”按钮保存查询。

(7) 单击“设计”选项卡中“结果”选项组中运行按钮 ！，或在查询名称位置右击鼠标，弹出如图 4.30 所示的快捷菜单，选择“数据表视图”命令，即可查看计算结果，如图 4.31 所示。如果想返回去继续设计查询，则可在图 4.30 中选择“设计视图”命令，即可返回设计视图。

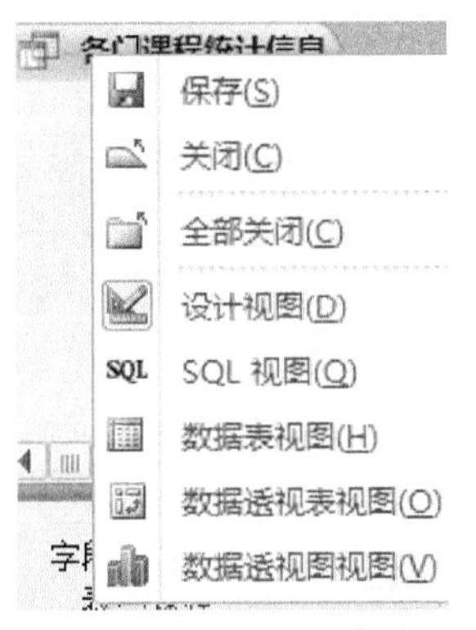

图 4.30　设计视图右键菜单

各门课程统计信息

课程名称	最高分	最低分	平均分
C语言程序设i	100	55	78
大学体育1	98	55	78.9821428571429
大学体育2	100	55	78.8392857142857
大学外语1	99	55	78.2142857142857
大学外语2	100	55	75.6785714285714
大学语文	100	56	76.5272727272727
电路基础	100	55	77.0535714285714
儿童发展	100	55	76.2857142857143
高等数学1	100	55	77.8392857142857
高等数学2	98	55	73.875
计算机学科导	100	56	78.1785714285714
离散数学	100	56	77.6607142857143
面向对象程序	100	56	79.625

图 4.31　运行结果

4.4.8　创建一个计算字段

计算字段是在查询中创建的用来显示计算结果的新字段。默认情况下，计算字段与其他字段一起显示在查询结果中，也可以显示在根据查询条件获得的表单和报表中。计算字段可以执行数值计算，也可以对文本进行合并(如“名字”字段和“姓氏”字段可以合并成一个字段，构成一个客户名称)。在本节中，重点学习数值计算。

与数据库中的实际字段不同，计算字段的结果实际上并不作为数据存储。每次运行查询时，都会通过计算得到结果。在例 4.4 的查询中，指定了查询的字段标题最大值、最小值和平均值。下面通过一个类似的例子来创建计算字段。

【例 4.5】　在学生管理数据库中，根据学生的课程成绩建立查询，对学生进行成绩的综合计算，综合成绩计算规则为

$$C=\frac{\sum_{i=1}^{N} c_i \times a_i}{\sum_{i=1}^{N} a_i}$$

式中，C 为综合成绩；c_i 表示课程成绩；a_i 表示该课程的学分。

操作分析：学生管理数据库中学生课程比较多，为了方便，以线性代数、大学外语 1、大学体育 1、离散数学和 C 语言程序设计五门课程为例。在学生管理数据库中成绩在“成绩表”数据表中，课程的名称和学分在“课程”数据表中，因此为了操作简单，可以先创建每门课程的成绩查询，字段包括学号、课程名称、学分，然后在前期建立查询的基础上创建综合成绩查询。

具体操作步骤如下：

(1) 打开学生管理数据库，进入查询设计视图，添加“成绩表”和“课程”两张数据表，将“学号”、“课程名称”、“分数”和“学分”字段放到设计网格中，如图 4.32 所示。

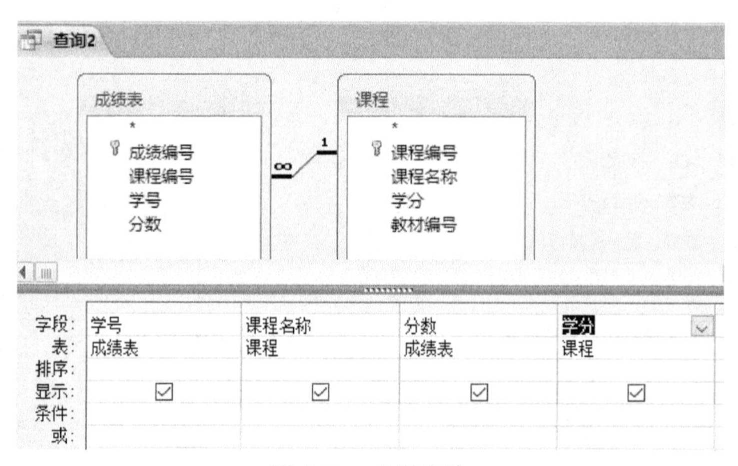

图 4.32　查询设计

(2) 在设计区“条件”行“课程名称”下方输入“线性代数”，如图 4.33 所示。

字段:	学号	课程名称	分数	学分
表:	成绩表	课程	成绩表	课程
排序:				
显示:	☑	☑	☑	☑
条件:		"线性代数"		
或:				

图 4.33　输入条件

(3) 保存该查询，命名为“线性代数”，关闭查询。

(4) 重复上述过程，依次建立“大学外语 1”、“大学体育 1”、“离散数学”和“C 语言程序设计”查询，如图 4.34 所示。

(5) 打开查询设计器，依次添加“学生”数据表及前面创建的五个查询，如图 4.35

所示。

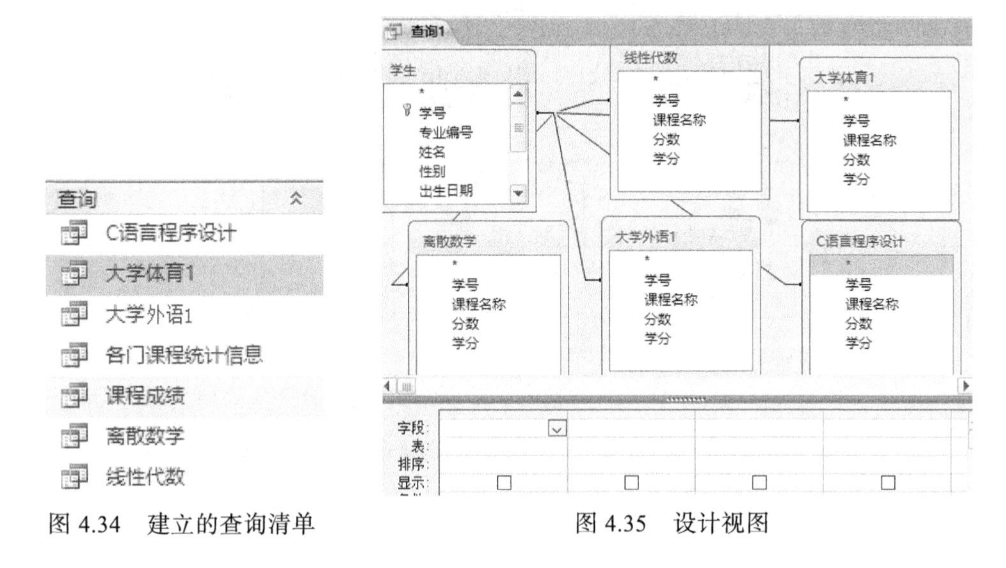

图 4.34 建立的查询清单　　图 4.35 设计视图

(6) 在设计区“表”行选择数据表，然后在“字段”行位置输入相应信息，如图 4.36 所示。

字段:	学号	姓名	线性代数: 分数	C语言程序设计: 分数	大学体育1: 分数	离散数学: 分数	大学外语1: 分数
表:	学生	学生	线性代数	C语言程序设计	大学体育1	离散数学	大学外语1
排序:							
显示:	☑	☑	☑	☑	☑	☑	☑
条件:							
或:							

图 4.36 设计区字段内容

(7) 在设计区“字段”行“大学外语 1:分数”后的单元格右击鼠标，选择“生成器”命令，打开“表达式生成器”对话框，输入内容，如图 4.37 所示。

(8) 单击“确定”按钮，保存查询为“综合成绩”。

(9) 单击“设计”选项卡“结果”选项组中运行按钮，结果如图 4.38 所示。

显示结果中将“综合成绩”列部分显示“#######”，原因是计算结果为实数，小数位数比较多显示不下的结果，只要将列边框加宽就可以正常显示，或者对结果进行有效位数限制也可以达到目的。

表达式中引用数据表或查询字段名称规则为

[数据表名称]![字段名]

如果在当前查询设计器中引用的字段是唯一的，即只在唯一的数据表或查询中存在，引用该字段可以不加前面的数据表名称。例如，[课程]![课程名称]表示引用“课程”数据表中“课程名称”字段。[]必须有，如果没有，Access 无法正确识别。

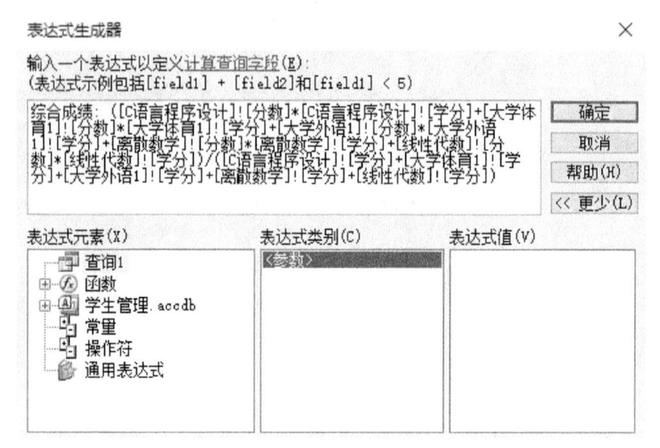

图 4.37　表达式生成器及内容

综合成绩

学号	姓名	线性代数	C语言程序i	大学体育1	离散数学	大学外语1	综合成绩
41601016	刘肃然	89	93	78	93	91	90.8
41602005	刘成	56	65	91	66	75	67.2
41602035	李胜青	98	66	63	97	85	###########
41603001	吴燕妮	75	91	55	70	55	72.6
41603034	陈睿	89	91	93	85	77	###########
41604012	陈亚丽	90	64	94	77	90	###########
41604026	谢培茹	68	64	88	92	69	###########
41605023	陈威君	63	100	55	97	76	84
41605048	张倩	98	63	90	95	78	###########
41606030	曹慧敏	56	63	61	94	64	###########
41606048	禹棋洺	66	95	57	61	64	71.4
41607005	孙丽丽	68	63	89	66	98	###########
41607038	黄屿璁	77	82	67	69	60	###########
41607044	陈倩	92	60	90	63	72	71.6
41609035	徐钟寅	84	91	75	68	61	76.4
41609044	郭泽华	100	91	81	79	90	###########
41610026	耿梦巍	77	55	88	91	71	74.4

图 4.38　查询结果

数据表中字段可以参与类型允许的各种操作，如对数值型字段进行加、减、乘、除和取余等操作，字符型字段可以进行字符的连接、取子串等各种运算等。表 4.15 介绍了更多的计算字段示例。

表 4.15　计算字段示例

表达式	作用
总数: [现在发货数] + [迄今发货数]	在“总数”字段中显示“现在发货数”和“迄今发货数”字段的和。该表达式可用于计算一个订单已经完成了多少
金额: [数量][单价]	在“金额”字段中显示“数量”和“单价”字段的积
基本运费:运费1.1	在“基本运费”字段中显示运费成本加上 10%的增加额
总计: [分类汇总] + [税] + [小费]	在“总计”字段中显示“分类汇总”、“税”和“小费”字段的和
周工资总额: [每小时工资额][每周天数][每日小时数]	在“周工资总额”字段中显示用每小时工资额、每天工作时数和每周工作天数相乘得出的每周工资总额

4.4.9　空值 Null

如果一个字段中没有输入值，则该字段就被视为空。如果试图执行计算、运行总计查询或对包含几个空值的字段执行排序，则可能得不到想要的结果。例如，Average 函数会自动忽略包含空值的字段，如果要根据“成绩”字段来统计学生记录数，而一些成绩还没有被记录，那么空值也会影响结果，则统计结果不能反映学生的总数，因为该统计不包括还没有成绩的学生。

用户可能希望从结果中排除空值，或将结果只限制在那些带空值的记录上。如想要搜索还没有成绩的学生，这时，可以通过使用运算符 Is Null 和 Is Not Null 来完成。对需要检查值的字段，只要在查询设计网格的“条件”单元格中键入该运算符即可。

一些字段类型如文本、备忘录和超级链接字段还可以包含零长度的字符串，这意味着该字段中没有值。例如，一个学生可能已经退学了，因此他没有成绩。可以通过键入中间不带空格的两个双引号("")来输入零长度的字符串。

表 4.16 及表 4.17 列出了使用空值的示例。

注意：在连接到 Microsoft SQL Server 数据库的 Access 项目中，可以在数据类型为“varchar”或“nvarchar”的字段中输入零长度的字符串。

表 4.16　使用空值或空字符串作为查询条件示例

字段名	条件	功能
姓名	Is Null	查询姓名为 Null(空值)的记录
	Is Not Null	查询姓名有值(不是空值)的记录
联系电话	"　"	查询没有联系电话的记录

表 4.17　使用空值 Null 计算示例

表达式	作用
延隔时间：IIf(IsNull([规定日期]-[发货日期])，"请检查缺少的日期"，[规定日期]-[发货日期])	如果“规定日期”字段或“发货日期”字段为空，则就在“延隔时间”字段中显示信息“请检查缺少的日期”；否则，会显示二者的差
当前国家：IIf(IsNull([国家])，""，[国家])	如果“国家”字段为空，则就在“当前国家”字段中显示空字符串；否则，会显示“国家”字段的内容
=IIf(IsNull([地区]),[城市]& ""& [邮政编码]，[城市]& ""&[地区]& "" &[邮政编码])	如果“地区”为空，则显示“城市”和“邮政编码”字段的值；否则，显示“城市”、“地区”和“邮政编码”字段的值

4.5　参 数 查 询

有时，用户可能希望运行与现有查询略有差别的查询，可以更改原来的查询以使用新条件，但是如果经常希望运行特定查询的变体，这时就很不方便。例如，可以建立查询“张三”同学的成绩表，但如果需要多次查找其他学生的成绩表，就需要建立太多的查询，这样操作极不方便。Access 提供了解决方案，即参数查询，用来解决查询结构一样，只是在运行查询时需要用户输入一定的条件，查询根据用户不同输入得到不同的查询结果。

使用参数查询，用户可以在每次运行查询时输入不同的条件值，以获得所需的结果，而不必每次重新创建整个查询，可以做到“一次创建，多次使用”的目的。

在例 4.5 中，创建了一个返回学生综合成绩的查询。可以通过下列步骤修改该查询，以便在每次运行该查询时都能返回指定学生的综合成绩：

(1) 打开先前使用学生管理数据库。

(2) 单击“百叶窗开/关”按钮 » 以显示导航窗格。

注意：如果已显示导航窗格，则不必执行该步骤。

(3) 在导航窗格中，右键单击名为“综合成绩”(在上一部分中创建)的查询，然后单击快捷菜单上的“设计视图”。

(4) 在查询设计网格的“姓名”列的“条件”行中，键入 “[请输入学生姓名：]”，如图 4.39 所示。

字段:	学号	姓名	线性代数: 分数	C语言程序设计: 分数	大学体育1: 分数	离散数学: 分数	大学
表:	学生	学生	线性代数	C语言程序设计	大学体育1	离散数学	大学
排序:							
显示:	☑	☑	☑	☑	☑	☑	
条件:		[请输入学生姓名]					
或:							

图 4.39　输入参数

字符串 [请输入学生姓名：] 是参数提示。方括号表示希望查询要求用户输入参数，方括号中的文本“请输入学生姓名：”是参数提示所显示的问题。

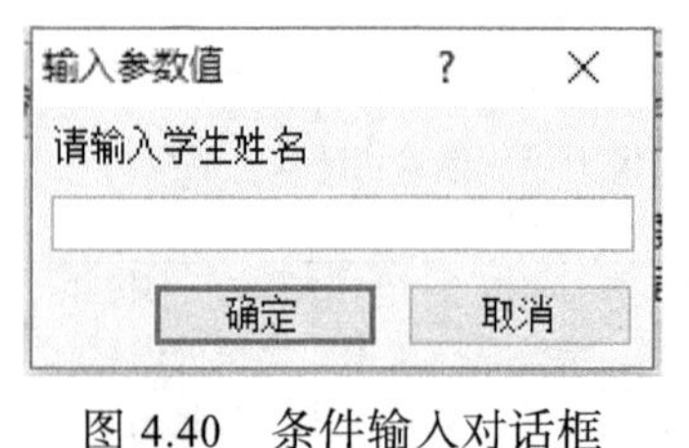

图 4.40　条件输入对话框

注意：句号 (。) 和叹号 (!) 都不能用作参数提示信息中的文本。

(5) 在“设计”选项卡上的“结果”组中单击“运行”。

(6) 查询弹出的如图 4.40 所示对话框提示用户输入“姓名”值。

(7) 键入“李胜青”，然后按 Enter 键，结果如图 4.41 所示。

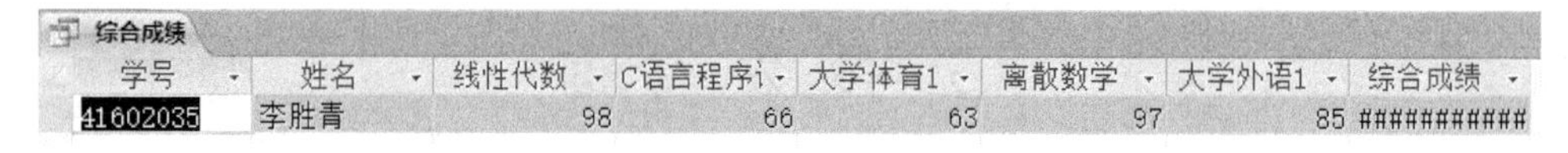

综合成绩

学号	姓名	线性代数	C语言程序i	大学体育1	离散数学	大学外语1	综合成绩
41602035	李胜青	98	66	63	97	85	###########

图 4.41　查询结果

在建立参数查询时，如果不知道可以指定哪些确定的值，可以将通配符作为提示信息的一部分，从而使得查询更加灵活。例如，在查找同学的综合成绩时，如果只知道学生的姓，操作步骤如下：

(1) 打开学生管理数据库，进入“综合成绩”的设计视图。

(2) 在查询设计网格的“姓名”列的“条件”行中，键入“Like [请指定姓] & "*"”，如图 4.42 所示。

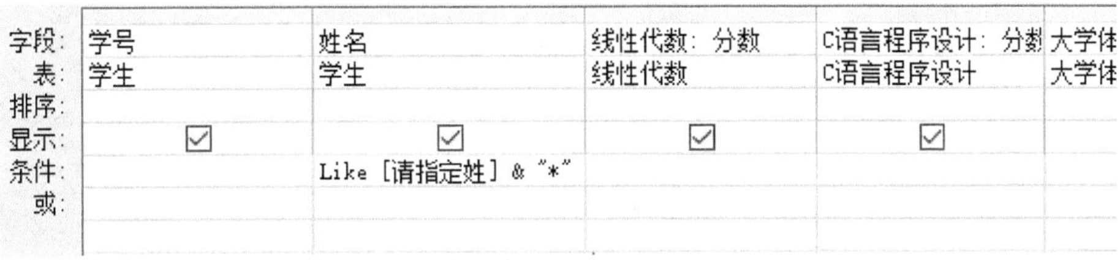

字段:	学号	姓名	线性代数: 分数	C语言程序设计: 分数	大学体
表:	学生	学生	线性代数	C语言程序设计	大学体
排序:					
显示:	☑	☑	☑	☑	
条件:		Like [请指定姓] & "*"			
或:					

图 4.42　输入条件

在此参数提示信息中，Like 关键字、“与”符号 (&) 和由引号括起来的星号 (*) 使用户可以键入字符组合(包括通配符)以返回各种结果。例如，如果用户键入“*”，查询将返回所有学生的信息；如果用户键入“李”，查询将返回所有以“李”开头的学生；如果用户键入“*成*”，查询将返回所有姓名中包含“成”的学生。

(3) 在“设计”选项卡上的“结果”组中单击“运行”。

(4) 在出现查询提示时，键入“李”，然后按 Enter 键，结果如图 4.43 所示。

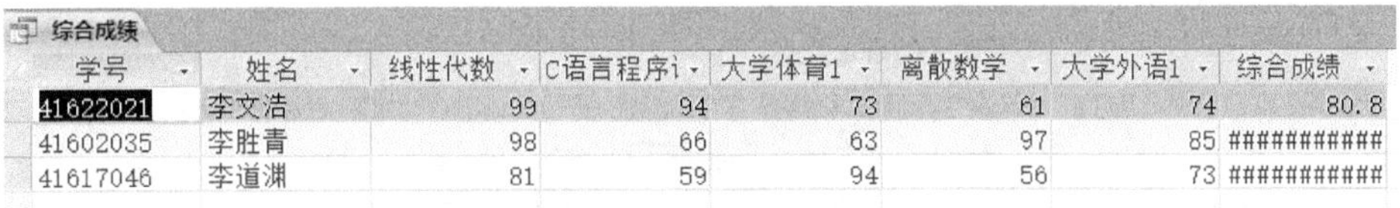

综合成绩

学号	姓名	线性代数	C语言程序i	大学体育1	离散数学	大学外语1	综合成绩
41622021	李文浩	99	94	73	61	74	80.8
41602035	李胜青	98	66	63	97	85	###########
41617046	李道渊	81	59	94	56	73	###########

图 4.43　查询结果

用户根据需要可以指定输入参数数据类型，也可以设置任何参数的数据类型，但尤其重要的是设置数值、货币或日期/时间数据的数据类型。在指定参数应该接受的数据类型后，如果用户输入错误类型的数据(例如，应该输入货币，但输入了文本)，则会看到更有帮助的错误消息。

注意：如果将参数设置为接受文本数据，则输入的任何内容都将被解释为文本，并且不会显示任何错误消息。

若要指定查询中参数的数据类型，可执行以下步骤：

(1) 在设计视图中打开查询，在“设计”选项卡上的“显示/隐藏”组中单击“参数”，如图 4.44 所示。

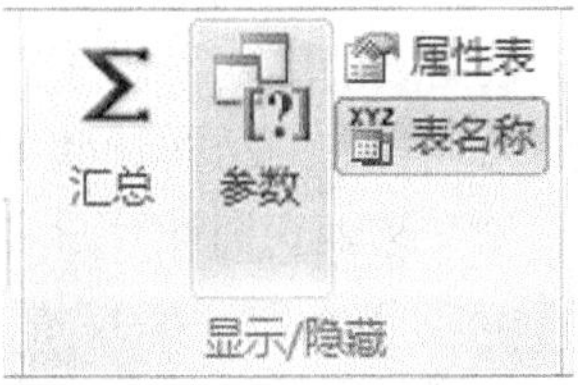

汇总　参数　属性表　表名称
显示/隐藏

图 4.44　参数按钮

(2) 在如图 4.45 所示“查询参数”对话框中的“参数”列中为指定数据类型的每个参数键入提示信息。如本例中，在参数列输入“请指定姓”，务必确保每个参数都与在查询设计网格的“条件”行中使用的提示信息相匹配。

(3) 在“数据类型”列中选择每个参数的数据类型。

(4) 在运行查询时，如果在参数输入框输入信息和设置的数据类型不匹配，将弹出如图 4.46 所示对话框。

图 4.45 “查询参数”对话框

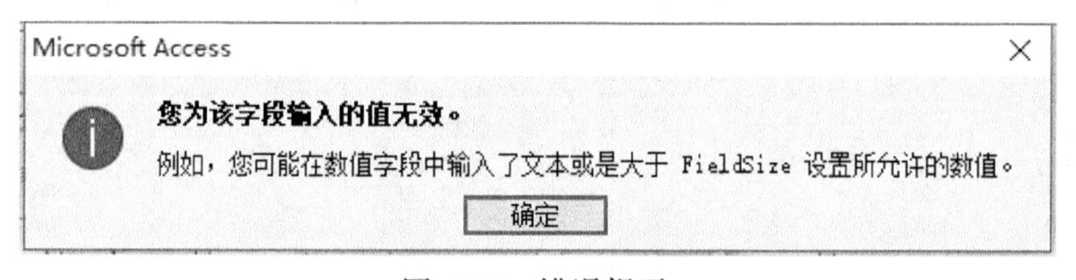

图 4.46 错误提示

4.6 交叉表查询

交叉表查询是一种选择查询。在运行交叉表查询时，结果显示在一个数据表中，该数据表的结构不同于其他类型的数据表。与显示相同数据的简单选择查询相比，交叉表查询的结构让数据更易于阅读。

交叉表查询计算总和、平均值或其他聚合函数 (用于计算总计的函数，如 Sum、Count、Avg 或 Var)，然后按照两组值对结果进行分组：一组值垂直分布在数据表的一侧，而另一组值水平分布在数据表的顶端。

注意：不可在 Web 浏览器中使用交叉表查询。如果要在 Web 数据库中运行交叉表查询，必须先使用 Access 打开数据库。

在创建交叉表查询时，需要指定哪些字段包含行标题，哪些字段包含列标题以及哪些字段包含要汇总的值。在指定列标题和要汇总的值时，其中每个只能使用一个字段。在指定行标题时，最多可使用三个字段。此外，也可以使用表达式生成行标题、列标题或要汇总的值。

创建交叉表查询一般通过交叉表查询向导或查询设计器进行。

4.6.1 使用交叉表查询向导创建交叉表查询

如果使用交叉表查询向导，则需要将单个表或查询用作交叉表查询的记录源。如果单个表中不具有要包含在交叉表查询中的全部数据，则首先应创建一个返回所需数据的选择查询。

【例 4.6】 根据学生管理数据库创建一个交叉表查询，显示每个学院的男女生人数。

操作方法如下：

(1) 打开学生管理数据库，创建一个简单查询，命名为“学生信息”，包括学号、姓名、性别、民族、专业名称、院系名称等字段，如图 4.47 所示，关闭查询。

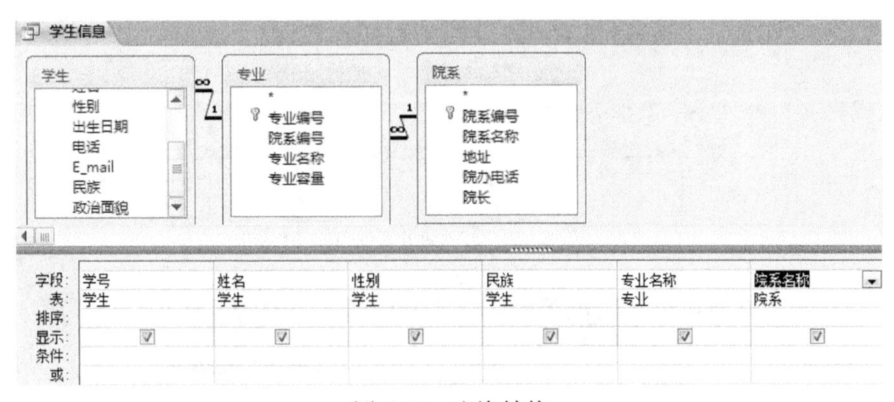

图 4.47 查询结构

(2) 在“创建”选项卡上的“查询”组中单击“查询向导”。

(3) 如图 4.48 所示，在“新建查询”对话框中单击“交叉表查询向导”，然后单击“确定”按钮。

(4) 启动交叉表查询向导，如图 4.49 所示。

(5) 在向导的第一页，选择要用于创建交叉表查询的表或查询，本例中选择“查询”，然后在列表框中选择“查询：学生信息”，如图 4.50 所示。

(6) 在下一页上选择包含要用作行标题的值的字段“院系名称”，如图 4.51 所示。

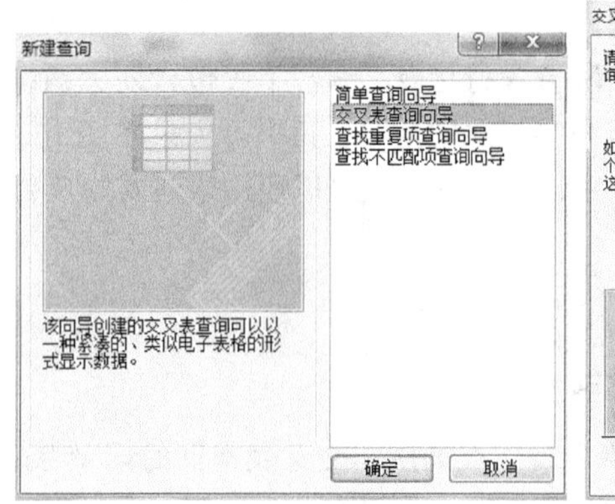

图 4.48　“新建查询”对话框

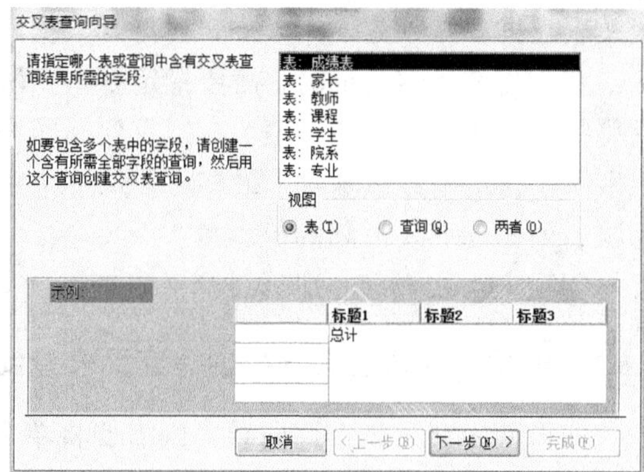

图 4.49　“交叉表查询向导”对话框

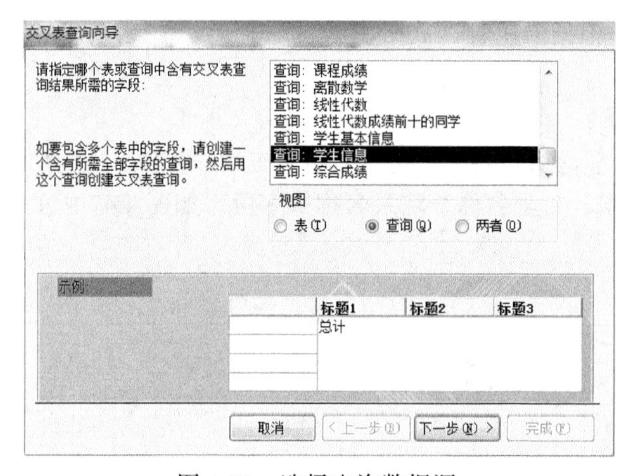

图 4.50　选择查询数据源

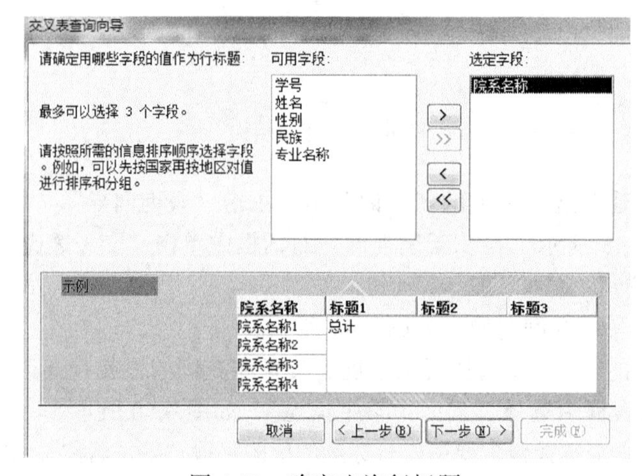

图 4.51　确定查询行标题

最多可选择三个字段用作行标题源，但使用的行标题越少，交叉表查询数据表就越容易阅读。

注意：如果选择多个字段来提供行标题，则选择这些字段的顺序将决定对结果排序的默认顺序。

(7) 在下一页上选择包含要用作列标题的值的“性别”字段，如图 4.52 所示。

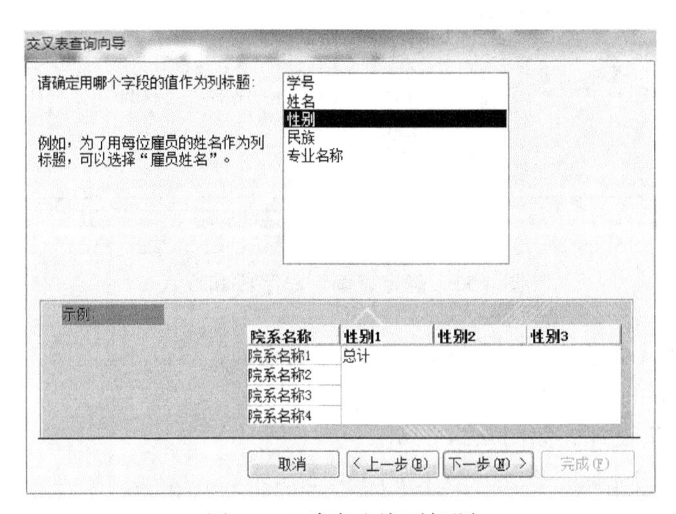

图 4.52 确定查询列标题

通常应选择一个包含很少值的字段，这样有助于使结果易于阅读。例如，最好是使用只包含少量可能值(如性别)的字段，而不是使用包含许多不同值(如年龄)的字段。

如果选择用于列标题的字段具有“日期/时间”数据类型，则向导会增加一个步骤，使用户能够指定将日期组合为间隔(如月份或季度)的方式。

如果为列标题选择了“日期/时间”字段，则向导的下一页会要求用户指定要用于组合日期的间隔。可以指定“年”、“季度”、“月”、“日期”或“日期/时间”。如果没有为列标题选择“日期/时间”字段，则向导会跳过该页。

(8) 在下一页上选择一个字段和一个用于计算汇总值的函数。所选字段的数据类型将决定哪些函数可用，本例选择“姓名”字段，在“函数”栏选择“Count”用于计数，如图 4.53 所示。

在同一页上，选择或清除“是，包括各行小计”复选框以包含或排除行小计。

如果包含行小计，则交叉表查询中有一个附加行标题，该标题与字段值使用相同的字段和函数。包含行小计还会插入一个对其余列进行汇总的附加列。例如，如果交叉表查询按位置和性别(使用性别列标题)计算平均年龄，该附加列会按位置计算平均年龄，而不分性别。

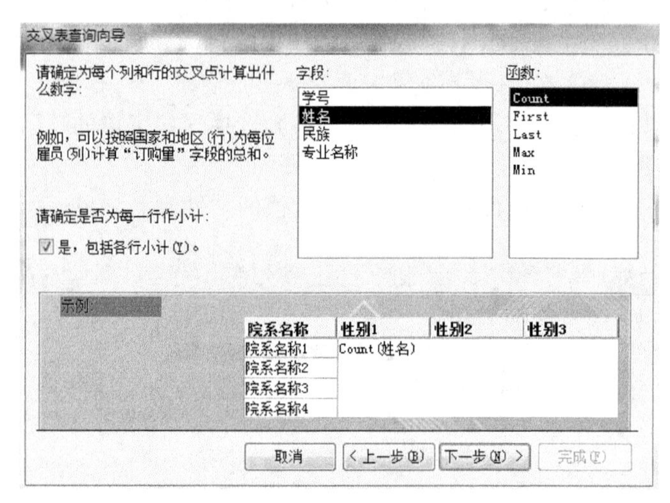

图 4.53　确定查询汇总字段和方式

注意：可以通过在设计视图中编辑交叉表查询，更改用于生成行小计的函数。

(9) 在向导的下一页上键入查询的名称“院系男女生人数”，然后指定是查看结果还是修改查询设计，如图 4.54 所示。

(10) 单击“完成”按钮，效果如图 4.55 所示。

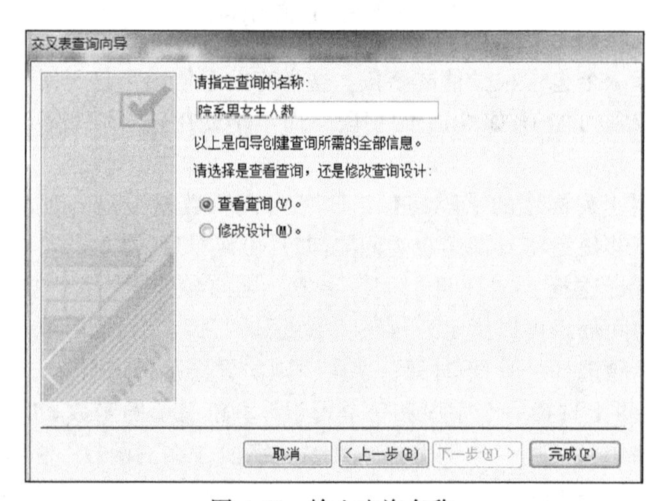

图 4.54　输入查询名称

4.6.2　在设计视图中创建交叉表查询

通过交叉表查询向导创建交叉表查询具有一定的局限性，即交叉表的来源只能是一个数据表或查询。通过使用设计视图创建交叉表查询，可以根据需要使用任意多个记录源(表和查询)，但也可以先创建一个返回所需的全部数据的选择查询，数据来自于多个数据源，然后将该查询用作交叉表查询的唯一记录源，从而使用交叉表查询向导建立查询。

院系男女生人数

院系名称	总数 姓名	男	女
材料科学与工	2	1	1
地理科学与旅	3	2	1
国际汉学院	4	2	2
国际商学院	5	2	3
化学化工学院	1		1
计算机科学学	6	3	3
教育学院	2	1	1
历史文化学院	3	1	2
马克思主义学	1		1
美术学院	4	1	3
生命科学学院	4	4	
食品工程与营	3	2	1
数学与信息科	4	2	2
体育学院	1	1	
外国语学院	2	1	1
文学院	2	1	1

图 4.55　交叉表查询结果

当在设计视图中生成交叉表查询时，使用设计网格中的“总计”和“交叉表”行指定哪个字段的值将成为列标题，哪些字段的值将成为行标题，哪个字段的值将用于计算总计、平均值、计数或其他计算。

【例 4.7】　根据学生管理数据库，创建一个查询，按年份统计各学院的学生人数。

操作步骤如下：

(1) 打开学生管理数据库，在“创建”选项卡上的“查询”组中单击“查询设计”。

(2) 在“显示表”对话框中，双击要用作记录源的各个表或查询，本例中需要添加“学生”、“专业”和“院系”三张数据表，关闭“显示表”对话框，如图 4.56 所示。

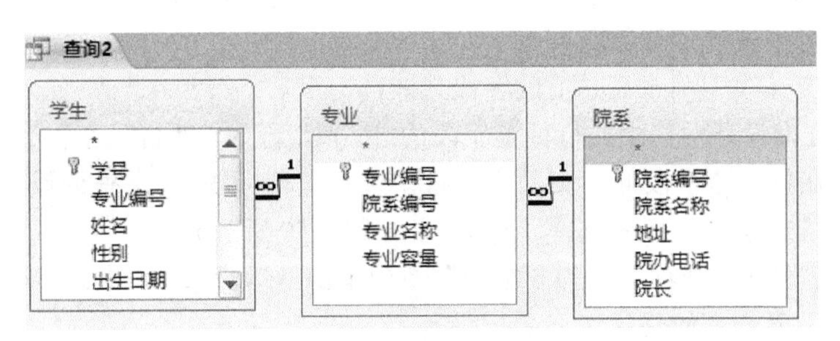

图 4.56　添加数据表

如果使用多个记录源，则要确保这些表或查询基于它们共同的字段相连接。

(3) 在“设计”选项卡的“查询类型”组中单击“交叉表”，如图 4.57 所示。

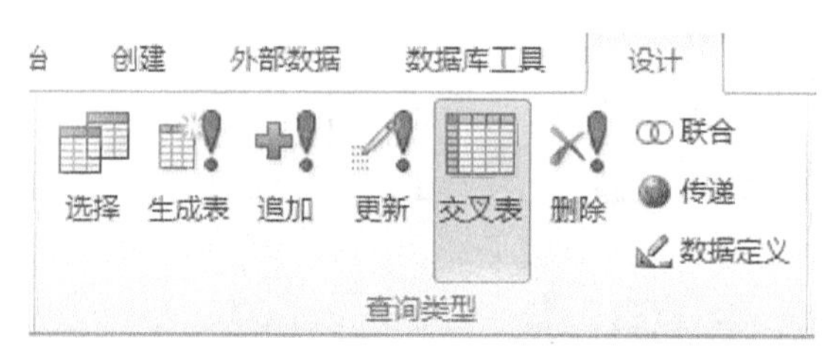

图 4.57　选择交叉表

(4) 在查询设计窗口中双击要用作行标题的源的“院系名称”字段，在查询设计网格中的行标题字段的“交叉表”行中选择“行标题”。

注意：行标题最多可以选择三个字段，同时可以在“条件”行中输入一个表达式来限制该字段的结果，或使用“排序”行指定字段的排序顺序。

(5) 在查询设计网格中的行标题字段的“字段”行中“院系名称”后单元格输入“年份:year([出生日期])”，在行标题字段的“交叉表”行中选择“列标题”，如图 4.58 所示。

字段:	院系名称	年份: Year([出生日期]
表:	院系	
总计:	Group By	Group By
交叉表:	行标题	列标题
排序:		
条件:		
或:		

图 4.58　添加行标题和列标题

(6) 在查询设计窗口中双击要用于计算汇总值的“姓名”字段，在查询设计网格中的行标题字段的“交叉表”行中选择“值”，在查询设计网格中的行标题字段的“总计”行中选择“计数”。

注意：交叉表中用于汇总值的字段只能选一个。

(7) 在查询设计网格中的行标题字段的“字段”行中“姓名”后单元格输入“总计:姓名”，在行标题字段的“交叉表”行中选择“行标题”，在查询设计网格中的行标题字段的“总计”行中选择“计数”，如图 4.59 所示。

(8) 在“设计”选项卡上的“结果”组中单击“运行”，结果如图 4.60 所示。

建立交叉表查询的建议如下：

(1) 让交叉表查询简单些。随着行组合数量的增大，交叉表查询可能变得难以阅读，因此尽量少用行标题。

(2) 考虑分步生成交叉表查询。不要局限于只使用表，通常还可以先生成总计查询(这种查询可针对一个或多个表中各不同字段显示汇总计算，如平均值或总计值。总计查询不是一个单独种类的查询，而是扩展了选择查询的灵活性)，然后将该查询用作交叉表查询的记录源。

字段:	院系名称	年份: Year([出生日期]	姓名	总计: 姓名
表:	院系		学生	学生
总计:	Group By	Group By	计数	计数
交叉表:	行标题	列标题	值	行标题
排序:				
条件:				
或:				

图 4.59　添加值字段及行标题

查询2

院系名称	总计	1997	1998	1999
材料科学与工	2	1	1	
地理科学与旅	3		1	2
国际汉学院	4		1	3
国际商学院	5	1	2	2
化学化工学院	1	1		
计算机科学学	6	1		5
教育学院	2		1	1
历史文化学院	3			3
马克思主义学	1	1		
美术学院	4	1	2	1
生命科学学院	4	2		2
食品工程与营	3		1	2
数学与信息科	4	1	1	2
体育学院	1		1	
外国语学院	2		1	1

图 4.60　查询结果

(3) 慎重选择列标题字段。当列标题的数量保持相对较少时，交叉表数据表往往更容易阅读。在确定要用作标题的字段后，可考虑使用具有最少明确值的字段来生成列标题。例如，如果查询按年龄和性别计算值，则考虑对列标题使用性别而不是年龄，因为性别的可能值通常要比年龄少。

(4) 在 WHERE 子句中使用子查询。在交叉表查询中，可以将子查询中用作 WHERE 子句的一部分。

4.7　操 作 查 询

前面介绍了选择查询、参数查询和交叉表查询的创建方法，运行这些方法创建的查询，其结果用表的形式展现给用户，但这不是一张真正的表，因为在数据库中没有增加新的表对象。实际使用中，有时需要将查询结果保存为一个新的表，如将考试成绩在 85 分以上的记录存储到一个新表中，用于评定奖学金，此时就要用到操作查询里的生成表查询。另外，在对数据库进行维护时，常常需要修改大量的数据。例如，给计算机学院的所有教师增加 5%的工资。这种操作既要检索记录，又要更新记录，可以使用动作查询中的更新查询完成这样的任务。

操作查询与之前的选择查询和交叉表查询最大的不同在于它可以对数据库中的源数据进行修改、删除和更新等操作。

操作查询根据其操作的方式分为四种：生成表查询、追加查询、更新查询和删除查询。

创建操作查询使用“设计视图”或“SQL 视图”，本节主要介绍通过“设计视图”创建操作查询的方法。

4.7.1　生成表查询

生成表查询是从一个或多个表中检索数据，然后将检索结果添加到一个新建立的表中。用户既可以在当前数据库中创建新表，也可以在另外的数据库中生成新表。

通常，需要复制或存档数据时可创建生成表查询。例如，假设有一张(或多张)历史销售数据表，且要在报告中使用此数据，交易发生在至少一天以前，因此不能更改销售数据，并且通过不断运行查询来检索数据很费时，特别是对较大的数据存储运行复杂的查询时。可以将数据加载到单独的表中，然后使用该表作为数据源可减少工作负荷，并方便数据存档。处理过程中请注意：确切来说新表中的数据是一个快照；它和源表没有任何关系或联系。

创建生成表查询的过程遵循以下主要步骤：

(1) 如果数据库未签名或不在受信任的位置中，则启用数据库；否则，无法运行动作查询(追加、更新和生成表查询)。

(2) 在查询的“设计”视图中创建一个选择查询，然后修改该查询，直到它返回所需的记录。可选择多个表中的数据，且可确定地对数据执行非规范化处理。例如，可以将客户、运货商和供应商数据置于单张表中，但若生产数据库中带有适当规范化的表格，则不会执行此操作。也可以在查询中使用条件来进一步自定义结果集或缩小其范围。

(3) 可将选择查询转换为生成表查询，选择新表的保存位置，然后运行查询以创建表。

请勿将生成表查询与更新查询或追加查询相混淆。需要添加或更改单个字段中的数据时，可使用更新查询。需要向现有表中的现有记录集添加记录(行)时，可使用追加查询。

【例 4.8】　将学生管理数据库中的女学生找出来，显示“学号”、“姓名”、“性别”、“院系名称”和“电话”等字段信息，生成新表“女生信息”表。

操作步骤如下：

(1) 打开学生管理数据库，进入查询设计视图，将“学生”、“专业”及“院系”数据表添加到查询设计器中，单击“设计”选项卡“查询类型”选项组中“生成表”按钮或者在工作区空白处右击鼠标，在快捷菜单栏上选择“查询类型”中的“生成表查询”命令，如图 4.61 所示，弹出如图 4.62 所示的“生成表”对话框，按题目要求输入新表名称“女生信息”后单击“确定”按钮。

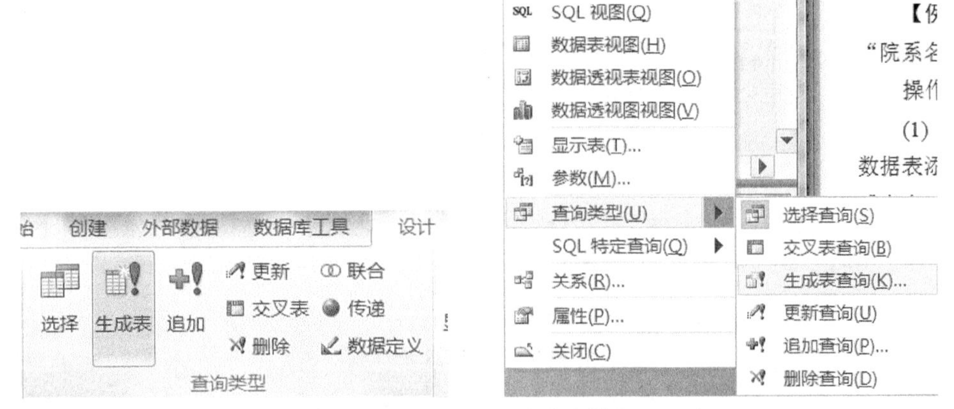

图 4.61　选择“生成表查询”

图 4.62　“生成表”对话框

(2) 在查询设计器中依次添加“学号”、“姓名”、“性别”、“院系名称”和“电话”等字段到网格区，在网络区“条件”行“性别”字段下方单元格中输入“女”，如图 4.63 所示。

(3) 单击“结果”组中“运行”命令，弹出要求确认生成新表的对话框，如图 4.64 所示，单击“是”按钮，完成新表的生成。

(4) 在 Access 窗口左侧导航栏表对象中就可以找到新生成的“女生信息”表。

选择查询可以快速转变为生成表查询，操作方法如下：

(1) 进入选择查询的设计视图。

(2) 单击“设计”选项卡“查询类型”选项组中“生成表”按钮或者在工作区空白处右击鼠标，在快捷菜单栏上选择“查询类型”中的“生成表查询”命令。

(3) 输入生成表的名称。

(4) 运行查询即可得到生成的新表。

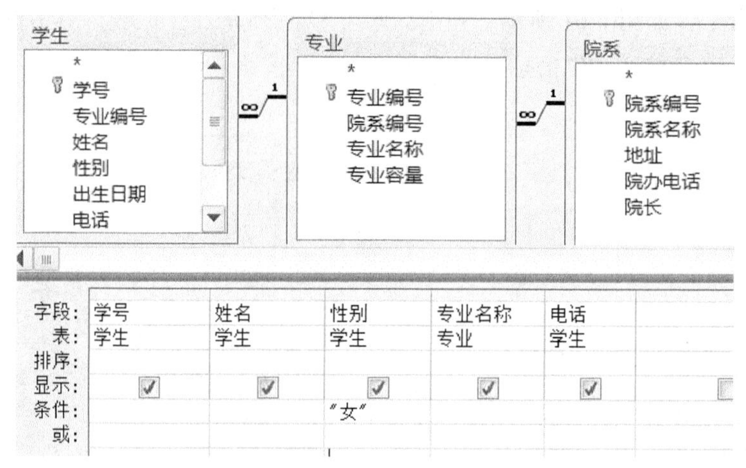

图 4.63　字段及条件

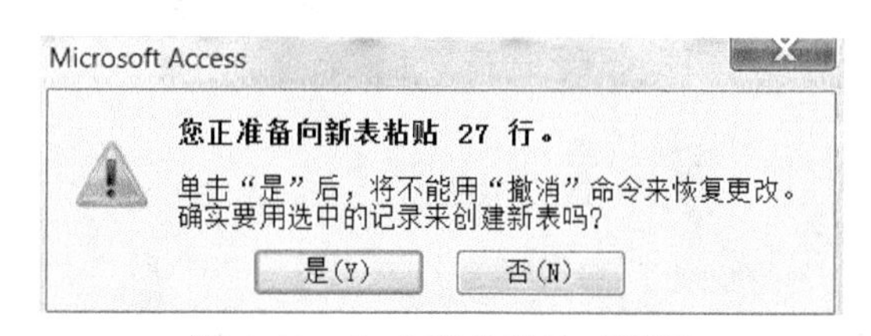

图 4.64　生成新表确认对话框

4.7.2　追加查询

追加查询从一个或多个数据源中选择记录，并将选中的记录复制到现有表。例如，假设有一个新数据库，其中包含存储潜在新客户的表，而现有数据库中已经有一个存储同类数据的表。希望将这些数据存储在一个地方，因此决定将该表从新数据库复制到现有表。为避免手动输入新数据，可以使用追加查询来复制记录。

通过使用查询来复制数据有以下优点：

(1) 一次追加多条记录。如果手动复制数据，那么必须执行多次复制/粘贴操作。如果使用查询，则只需一次选择所有数据，然后复制即可。

(2) 复制之前检查选择的数据。复制数据之前，可以在“数据表”视图中查看选择的内容，并根据需要进行调整。如果查询包含条件或表达式，并且需要多次尝试才能使之正确，那么这可能非常有用。用户无法撤消追加查询。如果用户操作有误，那么必须从备份还原数据库或者纠正错误，可以手动纠正，也可以使用删除查询。

(3) 使用条件细化选择。例如，可能希望只追加与同城的客户的记录。

(4) 当数据源中的某些字段在目标表中不存在时追加记录。例如，假设现有客户表有 11 个字段，要作为复制源的新表只有这 11 个字段中的 9 个。此时，可以使用追加查询，从匹配的 9 个字段中复制数据，而将其他两个字段留空。

【例 4.9】 在学生管理数据库中，将“17 级女生信息”数据追加到例 4.8 中生成的“女生信息”数据表中。

操作步骤如下：

(1) 打开学生管理数据库，通过查询设计新建查询进入查询设计视图，将“17 级女生信息”数据表加入其中。双击要追加的每个字段，所选字段出现在查询设计网格的“字段”行中，如图 4.65 所示。

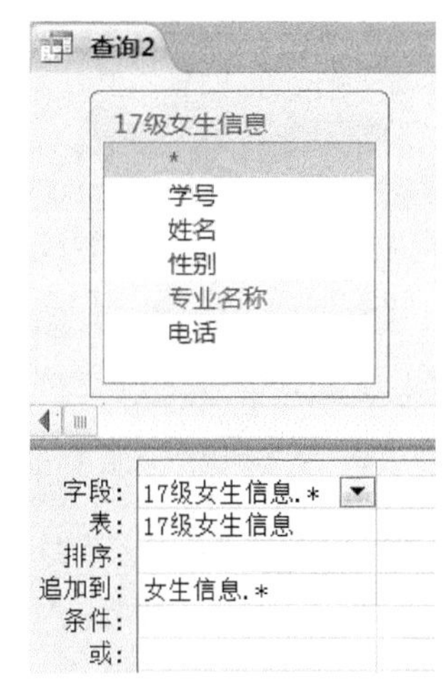

图 4.65　添加源数据并选择字段

添加字段注意事项如下：

① 源表中字段的数据类型必须与目标表中字段的数据类型兼容。文本字段与大多数其他类型的字段兼容。数字字段只与其他数字字段兼容。例如，可以将数字追加到文本字段，但是不可以将文本追加到数字字段。

② 还可以使用表达式作为字段，如使用 =Date() 自动返回当天日期；也可以在设计网格中结合表或查询字段来使用表达式，以自定义选择的数据。例如，如果目标表有一个字段存储 4 位数年份，而源表有一个常规日期/时间字段，那么可以使用以源字段为参数的 DatePart 函数来只选择年份。

③ 若要快速添加表中的所有字段，则双击表字段列表顶部的星号“*”，本例中追加数据的源数据表和目的数据表结构完全相同，因此直接选择“*”。

④ 可以在设计网格的“条件”行中输入一个或多个条件。

(2) 单击“设计”选项卡“查询类型”组中“追加”按钮或者单击鼠标右键，选择快捷菜单上的“查询类型”中的“追加查询”命令(图 4.66)，在弹出的“追加”对话框中“表名称”框中选择“女生信息”表项，如图 4.67 所示，单击“确定”按钮，得到如图 4.68 所示界面。

(3) 单击运行查询命令“!”，弹出如图 4.69 所示的提示信息，要求确认追加的动作，单击“是”按钮即可完成数据追加操作。

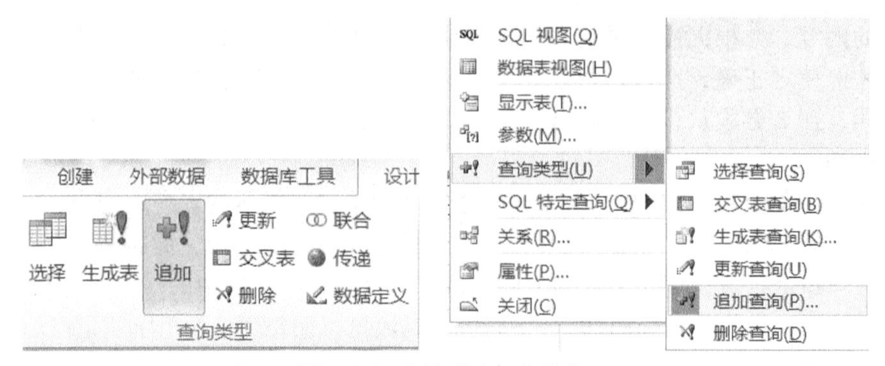

图 4.66　选择“追加查询”

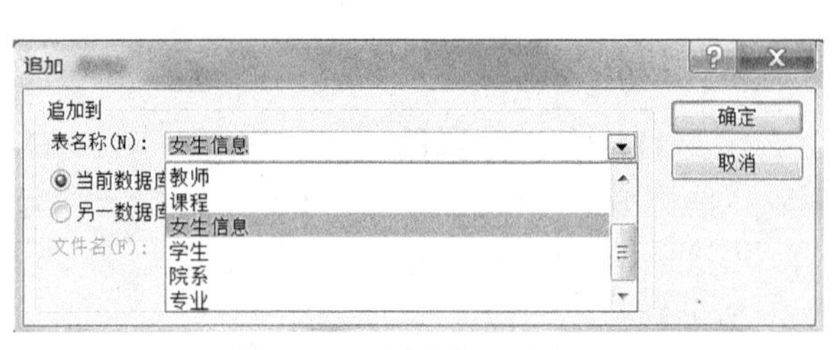

图 4.67　选择追加对象

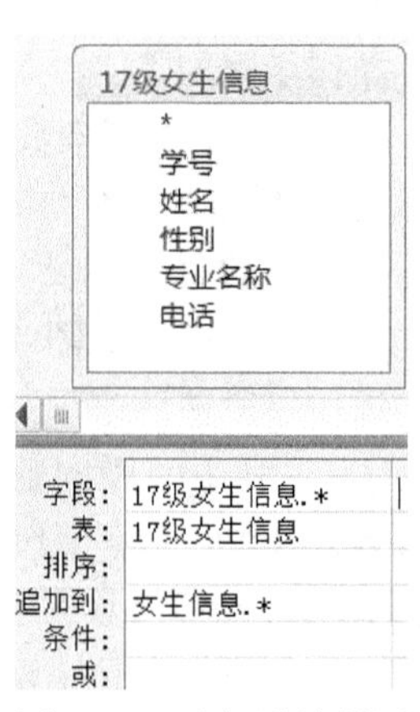

图 4.68　追加设计器图

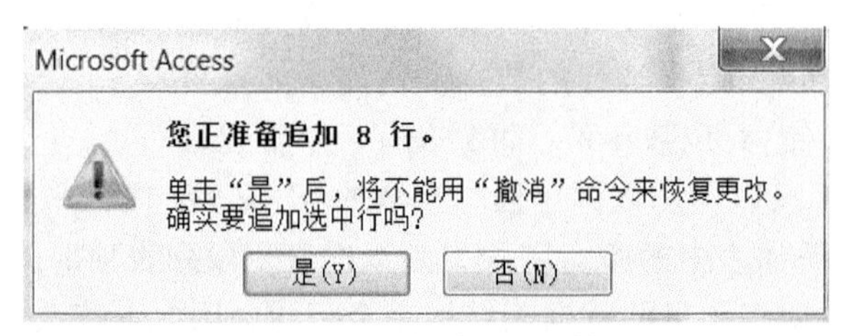

图 4.69　追加确认对话框

对返回要复制的记录的查询要进行验证。如果需要向查询中添加字段或者从查询中删除字段，则切换回设计视图并按照先前步骤中的说明添加字段，或者选择不需要的字段并按 Delete 键将其从查询中删除。

4.7.3　更新查询

使用更新查询可以添加、更改或删除一条或多条现有记录中的数据，可以将更新查询视为一种强大的“查找和替换”对话框形式。

更新查询就是利用查询的功能来批量修改一组记录的值。在数据库的使用过程中，必然要对数据进行更新和修改。当需要更新的数据记录数量较多时，如果采用手工的方法，既费时又耗力，此时就可以考虑采用更新查询来批量地修改数据记录。

但是，更新查询的更新字段有一定的要求，更新查询不可用于更新以下类型字段中的数据：

(1) 计算字段。计算字段中的值不会永久驻留于表中。Access 计算出的值仅存在于计算机的临时内存中。由于计算字段没有永久性存储位置，因此不能更新。

(2) 总计查询或交叉表查询中的字段。这些类型的查询中的值是计算得到的值，因此不能由更新查询更新。

(3) 自动编号字段。按照设计，“自动编号”字段中的值仅在用户向表中添加记录时才会更改。

(4) 唯一值查询和唯一记录查询中的字段。这类查询中的值是汇总值，其中某些值表示单条记录，而其他值表示多条记录。由于不可能确定哪些记录被作为重复值而排除，因此无法执行更新操作，也因此无法更新所有必需的字段。不管使用更新查询，还是通过在窗体或数据表中输入值来尝试手动更新数据，此限制都适用。

(5) 联合查询中的字段。不可更新联合查询中的字段内的数据，因为出现在两个或更多数据源中的每条记录只在联合查询结果中出现一次。由于某些重复记录已从结果中移除，因此 Access 无法更新所有必需的记录。

(6) 主键字段。例如，某些情况下，如果在表关系中使用了主键字段，那么除非先将关系设置为自动级联更新，否则不可以使用查询来更新该字段。

【例 4.10】　将例 4.5 选择查询修改成生成表查询，结果保存到“综合成绩单”数据表中，打开“综合成绩单”数据表，添加一个文本字段“评定”，根据学生综合成绩进行成绩评定，评价标准如表 4.18 所示

表 4.18　成绩评价标准

综合成绩	评定
大于等于 90	优秀
大于等于 80 且小于 90	良好
大于等于 70 且小于 80	中等
大于等于 60 且小于 70	及格
小于 60	不及格

操作步骤如下：

(1) 打开学生管理数据库，根据创建生成表查询方法，将“综合成绩”查询修改成生成表查询，运行该查询，得到生成的新数据表“综合成绩单”。

(2) 进入“综合成绩单”数据表的设计器窗口，添加字段“评定”，参数如图 4.70

所示，设置完成后，关闭设计器。

(3) 通过“查询设计”创建一个查询，将“综合成绩单”加入其中，并单击“设计”选项卡“查询类型”组中“更新”按钮或者单击鼠标右键，选择快捷菜单上“查询类型”的“追加查询”命令，得到如图 4.71 所示的“更新查询”界面。注意里面出现了“更新到”一行。

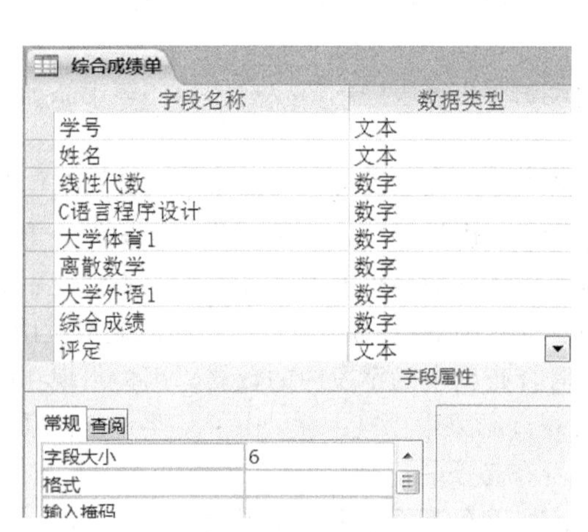

图 4.70　表设计器窗口

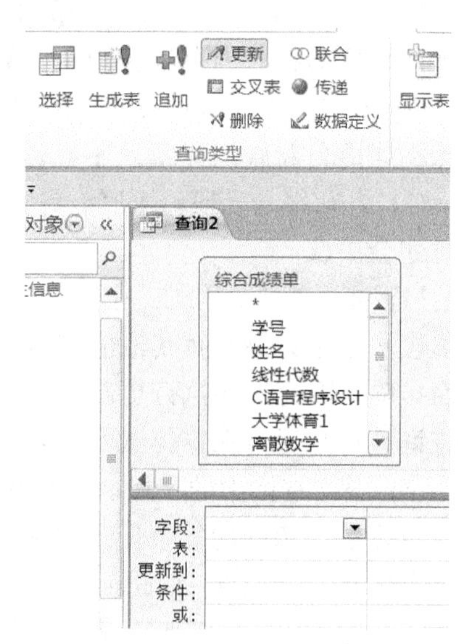

图 4.71　更新查询界面

(4) 将“评定”字段添加到设计网格的“字段”行内，并在“更新到”行内利用“表达式生成器”生成表达式，如图 4.72 所示。

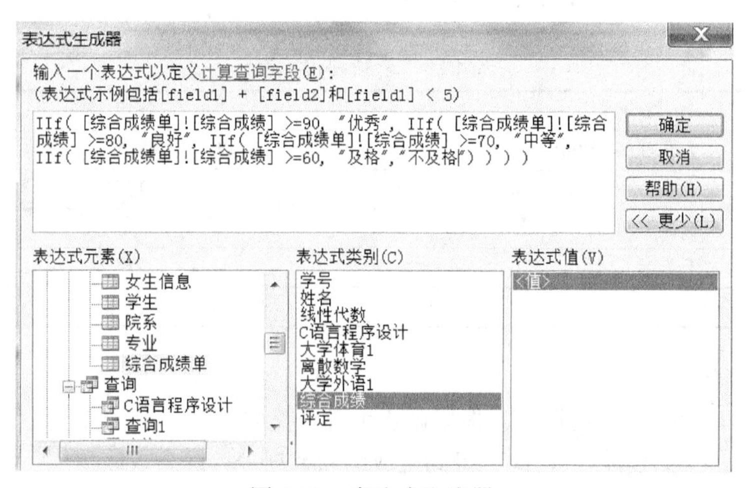

图 4.72　表达式生成器

(5) 关闭“表达式生成器”对话框，单击“运行”按钮，弹出如图 4.73 所示的对话框，单击“是”按钮，完成更新查询操作。

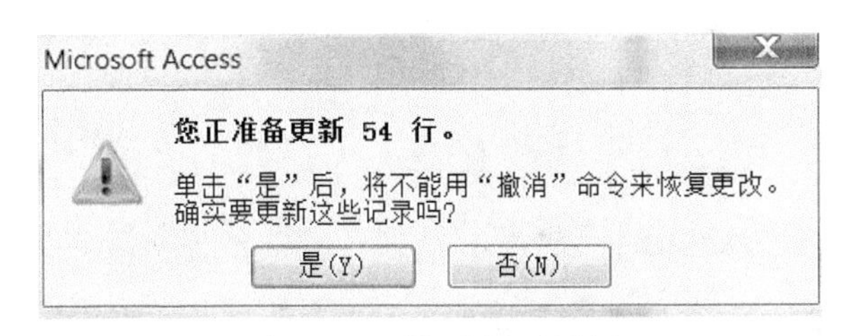

图 4.73 更新确认对话框

(6) 打开“综合成绩单”查看结果，如图 4.74 所示。

学号	姓名	线性代数	C语言程序设	大学体育1	离散数学	大学外语1	综合成绩	评定
41601016	刘肃然	89	93	78	93	91	90.8	优秀
41602005	刘成	56	65	91	66	75	67.2	及格
41602035	李胜青	98	66	63	97	85	84.27	良好
41603001	吴燕妮	75	91	55	70	55	72.6	中等
41603034	陈睿	89	91	93	85	77	86.33	良好
41604012	陈亚丽	90	64	94	77	90	79.87	中等
41604026	谢培茹	68	64	88	92	69	74.87	中等
41605023	陈威君	63	100	55	97	76	84	良好
41605048	张倩	98	63	90	95	78	83.33	良好
41606030	曹慧敏	56	63	61	94	64	69.93	及格
41606048	禹棋洺	66	95	57	61	64	71.4	中等
41607005	孙丽丽	68	63	89	66	98	73.53	中等

图 4.74 数据表更新结果

4.7.4 删除查询

删除查询就是利用查询功能来删除一组记录。删除后的数据无法恢复。

在数据库的使用过程当中，随着数据量的不断增加，必然会产生许多无用的数据。对于这些数据，应该及时从数据表中清除，以便提高数据库的效率。利用删除查询，可以批量地删除一组同类型的记录，极大提高数据库的管理效率。

【例 4.11】 将学生管理数据库中“女生信息”数据表里所有专业名称为“软件工程”的同学删除。

操作步骤如下：

(1) 打开学生管理数据库，创建一个查询，进入查询设计视图，将“女生信息”数据表加入其中，并单击“设计”选项卡“查询类型”组中“删除”按钮或者在工作区单击鼠标右键，在弹出的快捷菜单中选择“查询类型”中的“删除查询”命令，进入删除查询设计视图。

(2) 双击“专业名称”字段，将其添加到设计网格，在设计网络“删除”行自动写入“Where”，表示询问要删除什么，如图 4.75 所示。

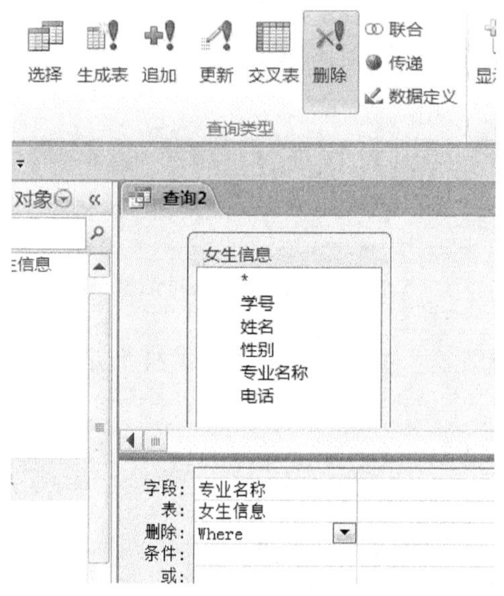

图 4.75　删除查询设计

(3) 在设计网格“条件”行“专业名称”对应的单元格中输入“软件工程”，如图 4.76 所示，之后单击运行查询命令，弹出如图 4.77 所示的删除确认界面。

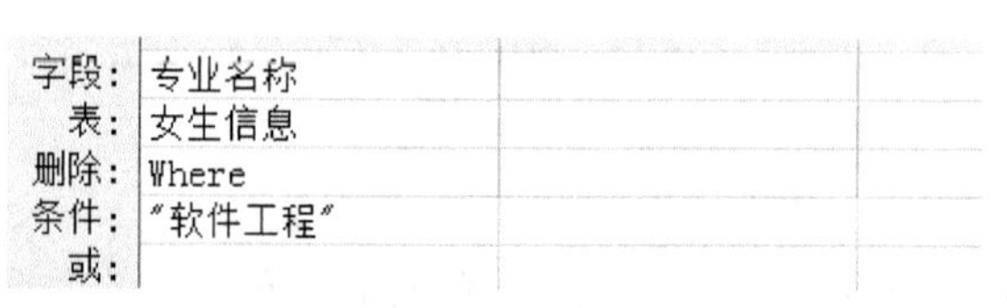

图 4.76　删除查询条件

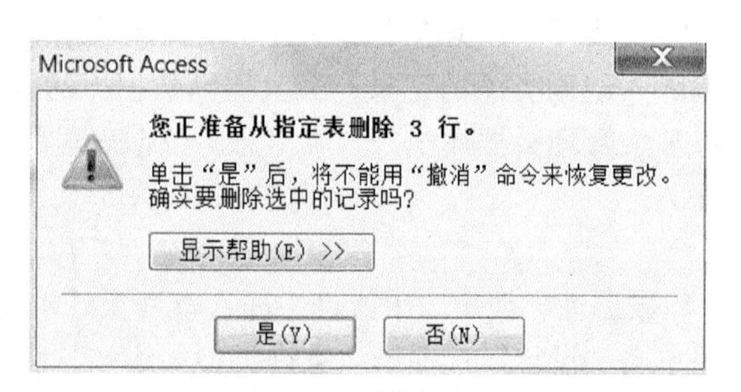

图 4.77　删除确认

(4) 在图 4.77 中单击“是”按钮，完成删除查询操作。

4.8　SQL 语句

4.8.1　SQL 简介

SQL 的全称是 structured query language，即结构化查询语言，是用于数据库中的标准数据查询语言。SQL 语言设计巧妙，语言简洁，利用它可以完成数据库软件生命周期内的所有操作。

SQL 由 IBM 公司最早使用在其开发的数据库系统中。1986 年 10 月，美国国家标准学会(ANSI)对 SQL 进行规范后，以此作为关系式数据库管理系统的标准语言(ANSI X3.135-1986)，1987 年该语言得到国际标准组织 ISO 的支持，成为国际标准。

SQL 语言是一门比较复杂的语言。各种通行的数据库系统在其实践过程中都对 SQL 规范作了某些编改和扩充，不同数据库系统之间的 SQL 不能完全相互通用。例如，本书介绍的就是 Microsoft Jet 数据库管理系统 DBMS。

SQL 语言对书写的大小写没有特殊限制，在 SQL 语句中，不论写的是“Select”、“SELECT”，还是“select”，意义都是一样的。

SQL 语句包含下面四类语句：

(1) 数据定义语言(data definition language，DDL)：包括 CREATE(创建)、DROP(丢弃)、ALTER(改变)、ADD(添加)等动词，可用于创建、修改和删除表。

(2) 数据操纵语言(data manipulation language，DML)：包括 INSERT(插入)，UPDATE(更新)和 DELETE(删除) 三个动词，它们用于对表中数据进行相应的操作。

(3) 数据查询语言(data query language，DDL)：用于从表中获得数据，确定数据怎样在应用程序给出。保留字 SELECT 是用得最多的动词，其他保留字有 WHERE(位置)、ORDER BY(排序)、GROUP BY(分组)和 HAVING(具备)。

(4) 数据控制语言(data control language，DCL)：用来控制用户对数据库的访问权限，由 GRANT(授权)、REVOKE(回收)命令组成。

SQL 语句的主要特点如下：

(1) SQL 是一种一体化语言，它包括了数据定义、数据查询、数据操纵和数据控制等方面的功能，可以完成数据库活动中的全部工作。

(2) SQL 是一种高度过程化语言，它只需要描述“做什么”，而不需要说明“怎么做”。

(3) SQL 是一种非常简单的语言，核心功能只有几个动词。SQL 所使用的语句很接近于自然语言，易于学习和掌握。

(4) SQL 是一种共享语言,它全面支持客户机/服务器模式,拥有国际标准支持。

4.8.2 Access SQL

SQL 是通用的结构化查询语句, Access 数据库是关系数据库的一种, 因此 SQL 适用于 Access 数据库。Access 数据库中创建的查询对象都可以通过 SQL 语句表达,即前面介绍的每个查询设计都有对应的 SQL 语句。在 Access 中查看 SQL 语句必须通过查询的 SQL 视图。在查询设计器窗口, 用户单击“设计”选项卡“结果”组中“视图”按钮, 或右击鼠标, 在弹出的快捷菜单中选择“SQL 视图”命令切换到 SQL 视图查看等价的 SQL 语句, 如图 4.78 所示。掌握这种切换, 将为学习 SQL 提供很好的帮助。另外, Access 自带的帮助文档也是学习 SQL 的好帮手。

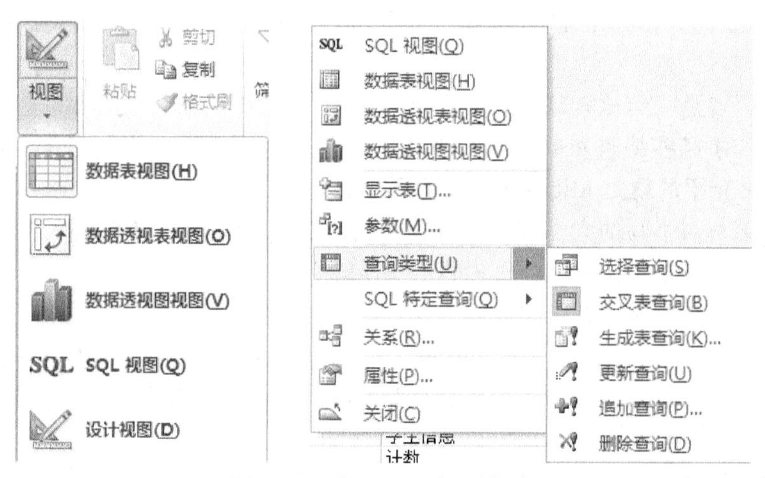

图 4.78　进入 SQL 视图方式

例如, 打开学生管理数据库, 进入查询“课程成绩”设计界面, 切换到 SQL 视图, 查看对应的 SQL 语句, 如图 4.79 所示。

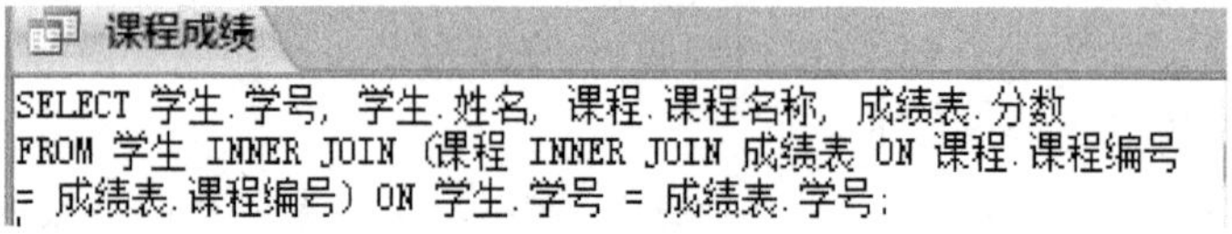

课程成绩

```
SELECT 学生.学号, 学生.姓名, 课程.课程名称, 成绩表.分数
FROM 学生 INNER JOIN (课程 INNER JOIN 成绩表 ON 课程.课程编号
= 成绩表.课程编号) ON 学生.学号 = 成绩表.学号;
```

图 4.79　SQL 语句示例

注意: 某些 SQL 查询称为 SQL 特定查询, 不能在设计网格中创建。SQL 特定查询包括传递查询、数据定义查询和联合查询三种, 必须直接在 SQL 视图中创建 SQL 语句, 这三种查询意义如下。

(1) 传递查询:SQL 特定查询,可以用于直接向 ODBC 数据库服务器发送命令。

通过使用传递查询，可以直接使用服务器上的表而不是由 Access 数据库引擎处理的数据。

(2) 数据定义查询：包含 DDL 语句的 SQL 特有查询。这些语句可用来创建或更改数据库中的对象。

(3) 联合查询：该查询使用 UNION 运算符来合并两个或更多选择查询的结果。

4.8.3　数据定义语句

可以通过在 SQL 视图中编写数据定义查询来创建和修改表、限制、索引和关系。本小节介绍数据定义查询，以及如何使用此类查询创建表、限制、索引和关系，还可以帮助决定何时使用数据定义查询。

与其他查询不同，数据定义查询不检索数据，而是使用数据定义语言创建、修改或删除数据库对象。

数据定义查询非常方便，只需运行几次查询即可定期删除和重新创建部分数据库架构。如果熟悉 SQL 语句并计划删除和重新创建特殊的表、限制、索引或关系，可以考虑使用数据定义查询。

特别提示：在运行数据定义查询之前，备份所有相关的表，防止造成数据的丢失或毁坏。

数据定义语言的关键字如表 4.19 所示。

表 4.19　DDL 关键字及用途

关键字	用途
CREATE	创建一个尚不存在的索引或表
ALTER	修改现有的表或列
DROP	删除现有的表、列或限制
ADD	向表中添加列或限制
COLUMN	与 ADD、ALTER 或 DROP 配合使用
CONSTRAINT	与 ADD、ALTER 或 DROP 配合使用
INDEX	与 CREATE 配合使用
TABLE	与 ALTER、CREATE 或 DROP 配合使用

1. *创建或修改表*

要创建表，可以使用 CREATE TABLE 命令。

CREATE TABLE 命令的语法如下：

CREATE TABLE table_name (field1 type [(size)] [NOT NULL] [index1] [, field2 type [(size)] [NOT NULL] [index2] [, ...][, CONSTRAINT constraint1 [, ...]]]

说明：

(1) CREATE TABLE 命令的必要元素只有 CREATE TABLE 命令本身和表名称，但通常需要定义表的某些字段或其他部分。

(2) table_name 表示待创建的表名称。

(3) field1 type [(size)] [NOT NULL] [index1] 依次表示字段名称、字段类型、大小、是否允许空值及索引。

【例 4.12】 利用 SQL 视图创建数据表，存储二手车信息，数据表的字段有名称、年份和价格。名称最多包含 30 个字符，年份最多包含 4 个字符，价格为货币类型。

操作步骤如下：

(1) 打开数据库，进入 SQL 查询视图。

(2) 键入 SQL 语句，如图 4.80 所示。

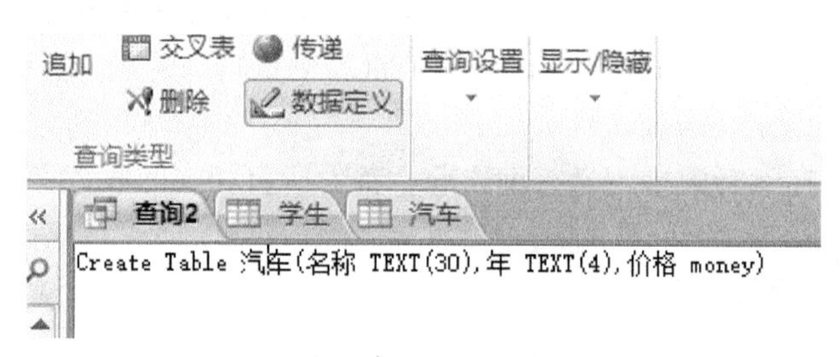

图 4.80　SQL 语句

注意：在 SQL 语句中，数据类型用英文表示，具体的类型表示参考表 4.20。

(3) 在“设计”选项卡上的“结果”组中单击“运行”按钮，就在数据库中创建了数据表“汽车”。

2. 修改表

修改表使用 ALTER TABLE 命令。使用 ALTER TABLE 命令可添加、修改或删除列或限制。

ALTER TABLE 命令的语法如下：

ALTER TABLE table_name predicate

其中，predicate 可以是下列操作之一：

ADD COLUMN field type[(size)] [NOT NULL] [CONSTRAINT constraint] //在数据表中增加一个字段

ADD CONSTRAINT multifield_constraint //在数据表中添加约束条件

ALTER COLUMN field type[(size)] //改表表中某个字段的类型或长度

DROP COLUMN field//删除表中字段

DROP CONSTRAINT constraint//删除约束条件

表 4.20 Access SQL 常用数据类型

数据类型	存储大小	说明
Binary	每个字符占 1 个字节	任何类型的数据都可存储在这种类型的字段中,不需数据转换(如转换到文本数据)。数据输入二进制字段的方式决定了它的输出方式
Bit	1 个字节	Yes 和 No，以及只包含这两个数值之一的字段
Tinyint	1 个字节	0～255 内的整型数
Money	8 个字节	–922337203685477.5808～922337203685477.5807 内的符号整数
Datetime	8 个字节	100～9999 年的日期或时间数值
Uniqueidentifier	128 个位	用于远程过程调用的唯一识别数字
Real	4 个字节	单精度浮点数，负数(-3.402823×10^{38}～-1.401298×10^{-45})、正数(1.401298×10^{-45}～3.402823×10^{38})和 0
Float	8 个字节	双精度浮点数，负数($-1.79769313486232\times10^{308}$～$-4.94065645841247\times10^{-324}$)、正数($4.94065645841247\times10^{-324}$～$1.79769313486232\times10^{308}$)和 0
Smallint	2 个字节	–32768～32767 内的短整型数
Integer	4 个字节	–2147483648～2147483647 内的长整型数
Decimal	17 个字节	保存$-10^{28}-1$～$10^{28}-1$ 内的数。可以定义精度(1～28)和符号(0～定义精度)，缺省精度和符号分别是 18 和 0
Text	每一字符两字节	也称作 MEMO(备注)，最大支持 214 千兆字节
Image	视实际需要而定	用于 OLE 对象
Character	每一字符两字节	长度从 0 到 255 个字符

【例 4.13】 在“汽车”数据表中添加字段“状况”，最多存储 10 个字符，用来表示每辆车的状况信息。

操作步骤如下：

(1) 打开数据库，在“创建”选项卡上的“查询”组中单击“查询设计”，关闭“显示表”对话框。

(2) 在“设计”选项卡上的“查询类型”组中单击“数据定义”按钮，进入 SQL 视图。

(3) 键入以下 SQL 语句：

ALTER table 汽车 add column 状况 TEXT(10)

(4) 在“设计”选项卡上的“结果”组中单击“运行”按钮，完成操作。

3. 创建索引

要对现有表创建索引，可以使用 CREATE INDEX 命令。

CREATE INDEX 命令的语法如下：

CREATE [UNIQUE] INDEX index_name ON table (field1 [DESC][, field2 [DESC], ...]) [WITH {PRIMARY | DISALLOW NULL | IGNORE NULL}]

说明：

(1) 必需的元素有 CREATE INDEX、索引的名称、ON 参数、包含要编入索引的字段的表名称，以及要包含在索引中的字段列表。

(2) 索引顺序中，DESC 表示按降序排列，ASC 表示按升序排列。默认情况下，索引按升序创建。

(3) WITH DISALLOW NULL 要求对索引的字段输入值，即不允许为空值。

【例 4.14】 在“汽车”数据表中添加索引，对“名称”建立主索引。

操作步骤如下：

(1) 打开数据库，进入 SQL 视图。

(2) 键入以下 SQL 语句：

create index 名称 on 汽车(名称) with primary

(3) 在“设计”选项卡上的“结果”组中单击“运行”按钮，即可在数据表“汽车”中添加主索引“名称”，索引的名称可以和数据表中的字段一样。

数据定义语句中的其他关键字的用法可以参考 Access 文档帮助。

【例 4.15】 在学生管理数据库中，创建一个“教材”数据表，包含字段：教材编号(文本型，长度为 10、主键)，教材名称(文本类型，长度为 20，不允许为空)，出版日期(时间类型)，主编(文本型，长度为 20)，出版单位(文本型，长度为 30)、价格(货币类型)及字数(整型)。

操作步骤如下：

(1) 打开学生管理数据库，进入 SQL 视图。

(2) 输入 SQL 语句，如图 4.81 所示。

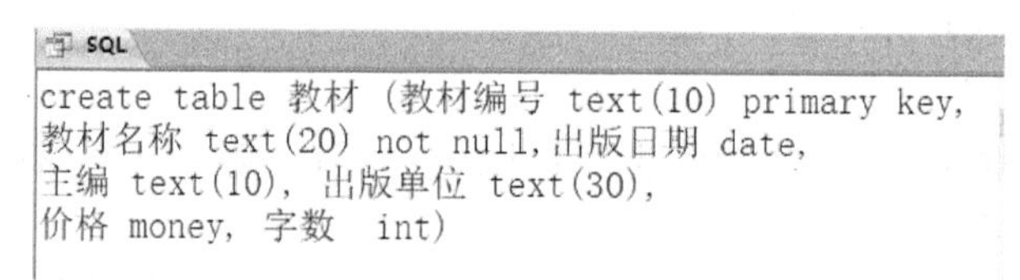

```
create table 教材 (教材编号 text(10) primary key,
教材名称 text(20) not null,出版日期 date,
主编 text(10), 出版单位 text(30),
价格 money, 字数  int)
```

图 4.81　SQL 语句

(3) 运行查询，生成新的数据表，打开数据表查看表结构，如图 4.82 所示。

字段名称	数据类型
教材编号	文本
教材名称	文本
出版日期	日期/时间
主编	文本
出版单位	文本
价格	货币
字数	数字

图 4.82　“教材”表结构

4.8.4 数据操纵语句

数据操纵语句包括了数据库数据表记录的增加、删除、修改和查询等操作。

1. 插入记录

insert 命令用来向数据表中插入一条记录，语句格式如下：

insert intotable_name (field1， field2， …) values (value1， value2， …);

【例 4.16】 在“教材”表中增加一条记录，数据为("78-123-45","数据结构",#2015-8-4#,"严蔚敏","清华大学出版社",35,493000)。

操作步骤如下：

(1) 打开学生管理数据库，进入 SQL 查询视图。

(2) 输入以下 SQL 语句：

```
insert into 教材 (教材编号, 教材名称, 出版日期,主编,出版单位,价格,字数)
  values("78-123-45","数据结构",#2015-8-4#,"严蔚敏","清华大学出版社",35,493000);
```

(3) 运行查询，确认追加操作，即可在“教材”数据表中插入一条新的记录。

2. 更新记录

update 语句用于实现数据更新。语句基本格式如下：

```
update        表名
    set  字段名 1 = 表达式 1
         字段名 2 = 表达式 2
         ……
    where 条件 ；
```

where 子句用来指定被更新记录字段值所要满足的条件；如果不用 where 子句，则更新全部记录。

【例 4.17】 将“教材”表中“数据结构”的出版日期更正为“2017-6-1”。

操作步骤如下：

(1) 打开学生管理数据库，进入 SQL 查询视图。

(2) 输入如下语句：

```
update 教材
set 出版日期 = #2017-6-1#
where 教材名称="数据结构";
```

(3) 运行查询，进行确认，数据库中所有教材名称为“数据结构”的记录的出版日期将更正为#2017-6-1#。

3. 删除记录

delete 语句能够对满足条件的记录进行删除操作。其语句的基本格式如下：

delete from 表名
　　where 条件;

其中，from 子句指定从哪个表中删除数据，where 字句指定被删除的记录所满足的条件。如果不使用 where 子句，则删除表中的全部记录。

【例 4.18】 将“教材”表所有名称为“数据结构”的记录删除。

操作步骤如下：

(1) 打开学生管理数据库，进入 SQL 查询视图。

(2) 输入如下命令：

```
delete from 教材
where 教材名称 = "数据结构";
```

(3) 运行查询，进行确认，即可删除数据库中记录。

4.8.5 数据查询语句

selete 语句是 SQL 语言最常用的语句，它能够完成数据筛选、投影和连接等关系操作，并能够实现筛选字段重命名、多数据源数据组合、分类汇总和排序等具体操作。

select 语句的一般格式如下：

select all/distinct/distinctrow/top 字段 1 as 别名 1，字段 2 as 别名 2，…
　　from　　表 1，表 2，…
　　inner/left/right/full join 表[in 外部数据库]或查询on条件表达式
　　where　　条件表达式
　　group by　　字段名
　　having　　条件表达式
　　order by　　字段名ASC/DESC
　　with owneraccess option
　　into 新表 [in 外部数据库];

下面对 select 语句进行解释。

(1) select 语句从指定的表中创建一个在指定范围内、满足条件、按某字段分组、具备某种条件、按某字段排序以及拥有与查询所有者相同权限的指定字段组成的新记录集。如果有 into 子句，则表示将选出的记录集插入新表之中。

(2) all/distinct/distinctrow/top 等称为“谓词”，用法如表 4.21 所示。

(3) from 子句说明要检索的数据来自哪个或哪些表，可以对单个或多个表进行检索。

(4) inner join 组合两个表中的记录，只要在公共字段之中有相符的值。

(5) left join 运算创建左边外部连接。左边外部连接将包含了从第一个(左边)开始的两个表中的全部记录，即使在第二个(右边)表中并没有相符值的记录。

表 4.21　谓词的用法示例

部分谓词	说明
all	默认值，选取满足 SQL 语句的所有记录。下列两示例是等价的，都返回雇员表所有记录： select all　　　　　　　　　　select from Employees　　　　=　　　from Employees order by EmployeeID;　　　　　order by EmployeeID;
distinct	省略选择字段中包含重复数据的记录。 为了让查询结果包含它们，必须使 select 语句中列举的每个字段值是唯一的。例如，雇员表可能有一些同姓的雇员。如果有两个记录的姓氏字段皆包含 Smith，则下列 SQL 语句只返回包含 Smith 的记录： select distinct LastName from Employees; 如果省略 distinct，则查询将返回两个包含 Smith 的记录。如果 select 子句包含多个字段，则对已给记录，所有字段值的组合必须是唯一的，而且结果中将包含这一组合
distinctrow	省略基于整个重复记录的数据，而不只是基于重复字段的数据。 例如，可在客户 ID 字段上创建一个连接客户表及订单表的查询。客户表并未复制一份 CustomerID 字段，但是订单表必须如此做，因为每一客户能有许多订单。下列 SQL 语句显示如何使用 distinctrow 生成公司的列表，且该列表至少包含一个订单，但不包含有关那些订单的任何详细数据： select distinctrow CompanyName from Customers inner join Orders on Customers.CustomerID = Orders.CustomerID order by CompanyName; 如果省略 distinctrow，则查询将对每一公司生成多重行，且该公司包含多个订单。仅当从查询中的一部分表但不是全部表中选择字段时，distinctrow 才会有效。如果查询只包含一个表，或者从所有的表中输出字段，则可省略 distinctrow
top n [percent]	返回特定数目的记录，且这些记录将落在由 order by 子句指定的前面或后面的范围中。假设需要 1994 年毕业的班级里的平均分排名前 25 的学生的名字，SQL 语句如下： select top 25 FirstName, LastName from Students where GraduationYear = 1994 order by GradePointAverage DESC; 如果没有包含 order by 子句，则查询将由学生表返回 25 个记录的任意集合，且该表满足 where 子句。 top 谓词不在相同值间作选择。在前一示例中，如果第 25 名学生及第 26 名学生的最高平均分数相同，则查询将返回 26 个记录。 也可用 percent 保留字返回特定记录的百分比，且这些记录将落在由 order by 子句指定的前面或后面范围中。假设用班级平均分排名前 10%的学生代替排在最前面的 25 个学生，语句如下： select top 10 percent FirstName, LastName from Students where GraduationYear = 1994 order by GradePointAverage ASC; ASC 谓词指定返回后面的值。遵循 top 的值一定是无符号整数

(6) right join 运算创建右边外部连接。右边外部连接将包含了从第二个(右边)开始的两个表中的全部记录，即使在第一个(左边)表中并没有匹配值的记录。

(7) where 子句说明检索条件，条件表达式可以是关系表达式，也可以是逻辑表达式。

(8) group by 子句用于对检索结果进行分组，可以利用它进行分组汇总。

(9) having 必须和 group by 一起使用，它用来限定分组必须满足的条件。

(10) order by 子句用来对检索结果进行排序，如果排序时选择 ASC，表示检索结果按某一字段值升序排列；如果选择 DESC，表示检索结果按某一字段值降序排列。

(11) with owneraccess option 子句可选，使用该声明和查询，给以运行该查询的用户与查询所有者相同的权限。

下面举一些例子。

【例 4.19】 在学生管理数据库中统计各院系的女学生数。

学生管理数据库中，同时取得学生的性别及院系名称信息需要三张表“学生”、“专业”和“院系”，因此对应的 SQL 语句如下：

SELECT 院系.院系名称, Count(学生.性别) AS 性别之计数

FROM (院系 INNER JOIN 专业 ON 院系.院系编号 = 专业.院系编号) INNER JOIN 学生 ON 专业.专业编号 = 学生.专业编号

WRERE 性别="女"

GROUP BY 院系.院系名称

【例 4.20】 在学生管理数据库中查询学生的学号、姓名和总分，并以降序排列。

学生管理数据库中，需要查询的内容包含在“学生”和“成绩表”中，总分是对学生各门课程成绩之和，因此需要对学生按照学号进行分组，然后进行汇总计算。

对应的 SQL 语句如下：

SELECT 学生.学号, 学生.姓名, Sum(成绩表.分数) AS 总分

FROM 学生 INNER JOIN 成绩表 ON 学生.学号 = 成绩表.学号

GROUP BY 学生.学号, 学生.姓名

ORDER BY Sum(成绩表.分数) DESC;

【例 4.21】 在学生管理数据库中，统计有两门及两门以上不及格的课程的同学信息，包括学号、姓名、不及格课程数和院系。

学生管理数据库中，需要“学生”、“成绩表”、“专业”和“院系”四张数据表才能表示上述问题。

SQL 语句如下：

SELECT 学生.学号, 学生.姓名, Count(学生.姓名) AS 不及格课程数, 院系.院系名称

```
FROM (院系  INNER JOIN  专业  ON  院系.院系编号  =  专业.院系编号)
INNER JOIN (学生  INNER JOIN  成绩表  ON  学生.学号  =  成绩表.学号)
ON  专业.专业编号  =  学生.专业编号
WHERE (((成绩表.[分数])<60))
GROUP BY  学生.学号, 学生.姓名, 院系.院系名称
HAVING    COUNT(成绩表.[分数])>=2;
```

第5章　窗　　体

窗体是 Access 应用程序和用户之间最主要的输入输出接口，是 Access 的用户界面。窗体是一种灵活性很强的数据库对象，其数据来源于表和查询，通过使用灵活多样的控件，构成用户与 Access 数据库交互的界面。通常情况下，如果用户直接访问表或查询，容易误删除或误更改表中的数据。由于窗体中包含 VBA 代码或宏，可通过合理的设计，使用户可以在实际输入数据或删除对象前，弹出提示对话框来帮助用户。

窗体不仅可以显示、输入和编辑数据，还可以将整个应用程序和各种对象组织起来，可视化地控制工作流程，从而形成一个完整的应用系统。例如，通过创建数据输入窗体，可以向表中输入数据；创建对话框窗体，可用来控制数据的输出、显示或执行某项操作；创建导航窗体，可以整合并显示数据库中的多个窗体或报表。

5.1　窗 体 概 述

窗体是 Access 数据库的重要组成部分。不熟悉 Access 的普通用户，通常难以直接利用表和查询对象对数据库进行管理，而窗体的外观和 Windows 窗口几乎相同，可使用户方便查看和访问数据库，也可方便地进行信息输入和运算等。

与数据表不同的是，窗体本身不存储数据，窗体展示的数据都来源于表或查询。因此在创建窗体时，通常需要为窗体添加数据源。

5.1.1　窗体的功能

1) 操作数据

用户通过窗体可对数据表或查询中的数据进行显示、浏览、输入、删除、修改和打印等操作，这是窗体的主要功能。还可以通过窗体设置数据的属性和显示效果。

2) 显示信息

在窗体中用数值或图表形式显示信息。

3) 控制程序流程

可在窗体中设置命令按钮，运行用户指定的功能，还可以结合函数、宏和过程等对象完成特定的功能。

4) 交互信息

通过自定义对话框与用户进行交互，如提示、警告或需要用户回答等信息。

5.1.2　窗体的类型

Access 2010 的窗体有多种类型。按数据的显示方式，可以将窗体分为纵栏式窗体、多个项目窗体、数据表窗体、分割窗体、主/子窗体、图表窗体、弹出式窗体等多种。此外，导航窗体是一类非数据窗体，可用于流程控制。

1) 纵栏式窗体

纵栏式窗体也称为单页窗体，在窗体中每页只显示表或查询中的一条记录。记录中的字段纵向排列于窗体之中，每一栏左侧显示字段名，右侧显示字段值，如图 5.1 所示，通过窗体底部的记录导航按钮，可以查看其他数据记录。纵栏式窗体通常用于浏览和输入数据。

图 5.1　纵栏式窗体

窗体底部有六个导航按钮，其含义分别如图 5.2 所示。这些按钮能让用户在浏览时简单快速地选择或新建记录。

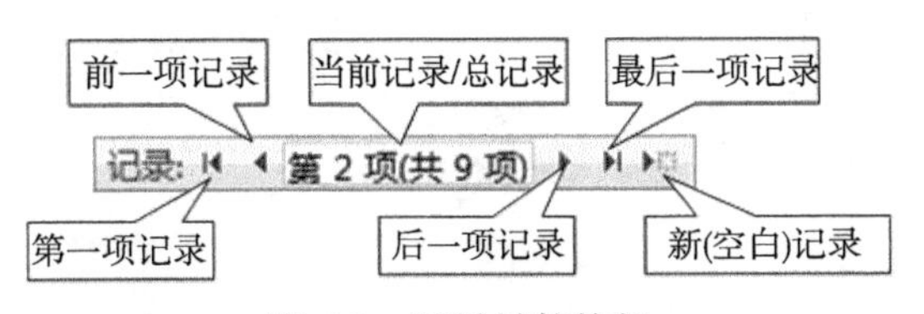

图 5.2　记录导航按钮

2) 多个项目窗体

类似于表对象的显示方式，所有记录都显示在窗体上，每一行显示一条记录，如图 5.3 所示。

教师

教师编号	课程编号	姓名	性别	电话	E_mail	院系编号
10001	1000001	杜卓	女	139****5678	139****5678qq.com	20
10002	1000002	贺晴	女	139****5679	139****5679qq.com	20
10003	1000003	张一帆	女	139****5680	139****5680qq.com	20
10004	1000004	贾凤仪	女	139****5681	139****5681qq.com	20
10005	1000005	曹慧敏	女	139****5682	139****5682qq.com	20
10006	1000006	杨佳欢	女	139****5683	139****5683qq.com	20
10007	1000007	耿梦巍	女	139****5684	139****5684qq.com	20

记录: 第 9 项(共 20 项　无筛选器　搜索

图 5.3　多个项目窗体

3) 数据表窗体

数据表窗体实际上就是把表放到窗体视图中显示，如图 5.4 所示。数据表窗体最节省空间，可以同时显示多条记录，当需要浏览或打印大量记录时可使用该窗体。

教师

教师编号	课程编号	姓名	性别	电话	E_mail	院系编号
10001	1000001	杜卓	女	139****5678	139****5678qc	20
10002	1000002	贺晴	女	139****5679	139****5679qc	20
10003	1000003	张一帆	女	139****5680	139****5680qc	20
10004	1000004	贾凤仪	女	139****5681	139****5681qc	20
10005	1000005	曹慧敏	女	139****5682	139****5682qc	20
10006	1000006	杨佳欢	女	139****5683	139****5683qc	20
10007	1000007	耿梦巍	女	139****5684	139****5684qc	20
10008	1000008	周文芳	女	139****5685	139****5685qc	20
10009	1000009	吴将斌	男	139****5686	139****5686qc	20
10010	1000010	谭杰明	男	139****5687	139****5687qc	20
10011	1000011	郭璐	男	139****5688	139****5688qc	20
10012	1000012	王文涛	男	139****5689	139****5689qc	20
10013	1000013	王若楠	女	139****5690	139****5690qc	20
10014	1000014	陈思	女	139****5691	139****5691qc	20
10015	1000015	陈昱融	女	139****5692	139****5692qc	20
10016	1000016	王淡宁	女	139****5693	139****5693qc	20
10017	1000017	秦可楠	女	139****5694	139****5694qc	20
10018	1000018	苏天伟	男	139****5695	139****5695qc	20
10019	1000019	徐贤达	男	139****5696	139****5696qc	20
10020	1000020	李文浩	男	139****5697	139****5697qc	20

记录: 第 1 项(共 20 项　无筛选器　搜索

图 5.4　数据表窗体

4) 分割窗体

分割窗体可以在窗体中同时提供窗体视图和数据表视图两种视图。上半部分是窗体视图，下半部分是数据表视图，且二者记录保持相互同步。如果在窗体的一部分中选择了一个字段，则在窗体的另一部分中会自动选择相同的字段，如图 5.5 所示。

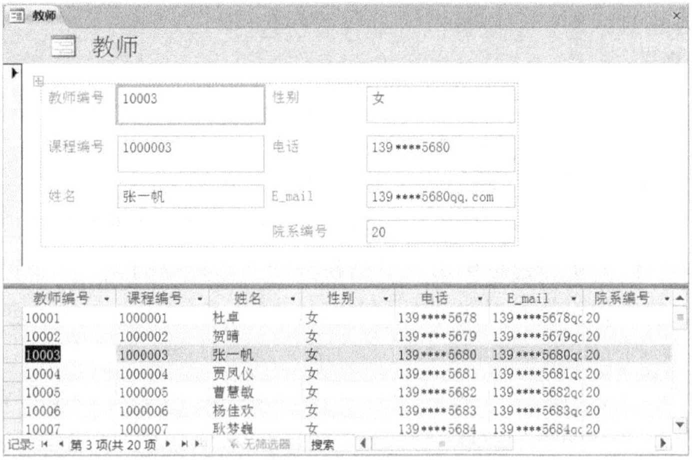

图 5.5　分割窗体

5) 主/子窗体

如果一个窗体包含于另一个窗体中，则这个窗体称为子窗体，包含子窗体的窗体称为主窗体。主/子窗体通常用于显示多个表或查询中的数据，这些表或查询中的数据应具有一对多的关系。其中“一”方数据显示在主窗体中，一般采用纵栏式窗体；“多”方数据显示在子窗体中，通常采用数据表式或表格式窗体。主/子窗体中的数据源通过关联字段建立连接，当主窗体中的记录改变时，子窗体的相关记录也随之改变。

6) 图表窗体

图表窗体是以图表的方式显示数据，可清晰地展示数据的变化状态及发展趋势。图表窗体可以单独使用，也可以作为子窗体嵌入其他窗体中。

7) 弹出式窗体

弹出式窗体用于显示信息或提示用户输入数据，分为独占式和非独占式两种。独占式窗体打开后，不允许用户对数据库的其他对象进行操作；非独占式窗体弹出后，用户仍然可以访问其他数据库对象和使用菜单命令。

5.1.3　窗体的视图

Access 2010 为窗体提供了六种视图来显示和查看数据源，分别是设计视图、窗体视图、布局视图、数据表视图、数据透视表视图和数据透视图视图，如图 5.6 所示。

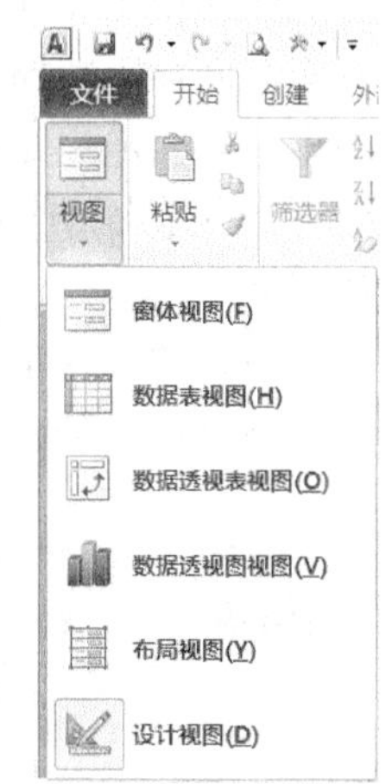

图 5.6　窗体的六种视图

1) 设计视图

在设计视图中，用户可以根据需要创建和修改窗体，窗体设计完成后，可切换到“窗体视图”查看运行效果。

2) 窗体视图

窗体视图是窗体运行时的显示方式。在窗体视图中，可以浏览数据库中的数据，也可以添加、删除、修改和统计数据库中的数据。

3) 布局视图

布局视图是 Access 2010 新增的一种视图，允许用户在查看数据的同时更改窗体的设计。可以根据实际数据内容，重新排列和调整控件的大小；也可以向窗体添加新的控件，并设置窗体及其控件的属性。

4) 数据表视图

数据表视图以表格的形式显示数据，与从表对象中查看表的外观基本相同，可以对表中的数据进行编辑和修改。

5) 数据透视表视图

数据透视表视图主要用于数据的分析和统计，通过建立一个交叉列表的交互式表格，实现字段的各种统计计算。

6) 数据透视图视图

数据透视图视图是将数据的分析和汇总结果以图表的形式显示出来，比数据透视表更直观。需要注意的是，不是所有窗体都同时具有以上六种视图。

5.2 创 建 窗 体

在 Access 中，创建窗体的方法主要有三种：自动创建窗体、使用窗体向导创建窗体和使用设计视图创建窗体。自动创建窗体和使用“窗体向导”创建窗体时，可根据向导步骤提示快速创建出窗体，但创建细节不能由用户完全掌控，创建的类型也只有固定的几种；而使用设计视图创建窗体时，用户可以完全控制所需创建的内容，自定义每个控件的属性。本节主要介绍自动创建窗体和使用“窗体向导”创建窗体。

窗体的创建是通过“创建”选项卡中的“窗体”组完成的，如图 5.7 所示。

注意：在创建窗体之前，要有已建立好的表或查询作为窗体的数据来源。

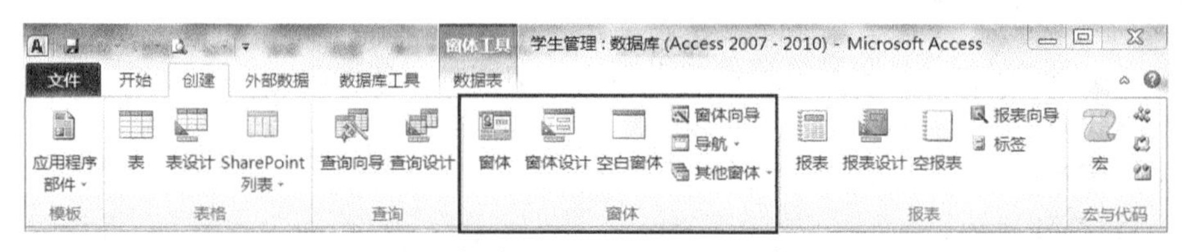

图 5.7　“创建”选项卡中的“窗体”组

5.2.1　自动创建窗体

在选中“导航”窗格中的某个表或查询的情况下单击“窗体”按钮，Access 会自动创建一个以该数据为源的纵栏式窗体，并在布局视图中打开该窗体。

【例 5.1】　使用“窗体”命令自动创建一个纵栏式窗体，查看“学生”表内容。

操作步骤如下：

(1) 打开“学生管理”数据库，在导航窗格中选中“学生”表。

(2) 在“创建”选项卡中单击“窗体”组的“窗体”按钮，如图 5.8 所示。

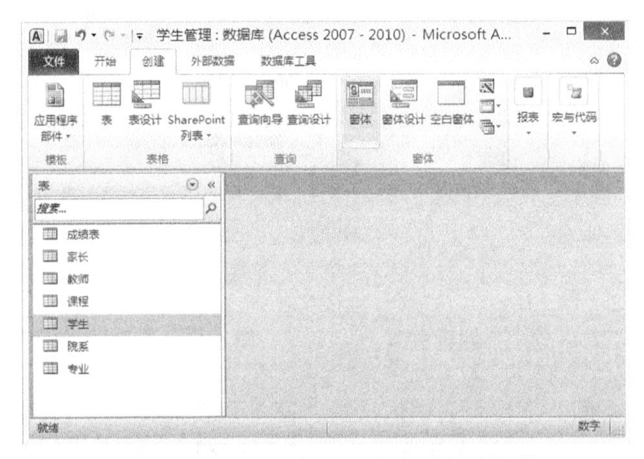

图 5.8　使用“窗体”命令自动创建窗体

(3) 自动创建的纵栏式窗体如图 5.9 所示。

图 5.9　使用“窗体”命令自动创建的纵栏式窗体

5.2.2　使用“窗体向导”创建窗体

与自动创建窗体不同，使用“窗体向导”创建窗体时，除了可以选择数据源，还可以选择需要显示在窗体上的字段和窗体的布局。窗体布局除了纵栏式，还可以指定为表格式和数据表式。

【例 5.2】 使用“窗体向导”命令创建一个纵栏式窗体，查看“家长”表的内容。

操作步骤如下：

(1) 打开“学生管理”数据库，单击“创建”选项卡，单击“窗体”组的“窗体向导”命令，如图 5.10 所示，弹出“窗体向导”对话框，如图 5.11 所示。

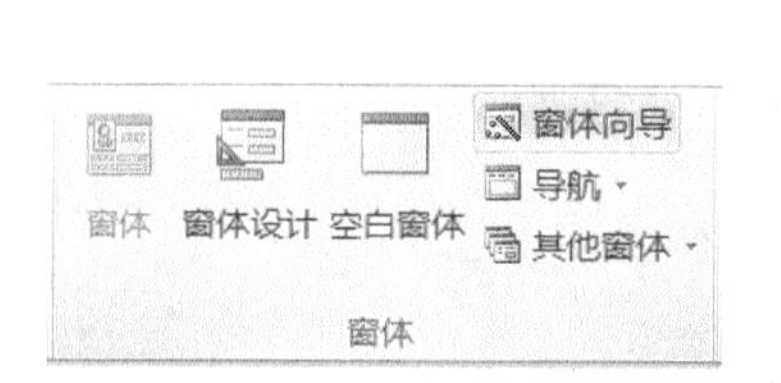

图 5.10　使用“窗体向导”创建窗体

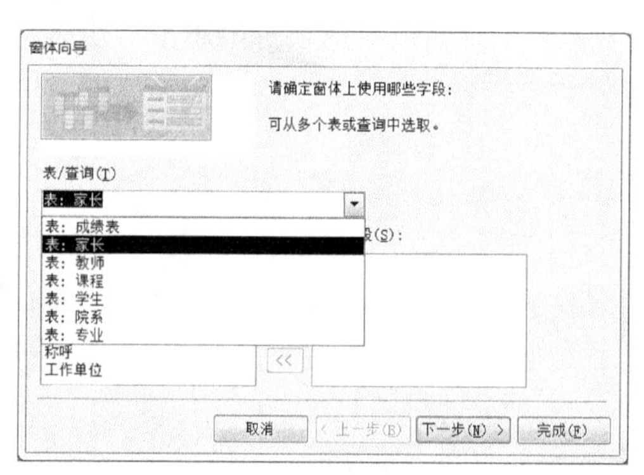

图 5.11　窗体向导(选取数据源)

(2) 在“表/查询”下拉列表框内选择“家长”表，在“可用字段”窗口中选中需要的字段，通过 > 按钮依次放到右边的“选定字段”框内，如图 5.12 所示。如需选定全部字段，直接单击 >> 按钮即可。若要删除已选定字段，则使用 < 或 << 按钮。单击“下一步”按钮，弹出窗体布局对话框，如图 5.13 所示，选择“纵栏表”，单击“下一步”按钮。

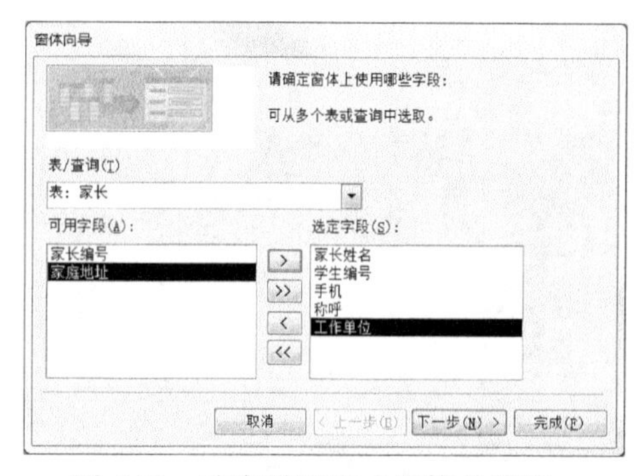

图 5.12　选定需要组成窗体的字段

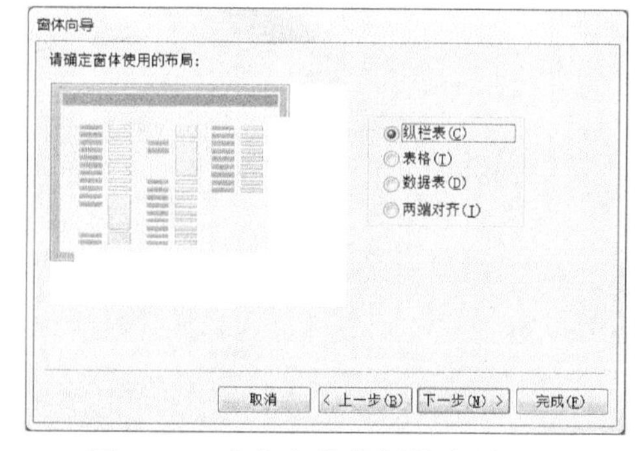

图 5.13　确定窗体使用的布局

(3) 在弹出的如图 5.14 所示的对话框中指定窗体标题，并确定是打开窗体还是继续修改窗体设计。单击“完成”按钮，系统自动打开窗体，如图 5.15 所示。

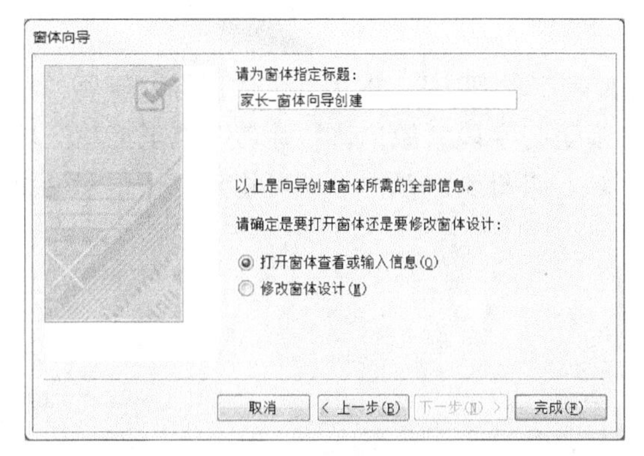

图 5.14　为窗体指定标题

图 5.15　使用“窗体向导”命令创建的纵栏式窗体效果

5.2.3　创建数据透视表窗体

数据透视表是一种交互式表格，通过指定行字段、列字段和总计字段来形成一个交叉列表，既可以通过行和列对数据进行汇总(如求和、计数、求平均值)等，也可以根据需要显示数据的明细。

【例 5.3】　在“学生管理”数据库中创建数据透视表窗体，将不同民族的学生按政治面貌统计人数，并筛选出女生的统计结果。

操作步骤如下：

(1) 打开“学生管理”数据库，在左侧导航窗格中选中“学生”表。

(2) 单击“创建”选项卡“窗体”组的“其他窗体”按钮，在下拉列表中选择“数据透视表”命令，如图 5.16 所示，同时弹出“数据透视表字段列表”

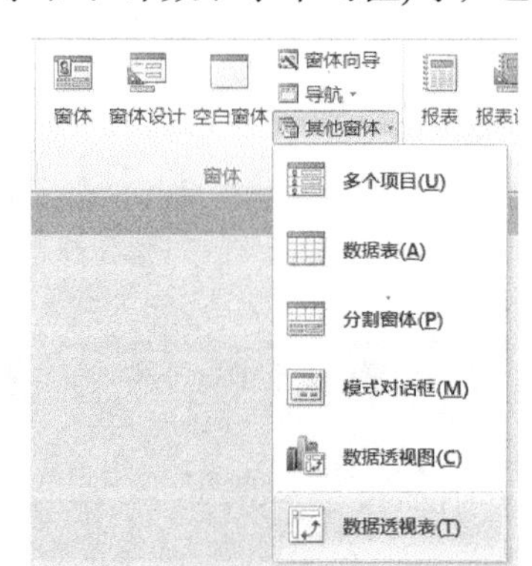

图 5.16　“数据透视表”命令

对话框。

(3) 在“数据透视表字段列表” 框中，按住鼠标左键将“民族”拖至列字段区域，将“政治面貌”拖至行字段区域，将“姓名”拖至汇总区域，将“性别”拖至左上角的筛选字段区域，如图 5.17 所示，即可得到一个显示明细数据的交叉表，如图 5.18 所示。

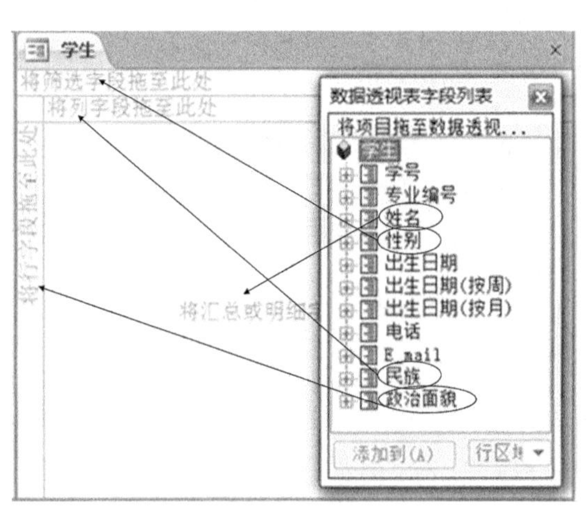

图 5.17　拖动字段到指定区域

图 5.18　数据透视表(显示明细数据)

(4) 关闭“字段列表”对话框(若要重新打开，则单击“数据透视表工具”/“设计”选项卡的“字段列表”按钮，如图 5.19 所示)，在汇总区域的“姓名”字段上

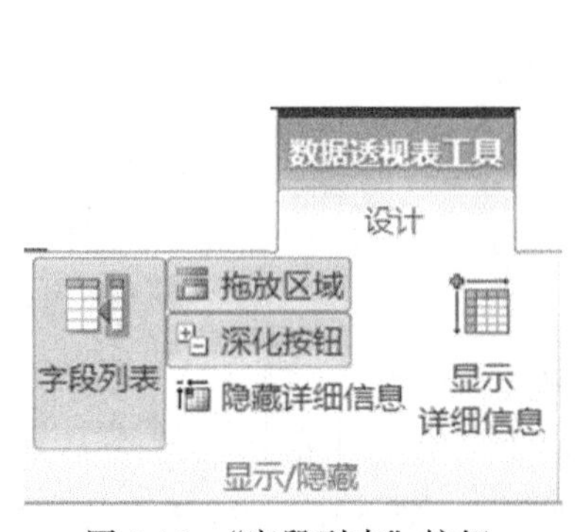

图 5.19　“字段列表”按钮

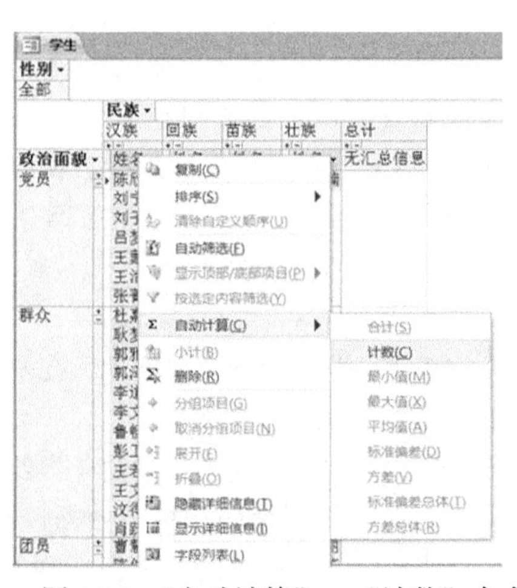

图 5.20　“自动计算”→“计数”命令

单击右键，在弹出的快捷菜单中选择“自动计算”→“计数”命令，如图 5.20 所示，则明细数据和汇总结果同时出现在表中。

(5) 若要隐藏明细数据，则可在“姓名”字段上单击右键，在弹出的快捷菜单中选择“隐藏详细信息”命令，如图 5.21 所示，得到的最终结果如图 5.22 所示。

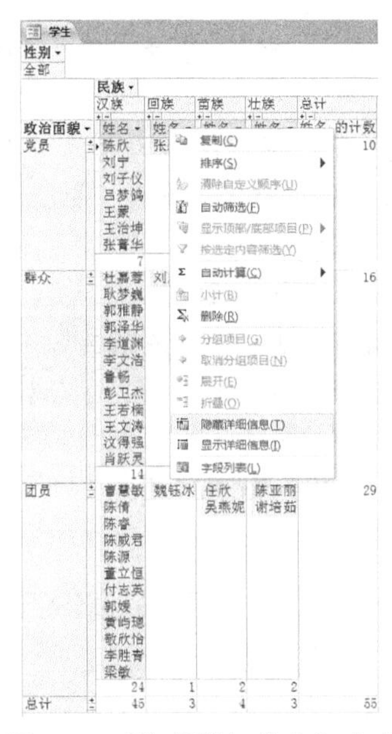

图 5.21　“隐藏详细信息”命令

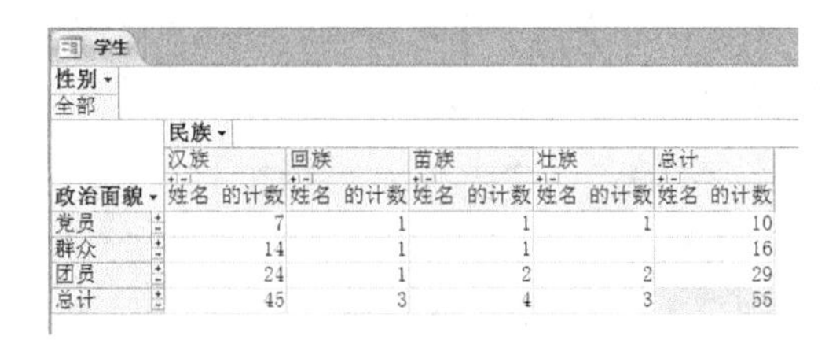

学生

性别：全部

政治面貌	汉族 姓名 的计数	回族 姓名 的计数	苗族 姓名 的计数	壮族 姓名 的计数	总计 姓名 的计数
党员	7	1	1	1	10
群众	14	1	1		16
团员	24	1	2	2	29
总计	45	3	4	3	55

图 5.22　数据透视表(仅显示汇总数据)

(6) 单击左上角“性别”字段右侧的下拉三角形，如图 5.23 所示，选择“女”，筛选出女生的汇总结果，如图 5.24 所示。

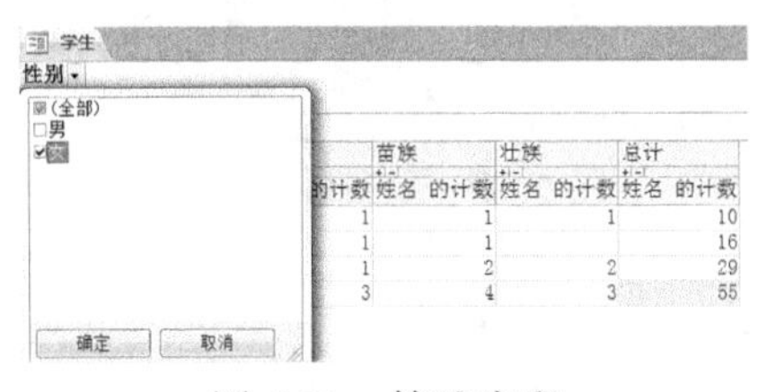

图 5.23　筛选字段

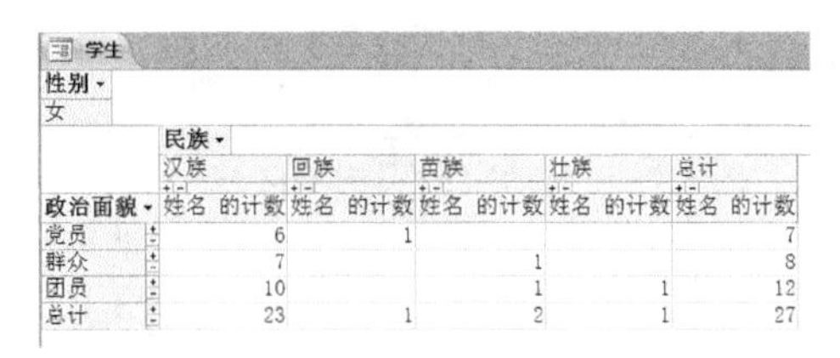

学生

性别：女

政治面貌	汉族 姓名 的计数	回族 姓名 的计数	苗族 姓名 的计数	壮族 姓名 的计数	总计 姓名 的计数
党员	6	1			7
群众	7		1		8
团员	10		1	1	12
总计	23	1	2	1	27

图 5.24　数据透视表(筛选结果)

数据透视表的内容可以导出到 Excel 文件，只需单击“数据透视表工具”/“设计”上下文选项卡中“数据”组中的“导出到 Excel”按钮，系统将启动 Excel 并自动生成表格，可将其保存为 Excel 文件。

5.2.4　创建数据透视图窗体

数据透视图是以图形的方式显示数据的汇总结果，可直观分析数据的变化趋势，其操作方法与数据透视表类似。

【例 5.4】 打开“学生管理”数据库，创建一个数据透视图窗体，将不同民族的学生按政治面貌统计人数，以性别字段作为筛选字段。

操作步骤如下：

(1) 打开“学生管理”数据库，在左侧导航窗格中选中“学生”表。

(2) 单击“创建”选项卡“窗体”组的“其他窗体”按钮，选择“数据透视图”命令，同时显示“图表字段列表”对话框。

(3) 在弹出的“图表字段列表”框中，按住鼠标左键将“民族”拖至“系列字段”区域，将“政治面貌”拖至“分类字段”区域，将“姓名”拖至“数据字段”区域，将“性别”拖至的“筛选字段”区域，如图 5.25 所示。

(4) 关闭“图表字段列表”框，显示数据透视图，如图 5.26 所示。

(5) 为图表的坐标轴命名。选中水平坐标轴的“坐标轴标题”，在“数据透视图”/“设计”选项卡中单击“工具”组中的“属性表”按钮，如图 5.27 所示，打开“属性”对话框，选择“格式”选项卡，在下方标题栏中更改标题为“政治面貌”，如图 5.28 所示。

(6) 保存窗体，输入窗体名称“各民族学生政治面貌人数透视图”，完成后的数据透视图窗体如图 5.29 所示。

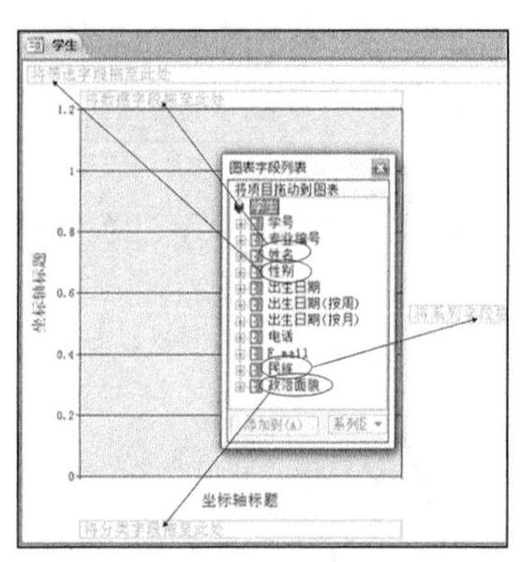

图 5.25　拖动字段到指定区域

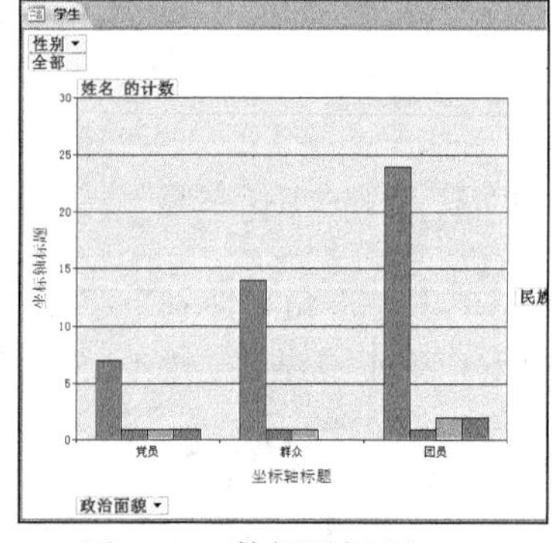

图 5.26　数据透视图

图 5.27　“属性表”按钮

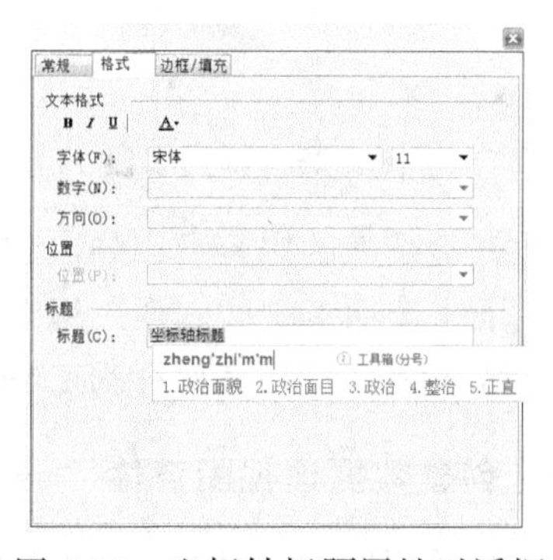

图 5.28　坐标轴标题属性对话框

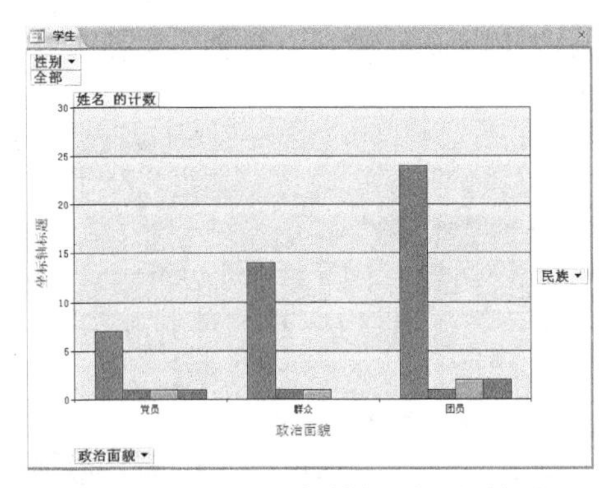

图 5.29　设置坐标轴标题后的结果

5.3　使用设计视图创建窗体

虽然使用窗体向导可以快捷方便地创建窗体，但只能创建一些简单的窗体，无法满足用户的一些特殊要求，如在窗体中增加说明信息、增加各种按钮、实现数据的检索功能等。这时需要通过“设计视图”来创建自定义的窗体。在窗体的设计视图中，不仅可以新建一个窗体，还可以对已有的窗体进行修改和编辑。

5.3.1　窗体的设计视图

在“创建”选项卡的“窗体”组中单击“窗体设计”按钮，打开窗体的设计视图。此时，工作区出现一个网格区域，如图 5.30 所示，这是默认显示的窗体主体节。实际上，窗体的设计视图由多个部分组成，每个部分称为一个“节”。在网格区内单击右键，在快捷菜单中选择“页面页眉/页脚”和“窗体页眉/页脚”，可以展开其他节，如图 5.31 所示。

在窗体设计视图中，窗体从上到下被分成了五个节，如图 5.31 所示，分别是窗体页眉、页面页眉、主体、页面页脚和窗体页脚。其中，页面页眉节和页面页脚节中的内容只有在打印时才会显示。

(1) 主体：数据记录的存放区。主体是窗体必不可少的部分，用于显示表或查询中的记录内容，大部分相关控件的设置也在主体节内完成。

(2) 窗体页眉/页脚：用于设计整个窗体的页眉/页脚的内容与格式，窗体页眉通常用于为窗体添加标题和使用说明等信息。窗体页脚用于放置命令按钮或窗体使用说明。打印时，窗体页眉的内容只在首页的开始位置出现一次；窗体页脚的内容只在最后一页的末尾出现一次。

(3) 页面页眉/页脚：内容只有在打印窗体时才会出现。页面页眉的内容会出现在每一页的顶端，通常用来显示每一页的标题、字段名等信息；页面页脚的内容会出现在每一页的底端，通常用来显示页眉、日期等信息。

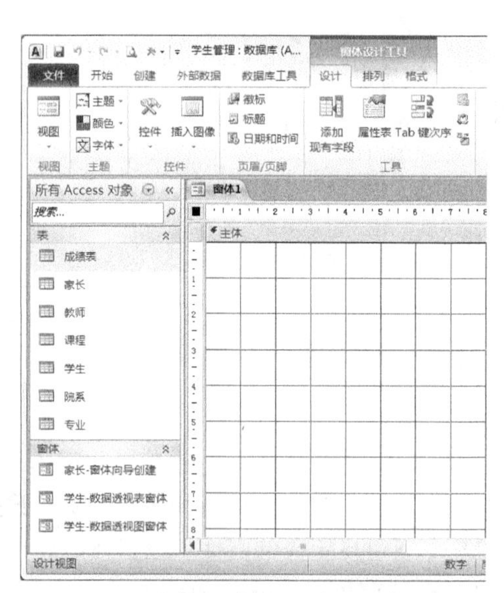

图 5.30　窗体设计视图(默认主体节)

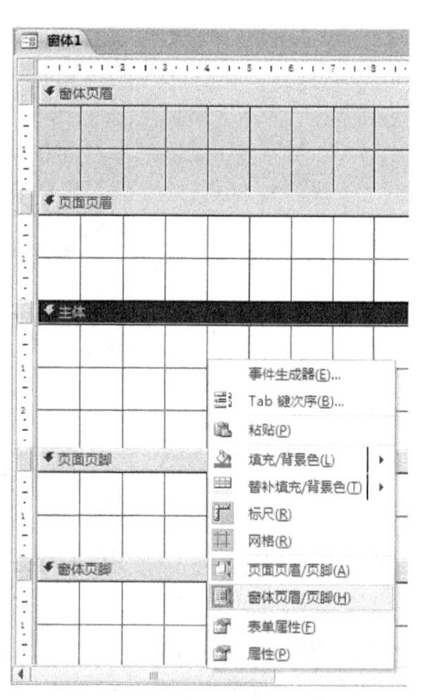

图 5.31　显示窗体的所有节区

5.3.2 “窗体设计工具”选项卡

打开窗体设计视图时，会自动出现一个“窗体设计工具”上下文选项卡，其中包含 “设计”、“排列” 和 “格式” 三个选项卡。

1) “设计” 选项卡

“设计”选项卡主要用于切换窗体视图，向窗体添加各种控件对象，设置窗体的主题、页眉和页脚，打开对象属性表，显示/隐藏字段列表等，如图 5.32 所示。

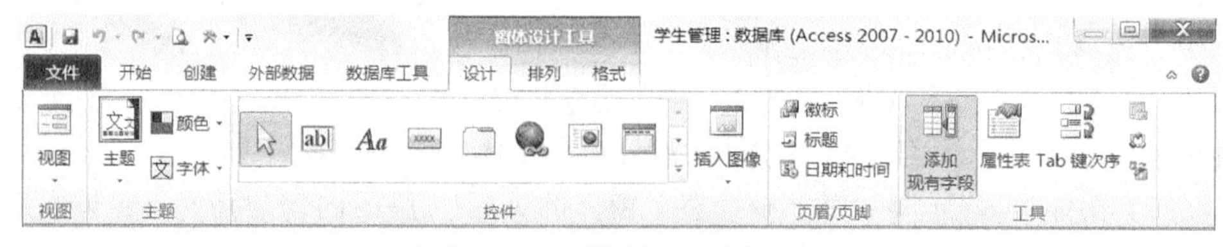

图 5.32　“设计” 选项卡

2) “排列” 选项卡

“排列” 选项卡主要用于设置窗体的布局，包括创建表的布局、插入对象、合并和拆分对象、移动对象、设置对象的位置和外观等，如图 5.33 所示。

3) “格式”选项卡

“格式”选项卡主要用于设置窗体中对象的格式，包括选定对象，设置对象的字体、背景、颜色，以及设置条件格式等，如图 5.34 所示。

图 5.33　“排列”选项卡

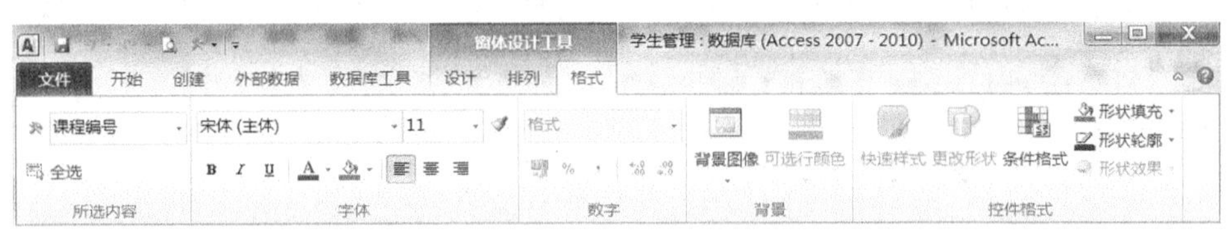

图 5.34　“格式”选项卡

5.3.3　窗体的属性和外观

设置窗体的属性可以改变窗体的结构和外观，改善用户对窗体的体验。

1) 窗体“属性表”

在窗体设计视图中双击“窗体选择器”按钮——标尺相交处的框■，如图 5.35 所示；或者在窗体网格区域外单击右键，从弹出的快捷菜单中选择“属性”命令，如图 5.36 所示，调出窗体“属性表”显示在窗口右侧。此时，属性表中显示“所选内容的类型：窗体”。

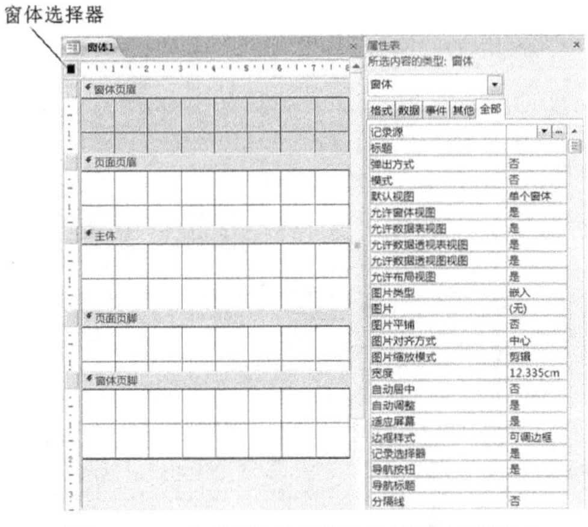

图 5.35　窗体设计视图与属性表窗口

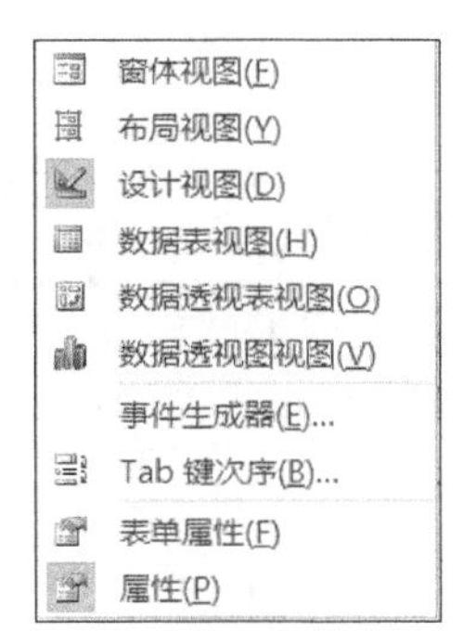

图 5.36　窗体选择器右键菜单

在窗体“属性表”中可以方便地更改窗体外观，为整个窗体、窗体的节或单个控件选择视觉效果，设置窗体的背景、边框、颜色、文字以及控件外观等，如图 5.35 所示。

2) 导航按钮和记录选择器

在窗体属性表中可以设置是否在窗体底部显示“导航按钮”，用于浏览前面或后面的记录。在窗体属性表中还可以设置是否在窗体左侧显示“记录选择器”，用于选择记录。

默认情况下，Access 会自动给每一个新窗体添加导航按钮。需注意的是导航按钮和记录选择器在设计视图中是不可见的，只有当切换到窗体视图时，它们才会出现在窗体中，如图 5.37 所示。

设置方法如图 5.38 所示，在窗体属性表的“格式”选项卡中选择相应的属性值即可。

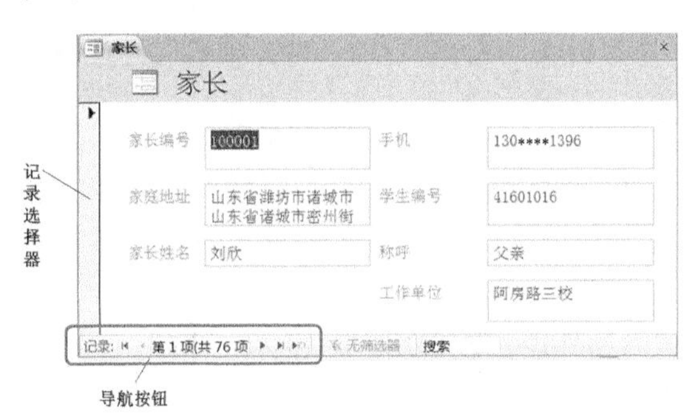

图 5.37　导航按钮和记录选择器

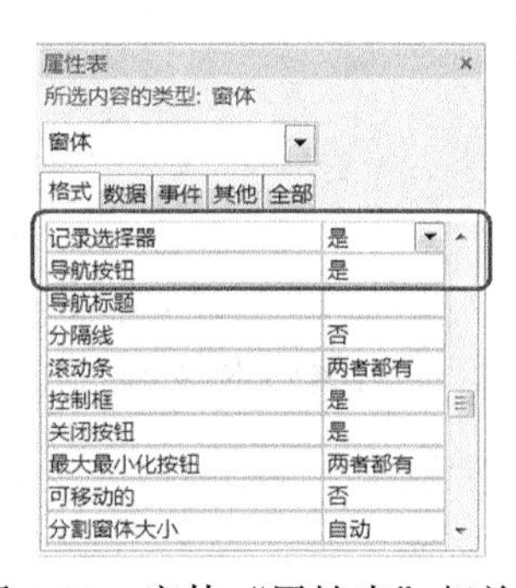

图 5.38　窗体“属性表”相关设置

3) 窗体背景

在窗体设计视图中可以选择指定的图片作为窗体的背景。在窗体属性表中选择“格式”选项卡，单击“图片”选项，将出现生成按钮“…”，单击该按钮打开“插入图片”对话框，指定作为背景的图像，如图 5.39 所示，切换至窗体视图，查看窗体添加背景后的效果，如图 5.40 所示。

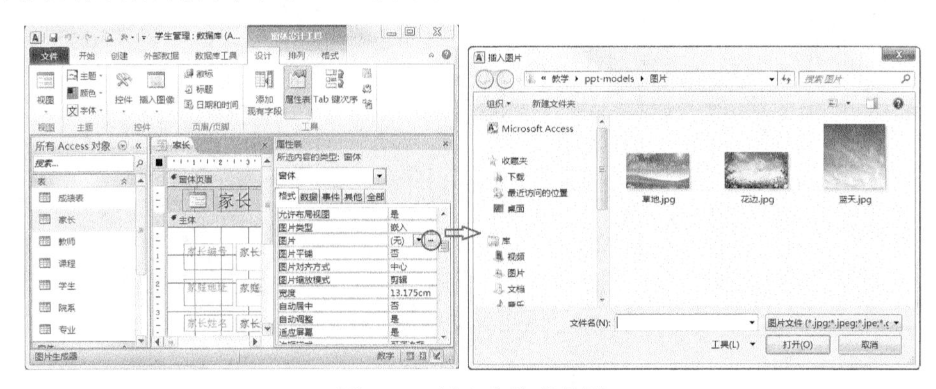

图 5.39　插入窗体背景图

4) 节的外观

在窗体设计视图中可以更改窗体节的外观，方法是在需要更改的节栏上单击右键，在快捷菜单中单击"属性"，即可打开该节的属性表，显示在窗口右侧。选择其中的"格式"选项卡，可对该节进行背景颜色、高度和其他设置，如图 5.41 所示。

图 5.40　窗体添加背景的效果

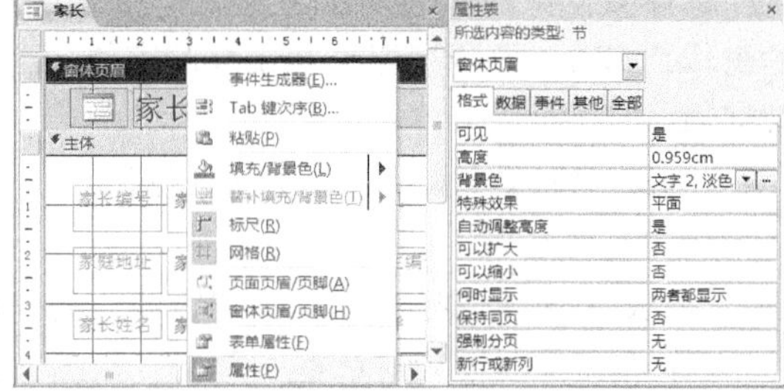

图 5.41　节属性表

5) 内置主题

"主题"是窗体预设的总体设计方案，可快捷地应用于窗体。选择窗体后，在"窗体设计工具"/"设计"上下文选项卡的"主题"组中单击"主题"按钮，如图 5.42 所示。Access 提供了几十种内置的主题格式，每一种内置主题格式都包含字体、边框的样式和颜色，以及整个窗体的背景效果。

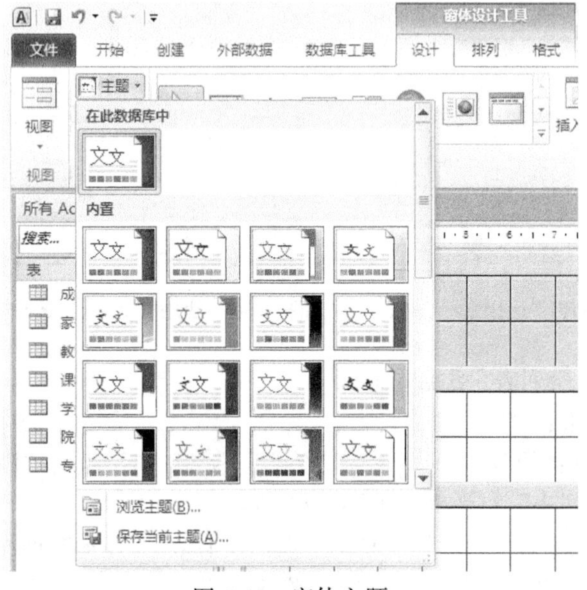

图 5.42　窗体主题

5.3.4　添加窗体数据源

窗体本身不存储数据，在使用窗体显示或编辑数据前，需要为窗体添加数据源。数据源可以是一个或多个表或查询。为窗体添加数据源后，通过窗体操作改变的数据结果会自动保存到相关的数据表中；反之，当数据源表中的记录发生变化，也会随之显示在窗体中。

窗体数据源的添加是在窗体设计视图中进行的，首先在设计视图中创建一个新的窗体，或通过设计视图打开现有的窗体；然后通过以下两种方法之一来添加窗体数据源。

1) 通过窗体“属性表”添加数据源

操作步骤如下：

(1) 双击窗体选择器，打开“窗体”的“属性表”。

(2) 在窗体属性表对话框中单击“数据”选项卡，选择“记录源”属性，单击下拉三角按钮，在下拉列表框中选择用作窗体数据源的表或查询，如图 5.43 所示。

(3) 如需创建新的数据源，单击“记录源”右侧的“…”按钮，打开“查询生成器”，操作方法和查询设计类似，用户可根据需要创建新的数据源，如图 5.44 所示。

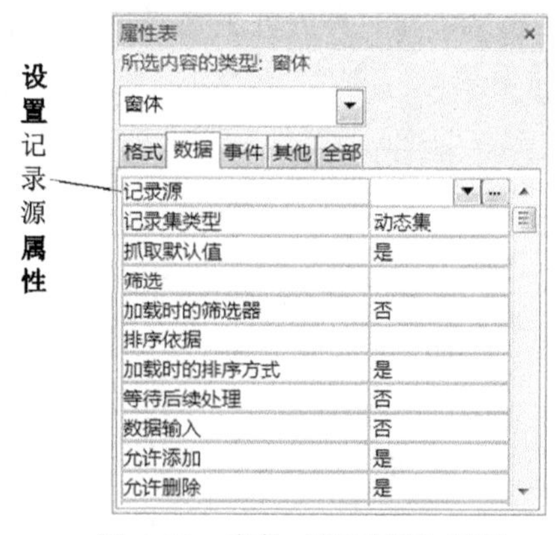

图 5.43　窗体“记录源”属性

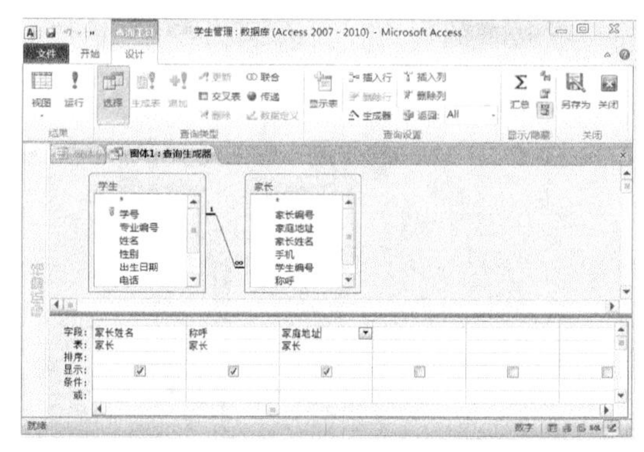

图 5.44　使用“查询生成器”添加窗体数据源

2) 通过“字段列表”添加数据源

操作步骤如下：

(1) 单击“窗体设计工具”/“设计”选项卡“工具”组的“添加现有字段”按钮，打开“字段列表”对话框，如图 5.45 所示。

(2) 在“字段列表”对话框中单击“显示所有表”，显示数据库中的所有表，如图 5.46 所示。单击需要指定为窗体数据源的表前面的“+”按钮，展开所选表中的字段。

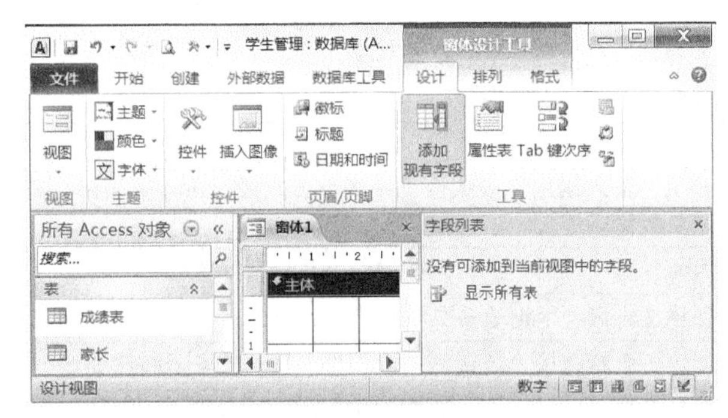

图 5.45　“添加现有字段”命令

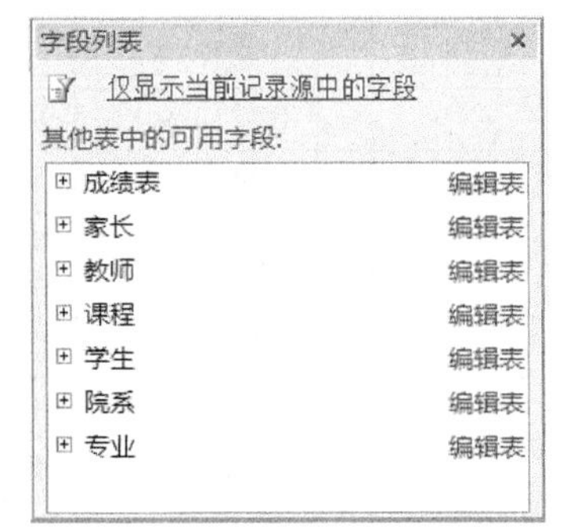

图 5.46　显示所有表

注意：以上两种添加数据源的方式区别在于，使用窗体“属性表”添加的数据源既可以是表，也可以是查询；而使用“字段列表”添加的数据源只能是表。

5.3.5　控件的使用

控件及其属性是构建窗体和报表的基础。在设计窗体之前，必须掌握控件的基本知识。

控件是可用于输入、显示、修改数据、装饰窗体和执行操作的图形化对象。一般情况下，窗体和报表上的对象都是控件，包括文本框、标签、复选框、列表框、命令按钮、图片、直线和矩形等。例如，用一个文本框来显示或输入数据，用一个命令按钮来执行某个命令或完成某个操作。一些没有内置到 Access 中的控件是单独开发的，它们主要是 ActiveX 控件。ActiveX 控件用于扩展 Access 的基本功能，可从供应商处获得。

在 Access 的窗体工具箱中共有 20 多种不同类型的控件，位于“窗体设计工具”/“设计”选项卡的“控件”组中，如图 5.47 所示。

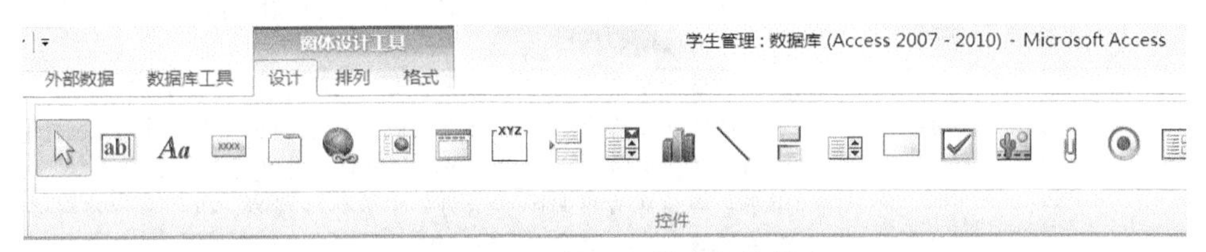

图 5.47　窗体工具箱中的控件

工具箱内的控件名称和功能如表 5.1 所示(这些控件既可以在窗体中使用，也可以在报表中使用)。

表 5.1　窗体中的主要控件及其作用

控件图标	控件名称	控件作用
	选择	用于选择控件、移动控件或改变尺寸
	控件向导	用于打开或关闭“控件向导”
Aa	标签	用于显示说明性文本的控件
ab	文本框	用于显示、输入或编辑表或查询中的数据以及显示计算结果，或接受用户的输入等
	按钮	也称为命令按钮，用于执行某些操作，控制程序流程
	选项卡	用于创建多页选项卡窗或多页选项卡对话框
	超链接	用于创建一个超链接，链接到一个文件、网页或电子邮件等
	Web 浏览器控件	该控件允许在 Access 应用程序中创建新的 Web 混合应用程序并显示 Web 页内容
	导航控件	Access 2010 包含的新控件，通过导航控件能够创建导航窗体，可以方便地在数据库中的各种窗体和报表之间切换
XYZ	选项组	与选项按钮、复选框或切换按钮配合使用，用于显示一组可选值
	分页符	通常用于报表，表示物理分页符，即从插入分页符处开始打印新的一页
	组合框	组合了文本框和列表框的功能，既可以在文本框中输入数据，也可以在列表框中选择数据项，将值添加到基础字段中
	图表	用于在窗体上创建各种类型的图表
	直线	用于在窗体上添加直线，分隔与组织控件，以增强它们的可读性
	切换按钮	用作绑定到“是/否”型字段的独立控件，或用作与选项组配合使用的非绑定控件
	列表框	显示可滚动的数值选项列表，供用户从中选择输入数据
	矩形	用于显示图像效果，突出重要控件或组织相关控件
	复选框	用作绑定到“是/否”型字段的独立控件，或用作与选项组配合使用的非绑定控件
	未绑定对象框	用于保存未绑定到某个表字段的 OLE 对象或嵌入式图片，可以包含图像、图形、声音文件和视频。当前记录改变时，对象的内容不会跟着改变
	附件	用于在窗体上附件类型的数据，当想要操作附件数据类型内容字段时，可使用附件控件
	选项按钮	也称为单选按钮，通常用于选择是/否型数值，当选项被选中时，单选按钮显示带有一个黑圆点的圆圈；取消选中时，则是白色的圆圈。在一组单选按钮中，每次只能使一个单选按钮有效
	子窗体/子报表	用于在原窗体或报表中显示另一个窗体或报表，以便显示来自多个表的数据
XYZ	绑定对象框	用于在保存绑定到某个表字段的 OLE 对象或嵌入式图片。当前记录改变时，对象的内容也会跟着改变
	图像	用于在窗体中显示图片
	其他	用于在窗体中添加 ActiveX 控件

1. 控件的类型

根据控件的用途及与数据源的关系，可以将控件分为绑定型控件、非绑定型控件和计算型控件三种类型。

1) 绑定型控件

控件与数据源中的某个字段绑定在一起，当向绑定控件输入数据时，Access会自动更新数据源中当前记录的字段内容。大多数允许输入信息的控件都是绑定型控件。可用于绑定型控件的字段类型包括文本、数值、日期/时间、是/否、OLE对象和备注性字段。

2) 非绑定型控件

控件与数据源中的字段无关，当向非绑定型控件输入数据时，不会更新任何表字段。非绑定型控件可用于显示说明性文本、徽标图案、直线和矩形等与内容无关的信息。

3) 计算型控件

计算型控件与含有数据源字段的表达式相关联。表达式可以使用窗体或报表中数据源的字段值，也可以使用窗体或报表中其他控件中的数据。例如，=[基本工资]+[奖金] 就是一个计算型控件，计算表中两个字段之和并显示在窗体上。计算型控件不绑定到任何表字段，是非绑定型控件，因此，它不会更新表中的字段内容。

2. 控件的添加

向窗体中添加控件有以下几种方式。

1) 使用"控件"组

单击"窗体设计工具"/"设计"选项卡的"控件"组中的一个控件按钮，然后单击窗体空白处，将会创建一个默认尺寸的非绑定控件，或是在窗体空白处拖曳鼠标左键画出一个矩形区域来创建一个非绑定型控件。使用该控件的"控件来源"属性可以将新控件绑定到窗体数据源的某个字段。

若要添加多个相同的控件，则右键单击"控件"组中的控件图标，选择"删除多个控件"，在窗体中多次单击鼠标，即可绘制出多个相同的控件。单击"选择"控件(箭头)可返回正常操作。

2) 拖曳"字段列表"字段

将数据源"字段列表"中的字段直接拖曳到窗体中，Access会自动选择一种适合于该字段数据类型的控件，并将该控件和选定字段绑定。用这种方法可以创建绑定型文本框和与之相关联的标签。

3) 双击"字段列表"字段

双击"字段列表"中的字段，将自动在窗体中添加相应的绑定型控件。这与通过拖曳字段添加控件的区别在于，新添加的控件只能由 Access 来决定放到窗体的什么位置。

4) 右键单击“字段列表”字段

右键单击“字段列表”中的字段，选择“向视图添加字段”，将自动在窗体中添加相应的绑定型控件。

5) 复制粘贴

复制并粘贴窗体中的控件到窗体的另一个位置。

3. 常用控件的使用

1) 标签

标签用于在窗体和报表上显示说明性文字，如标题或使用说明等信息。标签不能显示字段或表达式的值，属于非绑定型控件。

标签分为独立标签和关联标签两种。独立标签是与其他控件没有关联的标签，用来添加说明性文字；关联标签是附加到其他控件上的标签，通常与文本框、组合框和列表框成对出现，用于显示字段标题，而文本框、组合框和列表框用于显示窗体来源表中的字段值。

默认情况下，在添加文本框、组合框和列表框控件时，Access 都会在控件左侧自动加一个关联标签。如果不需要关联标签，可以在控件属性表窗口中将“自动标签”属性设置为“否”，设置完成后，添加文本框等控件时，不再自动添加关联标签。

独立标签控件的添加方法如下：

(1) 单击工具箱中的“标签”按钮 Aa，光标变成一个左上角有个加号的图标 +A。

(2) 按住鼠标左键，在窗体中画一个矩形框。

(3) 在矩形框中输入标签的内容即标题。

2) 文本框

文本框用来显示、输入或编辑窗体或报表中的数据，或用作计算控件显示计算结果。文本框可以是绑定的，也可以是非绑定的。绑定型文本框用于显示表或查询中关联字段的内容，非绑定型文本框用来显示计算结果或接受用户输入的数据。

【例 5.5】 设计一个窗体，创建绑定型文本框显示学生的学号和姓名，创建非绑定型文本框显示学生的性别和年龄，保存为“学生基本信息”窗。

操作步骤如下：

(1) 打开数据库“学生管理”，选择“创建”选项卡的“窗体”组，单击“窗体设计”按钮，进入窗体设计视图。

(2) 双击窗体选择器，打开窗体“属性表”，选择“学生”表作为窗体数据源。

(3) 创建绑定型文本框显示“学号”和“姓名”。打开“字段列表”窗口，如图 5.48

所示，将“学号”和“姓名”字段拖曳到窗体的适当位置，即可产生两组绑定型文本框和关联标签，这两组文本框分别绑定表中的“学号”和“姓名”字段。

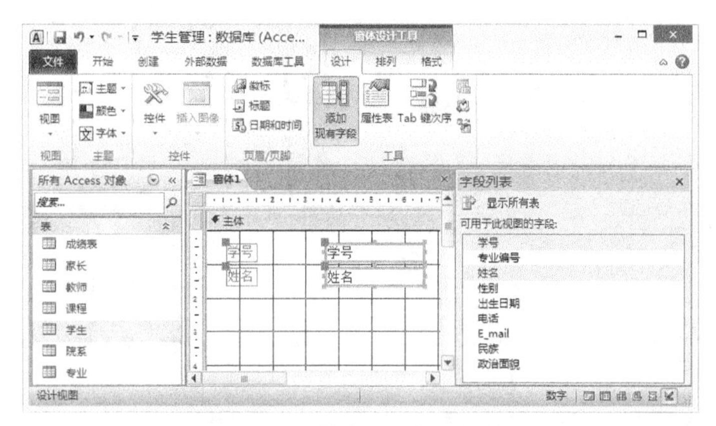

图 5.48　创建绑定型文本框

(4) 创建非绑定型文本框。首先单击窗体工具箱的“其他”按钮，选择“使用控件向导”命令，使其处于激活状态，如图 5.49 所示。然后单击“控件”组的“文本框”控件，在窗体中单击或拖曳鼠标，添加一个文本框，系统自动打开“文本框向导”对话框，如图 5.50 所示。

图 5.49 “使用控件向导”按钮

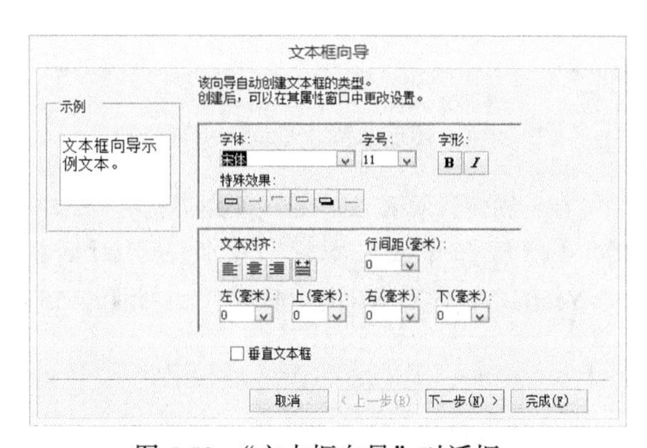

图 5.50 “文本框向导”对话框

(5) 先使用文本框向导设置文本框的字体、字号、字形、对齐方式和行间距等，然后单击“下一步”按钮，打开为文本框指定输入法模式的对话框，如图 5.51 所示。单击“下一步”按钮，打开“请输入文本框的名称”对话框，如图 5.52 所示。

(6) 输入“性别”，单击“完成”按钮，返回窗体设计视图，如图 5.53 所示。

(7) 将未绑定型文本框绑定到字段。右键单击刚添的文本框，在快捷菜单中选择“属性”，打开文本框的“属性表”对话框，如图 5.54 所示。在“控件来源”属性的下拉列表中选择“性别”字段，即可完成该文本框与“性别”字段的绑定。

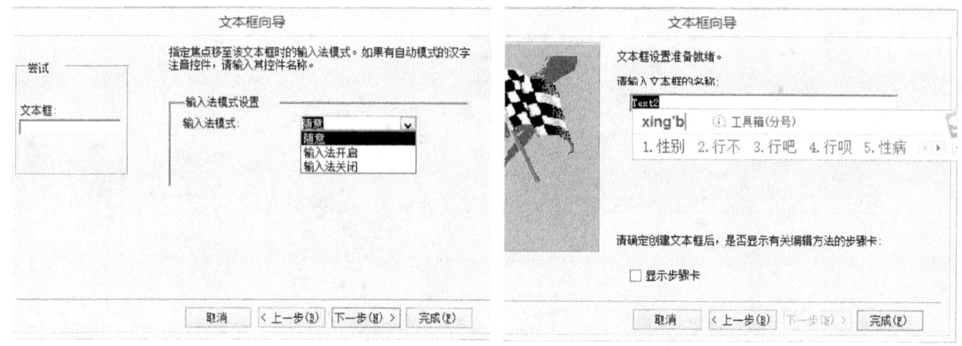

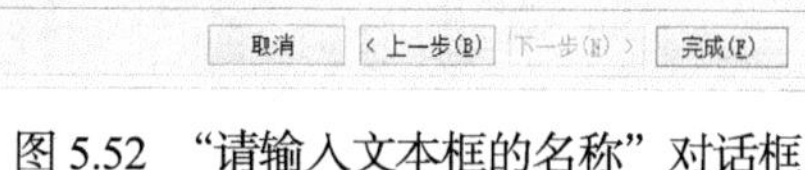

图 5.51　为文本框指定“输入法模式”对话框　　图 5.52　“请输入文本框的名称”对话框

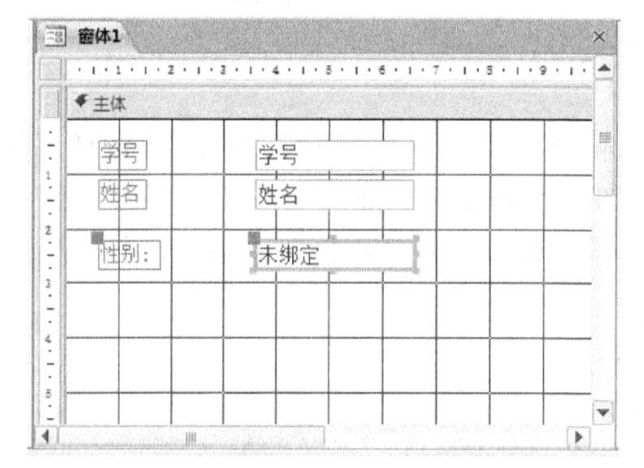

图 5.53　添加非绑定型文本框属性

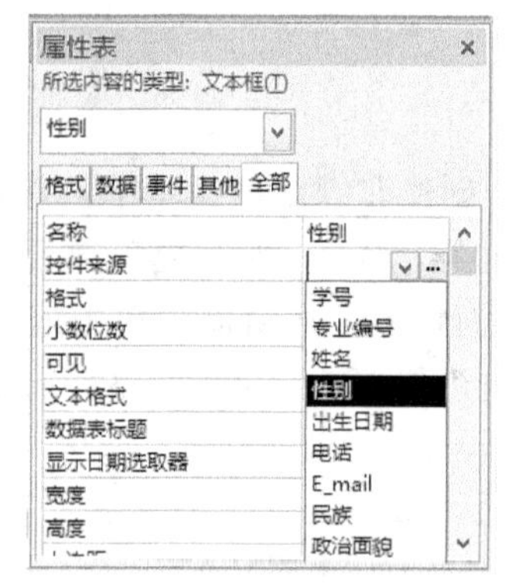

图 5.54　设置文本框“控件来源”

(8) 创建计算型文本框。首先创建一个非绑定型文本框，在关联标签中输入“年龄”；然后打开该文本框“属性表”对话框，将其“控件来源”属性设置为“=Year(Date())-Year([出生日期])”，如图 5.55 所示。

图 5.55　添加计算型控件

(9) 切换到“窗体视图”，查看窗体运行结果。保存窗体，命名为“学生基本信息”，窗体设计结果如图 5.56 所示。

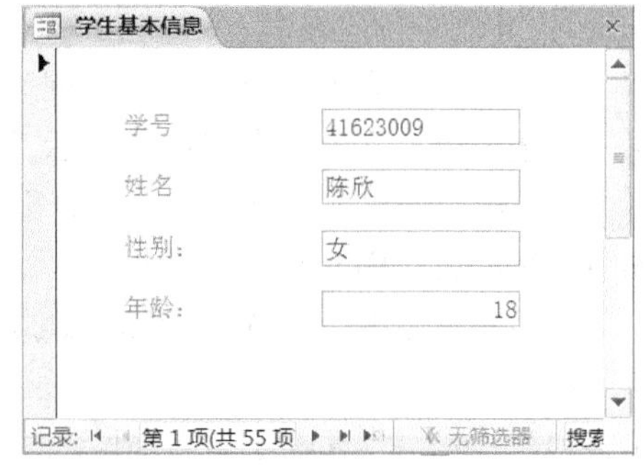

图 5.56　窗体运行结果

3) 计算控件

计算控件是在窗体和报表上显示表达式运算结果的控件，通常为文本框控件。表达式可以使用表、查询或另一个控件的数据，也可以手动输入，根据预建的公式、字段、算术运算符和数值计算结果。若表达式所基于的值发生改变，显示的结果也会发生变化。要创建表达式，可选择文本框控件，单击“属性”按钮，选择“数据”选项卡，在“控件来源”属性框中输入以等号“=”开头的表达式，或直接在文本框中输入以等号“=”开头的表达式。

【例 5.6】　设计一个“求和计算器”窗体，要求具有对任意两个数的求和功能。

操作步骤如下：

(1) 在设计视图中创建一个窗体，在窗体上放置一个标签控件，输入“求和计算”，字体选为隶书，字号 20。

(2) 从“控件”组中添加三个非绑定型文本框，打开“属性表”，将三个文本框的“格式”属性都设置为“常规数字”。

(3) 前两个文本框用于接受用户输入的值，在“属性表”中将它们的“名称”分别改为 Text1 和 Text2。并将它们的关联标签分别改为“第一个数”和“第二个数”。

(4) 第三个文本框用作计算控件，在文本框中书写表达式“= [Text1] + [Text2]”，用于计算并显示表达式的结果，如图 5.57 所示。

(5) 切换到窗体视图，在前两个文本框中输入需要求和的数值，单击第三个文本框，显示求和结果，计算示例如图 5.58 所示。

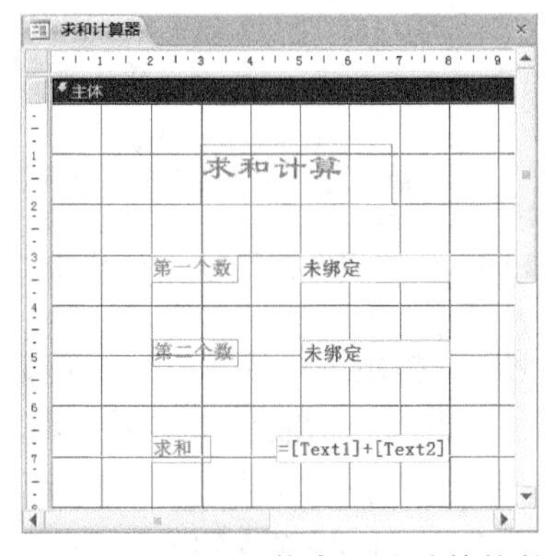

图 5.57　对两个值求和的计算控件

图 5.58　显示求和计算结果

4) 组合框和列表框

组合框和列表框可以将数据以列表形式显示，以供用户从中进行选择。列表框控件将选项内容尽可能全部展开显示，而组合框必须单击下拉按钮后才显示列表内容，因此占用的窗体空间较少。组合框是文本框和列表框的组合，允许用户输入列表中没有的值，因此称为组合框。

最简单的创建组合框和列表框的方法是，先在设计视图中选中“使用控件向导”命令，然后在“控件”组中单击相应的控件按钮，通过使用“组合框向导”或“列表框向导”创建。由于组合框和列表框的操作类似，下面仅举例说明如何创建组合框。

【例 5.7】 在例 5.5 中创建的“学生基本信息”窗里添加组合框显示学生的政治面貌。

操作步骤如下：

(1) 打开“学生基本信息”窗体，切换到设计视图界面。

(2) 在“控件”组中确保选中“使用控件向导”命令，然后单击“组合框”控件图标，在窗体适当位置单击鼠标，将自动打开“组合框向导”对话框，如图 5.59 所示。

(3) 确定组合框获取数据的方式。共有三种数据获取方式：“使用组合框获取其他表或查询中的值”、“自行键入所需的值”和“在基于组合框中选定的值而创建的窗体上查找记录”。在本例中选择“自行键入所需的值”，单击“下一步”按钮，打开如图 5.60 所示对话框。

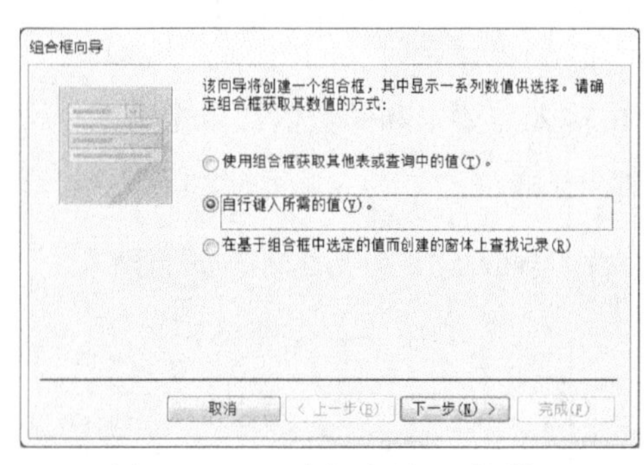

图 5.59 “组合框向导”对话框

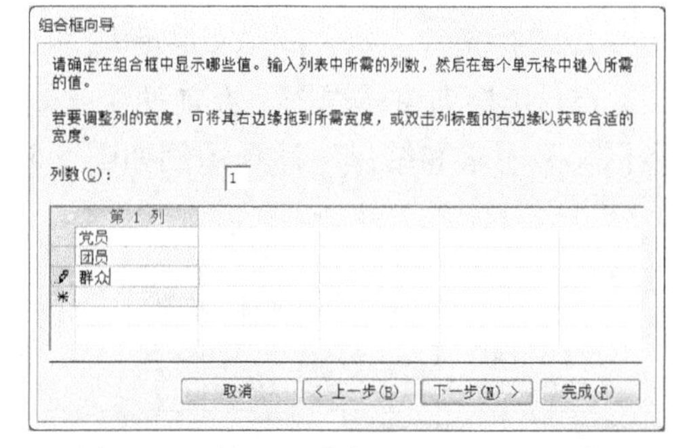

图 5.60 输入组合框显示的列表内容

(4) 确定组合框的列数、内容以及列宽。本例中，指定列数为 1，在“第 1 列”下方输入“政治面貌”的选项值分别为党员、团员、群众，然后单击“下一步”按钮，打开如图 5.61 所示对话框。

(5) 确定组合框中输入或选择数值后的保存方式。可以将输入组合框中的数值记忆供以后使用，也可以将从组合框选定的数值保存到数据表字段中。这里选择“将该数值保存在这个字段中”并在下拉列表中选择“政治面貌”，单击“下一步”按钮，打开如图 5.62 所示对话框。

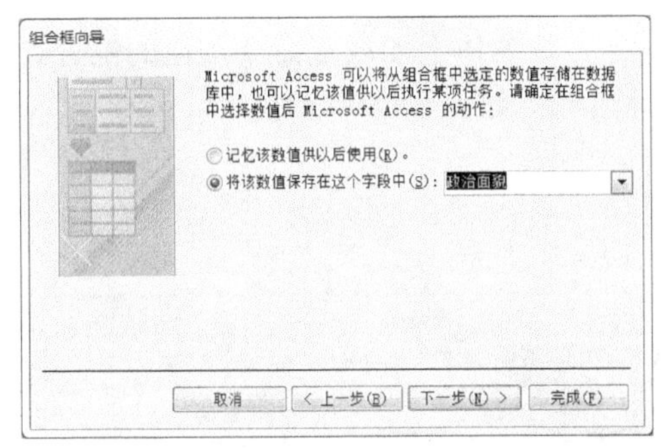

图 5.61　确定组合框中输入或选择数值后的保存方式

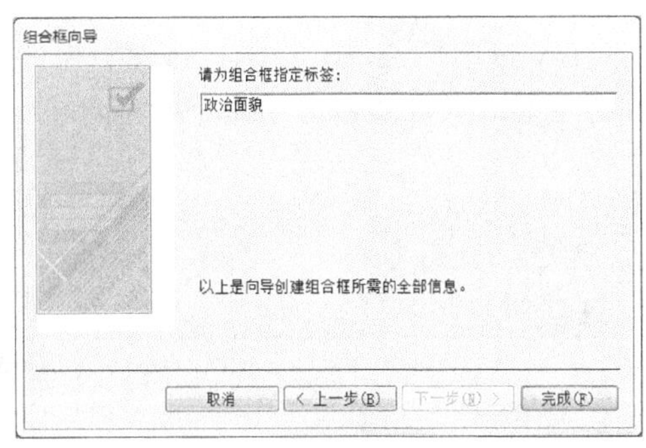

图 5.62　指定组合框的标签

(6) 为组合框指定标签。指定组合框的标签为“政治面貌”，单击“完成”按钮，返回窗体设计视图并保存。然后切换到“窗体视图”查看组合框运行效果，如图 5.63 所示，单击组合框的下拉按钮，打开选项列表，可以从中选择要输入的值，也可以在文本框中直接键入列表中不存在的值来编辑政治面貌。

图 5.63　组合框的效果

注意：若在第(3)步中选择组合框数据获取方式为“使用组合框获取其他表或查询中的值”，则需要指定作为数值来源的表或查询中的相应字段，并可对字段内容排序。另外，在第(5)步中如果选择“记忆该数值供以后使用”，则组合框将变成非绑定型组合框。读者请自行尝试。

5) 命令按钮

用户通过窗体上的命令按钮可以执行特定的操作，如浏览记录、操作记录、打开/关闭窗体、执行查询、打印报表等。在 Accesss 中，可以使用“按钮”控件，通过“命令按钮向导”对话框创建六大类别的命令按钮，分别是“记录导航”、“记录操作”、“窗体操作”、“报表操作”、“应用程序”和“杂项”。

【例 5.8】　创建一个显示“课程”信息的窗体，在窗体上添加一组命令按钮，用于快速浏览不同课程的信息。

操作步骤如下：

(1) 在“设计”视图中创建一个窗体，选择“课程”表作为其数据源。

(2) 将字段列表中的所有字段都选中，一起拖曳到窗体中，生成与这些字段相绑定的文本框，如图 5.64 所示。

(3) 在“设计”选项卡的“控件”组中选中“使用控件向导”命令。

(4) 选中“控件”组的“按钮”控件图标，在窗体上要放置命令按钮的位置处单击左键，将自动弹出“命令按钮向导”对话框，如图 5.65 所示。

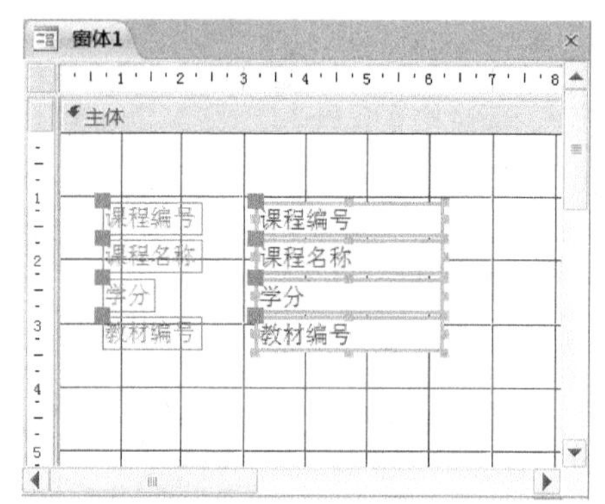

图 5.64　从字段列表中选择的“课程”字段

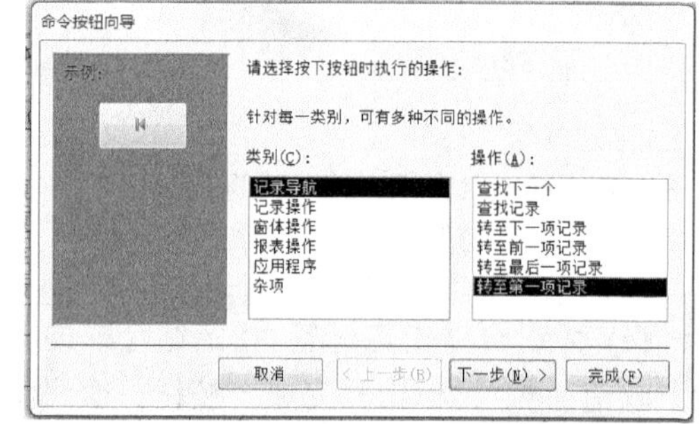

图 5.65　“命令按钮向导”对话框

(5) 选择按钮的类别以及按下按钮所产生的动作。在“类别”列表框中选择“记录导航”，先在“操作”列表框中选择“转至第一项记录”操作，然后单击“下一步”按钮，打开如图 5.66 所示对话框。

(6) 选择按钮的显示方式。可以在按钮上显示文本或显示图片。若选择显示文本，可在文本框中输入显示的文本内容，如“第一项记录”；若选择显示图片，可单击“浏览”按钮，打开所需显示的图片。在对话框左侧可以预览命令按钮的显示效果。接着单击“下一步”按钮，打开如图 5.67 所示对话框。

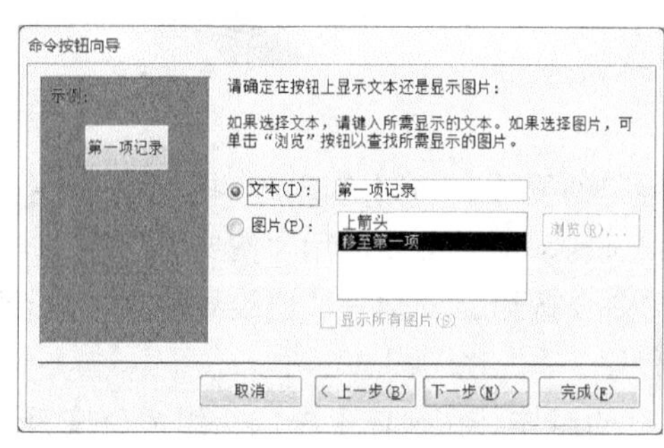

图 5.66　确定命令按钮显示方式

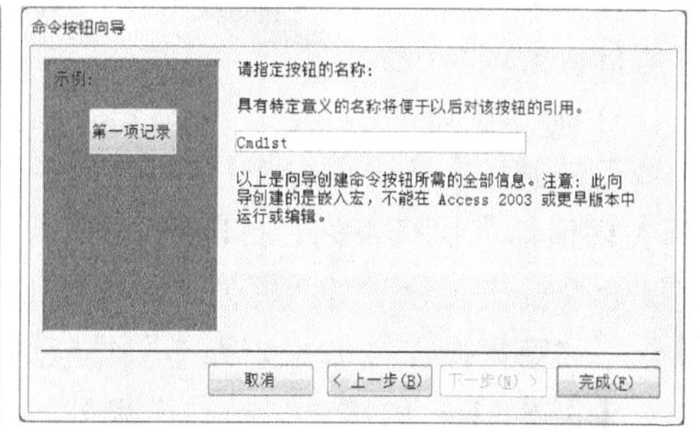

图 5.67　指定命令按钮名称

(7) 指定命令按钮的名称。在指定按钮名称对话框中建议为命令按钮指定一个有意义名字，以便以后能够引用这个按钮，如将该按钮命名为“Cmd1st”，然后单击“完成”按钮。

(8) 重复以上(4)～(7)步骤，向窗体中继续添加“转至前一项记录”、“转至后一项记录”和“转至最后一项记录”，分别命名为“CmdPre”、“CmdNext”和“CmdLast”。

(9) 完成后的窗体的显示效果如图 5.68 所示，在“窗体视图”中可测试各命令按钮的功能。最后保存并命名为“课程”窗。

图 5.68　添加了一组命令按钮的窗体

6) 选项卡

当窗体中的内容较多，无法在一页中全部显示时，可以使用选项卡来进行分页。用户只需要单击选项卡上方的标签，就可以查看不同页面上的内容。

【例 5.9】　创建一个“学生家庭信息”窗体，要求使用“选项卡”控件分别显示两页信息：一页显示院系“学生基本信息”，另一页显示“家长信息”。

操作步骤如下：

(1) 在设计视图中创建一个新窗体。

(2) 选中“控件”组的“选项卡”控件，在窗体上要放置选项卡的位置处单击左键，放置选项卡。

(3) 单击“设计”选项卡“工具”组中的“添加现有字段”按钮，打开如图 5.69 所示的“字段列表”对话框。

图 5.69　在窗体上放置“选项卡”控件

(4) 从字段列表的“学生”表中将各字段选中，拖曳到选项卡控件的“页 1”界面中，如图 5.70 所示。单击“页 1”标签，单击“设计”选项卡“工具”组中的“属性表”按钮，打开“属性表”窗口显示在右侧。在“全部”选项卡的“名称”属性中输入“学生基本信息”，设置该选项卡页的名称，如图 5.71 所示。

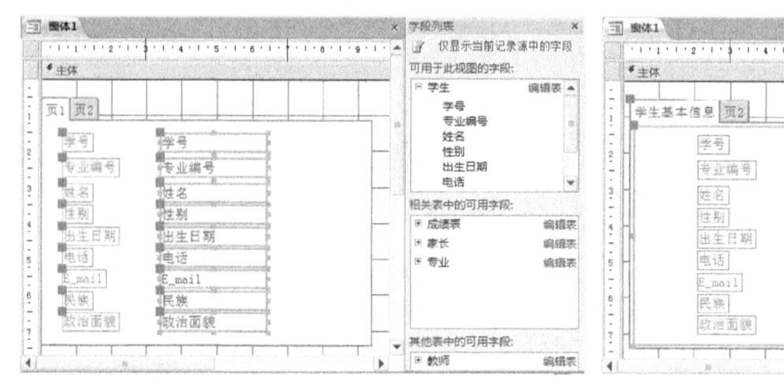

图 5.70　拖曳“学生”表各字段到“页 1”界面

图 5.71　输入“页 1”的名称

(5) 再从字段列表中将“家长”表各字段选中，拖曳到选项卡控件的“页 2”界面中，如图 5.72 所示，按以上办法制作“家庭信息”选项卡页，如图 5.73 所示。

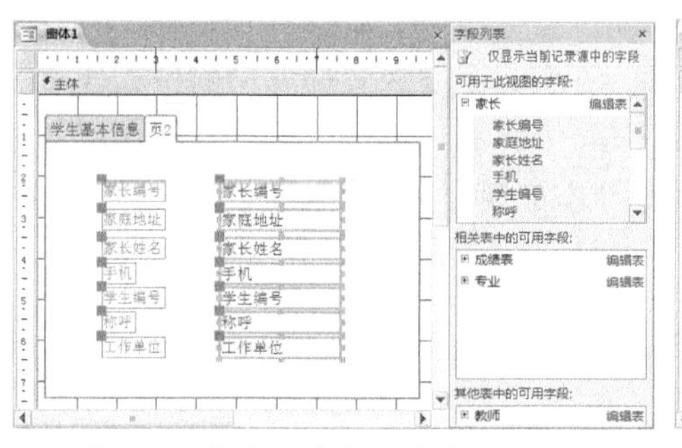

图 5.72　拖曳“家长”表各字段到“页 2”界面

图 5.73　输入“页 2”的名称

(6) 完成后的选项卡窗体效果如图 5.74 和图 5.75 所示。

7) 复选框、单选按钮、切换按钮和选项组

复选框、单选按钮和切换按钮这三种控件都用来表示两种状态，如是/否、真/假、开/关。它们工作方式基本一样，已被选中或呈按下状态，表示“是”，其值为 −1；反之，表示“否”，其值为 0。

选项组的作用是给出几个候选项，让用户从中挑选一个。选项组控件是一个包含单选按钮、切换按钮或复选框的控件，它由一个组框架和一组单选按钮、切换按钮或复选框组成。选项组作为一个组，它的值只有一个：空(即一个选项也未选)或

一个整数。选项组中的每一个选项控件都有一个唯一的整数值。默认情况下，Access 按照选项控件在组中显示的顺序将它们的“选项值”属性依次设置为数字 1、2、3 等。需注意的是，选项控件的“选项值”可以重新指定，但不要为两个不同的选项控件指定同一个数字。

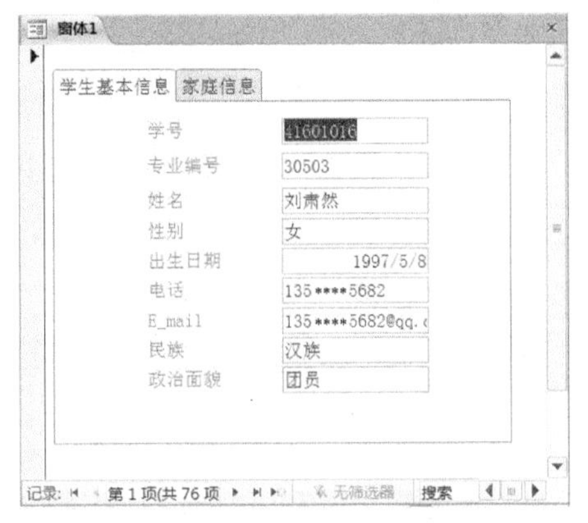

图 5.74　完成的选项卡“学生基本信息”页

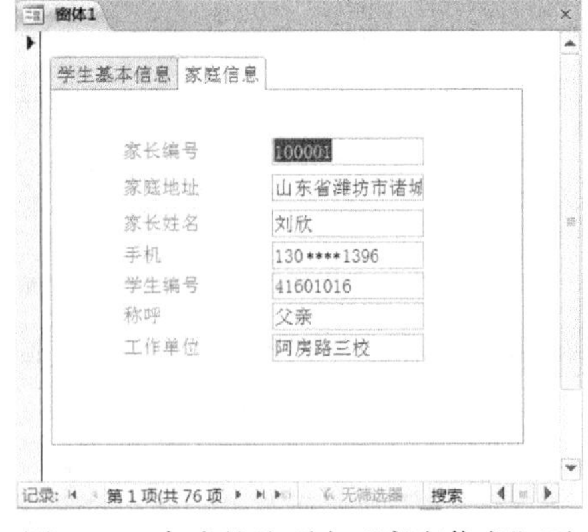

图 5.75　完成的选项卡“家庭信息”页

创建选项组最简单高效的方法是使用“选项组向导”，通过向导可以创建具有多个单选按钮、切换按钮或复选框的选项组。要注意的是，选项组中的选项控件具有排他性，即选择其中一个控件，会自动取消选择选项组中的其他控件。

【例 5.10】　在例 5.7 创建的“学生基本信息”窗中添加一个选项组控件，选择输入或修改学生的“民族”字段。

操作步骤如下：

(1) 打开“学生基本信息”窗的设计视图界面，在“控件”组中确保选中“使用控件向导”命令。

(2) 单击“控件”组中的“选项组”控件，单击窗体中要添加选项组按钮的位置，自动打开“选项组向导”对话框，如图 5.76 所示。

(3) 指定选项组中每个选项的标签，也就是各个选项的内容。在表格中输入“汉族”、“回族”、“苗族”、“壮族”和“其他民族”，单击“下一步”按钮，打开确定默认选项对话框，如图 5.77 所示。

(4) 确定是否设置默认选项。当确定默认选项后，则输入数据时自动显示默认值。选择“是”并在下拉列表中选择“汉族”，单击“下一步”按钮，打开如图 5.78 所示对话框。

(5) 为每个选项赋值。根据每个选项的显示顺序，系统默认将它们的“选项值”依次设为数字 1、2、3 等。单击“下一步”按钮，打开如图 5.79 所示对话框。

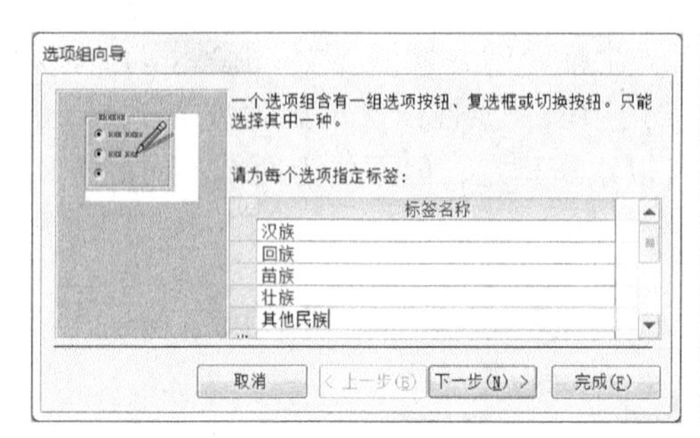

图 5.76　指定每个选项的标签

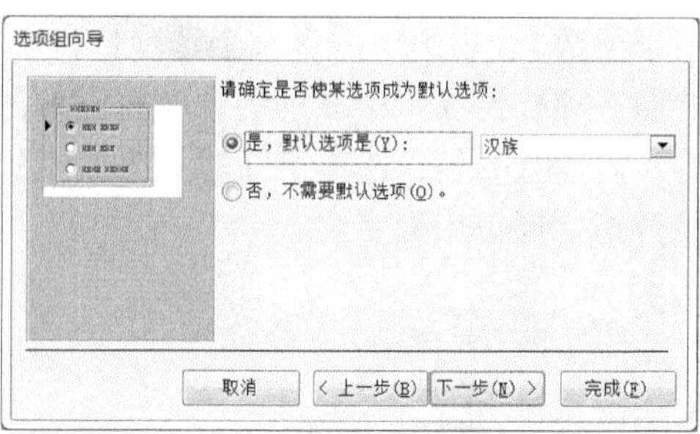

图 5.77　确定是否设置默认选项

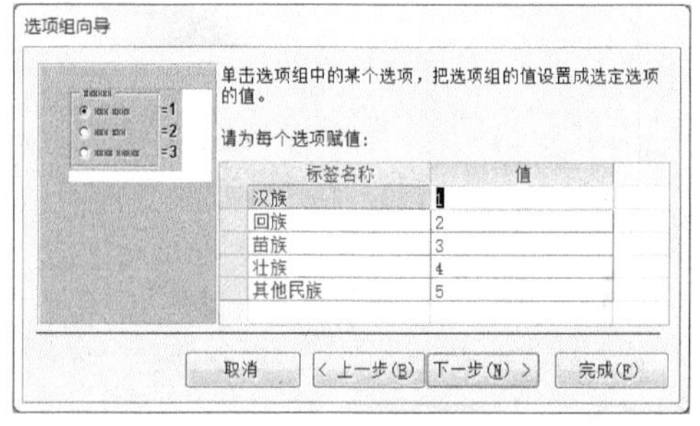

图 5.78　设置每个选项的选项值

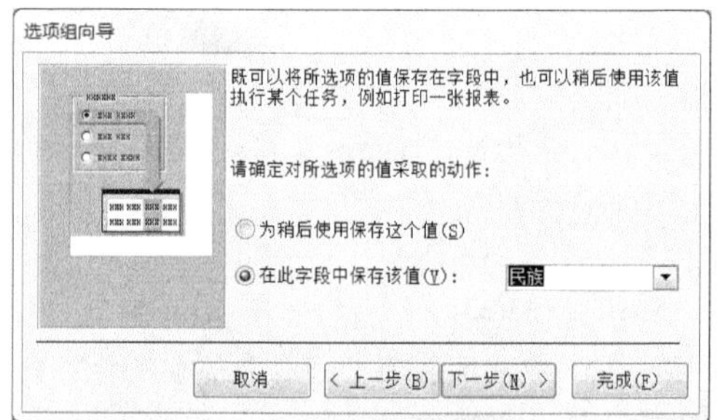

图 5.79　确定所选的值的保存方式

(6) 确定每个选项值的保存方式。可以在绑定的表字段中保存，也可以不保存。本例中，选择将所选的选项值保存在“民族”字段中。单击“下一步”按钮，打开如图 5.80 所示对话框。

(7) 确定选项组中控件的类型和样式。可以选择“选项按钮”、“复选框”或“切换按钮”作为选项组的选项控件类型。选项组的选项控件具有排他性，因此建议慎用复选框作为选项控件的类型，以免引起误解。此外，按钮的可选样式有“蚀刻”、“阴影”、“平面”、“凹陷”和“凸起”五种。这里选用默认样式，单击“下一步”按钮，打开“请为选项组指定标题”对话框，如图 5.81 所示。

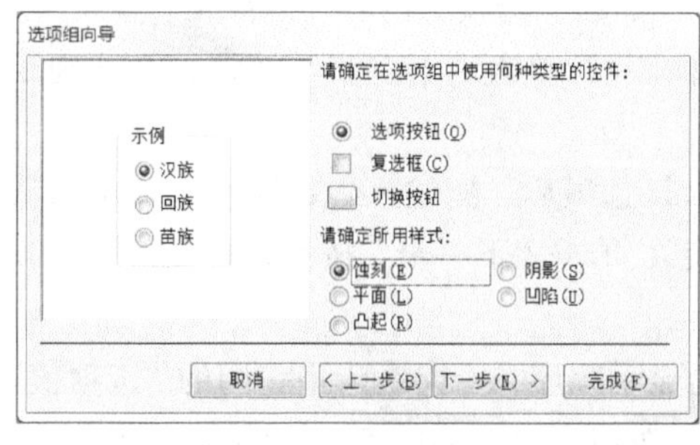

图 5.80　确定选项组中控件的类型和样式

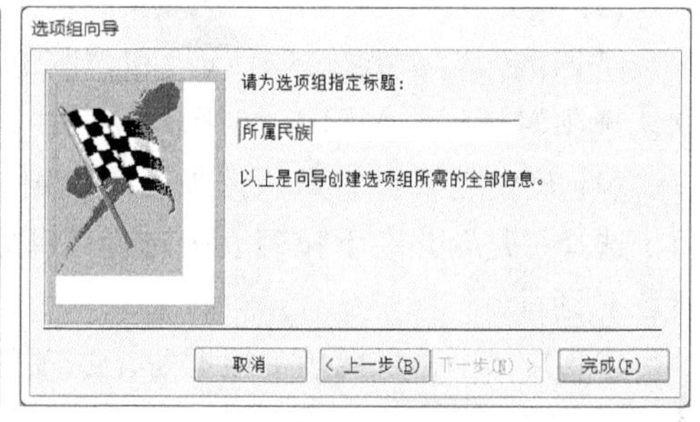

图 5.81　为选项组指定标题

(8) 输入“所属民族”作为选项组的标题，单击“完成”按钮，返回窗体设计视图，如图 5.82 所示。

(9) 切换到窗体视图，查看选项组的显示效果，如图 5.83 所示。

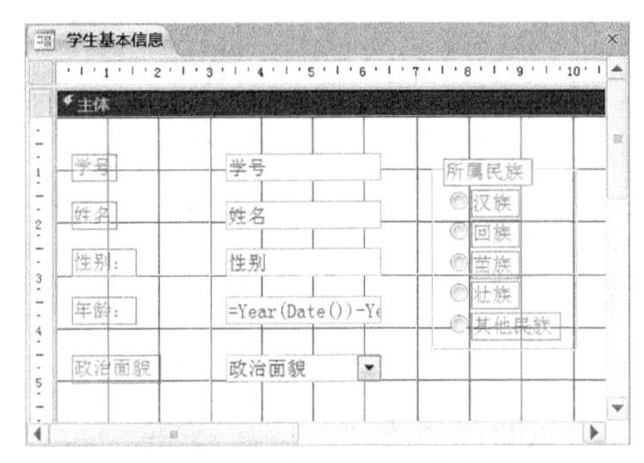

图 5.82　添加选项组的窗体

图 5.83　窗体视图效果

8) 非绑定对象框与绑定对象框

非绑定对象框用于在窗体或报表中显示未绑定的 OLE 对象，如 Excel 文件，当在记录之间移动时，该对象的内容将保持不变。绑定对象框用于在窗体或报表中显示或编辑存储在表中的 OLE 对象，当在浏览不同记录时，该对象的内容将随之发生改变。

【例 5.11】　在“学生管理”数据库的“学生”表里添加“照片”字段，并设置该字段的数据类型为“OLE 对象”类型，并存入学生的照片。现要求在前面例子所创建的“学生基本信息”窗上添加一个绑定型对象框控件，显示“照片”字段的内容。

操作步骤如下：

(1) 在设计视图中打开“学生基本信息”窗体，在“控件”组中单击“绑定对象框”，拖动鼠标在窗体中画一个适当大小的矩形，此时，生成一个绑定对象框和一个附加的标签。

(2) 单击附加标签，将其内容改为“照片”，如图 5.84 所示。

(3) 选中绑定对象框控件，打开其“属性表”，单击“数据”选项卡，选择“控件来源”为“照片”字段即可，如图 5.85 所示。

(4) 切换到窗体视图，查看绑定对象框的显示效果，如图 5.86 所示。当改变浏览的记录时，照片的内容也会发生改变。

4. 控件的属性

与窗体“属性表”类似，窗体上的每个控件也都有各自的“属性表”。通过对控件的属性设置，可以控制控件的格式、外观和行为。可通过以下几种方法之一打开控件的“属性表”：

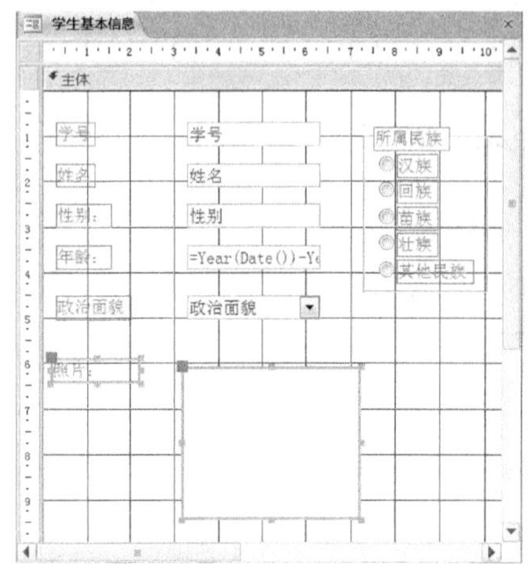

图 5.84　添加“绑定对象框”控件

图 5.85　设置“控件来源”为“照片”字段

图 5.86　添加了“绑定对象框”控件的窗体

(1) 选中控件对象，单击“设计”选项卡“工具”组中“属性表”按钮；

(2) 右键单击对象，从快捷菜单中选择“属性”命令；

(3) 选中对象后，按 F4 键。

下面介绍控件的一些常用属性。

1) “格式”属性

“格式”属性用于确定显示数据的格式。一个简单的控件格式设计效果如图 5.87 所示。“格式”属性下的可用选项

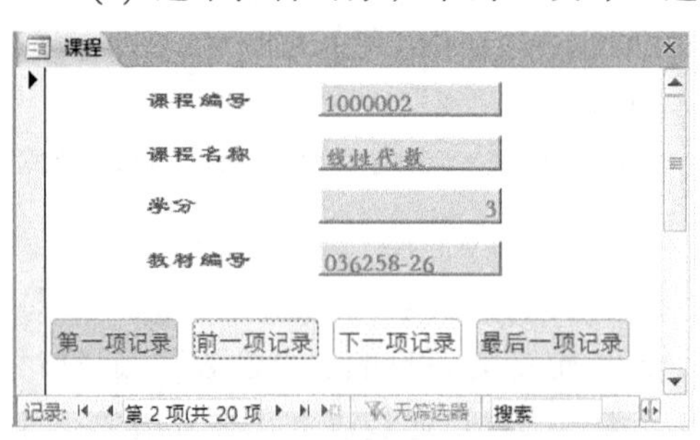

图 5.87　设置控件的“格式”

由基础字段的数据类型决定。例如，绑定到日期类型的文本框控件将显示日期格式，而绑定到数字型字段的文本框控件将显示数值格式。未绑定文本框将显示所有可用格式。

常用控件的“格式”属性一般有标题、宽度、高度、上边距、下边距、字体名称、字体大小、字体粗细、字体倾斜以及特殊效果等属性，如图 5.88 所示为几种常用控件的“格式”属性部分选项。

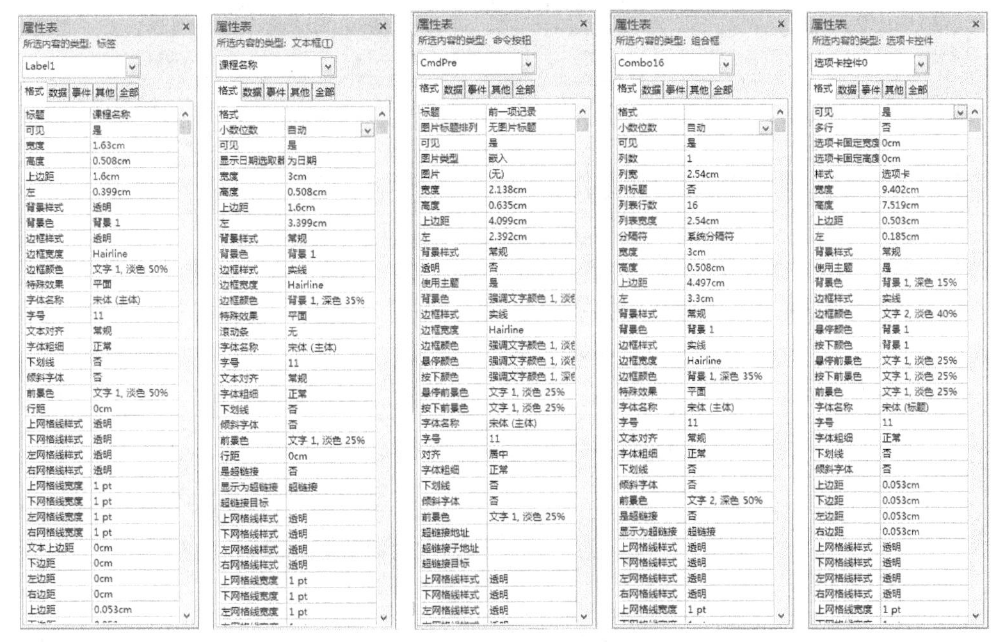

图 5.88 几种常用控件的“格式”属性部分

2)“数据”属性

“数据”属性决定控件的数据来源以及操作数据的规则，几种常用控件的“数据”属性如图 5.89 所示，通常包括控件来源、输入掩码、默认值、有效性规则、是否锁定和可用等设置。

注意：若“控件来源”中包含一个字段名，则在控件中显示数据表中该字段的值，对窗体中的数据所进行的任何修改都将写入该字段中；若“控件来源”属性值为空，则为非绑定型控件；若“控件来源”属性含有一个计算表达式，则该控件将显示计算的结果。

3)“事件”属性

“事件”属性主要用于定义控件在被特定事件触发时所执行的操作和行为。这些事件可以是窗体或控件中的数据被输入、删除或更改，或当焦点从一条记录移动到另一条记录，或鼠标有单双击操作、键盘有输入，或窗体与控件获得及失去焦点，还可以是打开、调整窗体或报表等。几种常用控件的“事件”选项卡如图 5.90 所示。

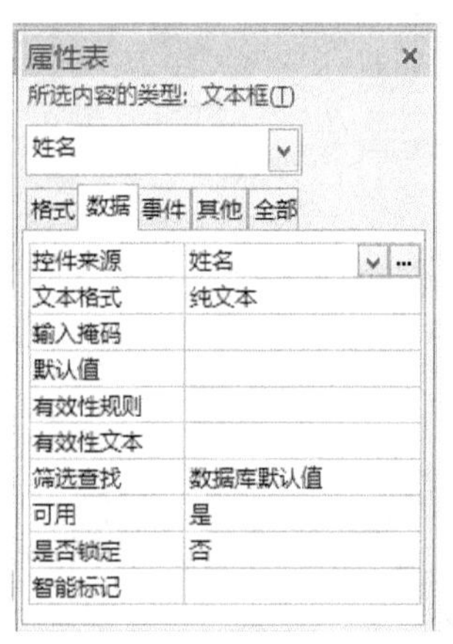

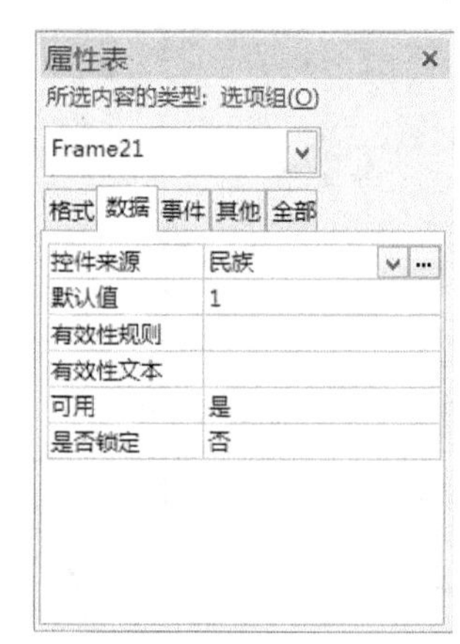

图 5.89　几种常用控件的“数据”属性部分

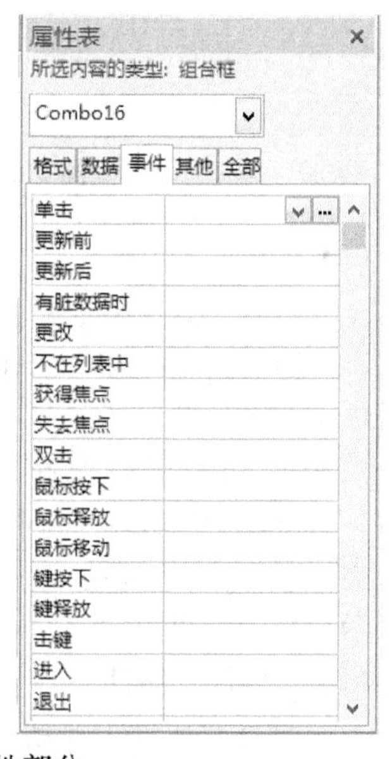

图 5.90　几种常用控件的“事件”属性部分

5. 控件的条件格式

设置控件的条件格式可以突出显示控件中那些符合特定条件的内容，让用户一目了然。设置控件条件格式的方法是，在窗体的设计视图下，选中需要设置条件格式的字段文本框，单击“窗体设计工具”/“格式”选项卡“控件格式”组中“条件格式”按钮，如图 5.91 所示。在弹出的如图 5.92 所示的“条件格式规则管理器”对话框中选择“分数”字段，单击“新建规则”按钮，在弹出的对话框里设置“分数”字段大于 90 分时，文字显示为绿色加粗倾斜带下划线；小于 60 分时，文字显示为红色粗体。设置完毕后，切换到窗体视图，显示效果如图 5.93 所示。

图 5.91　“条件格式”按钮

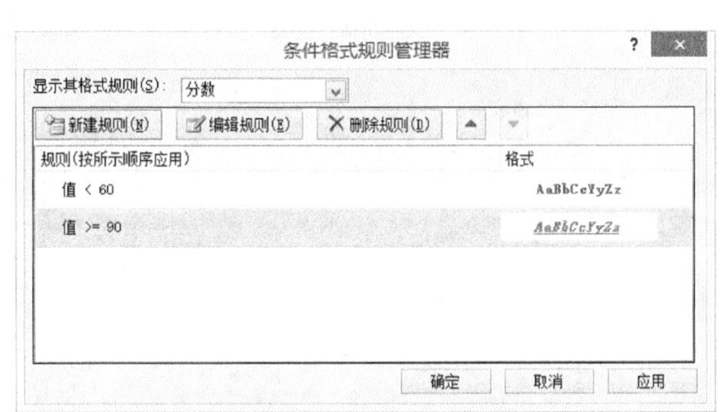

图 5.92　设置条件格式规则

学生成绩查询窗体

学生成绩查询

姓名	课程名称	分数
秦可楠	线性代数	67
陈睿	线性代数	89
李文浩	线性代数	99
刘子仪	线性代数	80
郭雅静	线性代数	60
李胜青	线性代数	98
曹慧敏	线性代数	56
孟旭莹	线性代数	86
张倩	线性代数	98
王治坤	线性代数	73
刘肃然	线性代数	89
郭泽华	线性代数	100
敬欣怡	线性代数	61
刘成	线性代数	94

记录: 第 1 项(共 1120　无筛选器　搜索

图 5.93　设置条件格式后的显示效果

5.3.6 控件的布局

向窗体中添加控件后，可以调整其大小，或是对其进行复制、粘贴或移动操作，从而改变控件的布局。要改变控件的布局，需要先选中一个或多个控件，再借助“窗体设计工具”/“排列”选项卡完成控件布局的调整。

1) 选择和取消控件

选择某个控件后，控件周围出现 4～8 个句柄(小方块)，也称为移动和大小句柄，如图 5.94 所示。可见，左上角的移动句柄较大，一般用于移动控件；其他移动句柄一般用于改变控件大小。需注意的是，只有选中“控件”组中的“选择”命令，才能对控件进行选择操作。

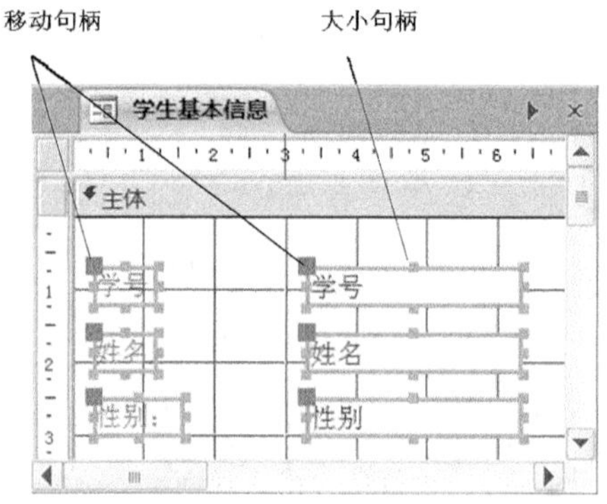

图 5.94　选定控件及其移动和大小句柄

单击控件的任意位置，可以选择任意单个控件。若选择与另一个控件相关联的控件，则将显示该控件的所有句柄，而仅在关联控件中显示移动句柄。若要选择多个控件，则按住 Shift 键，同时单击每个控件。此外，还可以拖动鼠标框选择多个邻近范围内的控件。

若要取消控件的选择，则只需在选中控件以外的窗体区域单击鼠标，即可取消选择控件。

2) 控件的排列

为了美化窗体的界面，向窗体中添加控件后，往往需要排列控件的位置和调整其大小。

用户可以借助设计视图中的网格线来排列控件。拖动控件靠近网格时，控件会被自动吸附与网格对齐。

若要使多个控件沿某一边对齐，要先选中这些控件，再在“窗体设计工具”/“排列”选项卡“调整大小和排序”组中选对应的命令，选择按某特定方向对齐控件。例如，选择“靠左”命令，则所有被选定的控件都将移动至它们的左边界线垂直对齐的位置，该垂线的横坐标为所选定控件的左边界中最靠左的那个位置。注意：不论控件的形状如何，每个控件都会有一个最小矩形包围它。因此，任何一个控件都有上下左右边界。“靠右”、“靠上”、“靠下”等对齐命令与“靠左”命令类似，请自行尝试其操作。例如，要求自动排列如图 5.95 所示的几个随意堆放的控件，方法是先选中这几个控件，从“窗体设计工具”/“排列”的“调整大小和排序”组中，依次选择“对齐”按钮下的“靠左”命令和“大小/空格”按钮下的“垂直相等”命令，对齐控件即可。

此外，“大小/空格”按钮下的“正好容纳”命令可以调整控件的边框至正好容纳控件上的文字和内容。

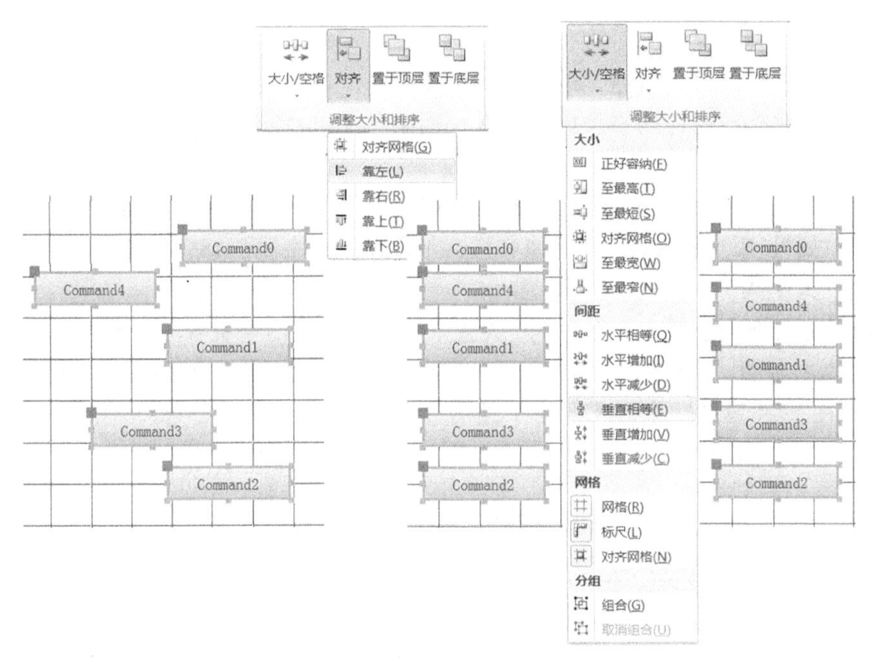

图 5.95　多个控件经过“靠左”对齐和“垂直相等”排列效果

3) 将标签重新关联到控件

默认情况下，有些控件添加到窗体中时会包含一个关联标签。如果意外删除了控件的关联标签，可以通过以下步骤重新为其添加一个关联标签：

(1) 在“控件”组中选择“标签”控件。

(2) 在窗体中希望放置标签的位置处单击鼠标，拖动鼠标调整控件大小。

(3) 输入标签内容，然后在控件外部单击鼠标。

(4) 选中标签控件，从“开始”选项卡的“剪贴板”组中选择“剪切”(或按 Ctrl+X 组合键)。

(5) 选中要建立关联的文本框。

(6) 从“开始”选项卡的“剪贴板”组中选择“粘贴”(或按 Ctrl+V 组合键)，即可将标签控件关联到该文本框控件。

5.3.7　设置窗体页眉和页脚

合理使用窗体页眉和页脚，可以美化窗体界面，增加对窗体内容的解释，使其功能和结构更加清晰明了。

【例 5.12】 打开例 5.8 所创建的“课程”窗体，为其添加一个窗体页眉和页脚。其中，页眉显示窗体标题“课程基本信息”，页脚显示说明信息“更多信息请查看教务处网页”和系统日期。

操作步骤如下：

(1) 打开“课程”窗体，进入设计视图界面。

(2) 右键单击窗体网格空白处，在快捷菜单中选择“窗体页眉/页脚”，打开窗体页眉节和窗体页脚节。

(3) 在页眉节中添加一个标签控件，先输入“课程基本信息”，然后选中该标签，打开其“属性表”窗口，设置字体名称：华文新魏；字号：18；前景色：红色，并调整边框大小为“正好容纳”标题。

(4) 在页脚节中插入一个标签，先输入“更多信息请查看教务处网页”，再插入一个文本框控件，删除关联标签，打开文本框“属性表”，将“控件来源”改为“=Date()”，并设“边框样式”为“透明”，如图 5.96 所示。

(5) 切换到窗体视图，查看运行结果，如图 5.97 所示。

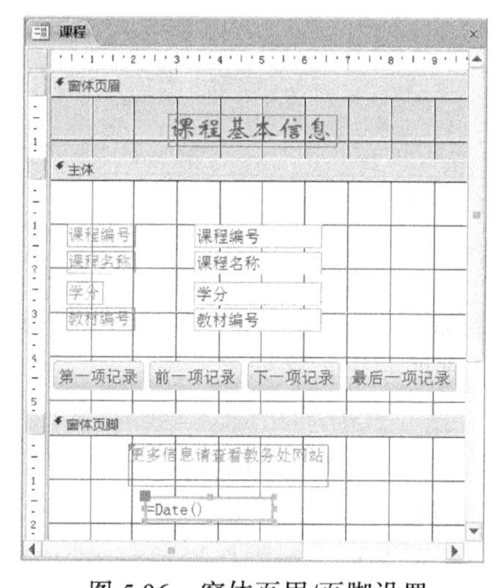

图 5.96　窗体页眉/页脚设置

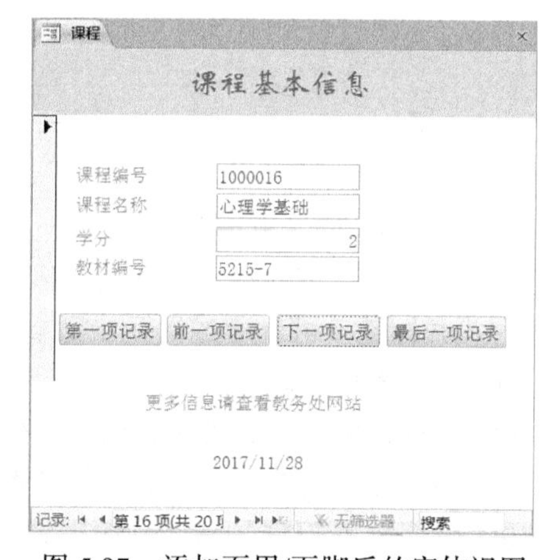

图 5.97　添加页眉/页脚后的窗体视图

5.3.8　窗体的数据处理

窗体是 Access 数据库的用户界面，通过窗体可以对数据源表或查询中的数据进行各种操作和维护。用户除了可以在窗体中定位、浏览和查找记录，还可以借助窗体添加新记录、修改和删除现有记录。此外，还能在窗体中对记录进行排序和筛选。

1) 编辑记录

在窗体中编辑记录，是指对记录进行添加、删除和修改操作。

(1) 添加记录：单击窗体视图底部的“记录导航栏”中的“新(空白)记录”按钮，系统自动跳转到一条新记录中，为每个字段输入新内容，单击“开始”选项卡“记录”组中的“保存”命令，如图 5.98 所示，或按 Shift+Enter 组合键保存。

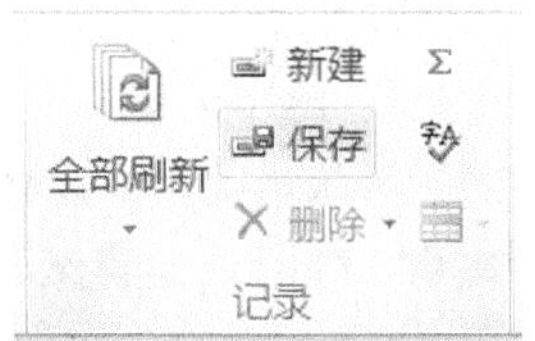

图 5.98 “开始”选项卡“记录”组

(2) 删除记录：先将当前记录定位到要删除的记录上，右键单击该记录，在弹出的快捷菜单中选择“删除”或“剪切”选项，即可将该记录从表中删除。

(3) 修改记录：定位到要修改的记录，直接修改即可。

2) 查找和替代数据

当窗体中的记录数目较少时，通过导航按钮栏依次浏览即可完成对特定记录的查找。但当窗体中的记录数目较多时，逐行移动查找变得不切实际。若已知表中某个字段的值，这时可以通过“开始”选项卡“查找”组中的“查找”命令，实现数据的快速查找。

【例 5.13】 在“学生基本信息”窗中快速查找一个叫“李文浩”的学生。

操作步骤如下：

(1) 打开“学生基本信息”窗体。

(2) 将光标插入“姓名”字段文本框。

(3) 单击“开始”选项卡“查找”组的“查找”命令(或按 Ctrl+F 组合键)，弹出“查找和替换”对话框。

(4) 在“查找内容”框内输入“李文浩”，由于之前已将光标定位在姓名字段上，因此，选择“查找范围”是“当前字段”，在“匹配”中选“字段任何部分”。然后单击“查找下一个”按钮，如果查找到相应记录，则会定位到该记录上，并以反显形式显示所找的字段，如图 5.99 所示。

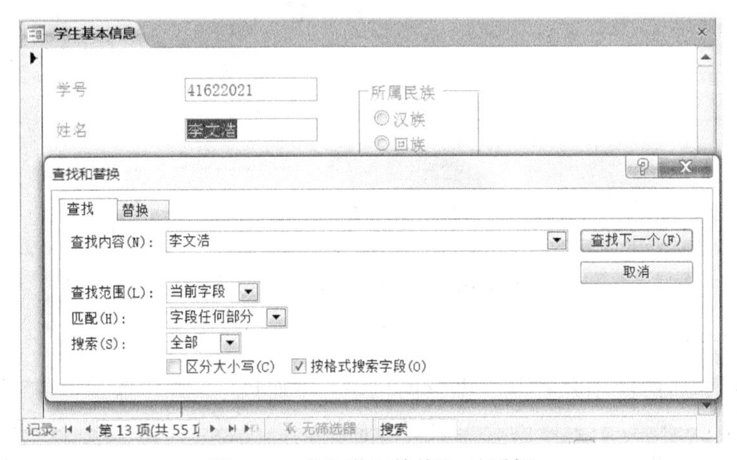

图 5.99 “查找和替换”对话框

如果要将查找到的内容替换为其他值，则将“查找和替换”对话框切换到“替换”选项卡，在“替换为”框输入替换的内容，单击“替换”按钮逐一替换，或按“全部替换”按钮，一次性替换所有内容。

3) 排序记录

默认情况下，窗体中的记录是按存放在数据源表中的物理顺序排序的。在窗体中可以对记录设置某种排序方式。

【例 5.14】 在“学生基本信息”窗中将记录按“姓名”排序。

操作步骤如下：

(1) 打开“学生基本信息”窗体。

(2) 在窗体上单击要作为排序依据的字段文本框，本例中将光标插入“姓名”字段中。

(3) 单击“开始”选项卡“排序和筛选”组的“升序”命令(或在右键快捷菜单中选“升序”命令)，如图 5.100 所示。此时，窗体中记录将按姓名拼音的首字母 a～z 的顺序排列。

(4) 要恢复原来的记录顺序，可单击“取消排序”命令。

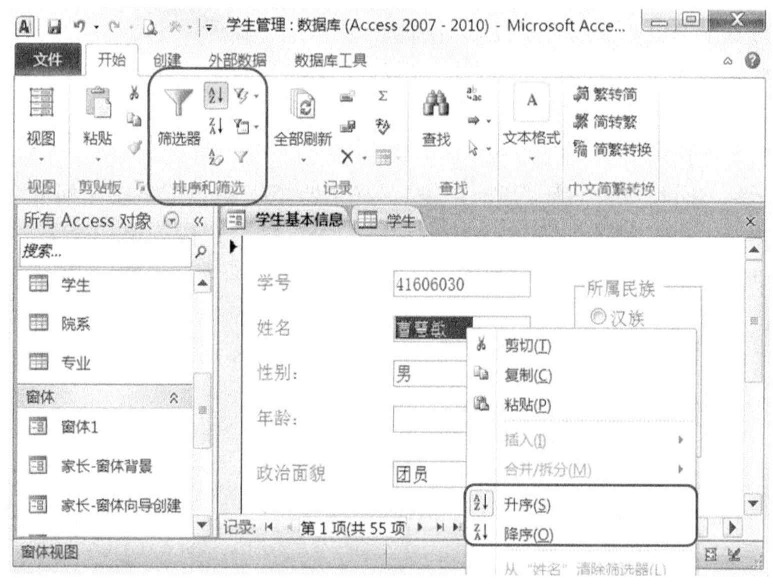

图 5.100　窗体记录的“排序”

4) 筛选记录

如果只想在窗体中查看某一部分的记录，可通过“开始”选项卡“排序和筛选”组命令执行筛选操作。记录的筛选可以在窗体视图或数据表视图进行，这和前面介绍的表的筛选操作类似，可以按选定内容筛选、按窗体筛选或高级筛选等。

5.4　创建主/子窗体

为了方便在窗体上查看具有“一对多”关系的表的内容，可以将“多”方表对应的窗体以子窗体的形式嵌入“一”方表对应的主窗体中同时显示。当主窗体中的记录移动时，子窗体中的内容会随之改变。下面介绍两种创建主/子窗体的方法。

5.4.1　使用“窗体向导”创建

【例 5.15】　使用“窗体向导”创建一个主/子窗体，要求主窗体显示“学生”表的“学号”和“姓名”字段，子窗体显示“课程名称”和“分数”字段。

操作步骤如下：

(1) 打开“学生管理”数据库，单击“创建”选项卡“窗体”组中的“窗体向导”命令，弹出“窗体向导”对话框，如图 5.101 所示。

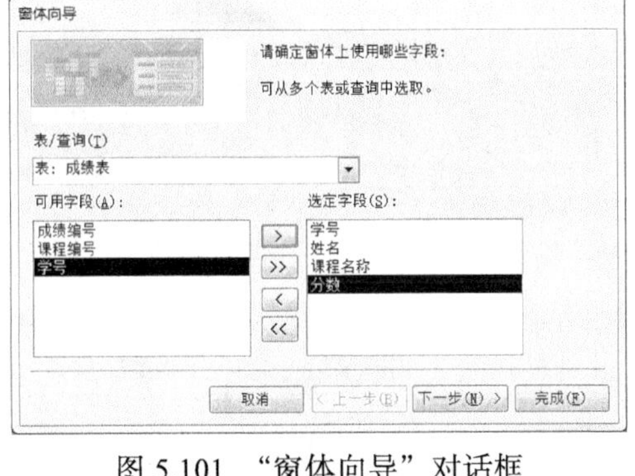

图 5.101　“窗体向导”对话框

(2) 将“学生”表中的“学号”和“姓名”字段，“课程”表中的“课程名称”字段以及“成绩表”中的“分数”字段添加到“选定字段”框中。单击“下一步”按钮，弹出如图 5.102 所示对话框。

(3) 确定查看数据的方式。对于正确建立了“一对多”关系的表，可以在下方选择以“带有子窗体的窗体”或“链接窗体”(预览如图 5.103 所示)作为查看数据的方式，这里选择“带有子窗体的窗体”(如图 5.102 所示)。单击“下一步”按钮，弹出如图 5.104 所示对话框。

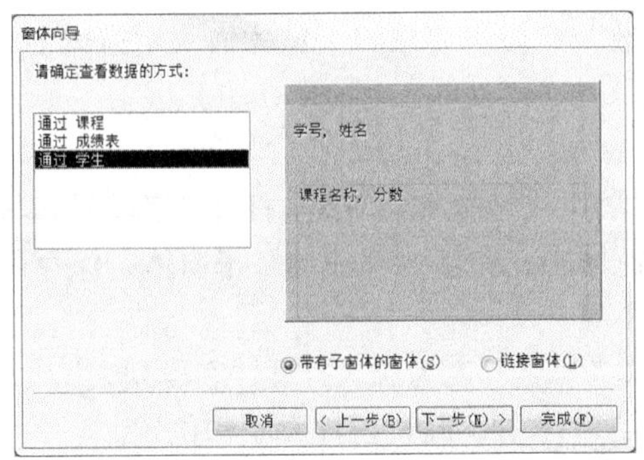

图 5.102　“子窗体”数据查看方式

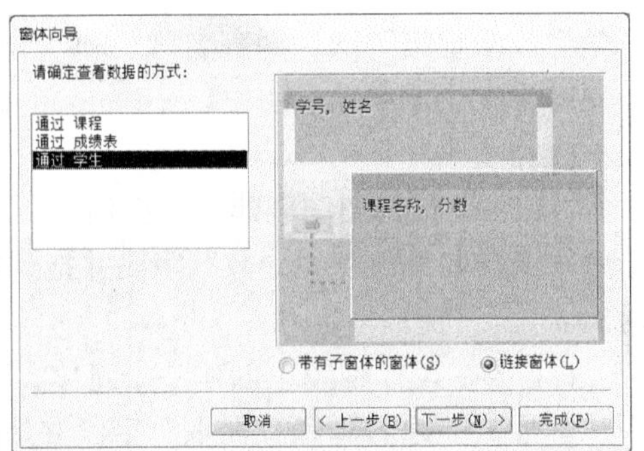

图 5.103　“链接窗体”数据查看方式

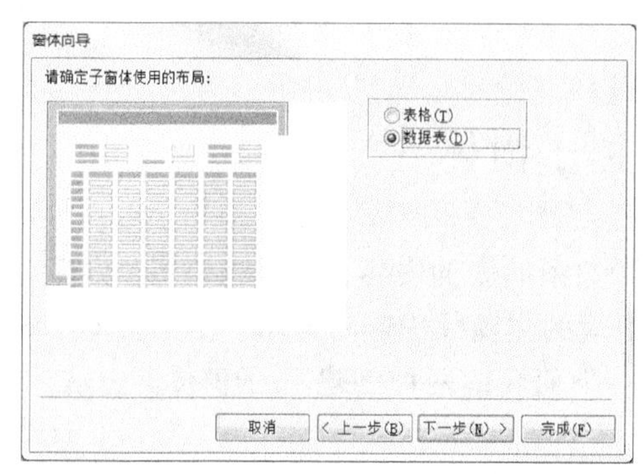

图 5.104　确定子窗体布局

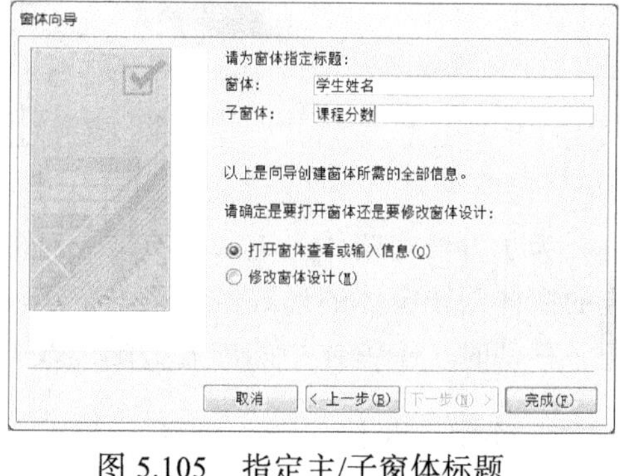

图 5.105　指定主/子窗体标题

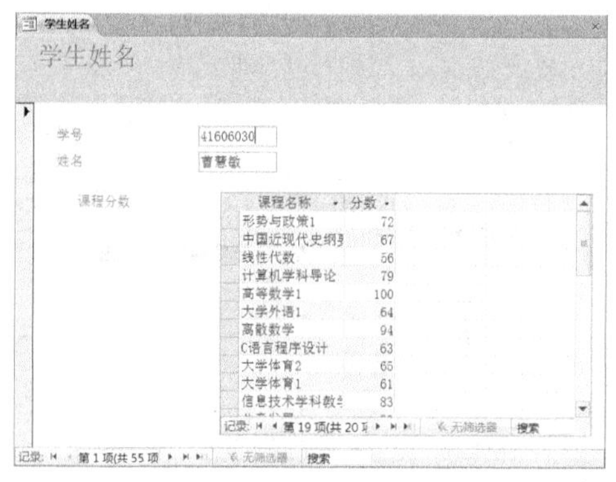

图 5.106　创建的主/子窗体

(4) 确定子窗体的布局，选择默认的“数据表”，单击“下一步”按钮，弹出如图 5.105 所示对话框。

(5) 分别为主窗体和子窗体指定标题“学生姓名”和“课程分数”，单击“完成”按钮。

(6) 创建的主/子窗体视图效果如图 5.106 所示。当单击窗体底部的导航按钮切换学生时，子窗体中的课程成绩信息也随之改变。

5.4.2　使用“子窗体”控件创建

如果需要将已经创建好的窗体作为子窗体嵌入另外一个窗体中，则可以利用设计视图“控件”组中的“子窗体/子报表”控件完成此操作。

【例 5.16】　分别创建两个窗体，其中一个“学生成绩主窗”作为主窗体，添加“学生”表的“学号”、“姓名”和“性别”字段，另一个“成绩”子窗体中添加“学生成绩查询”的“课程名称”和“分数”字段。要求将子窗体嵌入主窗体中，方便查看学生成绩信息。

操作步骤如下：

(1) 在设计视图中创建一个窗体，以“学生成绩查询”为源，打开“字段列表”，选中“课程名称”和“分数”字段并拖到窗体中，命名为“成绩”子窗体，保存后退出。

(2) 再在设计视图中创建一个窗体，以“学生”表为源，打开“字段列表”，选中“学号”、“姓名”和“性别”字段并拖到窗体中，调整控件大小和位置。

(3) 确保激活“控件”组中的“使用控件向导”命令，选择“控件”组中的“子窗体/子报表”选项，在窗体适当位置单击鼠标，启动“子窗体向导”对话框，如图 5.107 所示。

(4) 选择子窗体来源。可以选择“使用现有的表和查询”以及“使用现有窗体”，本例中选“使用现有窗体”，然后从中选择“成绩”子窗体，单击“下一步”按钮，弹出如图 5.108 所示对话框。

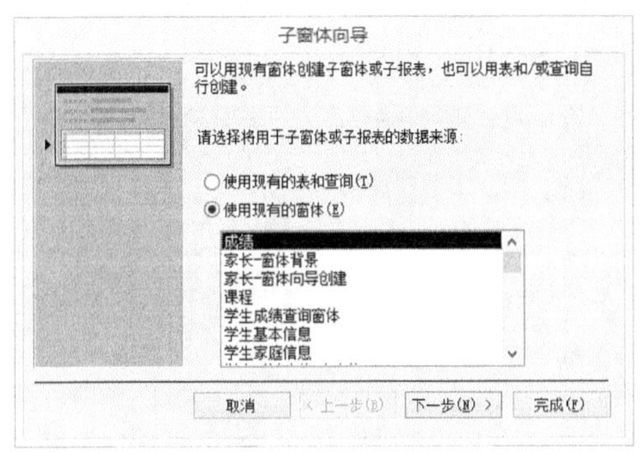

图 5.107　选择子窗体来源

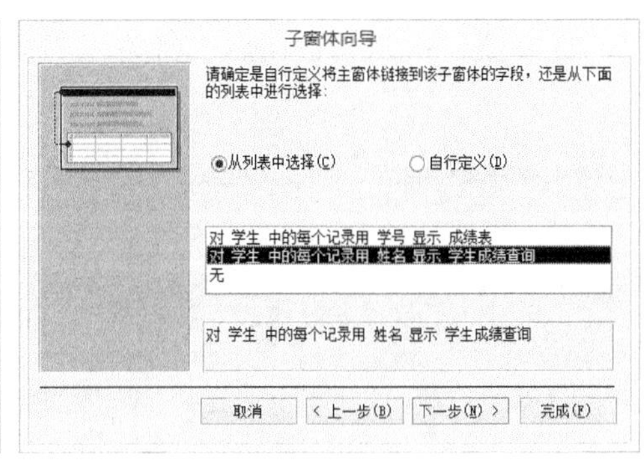

图 5.108　确定主窗体与子窗体链接字段

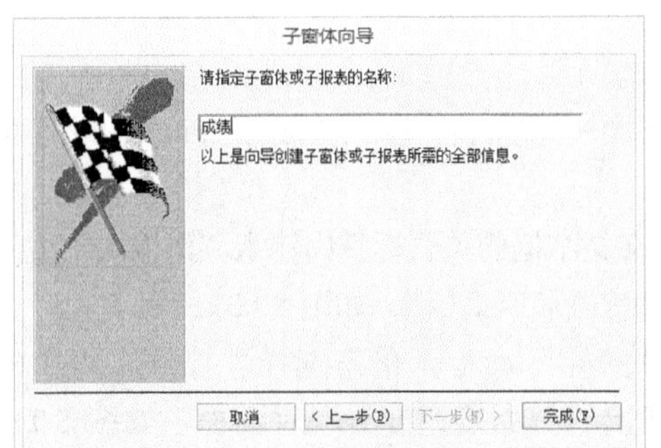

图 5.109　指定子窗体标题

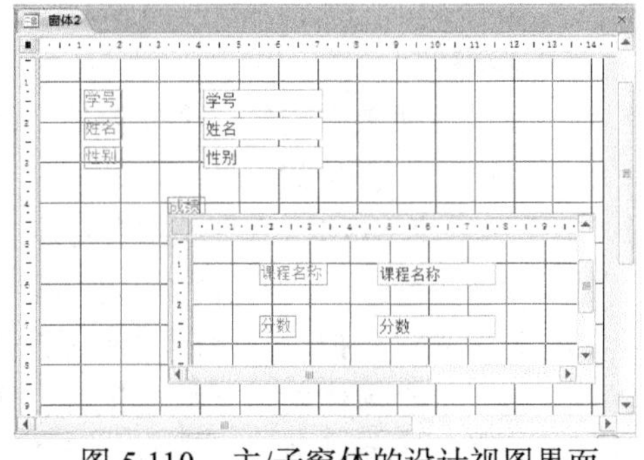

图 5.110　主/子窗体的设计视图界面

(5) 确定主窗体与子窗体之间的链接字段。这里选择“姓名”字段作为链接字段，单击“下一步”按钮，弹出如图 5.109 所示对话框。

(6) 指定子窗体标题为“成绩”，单击“完成”按钮，子窗体将嵌入当前窗体中，如图 5.110 所示。

(7) 切换到窗体视图，查看所设计的主/子窗体效果，如图 5.111 所示。

图 5.111　主/子窗体的结果运行界面

5.5　窗体设计实例

【例 5.17】　创建一个“按姓名查询窗”窗体，如图 5.112 所示，要求输入学生姓名后，单击“确定”按钮，即可弹出数据库中的“学生成绩主窗”窗体，如图 5.113 所示；单击“关闭”按钮后，将关闭“按姓名查询窗”窗体。

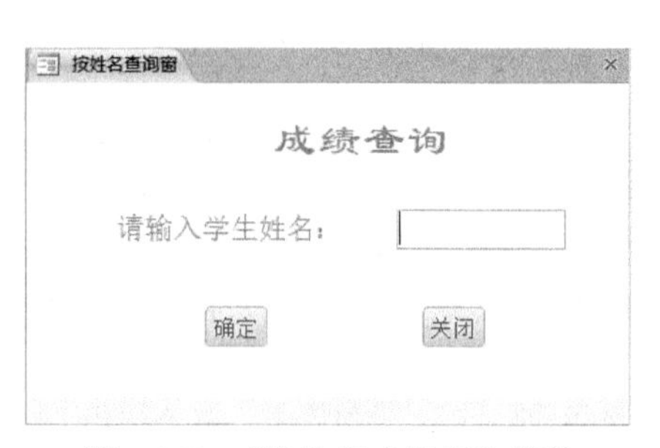

图 5.112　“按姓名查询窗”窗体

图 5.113　按姓名打开的学生成绩窗

操作步骤如下：

(1) 在设计视图中创建一个新窗体，添加一个标签，输入“成绩查询”，设置字体为“隶书”，字号为 22。

(2) 添加一个文本框，关闭文本框向导。在文本框的关联标签内输入“请输入学生姓名:”，设置合适的字号，保存窗体，命名为“按姓名查询窗”，如图 5.114 所示。

(3) 确保激活“控件”组的“使用控件向导”命令，单击选择“控件”组中的“按钮”控件，在窗体网格区单击鼠标，弹出“命令按钮向导”对话框，如图 5.115 所示。在“类别”框内选择“窗体操作”，在“操作”框内选择“打开窗体”，然后单击“下一步”按钮，弹出如图 5.116 所示对话框。

图 5.114　加入一个未绑定文本框

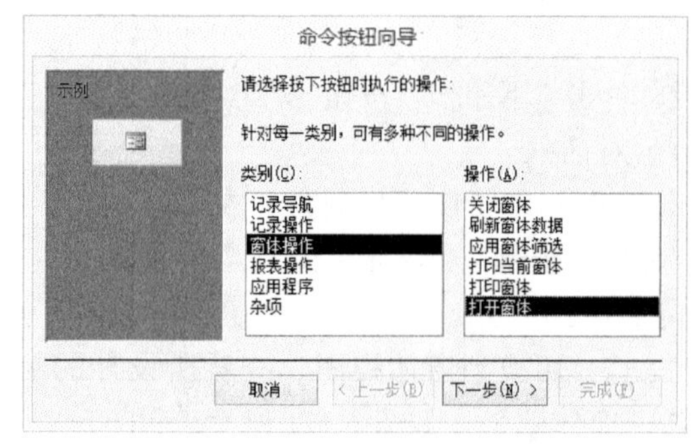

图 5.115　命令按钮向导：选择操作类别

(4) 选择“单击按钮”要打开的窗体为“学生成绩主窗”，单击“下一步”按钮，弹出如图5.117所示对话框。

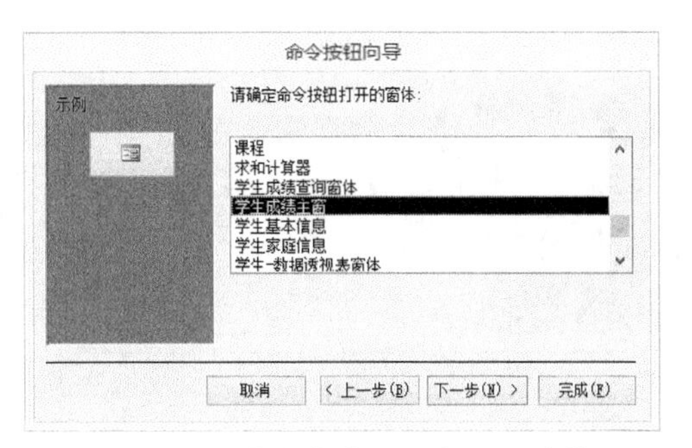

图5.116 确定命令按钮打开的窗体

(5) 选择第一项“打开窗体并查找要显示的特定数据”，单击“下一步”按钮，弹出如图5.118所示对话框。

(6) 选择待匹配的字段，要匹配用户在窗体文本框(Text1)中输入的内容与“学生成绩主窗”中的“姓名”字段。操作方法是先在“按姓名查询窗”框内选择Tex1，在“学生成绩主窗”框内选择“姓名”，然后单击 <-> 按钮。之后单击“下一步”按钮，弹出如图5.119所示对话框。

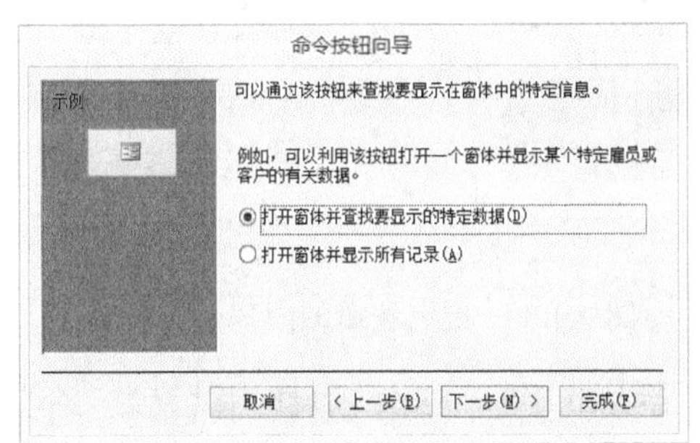

图5.117 选择“打开窗体并查找要显示的特定数据”项

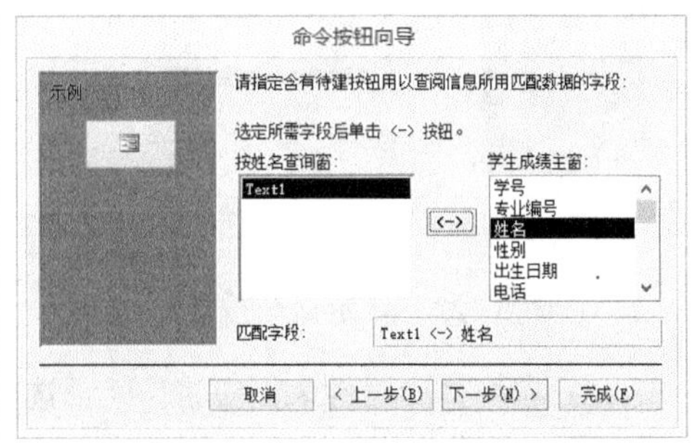

图5.118 指定要匹配的字段

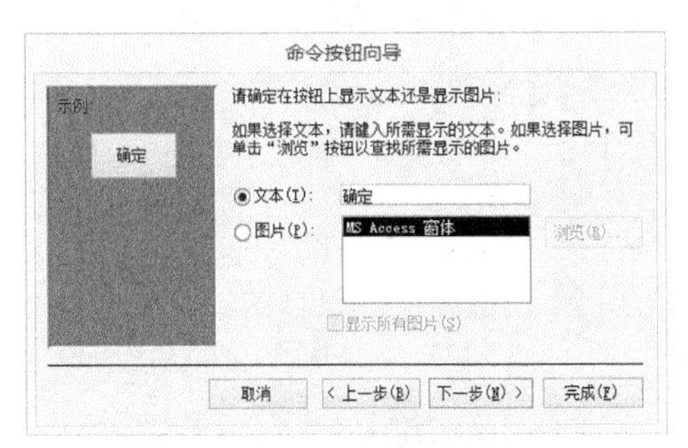

图5.119 设置按钮的外观文字

(7) 选择“文本”项，输入“确定”，单击“下一步”按钮，弹出如图5.120所示对话框。

(8) 使用默认的按钮名称，单击“完成”按钮，即可在窗体上创建“确定”按钮。

(9) 创建“关闭”按钮。在窗体设计视图上添加一个命令按钮，弹出“命令按钮向导”，如图5.121所示，在“类别”框内选择“窗体操作”，在“操作”框内选择“关闭窗体”。单击“下一步”按钮，弹出如图5.122所示对话框。

(10) 指定按钮名称为文本“关闭”，单击“下一步”按钮，弹出如图5.123所示的对话框。

(11) 采用默认值的按钮内部标识名称，单击“完成”按钮，即可完成“关闭”按钮的创建。

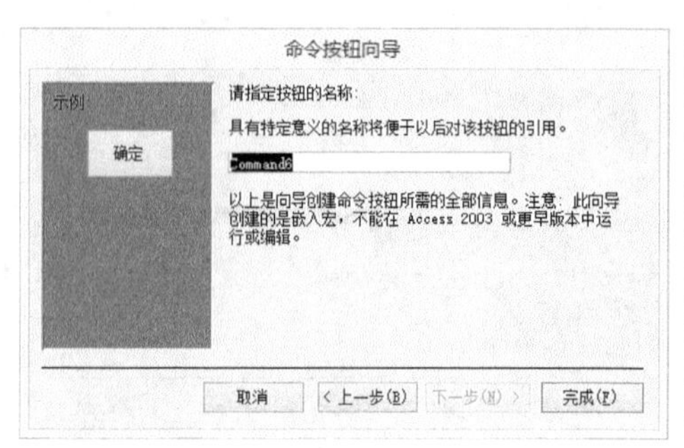

图 5.120　设置按钮的内部名称标识

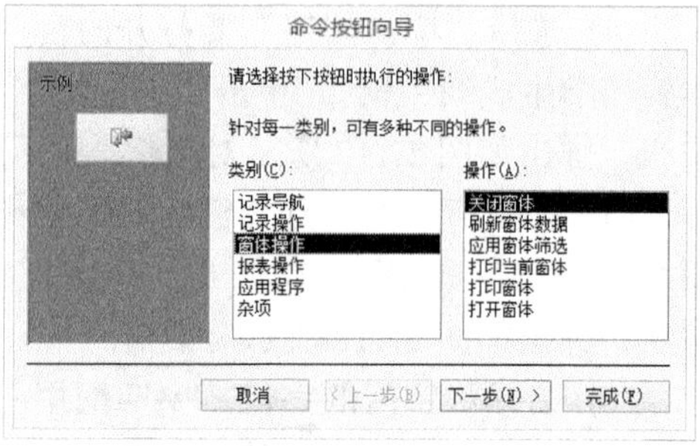

图 5.121　选择命令按钮的窗体操作类别

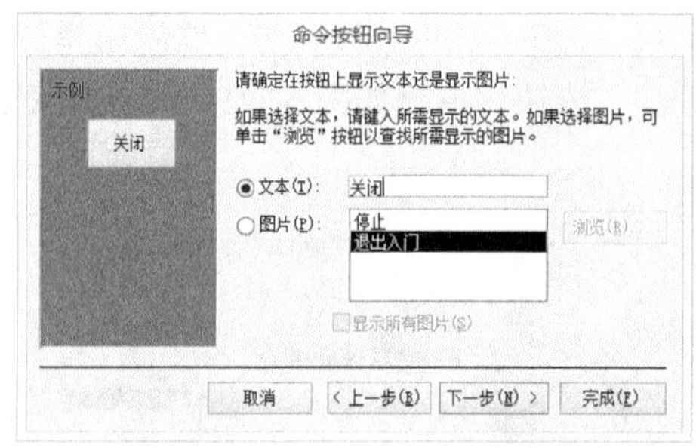

图 5.122　设定命令按钮的名称

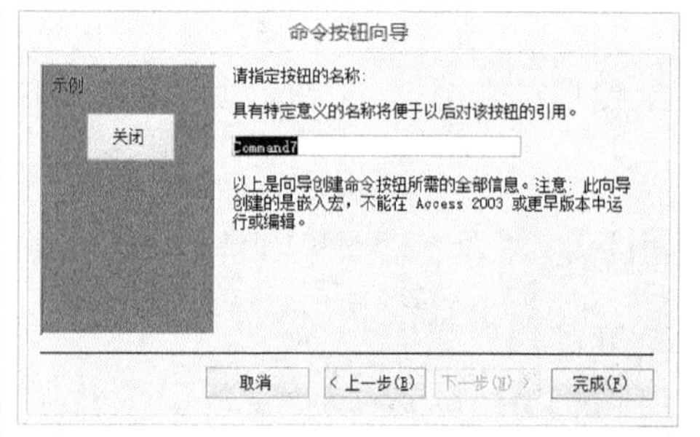

图 5.123　指定按钮的内部名称标识

(12) 在窗体“属性表”中将“记录选择器”和“导航按钮”属性均设置为“否”，如图 5.124 所示。

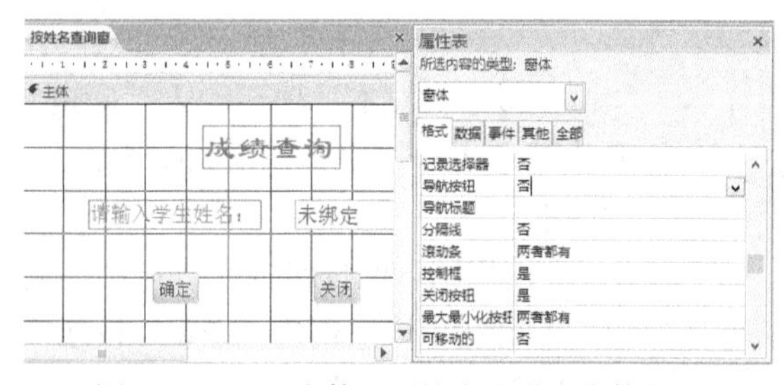

图 5.124　通过窗体“属性表”设置窗体外观

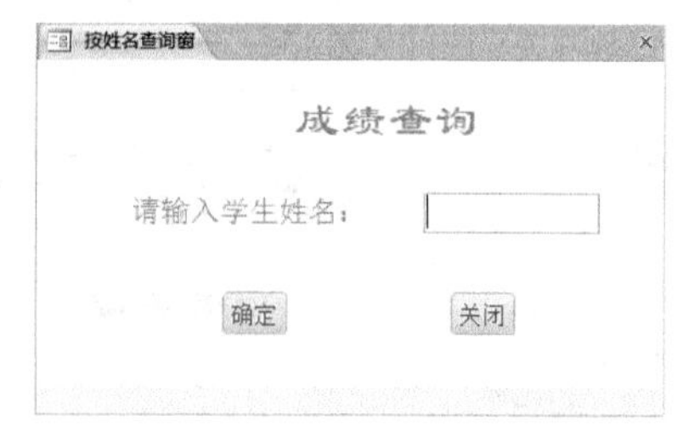

图 5.125　窗体视图下的姓名查询窗

(13) 保存窗体，命名为“按姓名查询窗”。打开窗体的窗体视图，如图 5.125 所示，在其中输入一个学生名字(如“刘宁”)，单击“确定”按钮，即可弹出如图 5.113 所示的结果。

5.6　创建导航窗体

导航窗体是 Access 2010 新增的一种特殊窗体，导航窗体是只包含导航控件的窗体，可用于管理数据库中所有对象。它可以方便地在数据库的各种表、窗体和报表之间切换，形成一个统一的用户交互界面，便于数据库发布到网站上。

【例 5.18】 在“学生管理”数据库已有窗体基础上创建一个导航窗体，实现学生信息、教师信息、选课信息和其他信息的导航。其中学生信息栏显示“学生基本信息”和“学生家庭信息”，教师信息栏显示“教师信息”，选课信息栏显示“课程”和“按姓名查询窗”，其他信息栏显示“求和计算器”窗体。

操作步骤如下：

(1) 在“创建”选项卡的“窗体”组中单击“导航”按钮，在下拉列表中选择一种版面布局格式，如图 5.126 所示，本例中选“水平标签”和“垂直标签，左侧”，弹出如图 5.127 所示的导航窗体布局界面。

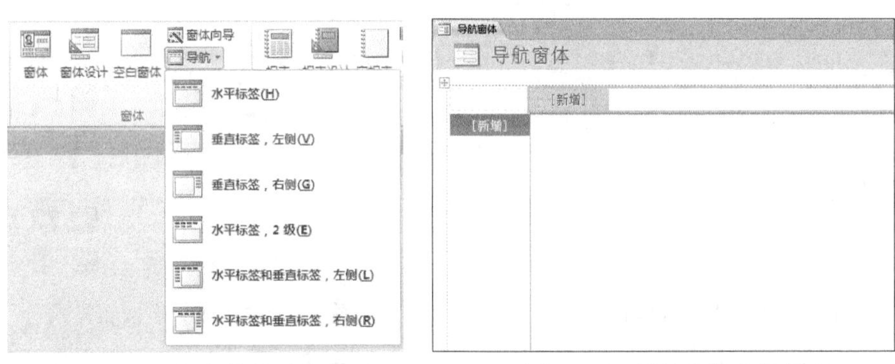

图 5.126　导航窗体布局选取　　　　　　图 5.127　导航窗体布局界面

(2) 单击水平“新建”选项卡标签，输入“学生信息”按回车键后，自动增加一个“新增”选项卡标签。同理，依次创建“教师信息”、“选课信息”和“其他信息”选项卡。

(3) 单击“学生信息”选项卡，从窗体导航窗格的“窗体”对象中选择“学生基本信息”和“学生家庭信息”，依次拖放到左侧的“新增”按钮上，将其添加到该选项卡中。同理，为“教师信息”选项卡添加“教师信息”窗；为“选课信息”选项卡添加“课程”和“按姓名查询窗”；为“其他信息”选项卡添加“求和计算器”窗体。增添窗体内容后的导航窗体如图 5.128 所示。

(4) 编辑导航按钮形状。选中水平方向的导航按钮，通过“窗体布局设计”/“格式”选项卡的“控件格式”组中“更改形状”按钮更改按钮形状，如图 5.129 所示。垂直方向的按钮也可以按此方向修改形状。

(5) 编辑导航按钮样式。选中水平方向的导航按钮，通过“窗体布局设计”→“格式”→“控件格式”工具栏上的“快速样式”按钮更改按钮形状，如图 5.130 所示。垂直方向的按钮也可以按此方向更改样式。

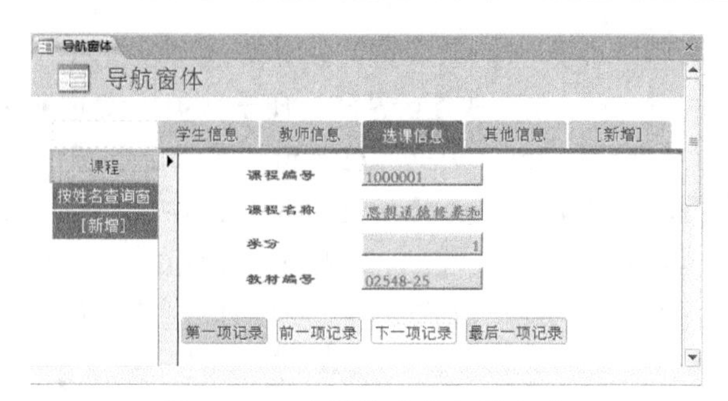

图 5.128　为导航窗体新增内容

图 5.129　更改导航按钮形状　　　　图 5.130　更改导航按钮样式

(6) 切换到窗体视图，设计完成的导航窗体如图 5.131 所示，单击导航按钮可以进行窗体之间的切换。

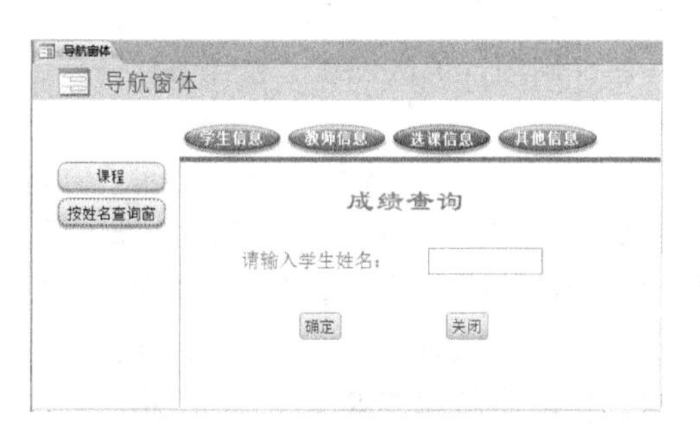

图 5.131　设计完成的导航窗体

5.7　创建自启动窗体

在 Access 中设置自启动的窗体，可以让用户在打开数据库时自动进入某个操作界面，如数据库系统的主控窗体。利用此功能可以设计欢迎界面，也可以控制访问权限，对访问者隐藏库中的其他对象，如表、查询、报表等，从而提高数据的安全性。

5.7.1　创建自启动窗体

【例 5.19】　将例 5.18 创建的导航窗体设置为“学生管理”数据库的自启动窗体，并限制访问者查看数据库中的其他对象。

操作步骤如下：

(1) 打开“学生管理”数据库，单击“文件”选项卡中“选项”命令，在“当前数据库”选项的“应用程序选项”栏中找到“显示窗体”项，选择要设置为自启动窗的窗体名，如图 5.132 所示。

图 5.132　选择“导航窗体”为启动窗体

(2) 下拉垂直滚动条，定位至“导航”栏，取消勾选“显示导航窗格”复选框；定位至“功能区和工具栏选项”栏，取消勾选“允许全部菜单”和“允许默许快捷菜单”复选框，单击“确定”按钮，如图 5.133 所示。

(3) 重新启动数据库，即可看到“导航窗体”已被设置为自启动窗体，如图 5.134 所示。

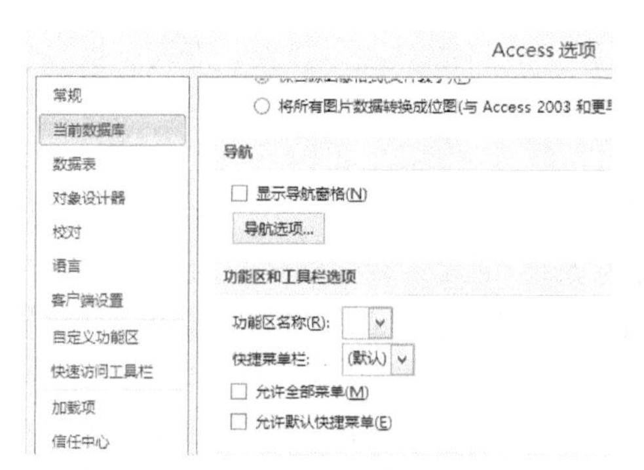

图 5.133　取消导航窗格、菜单和工具栏显示

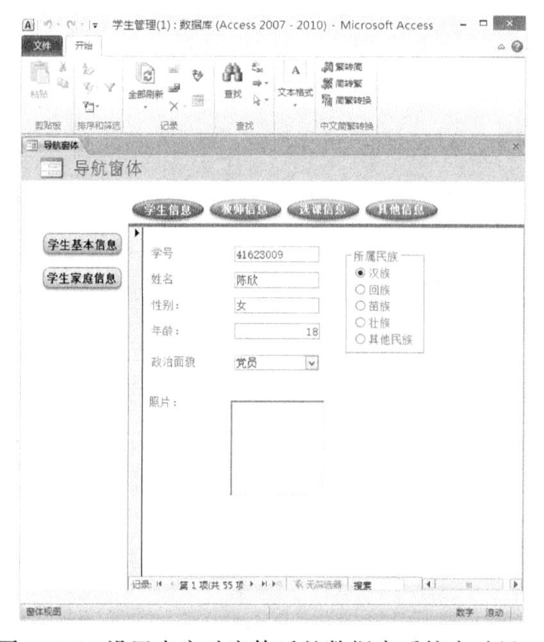

图 5.134　设置自启动窗体后的数据库系统启动界面

5.7.2　取消自启动窗体

若要对数据库对象进行操作，需要取消自启动窗体的设置，重新显示菜单和工具栏，恢复原始状态。操作步骤如下：

(1) 按住 Shift 键不放，同时双击此数据库，直到数据库打开后，再松开 Shift 键。

(2) 单击“文件”选项卡的“选项”命令，在“当前数据库”选项的“应用程序选项”栏中重新选取“显示窗体”为无。

(3) 下拉滚动条，在“导航”栏中重新勾选“显示导航窗格”复选框，在“功能区和工具栏选项”栏重新勾选“允许全部菜单”和“允许默许快捷菜单”复选框。

第 6 章　报　　表

报表是数据库的一个对象，在 Access 中数据库的打印工作主要是通过报表对象实现的。要将数据库中的数据打印输出，如学生成绩分析表、单位年度财务报表、银行交易流水汇总表等，需要设计一个界面精美且布局合理的报表，使得数据及其汇总统计信息能清晰地呈现在纸上，让人一目了然。本章将介绍如何在 Access 2010 中创建和使用报表，主要包括报表的基础知识及创建、修改和打印报表的方法等。

6.1　报 表 概 述

报表可以灵活多样地组织数据库中的数据，按照特定的格式对其进行显示和打印。此外，报表还可以对数据进行分组、多级汇总、统计计算和图表分析等处理。

创建报表所需的控件与窗体中的控件一样，报表中的数据也来源于表或查询。尽管报表和窗体十分相似，但它们还是有区别的：报表主要用于通过显示器或打印机输出、显示和分析数据，不能用于输入或更改数据；而窗体是数据库的用户接口，除了可以输出显示数据，还可以增加和修改表中的数据。

报表主要有以下功能：

(1) 可以对大量数据进行分组、比较、小计和汇总等分析。

(2) 可以对数据进行计数、求平均值和求和等统计运算，并按指定的格式输出数据。

(3) 可以设计出美观的目录、表格、发票、购物订单和标签等。

(4) 可以生成带有数据透视图或透视表的报表，增强数据的可读性。

(5) 可以嵌入图片美化报表。

6.1.1　报表的类型

Access 报表主要分为纵栏式报表、表格式报表、图表报表和标签报表四种类型，可以满足不同的应用需求。

1) 纵栏式报表

纵栏式报表类似于纵栏式窗体，是在报表的主体节上以垂直方式显示一条或者多条记录。每行显示一个字段，行的左侧显示字段的名称，右侧显示字段的内容，如图 6.1 所示。

2) 表格式报表

表格式报表是以行、列的形式显示记录数据，类似于数据表的格式。通常一行显示一条记录，一页显示多行记录。注意：表格式报表的字段名称通常放在报表的页面页眉，不放在主体节内。这也是最常见的报表格式，如图 6.2 所示。

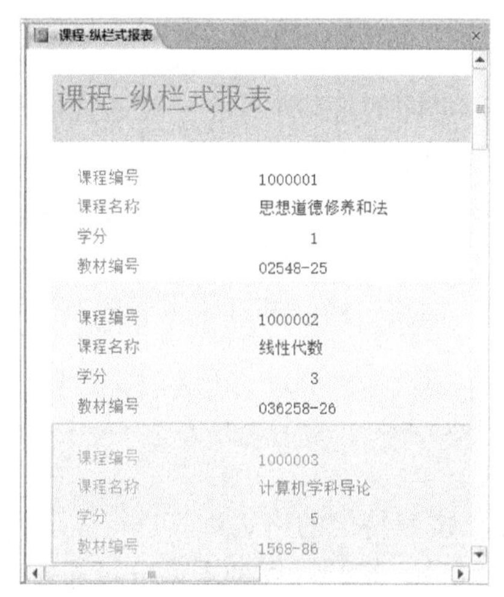

图 6.1　纵栏式报表

图 6.2　表格式报表

3) 图表报表

图表报表以图表的形式显示信息，一个设计精美的图表可直观地展示、统计和分析数据之间的关系，如图 6.3 所示。

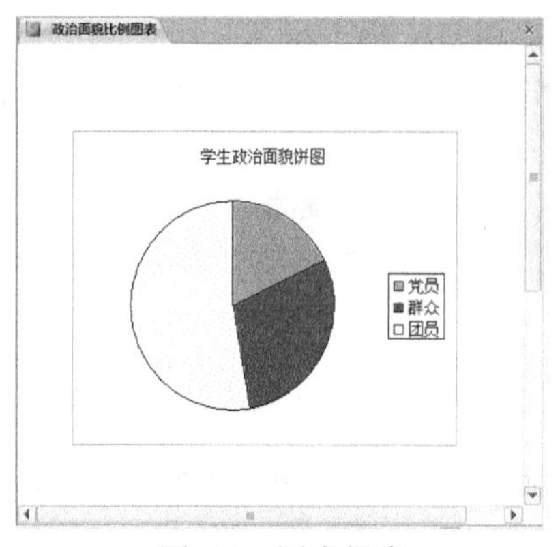

图 6.3　图表报表

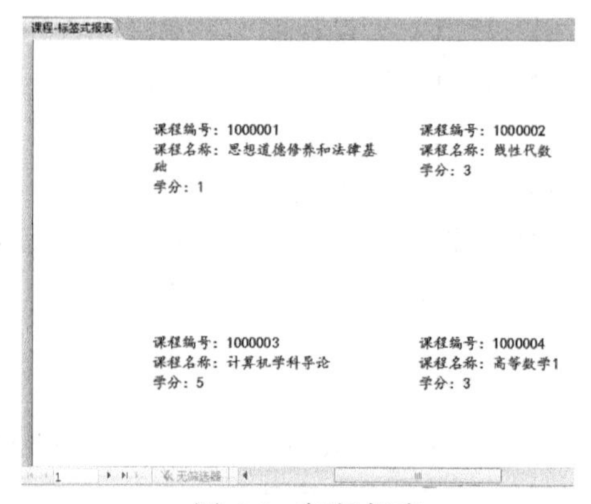

图 6.4　标签报表

4) 标签报表

标签报表是一种特殊的报表格式，它以标签的形式打印数据库中的数据，主要用于制作物品标签、客户标签等，如超市货架上的商品价签、考场座位标签、档案盒封签、信封通信地址、学生家访信件等，如图 6.4 所示。

6.1.2　报表的组成

报表一般由报表页眉/页脚、页面页眉/页脚、组页眉/页脚和主体七部分组成，每部分称为报表的一个节，每个节都有其特定功能。报表各节的结构如图 6.5 所示。

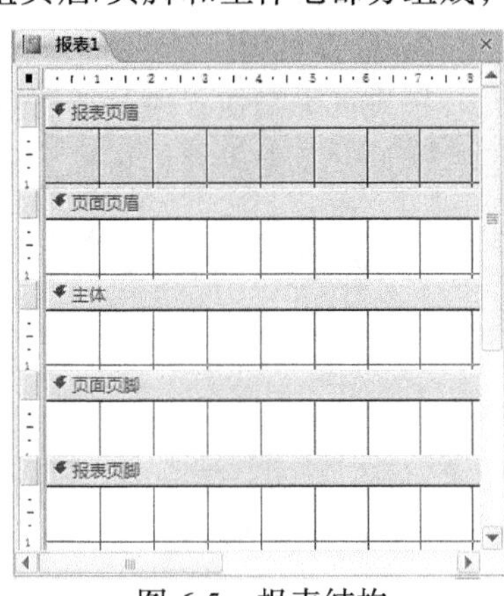

图 6.5　报表结构

在报表的设计图中，控件可以放置在多个节中，同一个控件放在不同节中的效果是不同的。例如，在设计报表时，把文本框放在主体节，而将关联标签放在页面页眉节中其对应文本框的正上方，则可以得到表格式报表的效果；若把关联标签和文本框都放在主体节，则会得到纵栏式报表的效果。报表各节的作用如下。

1) 报表页眉

报表页眉只在报表的首页出现一次。报表页眉主要用于打印报表的封面、徽标、制作时间和单位等只需要出现一次的内容。一般把报表页眉设计成单独的一页，可以包含图形和图像等内容。

2) 页面页眉

页面页眉的内容出现在报表每页的顶部(除了第一页位于报表页眉之下，其余页都位于顶部)，主要用于定义和显示每一列的标题、字段名或分组名。

3) 组页眉

组页眉的内容仅在每组头部显示一次，主要用于实现报表的分组输出和分组统计。只有选择了“报表设计工具”/“设计”选项卡的“分组和排序”选项后，报表才会出现组页眉节，并可以设置分组字段。组页眉的名称一般以分组字段作为前缀，如设置“性别”为分组字段时，“组页眉”的名称为“性别页眉”。可根据需要建立多层次的组页眉和组页脚。

4) 主体

主体是报表中显示和打印数据的主要区域。设计主体节时，通常可以将记录源中的字段直接“拖”到主体节中，或者将报表控件放到主体节中用于显示数据内容。所有的报表均有主体节，根据主体节数据的显示方式不同，可将报表分为纵栏式、表格式、图表和标签等。

5) 组页脚

组页脚的内容在报表每组的底部显示输出。组页脚对应于组页眉，主要用于输出每一组的汇总和统计计算信息。在设计一个报表时，可以同时包含或不包含组页眉/组页脚节，经过设置后还可以仅保留组页眉节而不保留组页脚节，但不能出现有组页脚节而没有组页眉节的情况。

6) 页面页脚

页面页脚的内容在报表每页的底部打印输出，主要用于显示本页的汇总说明，插入页码和日期等内容。

7) 报表页脚

报表页脚只在报表最后一页的结尾处出现一次，主要用于显示整个报表计算、汇总结果以及制表人、审核人等说明等信息。

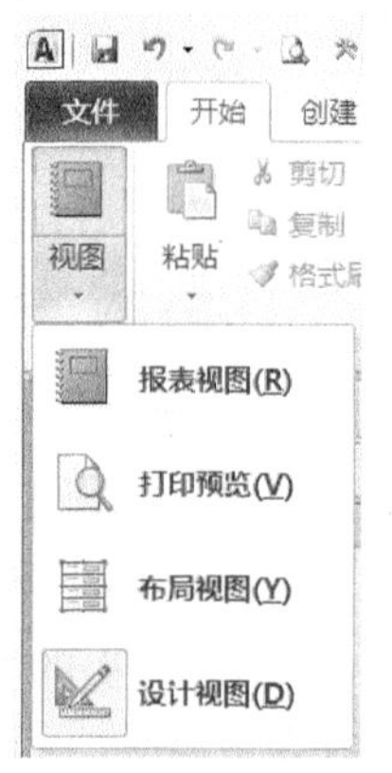

图 6.6　Access 2010 中的四种视图

6.1.3　报表的视图

在 Access 2010 中，报表共有四种视图：报表视图、打印预览、布局视图和设计视图，如图 6.6 所示。

1) 设计视图

设计视图用于报表的创建和编辑，用户可以根据需要向报表中添加控件、设置控件的属性，单独设计报表的每个区域的格式。例如，添加文本框控件用于显示报表的运行日期和时间，如图 6.7 所示。

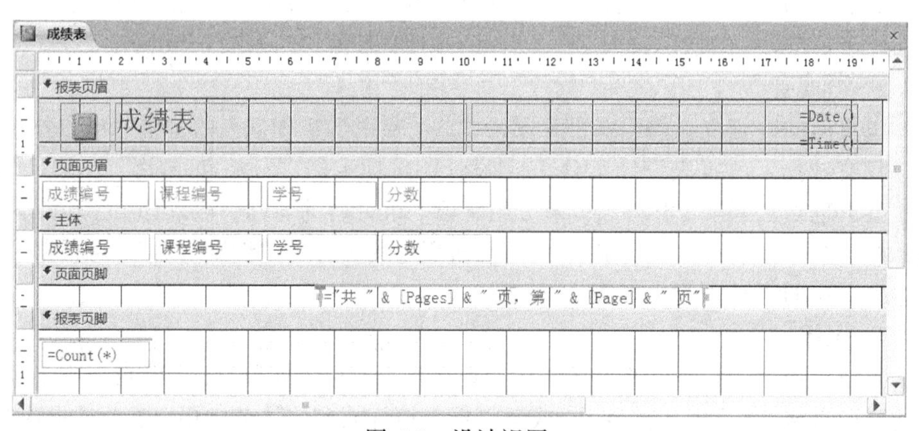

图 6.7　设计视图

2) 布局视图

布局视图是 Access 2010 新增的一种视图。在布局视图中，可以在显示数据的情况下调整报表设计，如图 6.8 所示，也可以设置控件属性、重新排列字段、更改其大小或应用自定义样式，还可以根据实际报表数据调整列宽，添加分组级别和汇总选项。报表的布局视图与窗体的布局视图的功能和操作方法十分相似。

成绩表

成绩表

成绩编号	课程编号	学号	分数
10000404	1000009	41601016	57
10000347	1000008	41601016	65
10000689	1000014	41601016	84
10000518	1000011	41601016	78
10000632	1000013	41601016	74
10000290	1000007	41601016	93
10000005	1000002	41601016	89

属性表

所选内容的类型：文本框(T)

学号

格式　数据　事件　其他　全部

名称	学号
控件来源	学号
格式	
小数位数	自动
可见	是
文本格式	纯文本
数据表标题	
宽度	2.54cm
高度	0.593cm
上边距	0.063cm
左	5.439cm
背景样式	常规
背景色	背景 1

图 6.8　布局视图

3) 报表视图

报表视图是反映报表设计效果的视图，用于在屏幕上显示报表内容，在报表视图中可以对报表中的记录应用筛选和高级筛选等操作，如图 6.9 所示。

成绩表

成绩表

2017年11月30日
16:08:32

成绩编号	课程编号	学号	分数
10000404	1000009	41601016	57
10000347	1000008	41601016	65
10000689	1000014	41601016	8
10000518	1000011	41601016	7
10000632	1000013	41601016	7
10000290	1000007	41601016	9
10000005	1000002	41601016	8
10000746	1000015	41601016	7
10001088	1000001	41601016	8
10000461	1000010	41601016	8
10001031	1000020	41601016	7
10000233	1000006	41601016	9
10000803	1000016	41601016	6
10000974	1000019	41601016	6

剪切(T)
复制(C)
粘贴(P)
插入(I)
合并/拆分(M)
升序(S)
降序(O)
从“分数”清除筛选器(L)
数字筛选器(F)
等于 65(E)
不等于 65(N)
小于或等于 65(L)
大于或等于 65(G)
更改为(H)
报表属性(R)

等于(E)...
不等于(N)...
小于(L)...
大于(G)...
期间(W)...

数字

图 6.9　报表视图及“选择”和“筛选”操作

4) 打印预览

打印预览视图可以查看报表数据打印到纸上的页面效果，显示打印到每一页上的报表数据，也可以对报表的页面进行设置。在打印预览视图中，鼠标通常以放大镜方式显示，单击鼠标就可以改变报表的显示大小，如图 6.10 所示。

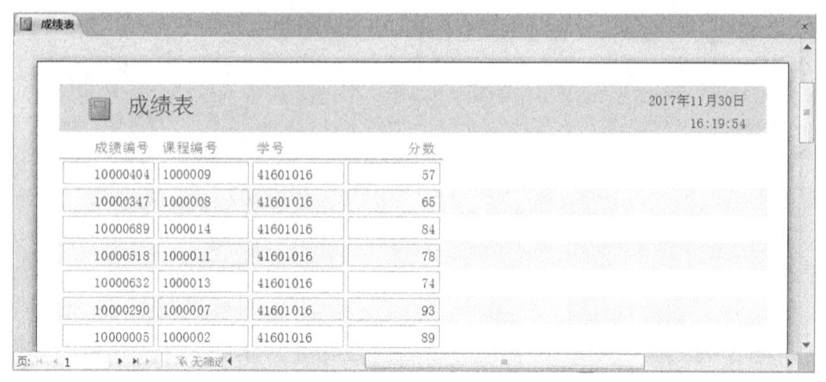

图 6.10　打印预览视图

注意：这四种视图是可以相互转换的，在任意视图的空白处单击右键，在弹出的菜单中可以进行切换，如图 6.11 所示。Access 主窗体的状态栏左侧显示当前的视图，单击左侧四个图标也可切换视图，如图 6.12 所示。

图 6.11　通过快捷菜单切换视图

图 6.12　通过状态栏切换视图

6.2　创 建 报 表

报表的创建方法和窗体的创建方法类似，Access 提供了五种创建报表的方法：自动创建报表、创建空报表、利用报表向导创建报表、创建标签报表和使用设计视图创建报表，如图 6.13 所示。一般情况下，可以先用“自动创建报表”和“报表向导”等方法自动生成报表，然后在“设计视图”中对报表功能和外观进行修改和完善。本节主要介绍前四种创建报表的方法。

图 6.13　“创建”选项卡“报表”组

6.2.1　使用“报表”命令自动创建报表

Access 中“报表”命令是一种快捷创建报表的方式，它会自动对选定的表或查询创建一个报表，不向用户提示任何信息，也不需要用户做其他任何操作。生成的报表将显示指定数据源中的所有字段。生成报表后，可在布局视图或设计视图中对其进行修改，以达到设计的要求。

【例 6.1】 在“学生管理”数据库中使用“报表”按钮创建名为“家长”的表格式报表。

操作步骤如下：

(1) 打开“学生管理”数据库，在窗体左侧的“导航窗格”中选择“家长”表。

(2) 单击“创建”选项卡“报表”组中的“报表”按钮，如图 6.14 所示，即可生成“家长”报表，并自动切换到布局视图，如图 6.15 所示。

图 6.14　“创建”选项卡“报表”命令

家长

2017年11月30日
17:59:47

家长编号	家庭地址	家长姓名	手机	学生编号	称呼	工作单位
100001	山东省潍坊市诸城市山东省诸城市密州街道南王家庄村	刘欣	13072971396	41601016	父亲	阿房路三校
100002	湖南省株洲市株洲县熙园小区A栋404	刘利娟	13080901180	41602005	父亲	安徽省马鞍山市博望区长裕村19号
100003	新疆维吾尔自治区喀什地区喀什市新疆喀什市夏马勒巴格路45号院平3栋3号	刘尼帕	13085902378	41602005	父亲	宝鸡市新建路中学
100004	黑龙江省七台河市勃利县小五站镇大义村	李宏娜	13087662187	41602035	父亲	保林物业公司

图 6.15　“报表”按钮创建报表(布局视图)

6.2.2　创建“空报表”

使用“空报表”创建报表时，默认进入一个空白报表的布局视图，然后手动添加现有字段。

【例 6.2】 在“学籍管理系统”数据库中，使用“空报表”报表工具创建“教师信息表”。

操作步骤如下：

(1) 在功能区上单击“创建”选项卡“报表”组中的“空报表”命令，如图 6.16 所示。自动进入一个空白报表的布局视图，其右侧为“字段列表”窗口，显示当前记录源中的字段，如图 6.17 所示。

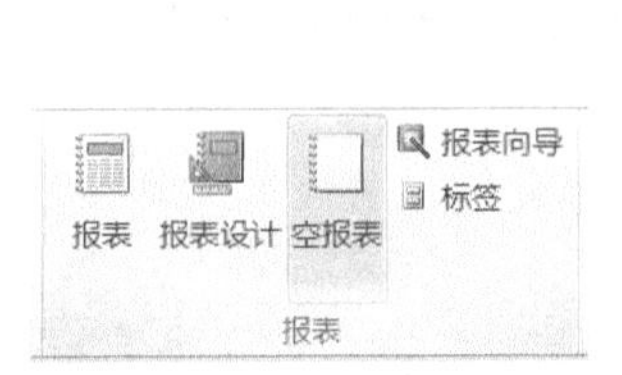

图 6.16 “创建”选项卡“空报表”命令

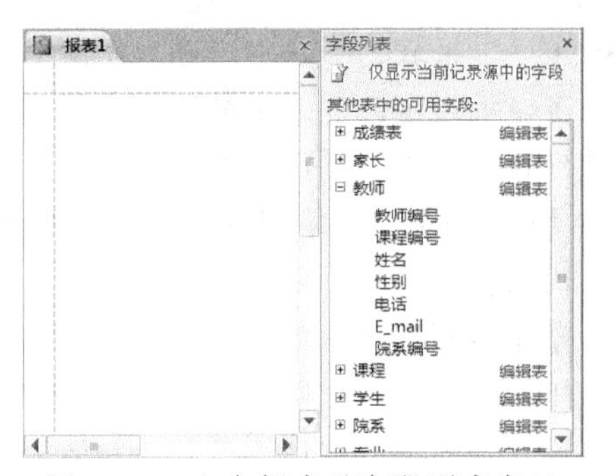

图 6.17 空白报表及字段列表窗口

(2) 单击“教师”表前面的加号“+”，展开教师表的所有字段。双击其中一个字段，下面的窗口就会自动将该字段的数据显示出来，再双击其他字段，该字段就会自动排列在上一次所选字段的右侧。根据实际需求，选择“教师编号”、“姓名”、“性别”和“电话”等字段，并调整报表的格式，如图 6.18 所示。

(3) 单击“另存为”保存报表，输入报表名为“教师信息表”，打印预览效果如图 6.19 所示。

图 6.18 选取记录源字段

教师编号	姓名	性别	电话
10001	杜卓	女	139****5678
10002	贺晴	女	139****5679
10003	张一帆	女	139****5680
10004	贾凤仪	女	139****5681
10005	曹慧敏	女	139****5682
10006	杨佳欢	女	139****5683
10007	耿梦巍	女	139****5684
10008	周文芳	女	139****5685
10009	吴将斌	男	139****5686
10010	谭杰明	男	139****5687
10011	郭璐	男	139****5688
10012	王文涛	男	139****5689
10013	王若楠	女	139****5690
10014	陈思	女	139****5691
10015	陈昱融	女	139****5692

图 6.19 打印预览效果

6.2.3 使用“报表向导”创建报表

使用“报表向导”创建报表和自动创建报表不同，使用向导创建报表，可以在创建报表过程中选择数据源和需要显示的字段，还可以对字段进行排序、分组和汇总运算。

【例 6.3】 在“学生管理”数据库中使用“报表向导”创建“学生选课成绩汇总”报表，要求汇总出每个学生所选课程的平均分。

操作步骤如下：

(1) 打开“学生管理”数据库，在左侧“导航窗格”中选择“学生”表。

(2) 单击“创建”选项卡“报表”组中的“报表向导”按钮，如图 6.20 所示。打开“报表向导”对话框，如图 6.21 所示，在“表/查询”框中选择数据源为“查询：学生成绩查询”。在“可用字段”窗格中依次将“姓名”、“课程名称”和“分数”字段添加到“选定字段”窗格中，然后单击“下一步”按钮，弹出如图 6.22 所示对话框。

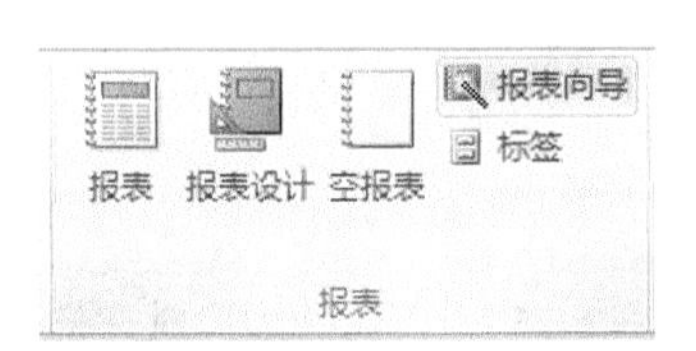

图 6.20　“创建”选项卡“报表向导”命令

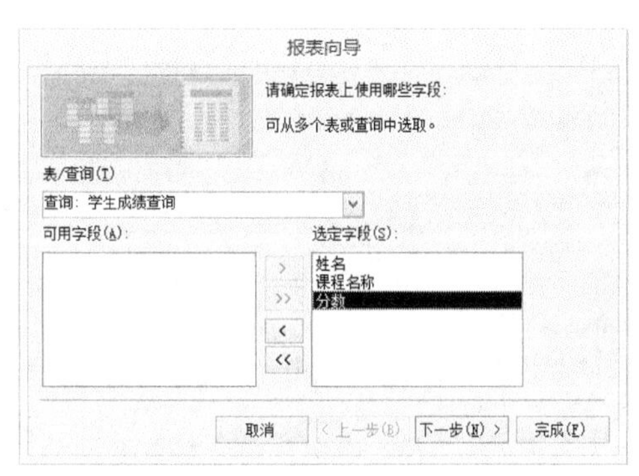

图 6.21　选择报表中使用的字段

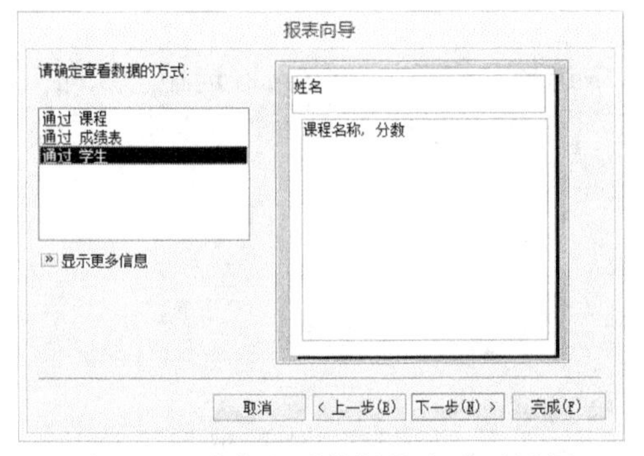

图 6.22　确定查看数据的方式对话框

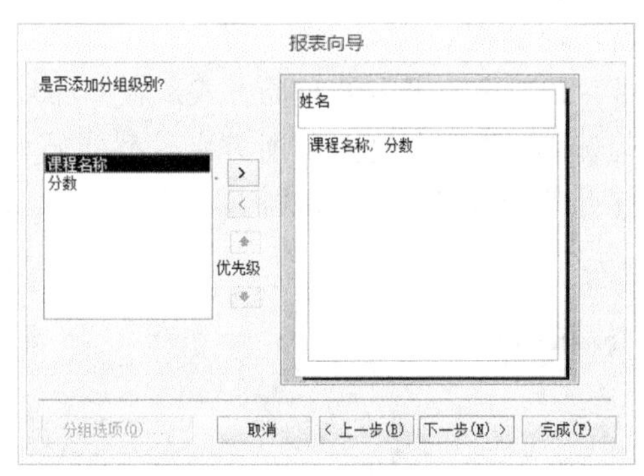

图 6.23　是否分组对话框

(3) 确定查看数据的方式。选择通过“学生”表查看，单击“下一步”按钮，弹出如图 6.23 所示对话框。

(4) 确定是否添加分组级别。采用默认的按“姓名”分组，单击“下一步”按钮，弹出如图 6.24 所示对话框。

(5) 选择报表中记录的排序字段。在“1”后的下拉菜单中选择“课程名称”，单击“升序”按钮，则该按钮上的提示变为“降序”，报表中的记录将按照“课程名称”字段降序的方式排序。注意：使用“报表向导”创建报表时，最多可以按 4 个字段进行排序，且排序依据只能是字段，不允许是表达式。

(6) 本例要求算出每个学生所选全部课程的平均分，故需对姓名分组进行计算。单击“汇总选项”按钮，弹出如图 6.25 所示“汇总选项”对话框，勾选“分数”字段计算“平均”值，并选择要显示“明细和汇总”信息(显示效果如图 6.28 所示)还是“仅汇总”信息(显示效果如图 6.29 所示)，最后单击“确定”按钮，关闭对话框。

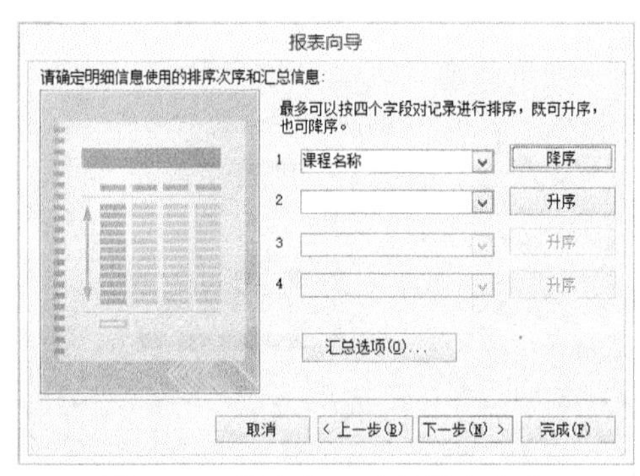

图 6.24　报表中记录的排序字段

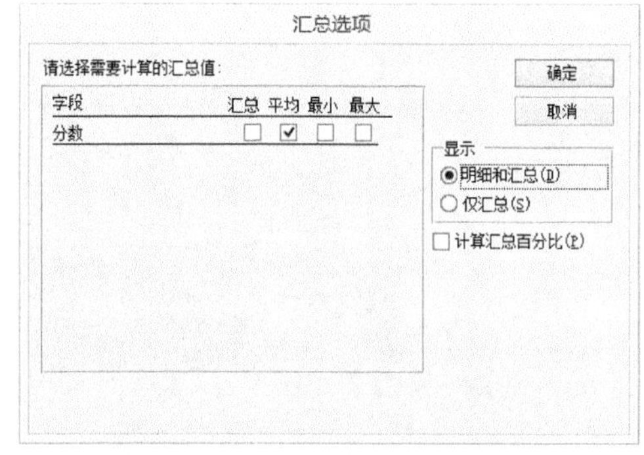

图 6.25　“汇总选项”对话框

(7) 返回到如图 6.24 所示排序对话框，单击“下一步”按钮，弹出如图 6.26 所示对话框。

(8) 确定报表的布局方式。在“布局”中选择“递阶”，“方向”选择“纵向”，勾选“调整字段宽度使所有字段都能显示在一页中”复选框，单击“下一步”按钮，打开如图 6.27 所示对话框。

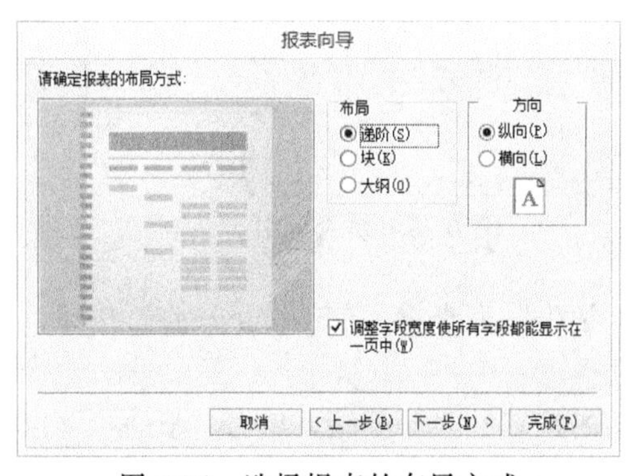

图 6.26　选择报表的布局方式

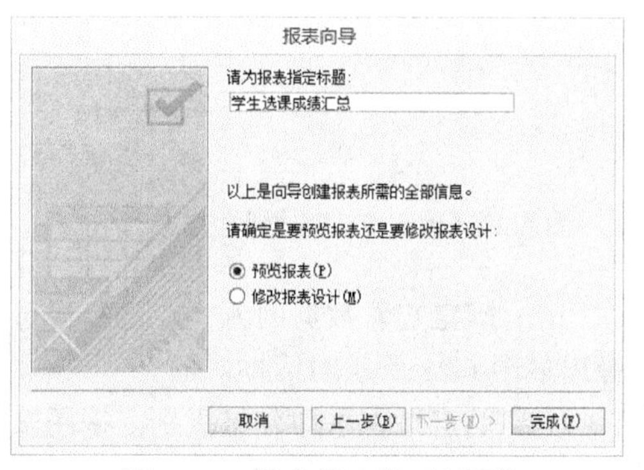

图 6.27　指定报表的“标题”

(9) 指定报表的标题为“学生选课成绩汇总”，选择“预览报表”，单击“完成”按钮，出现报表预览视图，图 6.28 显示“明细和汇总”信息，图 6.29 显示“仅汇总”信息。

学生选课成绩汇总

姓名	课程名称	分数
曹慧敏		
	中国近现代史纲要	67
	形势与政策2	97
	形势与政策1	72
	信息技术学科教学	83
	心理学基础	95
	线性代数	56
	思想道德修养和法	68
	面向对象程序设计	56
	离散数学	94
	计算机学科导论	79
	高等数学2	55
	高等数学1	100
	儿童发展	89
	电路基础	68
	大学语文	73
	大学外语2	64
	大学外语1	64
	大学体育2	65
	大学体育1	61
	C语言程序设计	63
汇总 '姓名' = 曹慧敏 (20 项明细记录)		
平均值		73.45
陈倩		
	中国近现代史纲要	63
	形势与政策2	60
	形势与政策1	97

图 6.28　显示“明细和汇总”信息

学生选课成绩汇总

姓名	课程名称	分数
曹慧敏		
汇总 '姓名' = 曹慧敏 (20 项明细记录)		
平均值		73.45
陈倩		
汇总 '姓名' = 陈倩 (20 项明细记录)		
平均值		81.1
陈睿		
汇总 '姓名' = 陈睿 (20 项明细记录)		
平均值		81.05
陈威君		
汇总 '姓名' = 陈威君 (20 项明细记录)		
平均值		77.85
陈欣		
汇总 '姓名' = 陈欣 (20 项明细记录)		
平均值		82.2
陈亚丽		
汇总 '姓名' = 陈亚丽 (20 项明细记录)		
平均值		85.75
陈源		
汇总 '姓名' = 陈源 (20 项明细记录)		
平均值		80.6
董立恒		
汇总 '姓名' = 董立恒 (20 项明细记录)		
平均值		77.4

图 6.29　显示“仅汇总”信息

6.2.4　创建“标签”报表

标签报表是一种特殊的报表，主要用于制作“客户信息”、“寄信人地址”和“货物信息”等标签。使用 Access 提供的“标签”向导工具可以方便地创建各式标签报表。

【例 6.4】　在“学籍管理系统”数据库中，使用“标签”报表工具创建“学生补考通知单”标签报表。

(1) 打开“学籍管理系统”数据库，创建一个“成绩不及格查询”包含“学号”、“姓名”、“院系”、“课程名称”和“分数”字段，用于查找分数不及格的记录。

(2) 在“导航”窗格中选择“成绩不及格查询”。

(3) 单击“创建”选项卡“报表”组的“标签”按钮，打开“请指定标签尺寸”对话框，如图 6.30 所示。

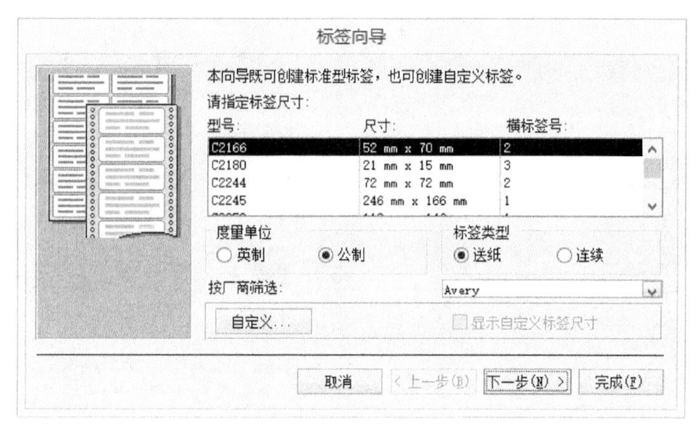

图 6.30　指定标签尺寸

(4) 为标签指定尺寸。可以通过列表选择一种尺寸或单击“自定义”按钮自行设计标签尺寸。度量单位有“英制”和“公制”两种，标签类型“送纸”和“连续”指定了用来打印标签的打印机的类型。单击“下一步”按钮，弹出如图 6.31 所示对话框。

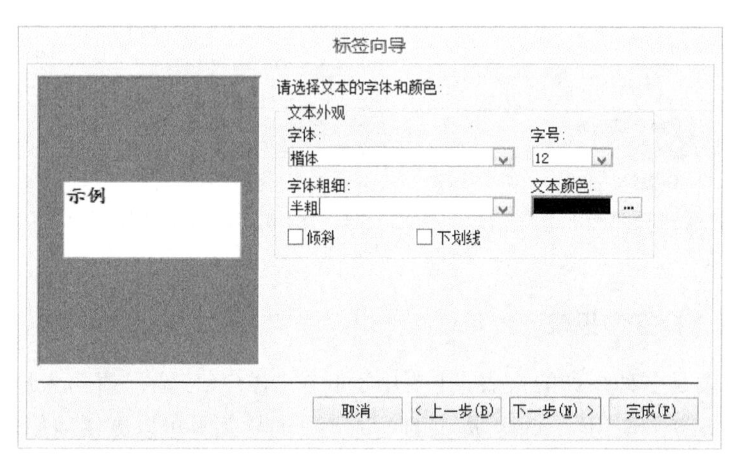

图 6.31　选择文本的字体和颜色

(5) 为标签的文字指定字体、字号、字型和颜色。这里选择“12”号字，字体粗细选择“半粗”，单击“下一步”按钮，弹出如图 6.32 所示对话框。

(6) 确定标签的显示内容。在“可用字段”窗格中双击“学号”和“姓名”字段，发送到“原型标签”窗格中。在“原型标签”窗格中单击下一行，把光标移到下一行，再双击“院系”，用同样方式继续设置“课程名称”和“分数”字段。为了让标签意义更明确，在每个字段前输入所需文本，如图 6.32 所示。然后单击“下一步”按钮，弹出如图 6.33 所示对话框。

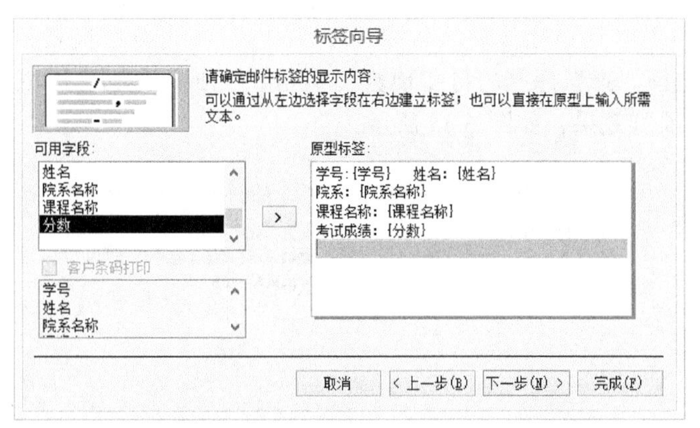

图 6.32　确定补考通知标签的显示内容及格式

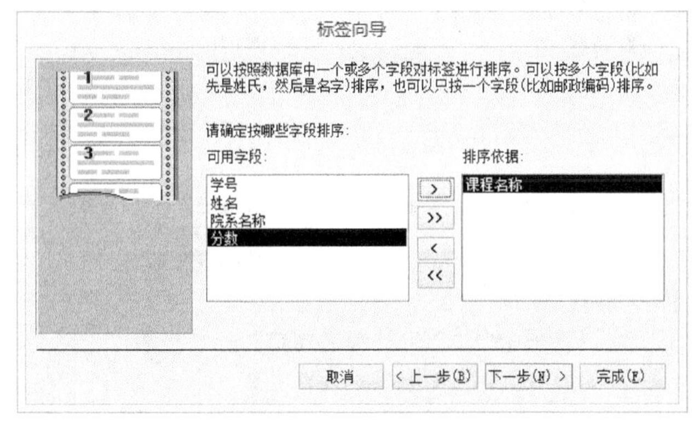

图 6.33　选择排序字段

(7) 确定排序字段。在“可用字段”窗格中双击“课程名称”字段，把它发送到“排序依据”窗格中作为排序依据，单击“下一步”按钮，打开如图 6.34 所示对话框。

图 6.34　指定标签报表的名称

(8) 在打开的“请指定报表的名称”对话框中，指定标签报表名称为“学生补考通知单”，选择“查看标签的打印预览”，单击“完成”按钮，可以看到制作完成的标签报表的预览效果，如图 6.35 所示。

学号:41610026　姓名：耿梦巍 院系：国际商学院 课程名称：C语言程序设计 考试成绩：55	学号:41618033　姓名：彭其阳 院系：化学化工学院 课程名称：C语言程序设计 考试成绩：58
学号:41617046　姓名：李道渊 院系：数学与信息科学学院 课程名称：C语言程序设计 考试成绩：59	学号:41620049　姓名：肖跃灵 院系：计算机科学学院 课程名称：C语言程序设计 考试成绩：55
学号:41616016　姓名：张希雅 院系：心理学院 课程名称：大学体育1 考试成绩：55	学号:41610042　姓名：陈源 院系：国际商学院 课程名称：大学体育1 考试成绩：57

图 6.35 “学生补考通知单”标签报表

6.3 在设计视图中创建报表

“报表设计”工具是在设计视图中新建一个空报表，制作满足要求的专业报表的最好方式是使用报表设计视图。在设计视图中可以对报表进行高级设计更改，如添加自定义控件类型以及编写代码。实际上报表设计视图的操作方式与窗体设计视图非常相似，创建窗体的各项操作技巧可完全套用在报表上。

6.3.1 报表的设计

利用报表设计视图设计报表的主要步骤如下：

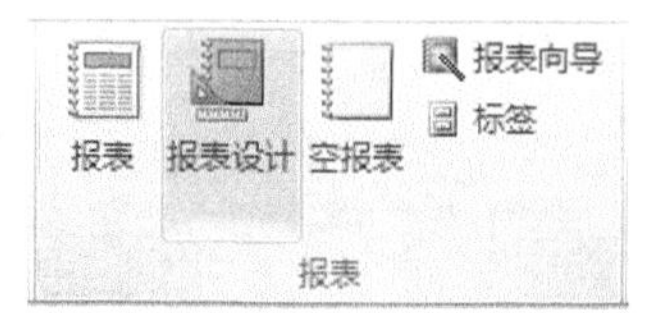

图 6.36 “创建”选项卡“报表设计”命令

(1) 创建一个新表或打开一个已有报表，进入报表设计视图。

单击“创建”选项卡“报表”组中“报表设计”命令，如图 6.36 所示，打开如图 6.37 所示的报表设计视图。

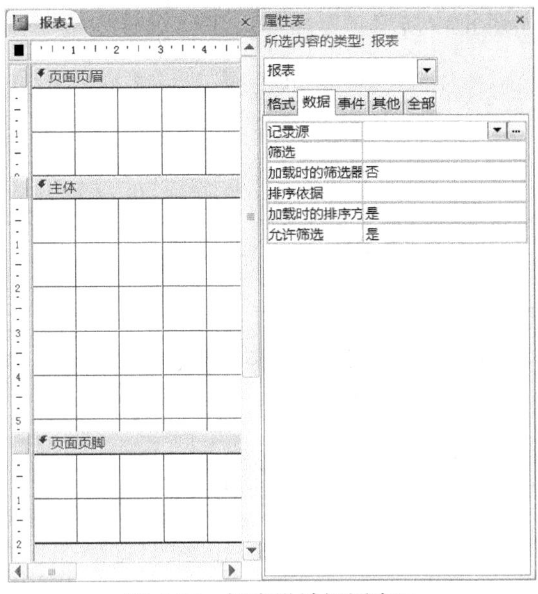

图 6.37　报表设计视图窗口

(2) 为报表添加数据源。切换到报表“属性表”的“数据”选项卡，在“记录源”选项下拉菜单中选择确定报表的数据来源表或查询。

(3) 向报表中添加控件。

(4) 设置控件的属性，实现数据显示及运算。

(5) 保存报表并预览。

6.3.2 “报表设计工具”选项卡

进入报表设计视图时，功能区上会出现“报表设计工具”上下文选项卡，其中包含“设计”、“排列”、“格式”和“页面设置”四个子选项卡。

1) “设计”选项卡

在“设计”选项卡中，包含“视图”组、“主题”组、“分组和汇总”组、“控件”组、“页眉/页脚”组、“工具”组，如图 6.38 所示。

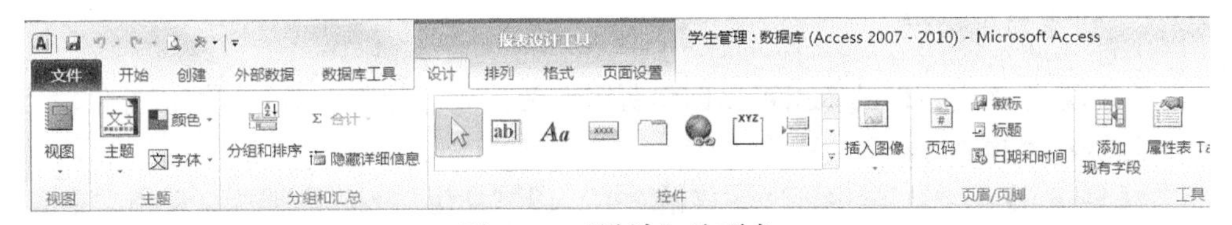

图 6.38　“设计”选项卡

2) “排列”选项卡

“排列”选项卡中的组完全与窗体的“排列”选项卡中的组相同，而且组中的按钮也完全相同，如图 6.39 所示。

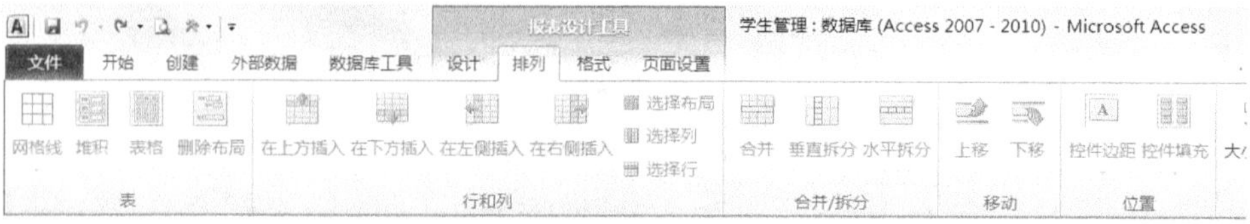

图 6.39 “排列”选项卡

3) “格式”选项卡

在“格式”选项卡中，包含“所选内容”组、“字体”组、“数字”组、“背景”组和“控件格式”组，如图 6.40 所示。

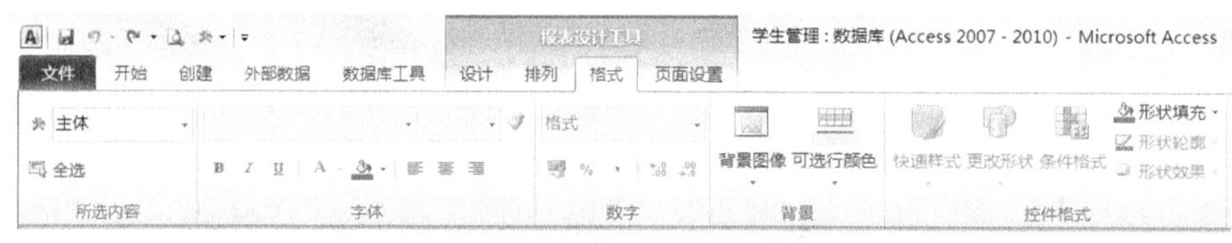

图 6.40 “格式”选项卡

4) “页面设置”选项卡

“页面设置”选项卡是报表独有的选项卡，这个选项卡包含“页面大小”和“页面布局”两个组，用来对报表页面进行边距、纸张大小、打印方向、页眉和页脚样式等设置，如图 6.41 所示。对于数据列比较少的报表，通常使用默认的页面设置和 A4 大小的纸张。

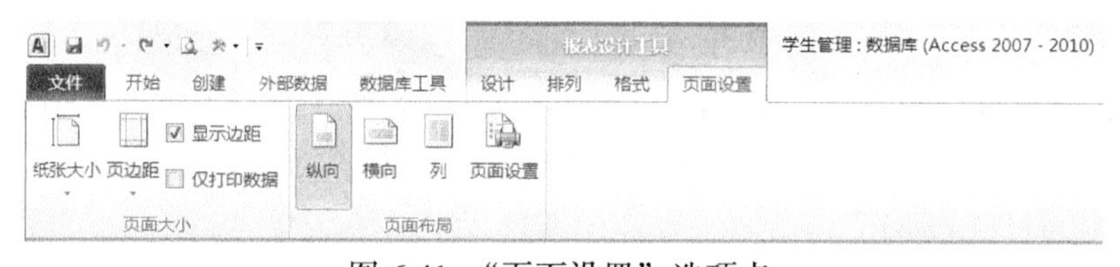

图 6.41 “页面设置”选项卡

6.3.3 创建简单报表

利用数据库中存储的数据可以创建所需要的报表，如制作学生基本信息报表、学生选课成绩报表等。

【例 6.5】 在“学生管理”数据库中，以“学生”表为数据源，使用“报表设计”工具创建“学生信息表”报表。

操作步骤如下：

(1) 打开“学生管理”数据库，在“创建”选项卡的“报表”组中单击“报表设计”按钮，打开报表设计视图。报表的设计视图默认显示页面页眉节、主体节和页面页脚节，如图6.42所示。右键单击报表上任意处，在快捷菜单中选“报表页眉/页脚”命令，显示报表页眉和报表页脚，如图6.43所示。

图6.42　报表设计视图默认节区

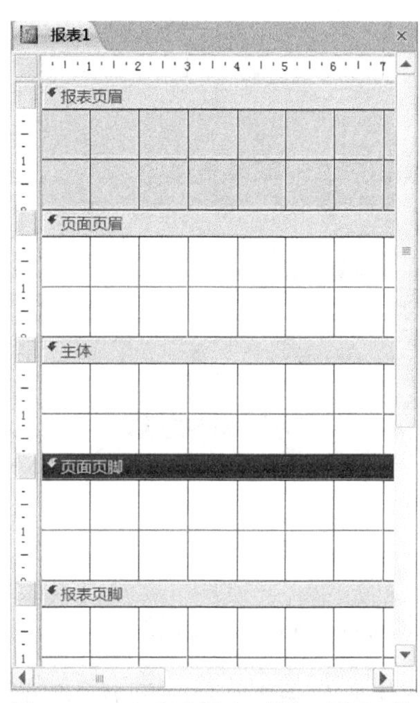

图6.43　显示“报表页眉/页脚”节

(2) 单击“报表选择器”按钮■(水平和垂直标尺交汇处的框)，单击“设计”选项卡“工具”分组中的“属性表”按钮，如图6.44所示。在报表“属性表”的“数据”选项卡中单击“记录源”右侧的下拉列表，从中选择“学生表”，如图6.45所示。

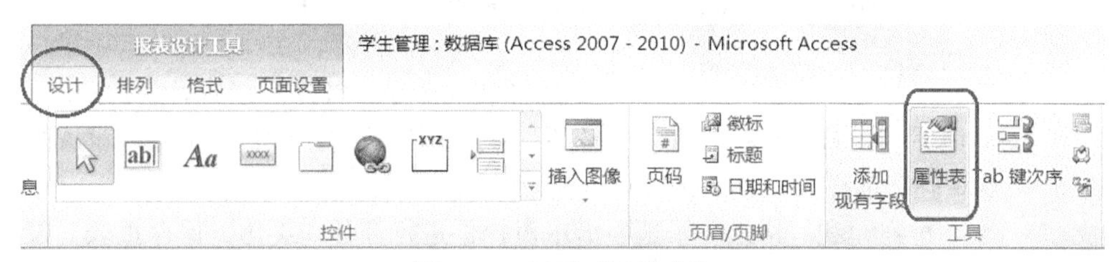

图6.44　打开“属性表”

(3) 在“设计”选项卡的“工具”分组中单击“添加现有字段”按钮，如图6.46功能区所示，打开“字段列表”窗格显示相关字段列表，如图6.46窗口右侧所示。

(4) 在“字段列表”窗格中选择全部字段，并拖到主体节中，如图6.46主体节所示。

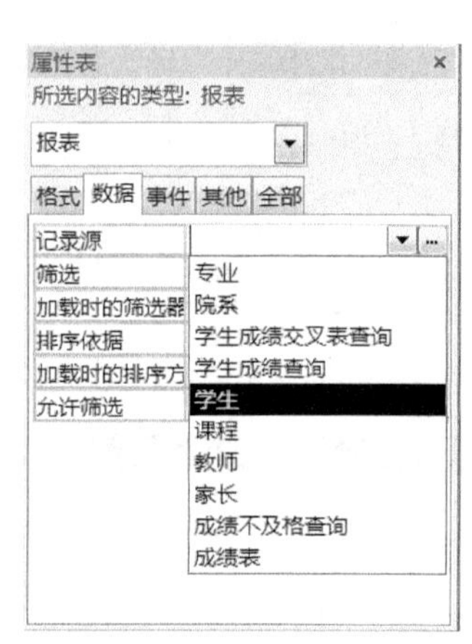

图 6.45　选择报表记录源

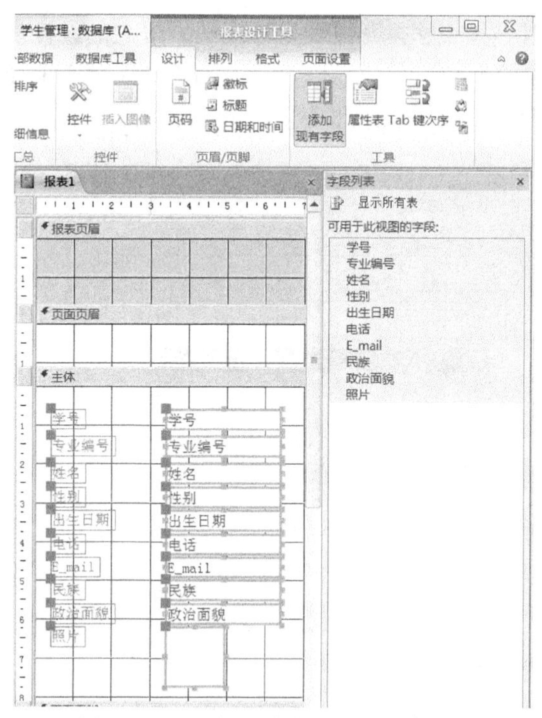

图 6.46　“添加现有字段”到主体节

(5) 在快速工具栏上单击“保存”按钮，保存报表为“学生信息表”，如图 6.47 所示。

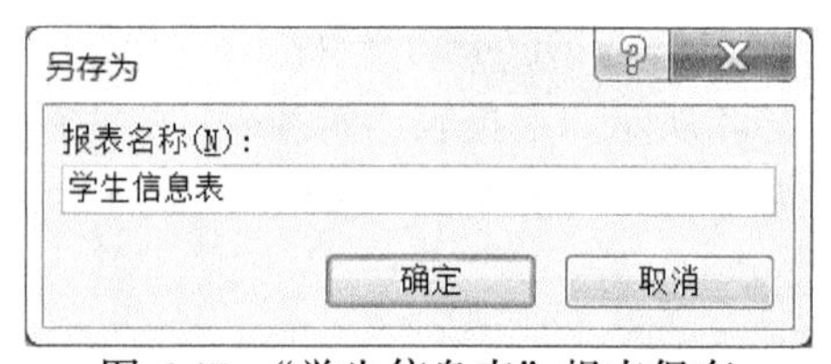

图 6.47　“学生信息表”报表保存

(6) 在功能区的“报表设计工具”/“设计”选项卡的“控件”组中选择“标签”控件，在页面页眉节画一个矩形添加“标签”控件，输入“学生基本信息”。

(7) 选中该标签，在“工具”组中单击“属性表”命令，打开标签的属性表窗口，如图 6.48 所示，设置“边框样式”为透明，“字体名称”为隶书，“字号”设置为 22，“文本对齐”选择居中，“前景色”选择深蓝。

(8) 在“排列”和“格式”子选项卡中对控件进行调整和美化，保存报表，设计结果如图 6.49 所示。

【例 6.6】　以“学生成绩查询”为数据源，在报表设计视图中创建“学生选课成绩报表”。

操作步骤如下：

(1) 打开“学生管理”数据库，创建一个包含“学号”、“姓名”、“院系名称”、“课程名称”和“分数”的查询，命名为“学生成绩查询”，如图 6.50 所示。

图 6.48　“属性表”设置

图 6.49　“学生信息表”设计结果

学生成绩查询

学号	姓名	院系名称	课程名称	分数
41601016	刘肃然	马克思主义学院	儿童发展	74
41601016	刘肃然	马克思主义学院	电路基础	64
41601016	刘肃然	马克思主义学院	大学语文	69
41601016	刘肃然	马克思主义学院	大学外语1	91
41601016	刘肃然	马克思主义学院	计算机学科导论	57
41601016	刘肃然	马克思主义学院	高等数学1	75
41601016	刘肃然	马克思主义学院	信息技术学科教学论	76
41601016	刘肃然	马克思主义学院	面向对象程序设计	56
41601016	刘肃然	马克思主义学院	大学外语2	78
41601016	刘肃然	马克思主义学院	形势与政策1	57
41601016	刘肃然	马克思主义学院	线性代数	89
41602005	刘成	文学院	信息技术学科教学论	78
41602005	刘成	文学院	大学体育2	96
41602005	刘成	文学院	高等数学2	66
41602005	刘成	文学院	高等数学1	87
41602005	刘成	文学院	大学外语1	65
41602005	刘成	文学院	电路基础	70
41602005	刘成	文学院	线性代数	56
41602005	刘成	文学院	心理学基础	92
41602005	刘成	文学院	大学外语1	75

记录：第 15 项(共 112　无筛选器　搜索

图 6.50　学生成绩查询

(2) 在“创建”选项卡的“报表”组中单击“报表设计”按钮，打开报表设计视图。右键单击报表空白处，选择“报表页眉/页脚”，显示报表页眉节和报表页脚节。

(3) 在“报表设计工具”/“设计”选项卡的“工具”分组中单击“属性表”按钮，打开报表“属性表”窗口，在“数据”选项卡中单击“记录源”属性右侧的下拉列表，从中选择“学生成绩查询”，如图 6.51 所示。

(4) 在报表页眉节中添加一个标签控件，输入标题“学生选课成绩表”，在其“属性表”的“格式”选项卡中，设置“字体名称”为华文新魏，“字号”为 22，“文本对齐”为居中，“前景色”为紫色；在“排列”选项卡的“大小/空格”中选 “正好容纳”。

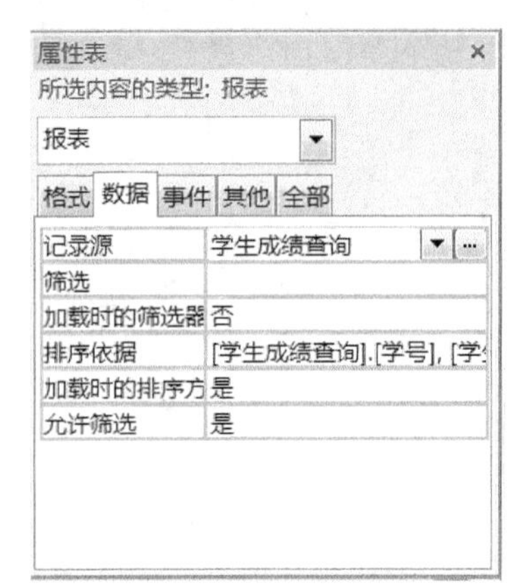

图 6.51　报表“记录源”属性

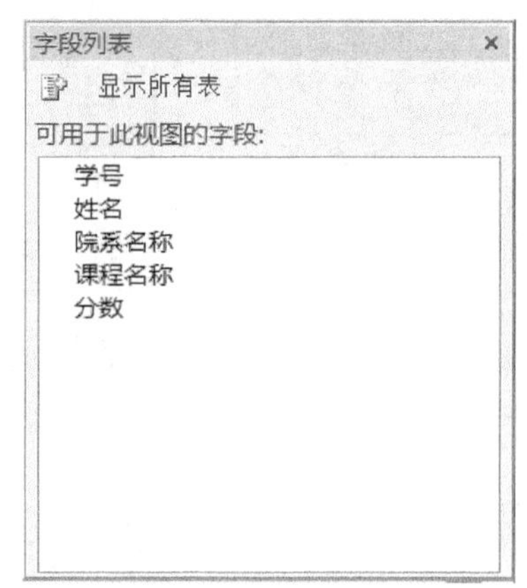

图 6.52　“字段列表”窗格

(5) 单击“报表设计工具”/“设计”选项卡“工具”分组中的“添加现有字段”按钮，打开“字段列表”窗格，并显示相关字段列表，如图 6.52 所示。在“字段列表”窗格中，把“学号”、“姓名”、“院系名称”、“课程名称”和“分数”字段拖到主体节中，产生五个绑定型文本框控件和关联标签，如图 6.53 所示。

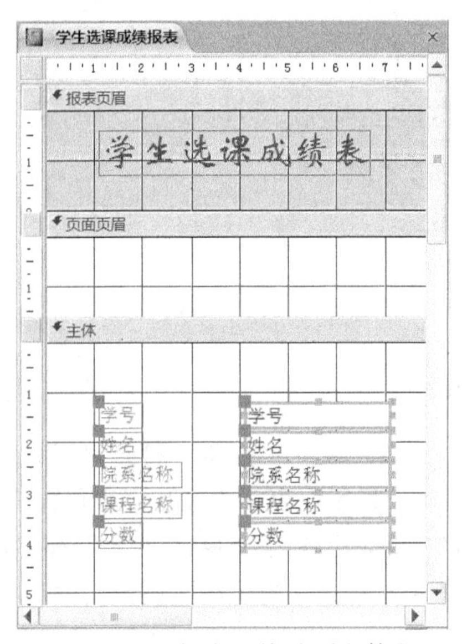

图 6.53　添加字段拖放到主体节

图 6.54　将“关联标签”移动到“页面页眉”节

(6) 拖动鼠标左键，同时框选所有文本框的关联标签，使用快捷菜单中的“剪切”和“粘贴”命令，将它们移动到页面页眉节区，如图 6.54 所示。

(7) 调整关联标签和所属文本框的位置，使它们基本上下对齐，如图 6.55 所示。

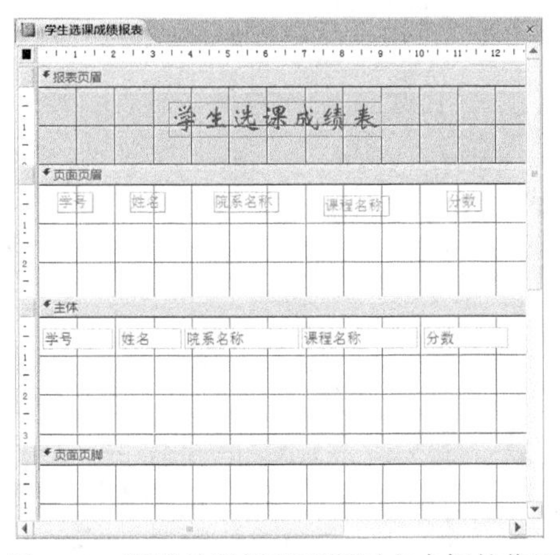

图 6.55　调整关联标签和所属文本框的位置

图 6.56　调整报表页面页眉节和主体节的高度

(8) 调整报表页面页眉节和主体节的高度，以合适的尺寸容纳其中的控件，利用“报表设计工具”/“排列”选项卡的“调整大小和排序”组控件进行大小调节和对齐设置，如图 6.56 所示。

(9) 在“报表设计工具”/“排列”选项卡的“控件”组中选“直线”控件，在报表适当位置按住 Shift 键画直线。本例在页眉中的设置效果如图 6.57 所示。

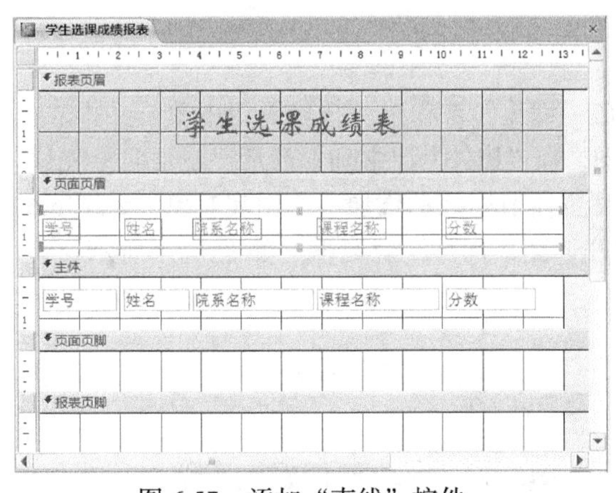

图 6.57　添加“直线”控件

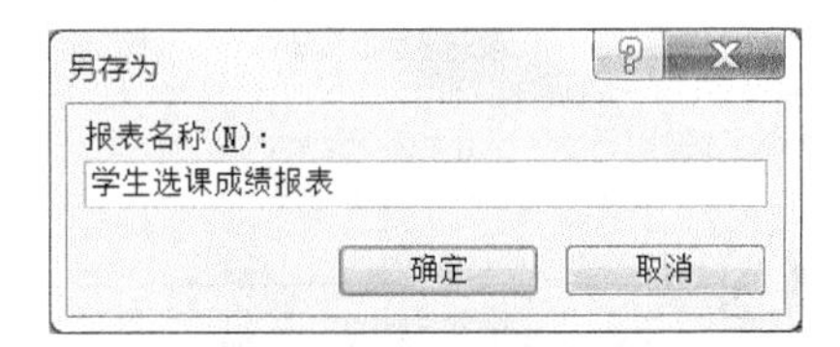

图 6.58　报表名称命名

(10) 保存报表，在弹出的如图 6.58 所示的对话框中，将报表命名为“学生选课成绩报表”。

(11) 单击“视图”中的“报表视图”，查看报表设计效果，如图 6.59 所示。

学生选课成绩报表

学生选课成绩表

学号	姓名	院系名称	课程名称	分数
41601016	刘肃然	马克思主义学院	心理学基础	63
41601016	刘肃然	马克思主义学院	高等数学2	84
41601016	刘肃然	马克思主义学院	大学体育1	78
41601016	刘肃然	马克思主义学院	C语言程序设计	93
41601016	刘肃然	马克思主义学院	形势与政策2	79
41601016	刘肃然	马克思主义学院	思想道德修养和法	81
41601016	刘肃然	马克思主义学院	中国近现代史纲要	82

图 6.59　报表视图效果

6.3.4　创建图表报表

图表报表是一种特殊的报表，它通过图表的形式更直观形象地反映数据间的关系。在 Access 中可以通过“控件”组中的“图表”控件来创建图表报表。

【例 6.7】　利用“图表”控件向导在“学生管理”数据库中创建一个图表报表，统计学生不同政治面貌人数。

操作步骤如下：

(1) 打开“学生管理”数据库，在“创建”选项卡“报表”组中单击“报表设计”按钮，进入一个空报表的设计视图。在“控件”组中确保激活“使用向导控件”选项，单击选择“图表”控件，并在主体节中拖动添加一个图表对象，如图 6.60 所示。同时，自动启动控件向导，打开“图表向导”对话框，如图 6.61 所示。

图 6.60　主体节中拖动添加的图表对象

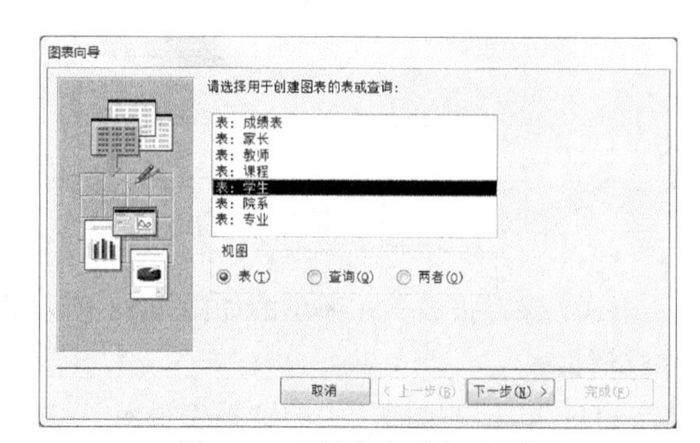

图 6.61　“图表向导”对话框

(2) 选择用于创建图表的数据源，选择“学生”表，单击“下一步”按钮，打开“请选择图表数据所在的字段”对话框，如图 6.62 所示。

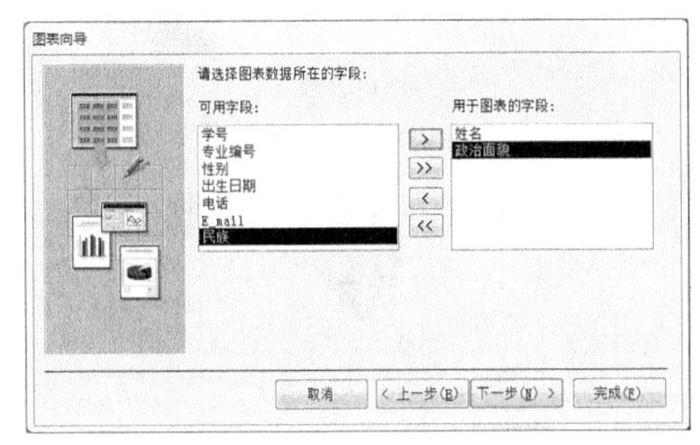

图 6.62 “请选择图表数据所在的字段”对话框

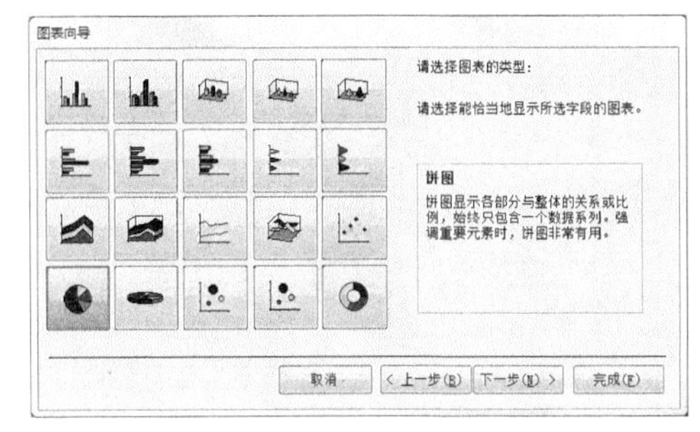

图 6.63 “请选择图表的类型”对话框

(3) 选择图表数据所在的字段。从“可用字段”中将“姓名”和“政治面貌”字段添加到“用于图表的字段”列表框中，单击“下一步”按钮，打开“请选择图表的类型”对话框，如图 6.63 所示。

(4) 选择图表类型为“饼图”，单击“下一步”按钮，打开“请指定数据在图表中的布局方式”对话框，如图 6.64 所示。

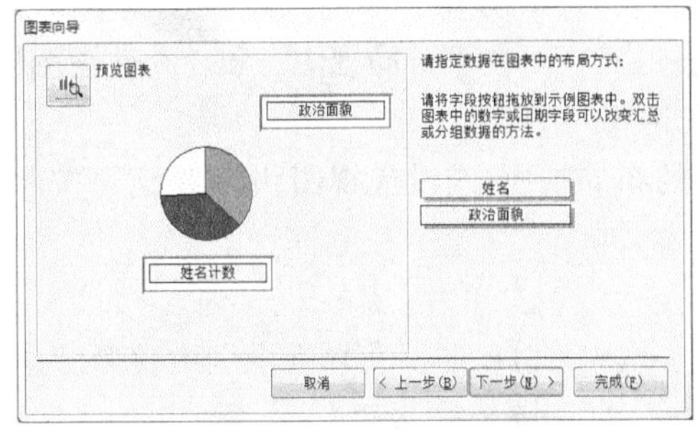

图 6.64　指定布局方式

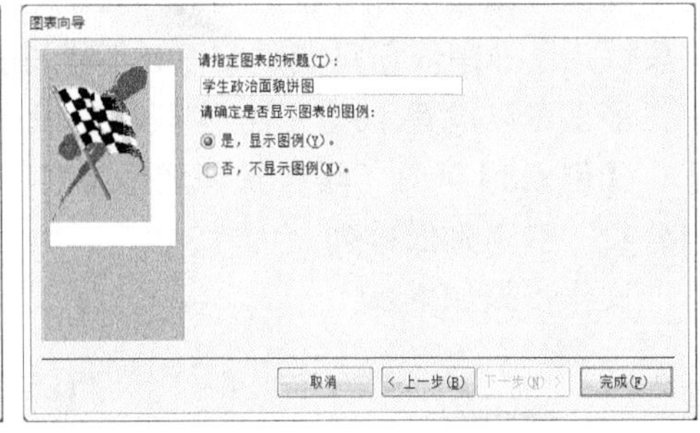

图 6.65　指定图表标题

(5) 将字段拖放到预览图表中。将右边的“政治面貌”字段拖放到“系列”框中，将“姓名”字段拖放到“数据”框中，单击“下一步”按钮，打开“请指定图表的标题”对话框，如图 6.65 所示。

(6) 指定图表标题为“学生政治面貌饼图”，单击“完成”按钮。“设计视图”上的示意效果如图 6.66 所示。

(7) 保存报表，命名为“学生政治面貌饼图”，切换到“报表视图”，查看最终的设计效果，如图 6.67 所示。

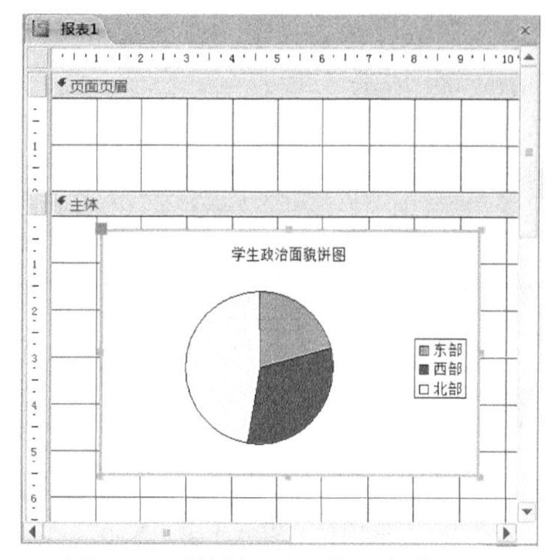

图 6.66　设计视图上的示意效果图

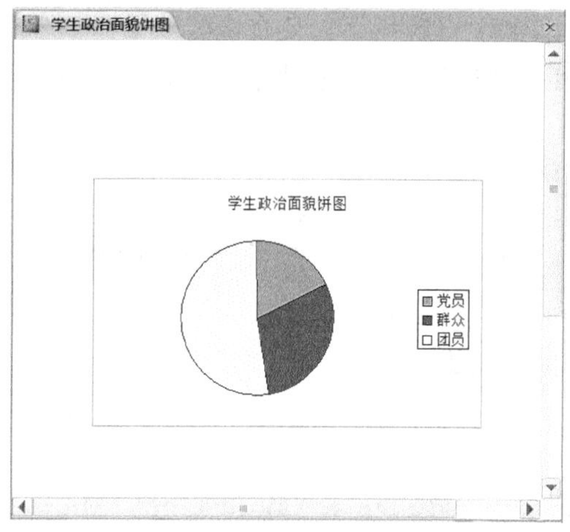

图 6.67　报表视图上的最终效果图

6.3.5　记录排序

报表中的记录默认按照数据输入的先后顺序进行显示。但实际应用中，经常要求报表输出的记录按照某种顺序排列。例如，在评定奖学金时，需要将成绩按从高到低的顺序排列。

前面介绍了使用“报表向导”对记录进行排序和分组，最多只能设置 4 个排序字段，并且排序依据只能是字段，不能是表达式。而在“布局视图”和“设计视图”中，最多可以设置 10 个排序字段或字段表达式。

【例 6.8】　在“学生选课成绩报表”的布局视图(或设计视图)中，将记录按照“分数”由高到低排列。

操作步骤如下：

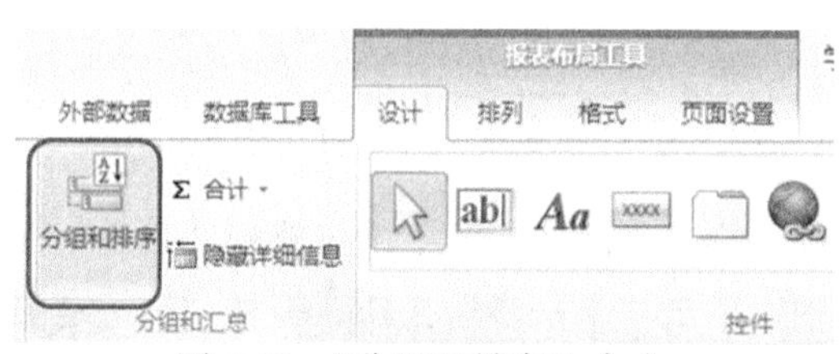

图 6.68　“分组和排序”命令

(1) 在“布局视图”中打开“学生选课成绩报表”。

(2) 选择“设计”选项卡“分组和汇总”组中的“分组和排序”命令，如图 6.68 所示。

(3) 在窗体底部会出现“分组、排序和汇总”窗格，其中包含“添加组”和“添加排序”按钮，如图 6.69 所示。

(4) 单击“添加排序”按钮，打开“排序”工具栏，选择排序字段为“分数”，排序方式为“降序”，如图 6.70 所示。

(5) 完成排序后，预览报表中数据的排序效果，可见报表中的数据是按“分数”由高到低排列的，如图 6.71 所示。

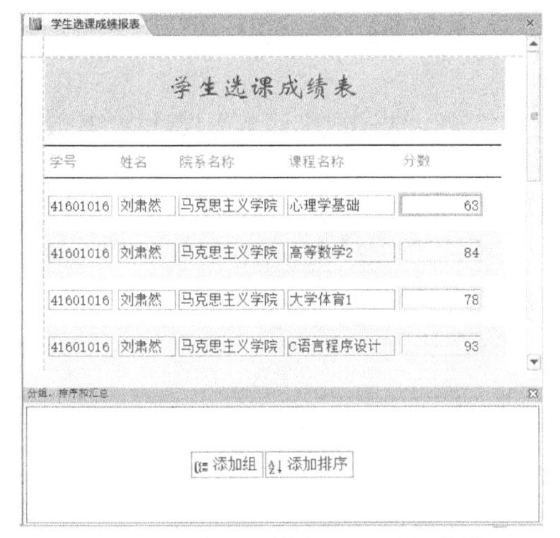

图 6.69　“分组、排序和汇总”窗格

图 6.70　“排序”工具栏

图 6.71　记录按照“分数”由高到低排列

6.3.6　记录分组与计算

1. 分组记录

分组记录是把报表中的记录按照某个或某几个字段值是否相等分成不同的组。在显示或打印时将它们集中在一起，设置同组记录要显示的概要和汇总信息。分组可以将数据分类，增强报表的可读性，提高信息的利用率。

组由组页眉和组页脚组成，组页眉用于显示每组记录开始处的信息，如组标题等。组页脚用于放置每组记录结尾处的信息，如每组的汇总信息等。组页眉/组页脚的添加或删除可以在“分组、排序和汇总”窗格中通过“添加组”命令设置。

【例 6.9】　要求将“学生选课成绩报表”中的成绩记录先按“院系名称”分

组，各院系内再按“姓名”分组，显示每个学生的成绩信息。

操作步骤如下：

(1) 打开“学生管理”数据库，进入“学生选课成绩报表”设计视图，如图 6.72 所示。

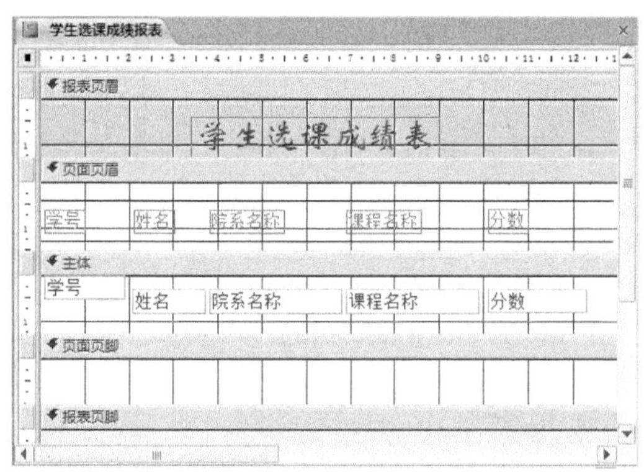

图 6.72　“学生选课成绩报表”设计视图

(2) 单击“报表设计工具”/“设计”选项卡“分组和汇总”组中的“分组和排序”按钮，在设计视图底部打开“分组、排序和汇总”窗格。

(3) 单击“添加组”按钮，在“分组形式”下拉列表中选择“院系名称”字段，此时，报表“主体”节上方出现“院系名称页眉”节，如图 6.73 所示。

(4) 在组“院系名称页眉”节中显示“院系名称”。先将主体节中的“院系名称”文本框移动到“院系名称页眉”节中，然后在“页面页眉”节的“院系名称”标签上单击右键，选择“剪切”命令。在“院系名称”文本框上单击右键，选择“粘贴”命令，即可将“院系名称”标签重新关联到“院系名称”文本框，结果如图 6.74 所示。

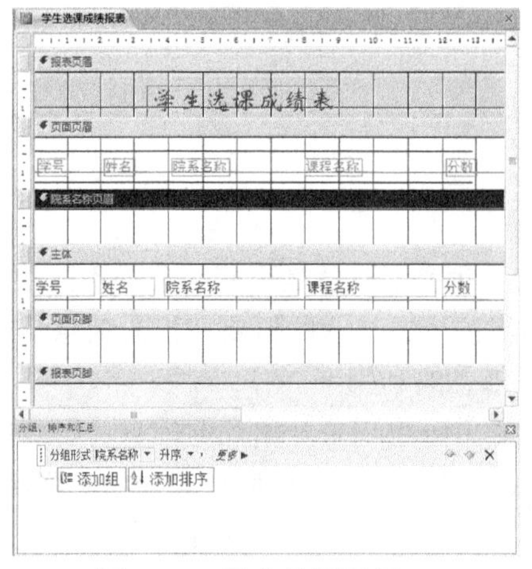

图 6.73　报表的组页眉

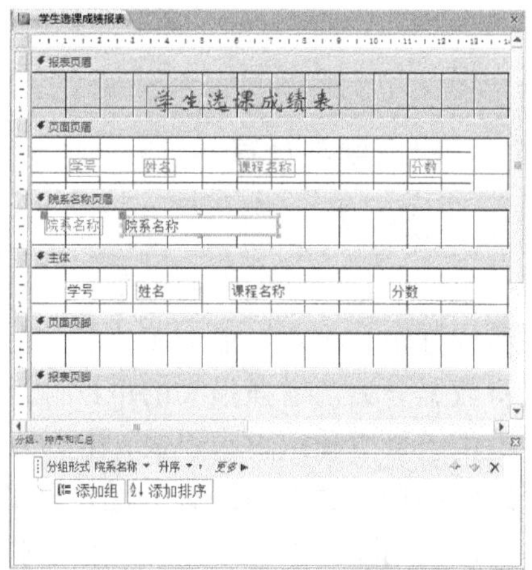

图 6.74　添加组页眉内容

(5) 继续单击“添加组”按钮，在“分组形式”下拉列表中选择“姓名”字段，此时，报表中出现“姓名页眉”节，将“学号”和“姓名”文本框移动到“姓名页眉”节中，如图 6.75 所示。

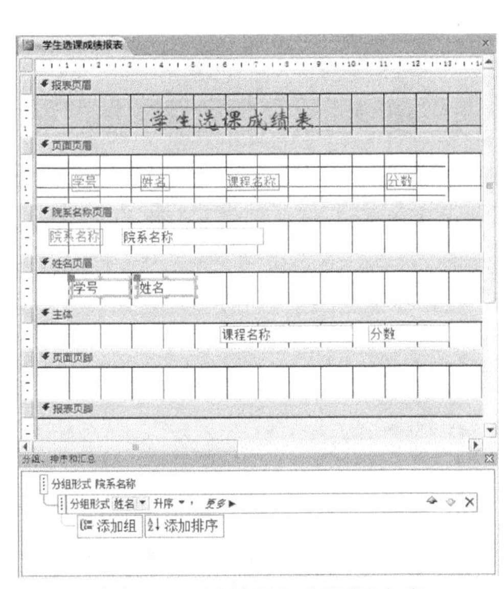

图 6.75　继续添加组页眉内容

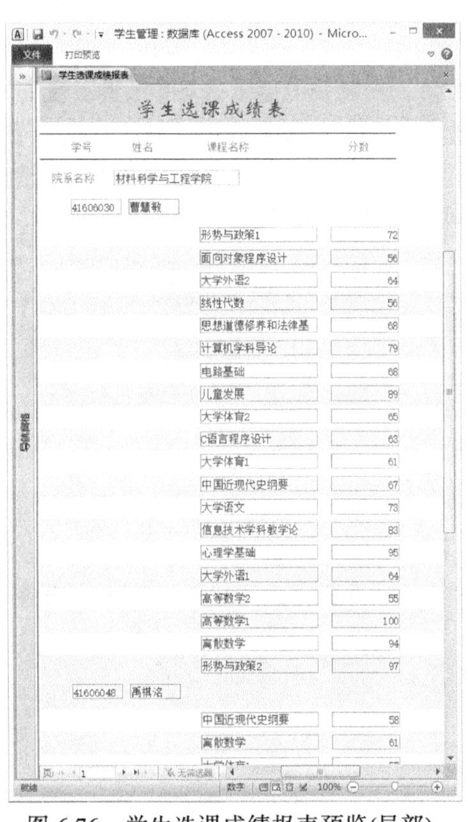

图 6.76　学生选课成绩报表预览(局部)

(6) 保存报表，切换到“打印预览视图”，可见报表先按照“院系名称”将学生分组，然后在各院系组内再按照“姓名”分组显示每位同学的课程名称和分数，如图 6.76 所示。

2. 报表的计算

在报表中可以对数据进行汇总和计算，如汇总每个学生的总成绩和平均成绩，计算各学院学生某门课程的平均分，统计产品某季度销量总和等。

报表的计算分为两种形式：汇总计算和添加计算控件。

1) 报表的汇总计算

【例 6.10】　在例 6.9 中创建的“学生选课成绩报表”分组基础上，汇总每个学院所有学生成绩的平均分。

操作步骤如下：

(1) 在布局视图中打开　“学生选课成绩报表”。

(2) 单击“报表设计工具”/“设计”选项卡“分组和汇总”组中的“分组和排序”按钮，在设计视图底部打开“分组、排序和汇总”窗格。

(3) 在“分组、排序和汇总”窗格中单击“院系名称”分组字段后的“更多”按钮，在展开的更多选项中，将“无页脚节”改成“有页脚节”。然后打开“汇总”选项的下拉列表，从中选择“分数”字段，类型选择“平均值”，同时勾选“在组页脚中显示小计”和“显示总计”复选框，指定在“院系名称页脚”节和“报表页脚”节中显示汇总值，如图 6.77 所示。

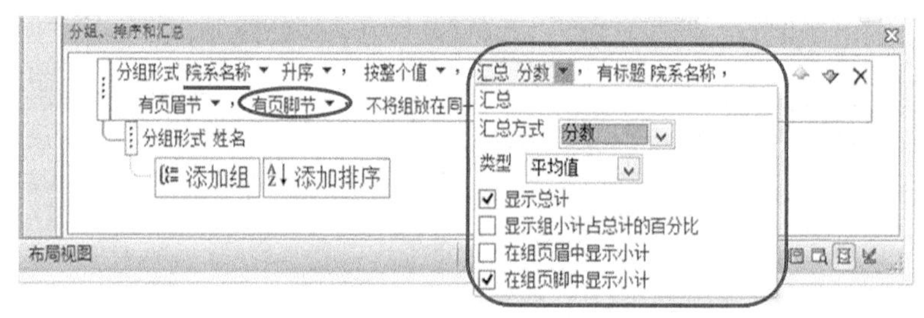

图 6.77　在“院系名称”分组字段上设置汇总计算

(4) 设置完成的报表如图 6.78 和图 6.79 所示。

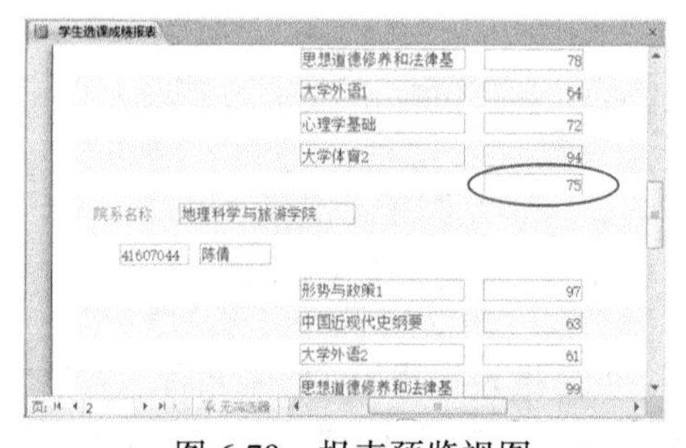

图 6.78　报表预览视图

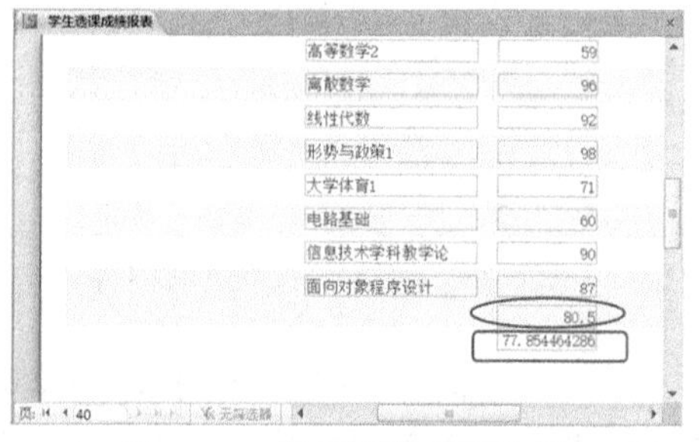

图 6.79　报表预览视图末尾

2) 添加计算控件

在报表中还可以通过添加计算控件来进行计算。首先要在报表中创建一个计算控件，计算控件可以使用任何具有“控件来源”属性的控件，最常用的是文本框控件。在报表中创建的计算控件的数据既可以来源于一个记录，也可以是多个记录数据的汇总。

在报表中要根据所创建计算控件的用途来选择不同的放置位置：

(1) 如果需要对每一个记录单独进行计算，那么和所有绑定的字段一样，计算控件文本框应放在报表的“主体”节中。

(2) 如果需要对分组记录进行汇总，那么计算控件文本框和附加标签都应放在“组页眉”或“组页脚”节中。

(3) 如果需要对所有记录进行汇总，如计算平均值，那么计算控件文本框和附加标签都应放在“报表页眉”或“报表页脚”节中。

在报表中添加计算控件的基本操作如下：

(1) 打开报表的设计视图窗口。

(2) 在“工具箱”窗口中选择“文本框”工具。

(3) 单击报表设计视图中某个想放置计算控件的节区，即添加一个文本框控件。

(4) 双击该文本框控件，打开其属性对话框。

(5) 在“控件来源”属性框中输入以等号(=)开头的表达式，如“=Sum([成绩])”、“=Avg([成绩])”和“=Now()”等。

【例 6.11】　利用计算控件在例 6.10 设计的报表中计算每个学生的成绩平均分。

操作步骤如下：

(1) 在设计视图中打开例 6.10 设计的“学生选课成绩报表”，要在姓名组页脚中添加一个计算控件，计算每位学生的成绩平均分。

(2) 在“分组、排序和汇总”窗格中单击“姓名”分组字段后的“更多”按钮，设置“有页脚节”，在报表中添加“姓名页脚”节，如图 6.80 所示。

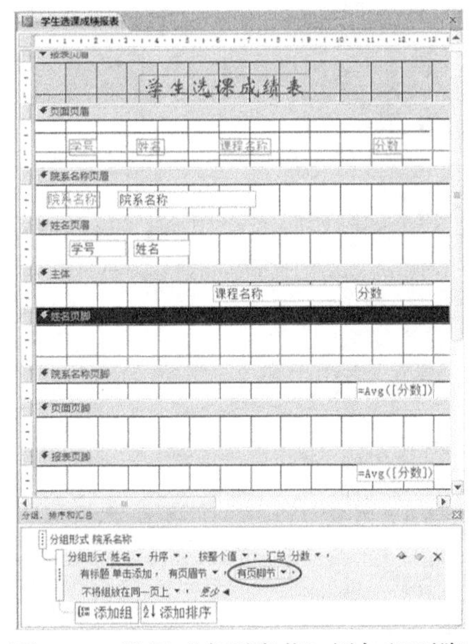

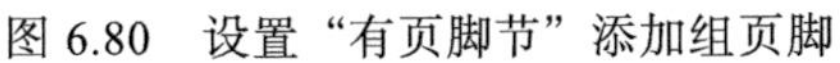

图 6.80　设置“有页脚节”添加组页脚

图 6.81　在组页脚节添加计算控件

(3) 在“姓名页脚”节中添加一个文本框控件，在其关联标签中输入“个人平均分”。 在文本框内输入“=Avg([分数])”(注意应设置输入法为英文半角状态)，如

图 6.81 所示。

(4) 为了便于查看结果，可在“院系名称页脚”节和“报表页脚”节中分别添加一个标签，输入“学院平均分”和“全部学生平均分”，并将它们关联到例 6.10 所创建的计算文本框，如图 6.82 所示。

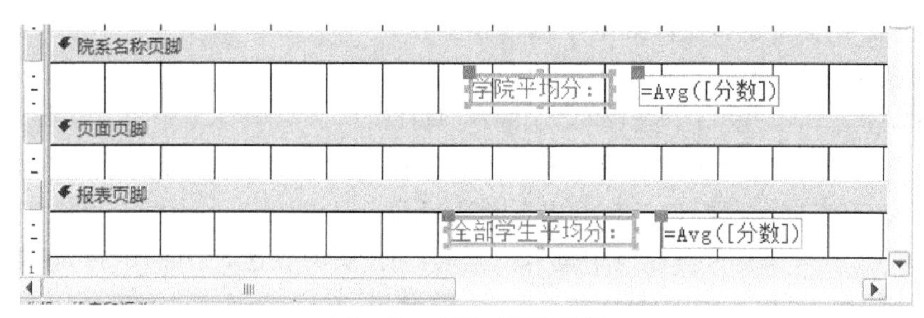

图 6.82　添加关联标签

(5) 保存报表，切换到“报表视图”，查看设计效果，如图 6.83 所示。

学生选课成绩报表

	大学语文	73
	形势与政策2	97
	个人平均分：	73.45
41606048 禹棋洺		
	面向对象程序设计	83
	中国近现代史纲要	58
	形势与政策2	77
	离散数学	61
	大学体育1	57
	形势与政策1	69
	线性代数	66
	电路基础	71
	信息技术学科教学论	79
	高等数学1	82
	儿童发展	80
	高等数学2	89
	大学体育2	94
	C语言程序设计	95
	大学语文	70
	计算机学科导论	96
	思想道德修养和法律基础	78
	大学外语1	64
	心理学基础	72
	大学外语2	90
	个人平均分：	76.55
	学院平均分：	75
	全部学生平均分：	77.85446429

图 6.83　报表视图效果(末页结尾处)

6.3.7　子报表

子报表是插入其他报表中的报表，包含子报表的报表称为主报表。

在 Access 中，有下面两种创建子报表的方法：

(1) 将已有的数据库对象直接从导航窗格中拖放到报表适当位置作为子报表。

(2) 在已有报表中通过“子窗体/子报表”控件创建子报表。

【例 6.12】　在“学生基本信息”报表中插入“学生成绩查询”作为子报表。

操作步骤如下：

(1) 从设计视图中打开“学生基本信息”报表，激活“控件”组中的“使用控件向导”命令。

(2) 从导航窗格中选择“学生成绩查询”，并拖放到报表适当位置，弹出如图 6.84 所示对话框。

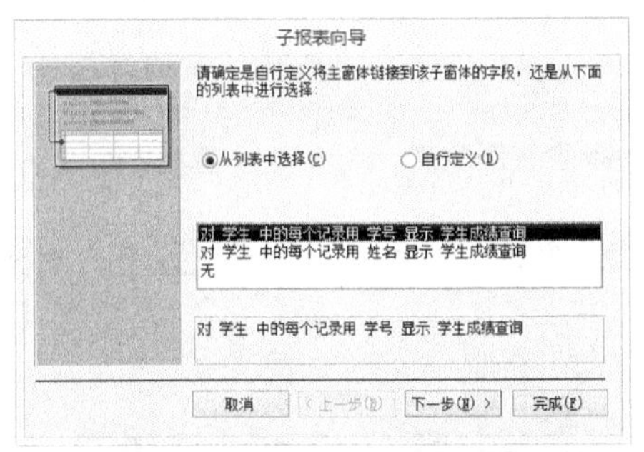

图 6.84　确定主报表和子报表之间的链接字段

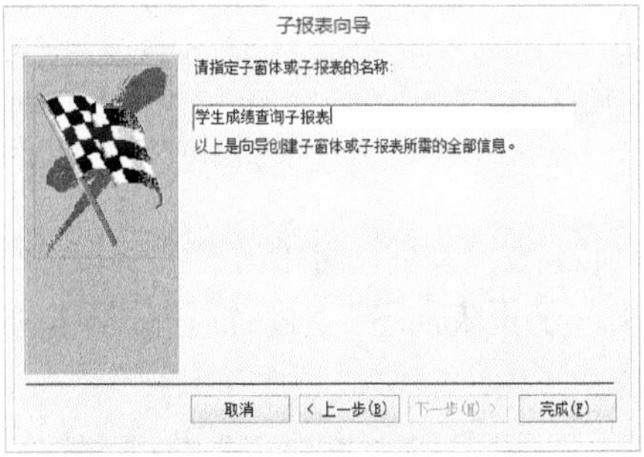

图 6.85　指定子报表名称

(3) 确定主报表和子报表之间的链接字段。这里选择“从列表中选择”，并在下面列表项中选择“对‘学生’中的每个记录用‘学号’显示‘学生成绩查询’”，单击“下一步”按钮，弹出如图 6.85 所示对话框。

(4) 指定子报表名称为“学生成绩查询子报表”，单击“完成”按钮，返回子报表设计视图界面，如图 6.86 所示。

(5) 保存报表，切换到报表视图查看设计效果，如图 6.87 所示。

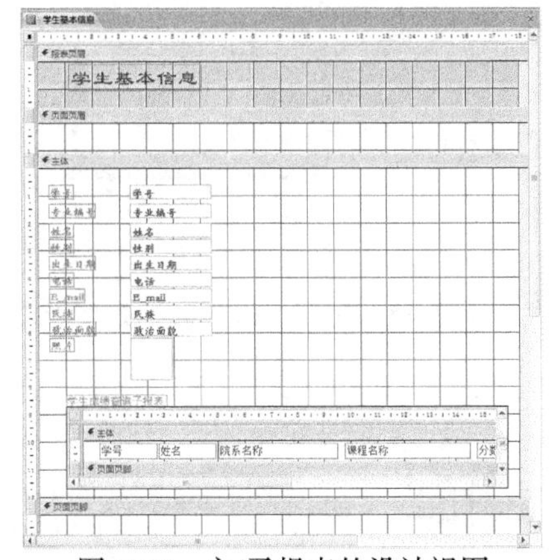

图 6.86　主/子报表的设计视图

【例 6.13】　利用“子报表”控件，在“学生基本信息”报表中插入已有的标签报表“学生补考通知单”作为其子报表。

操作步骤如下：

(1) 进入“学生基本信息”报表设计视图，激活“控件”组中的“使用控件向导”命令。

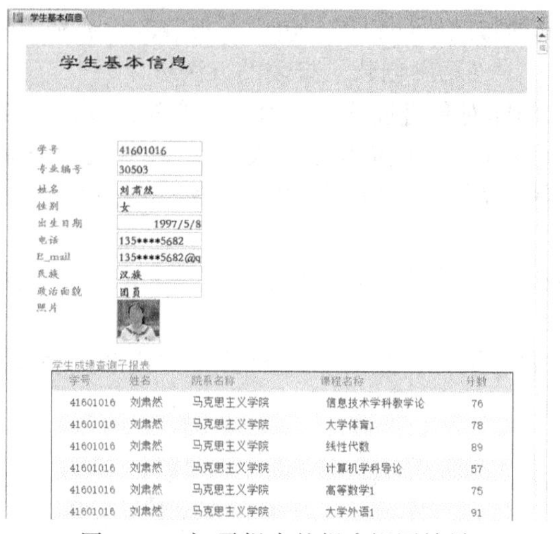

图 6.87　主/子报表的报表视图效果

(2) 在“控件”组中选择“子窗体/子报表”按钮，在报表的适当位置单击鼠标，弹出“子报表向导”对话框，如图 6.88 所示。

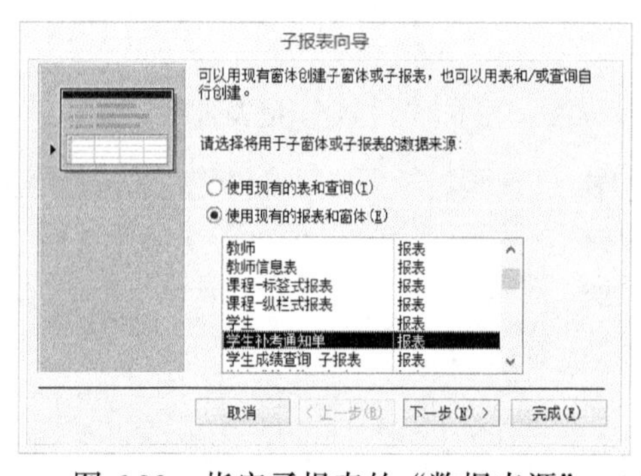

图 6.88　指定子报表的“数据来源”

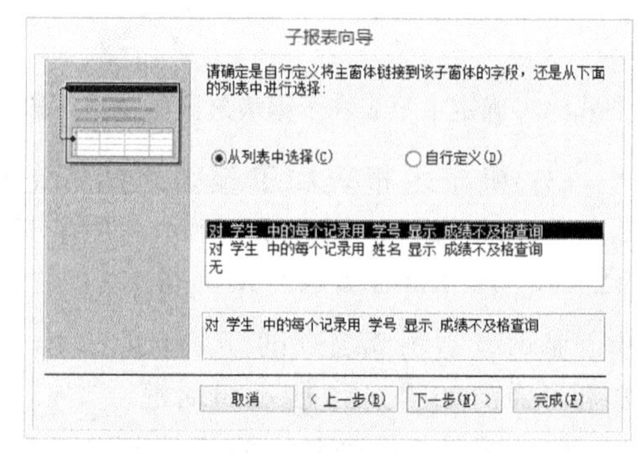

图 6.89　确定主报表和子报表之间的链接字段

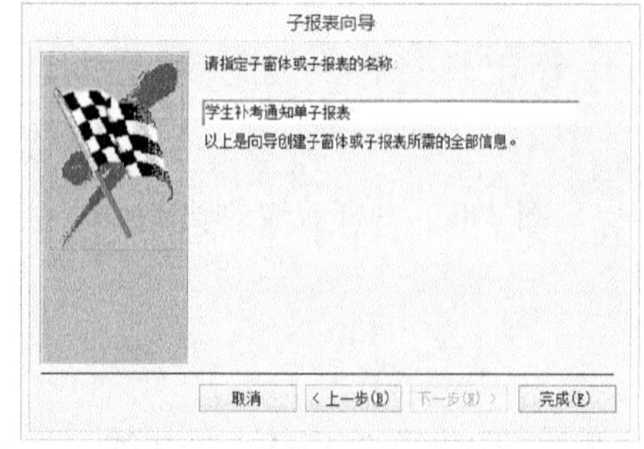

图 6.90　指定子报表名称

(3) 指定子报表的“数据来源”，这里选择“使用现有的报表和窗体”，从列表栏中选择“学生补考通知单”报表，单击“下一步”按钮，弹出如图 6.89 所示对话框。

(4) 确定主报表和子报表之间的链接字段。这里选择“从列表中选择”，并在下面列表项中选择“对‘学生’中的每个记录用‘学号’显示‘成绩不及格查询’”，单击“下一步”按钮。弹出如图 6.90 所示对话框。

(5) 指定子报表名称为“学生补考通知单子报表”，单击“完成”按钮，返回设计视图界面，如图 6.91 所示。

(6) 保存报表，切换到报表视图查看效果，如图 6.92 所示。

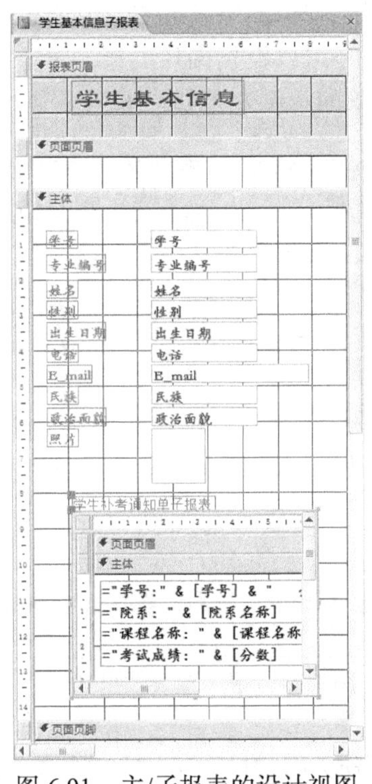

图 6.91　主/子报表的设计视图

图 6.92　主/子报表的报表视图效果

6.4　编 辑 报 表

为了美化报表外观，使其布局更合理，可以调整报表中对象的显示格式，设置特殊的效果来突出报表中的某些信息，或添加一些图像或线条，以增强报表可读性和美化其外观。

6.4.1　设置报表格式

在报表的设计视图中，可对报表格式进行设置，以获得理想的显示效果。设置报表格式通常采用两种方法：① 使用属性窗口对报表中的控件进行格式设置；②使用“报表设计工具”/“格式”选项卡进行格式设置。

6.4.2　添加背景、图像和线条

为报表设置背景，添加图像和线条，可以美化报表。

1) 背景

在报表“属性表”窗口中，可以为整个报表设置背景图。方法是打开报表“属性表”后，在“格式”选项卡中选择“图片”属性，单击“…”按钮，在打开的“插入图片”对话框中指定作为背景的图片。此外，还可以设置图片类型、对齐方式和平铺方式等，如图 6.93 所示。一个报表添加背景的示例效果如图 6.94 所示。

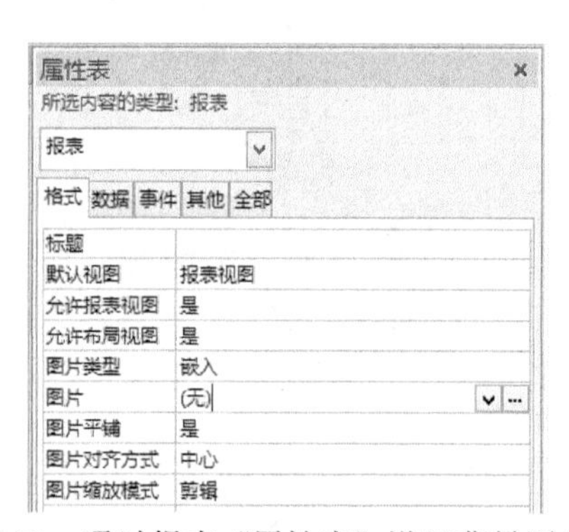

图 6.93　通过报表“属性表”设置背景图片

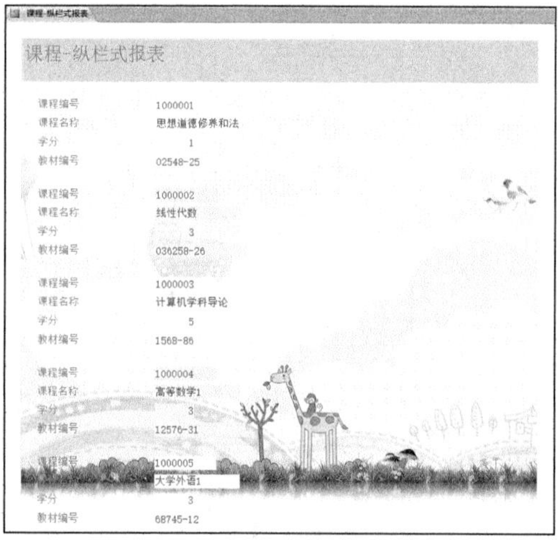

图 6.94　报表背景效果示例

2) 图像

根据在报表中的不同位置添加的图片，可以作为报表的徽标、横幅或节的背景。报表中添加图片的具体步骤如下：

(1) 打开报表设计视图，在“报表设计工具”/“设计”上下文选项卡“控件”组中选择“图像”控件，在报表适当位置拖画出一个矩形框用于显示图片，打开“插入图片”对话框。

(2) 在打开的“插入图片”对话框中选择要插入的图像，单击“打开”按钮插入。

(3) 如需对图片进行调整，可双击图片，打开其图像“属性表”窗口，设置图像的尺寸、缩放模式、边框样式等。

3) 线条

矩形和直线可使内容较多的报表层次分明。在 Access 中使用直线和矩形控件时，只需在设计视图“控件”组中选择直线控件＼和矩形控件□直接绘制，使用方法与标签、文本框控件相同，可以在控件属性对话框中调整和设置其属性值。

6.4.3 插入日期和时间

在打印报表时，通常需要打印报表创建的日期和时间，如工资报表和成绩报表等。

1) 通过“日期和时间”对话框添加日期时间

如需在报表中添加日期和时间，操作步骤如下：

(1) 在“设计视图”或“布局视图”中打开需要插入日期和时间的报表。

(2) 在“报表设计工具”/“设计”(如果选择“布局视图”则为“报表布局工具”)上下文选项卡的“页眉/页脚”组中单击“日期和时间”按钮，如图6.95所示。弹出“日期和时间”对话框，如图6.96所示。

(3) 选择是否“包含日期”以及所需要的日期格式；选择是否“包含时间”以及所需要的时间格式。单击“确定”按钮，完成日期和时间的设置。

系统将自动在报表页眉中插入显示日期和时间的文本框控件。如果报表中没有报表页眉，表示日期和时间的控件将被放置在报表的主体中。可以用鼠标将其拖放到报表中的指定位置。

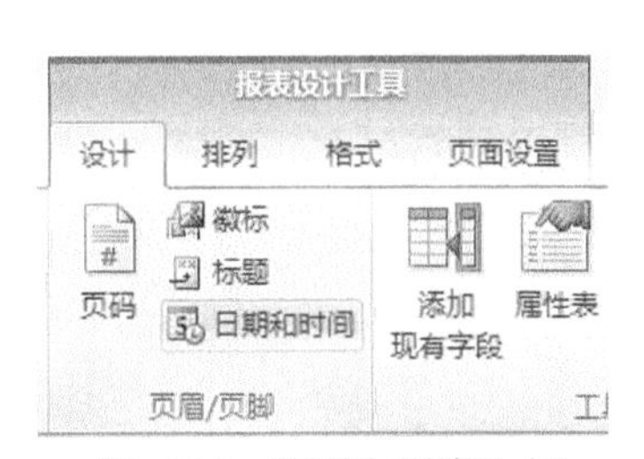

图6.95 “页眉/页脚”组

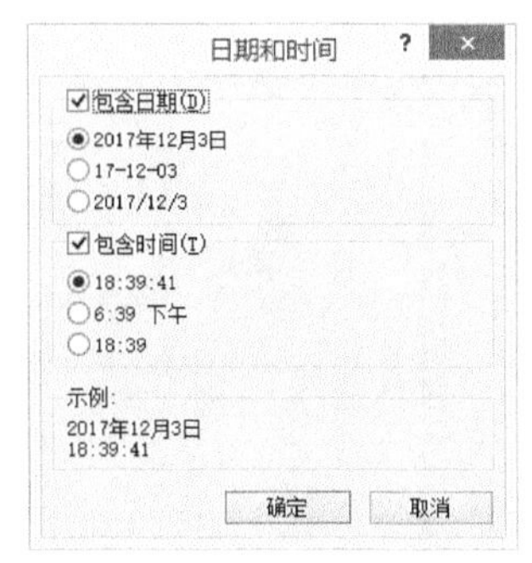

图6.96 “日期和时间”对话框

2) 通过计算型文本框添加日期和时间

除了通过命令按钮添加“日期和时间”外，还可以在报表中添加一个文本框控件，将其“控件来源”属性设置为日期或时间的表达式，如“=Date()”或“=Time()”等。显示日期时间的文本框控件通常放在报表页眉或报表页脚节中。

【例6.14】 在“学生选课成绩报表”的“报表页眉”节添加日期和时间。

操作步骤如下：

(1) 打开“学生选课成绩报表”的设计视图，选择“报表设计工具”/“设计”选项卡下的“控件”组，选择文本框控件，在“报表页眉”节添加两个文本框控件，在关联标签中分别输入“制表日期”和“制表时间”。

(2) 在两个文本框控件中分别输入“=Date()”和“=Time()”，将新添加的文本框控件移动到报表页眉的右端，如图6.97所示。

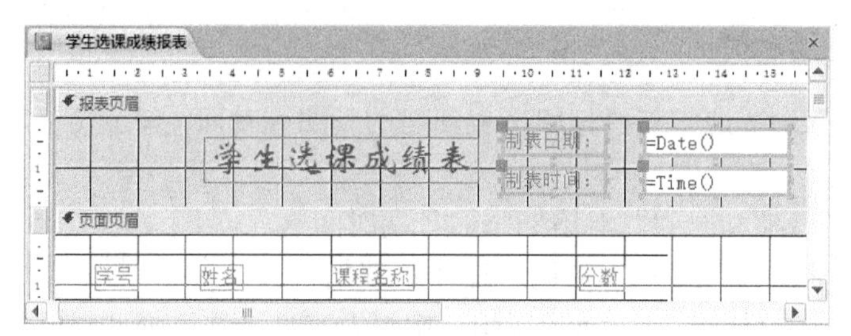

图 6.97　报表页眉“日期和时间”文本框

(3) 保存报表，“打印预览”视图如图 6.98 所示。

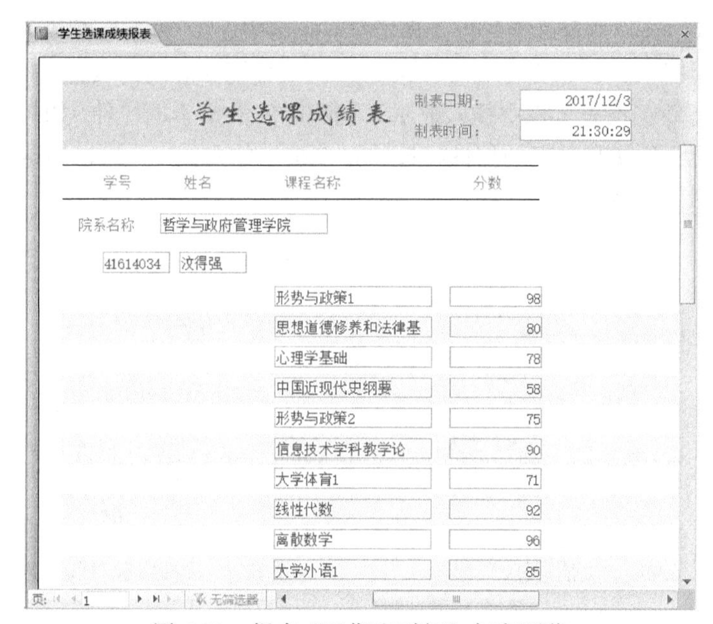

图 6.98　报表“日期和时间”打印预览

6.4.4　插入页码

在报表中插入页码，可以保证多页报表的打印次序。

1) 通过“页码”对话框添加页码

在报表中插入页码的操作步骤如下：

(1) 在“设计视图”或“布局视图”中打开需要插入日期和时间的报表。

(2) 在“报表设计工具”/“设计”(若选择“布局视图”则为“报表布局工具”/“设计”)上下文选项卡的“页眉/页脚”组中单击“页码”按钮，如图 6.99 所示，弹出“页码”对话框，如图 6.100 所示。

(3) 在弹出的“页码”对话框中根据需要选择相应的页码格式、位置和对齐方式。

有这几种可选的对齐方式：① 左—页码显示在左边缘。② 居中—页码显示在左右边距的正中央。③ 右—页码显示在右边缘。④ 内—奇数页页码打印在左侧，偶数页页码打印在右侧。⑤ 外—偶数页页码打印在左侧，奇数页页码打印在右侧。

如果要在第一页显示页码，就需要选中“首页显示页码”复选框性，否则取消。

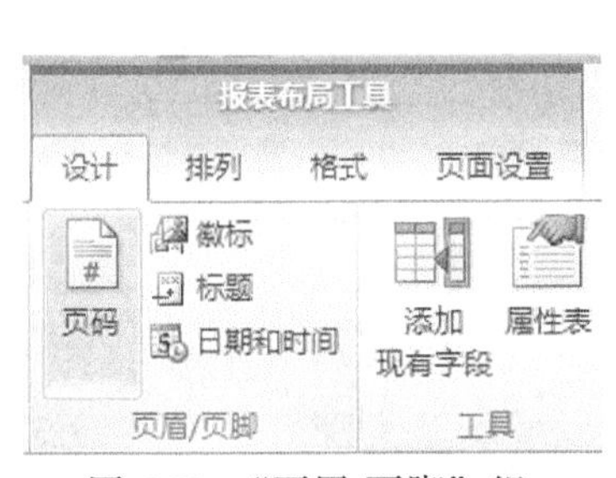

图 6.99 “页眉/页脚”组

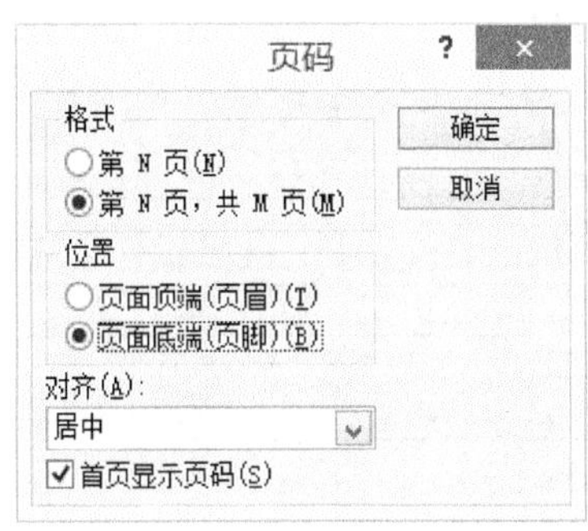

图 6.100 “页码”对话框

2) 通过计算型文本框添加页码

除了通过对话框添加页码外，还可以在报表中添加一个文本框控件，通过将其“控件来源”属性设置为页码表达式来添加页码。常用的页码表达式如表 6.1 所示。

显示页码的文本框控件可以放在报表的任意位置，通常放在页面页眉或页面页脚节中。

表 6.1 页码常用表达式

表达式	显示文本
="第" & [Page] & "页"	第 *N* 页(当前页)
=[Page] & "/" & [Pages]	*N*/*M*(总页数)
="第" & [Page] & "页，共" & [Pages] & "页"	第 *N* 页，共 *M* 页

注意：这里 [Page] 和 [Pages]为内置变量，分别代表“当前页码”和“总页码数”。

【例 6.15】 在“学生选课成绩报表”的“页面页脚”节中添加页码。

操作步骤如下：

(1) 打开报表“学生选课成绩报表”的设计视图，选择“报表设计工具”/“设计”选项卡下的“控件”组，将其中的文本框控件拖动至“页面页脚”节的适当位置，添加一个文本框。

(2) 在该文本框中输入页码表达式：“="第" & [Page] & "页，共" & [Pages] & "页"”，如图 6.101 左侧所示。或双击该文本框控件，在打开的“属性表”窗口中选择“数据”或“全部”选项卡，在其“控件来源”属性中输入：“="第" & [Page] & "页，共" & [Pages] & "页"”，如图 6.101 右侧所示。此外，还可以对其进行格式设置，如将“边框样式”设为透明等。

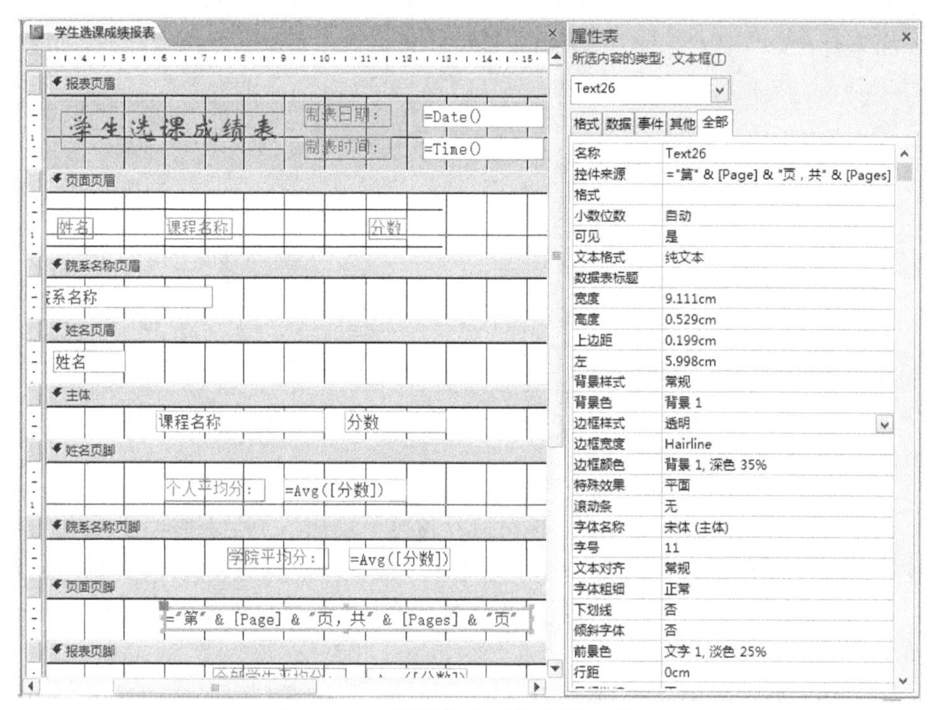

图 6.101　页码文本框控件属性列表

(3) 保存并打开该报表的“打印预览”视图，查看打印效果，如图 6.102 所示。

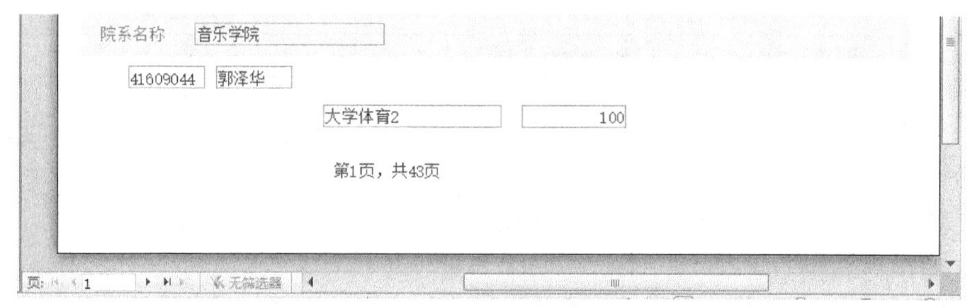

图 6.102　报表页码的打印预览

6.4.5　强制分页符的设置

报表打印时的换页通常是在内容满一页后才换页打印。如果需指定报表在特定位置之后换页打印，则可以在报表设计中使用“插入分页符”控件来标志需要另起页的位置，强制换页。例如，要求每组记录都从新的一页开始打印，则可以在组页脚节的所有控件之后添加一个“分页符”控件强制换页。

【例 6.16】　要求在“学生选课成绩报表”中添加分页符，使得打印报表时能将每个学生的成绩记录显示在新的一页上。

添加分页符的操作步骤如下：

(1) 在设计视图中打开“学生选课成绩报表”，选择“报表设计工具”/“设计”选项卡“控件”组中的“插入分页符”按钮，如图 6.103 所示。

(2) 在报表中需要设置分页符的水平位置处单击鼠标，Access 将分页符以标志“……”停靠在报表的左边界上，要求将分页符放在某个控件之上或之下，以避免拆分该控件中的数据。在本例中，将分页符放在“姓名页脚”节的文本框控件之下，如图 6.104 所示。

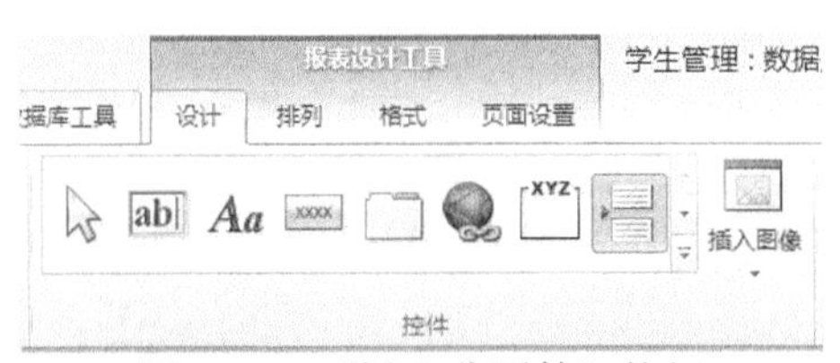

图 6.103　“插入分页符”按钮

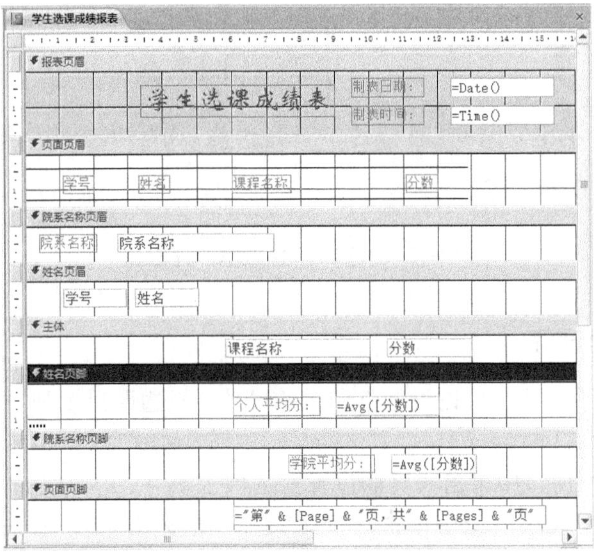

图 6.104　“姓名页脚”节中插入分页符

(3) 保存报表，并在“打印预览”视图中打开该报表，预览结果如图 6.105 和图 6.106 所示。

如果希望报表中的每组记录均另起一页，那么可以通过设置主体节或组页眉、组页脚的“强制分页”属性来实现，请自行尝试。

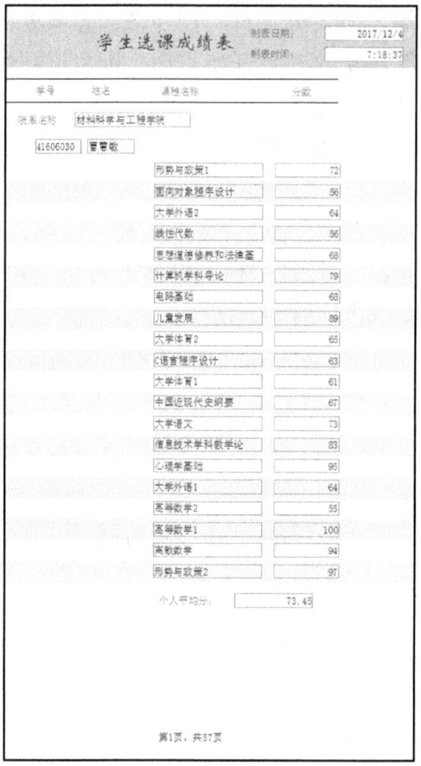

图 6.105　分页预览第 1 页

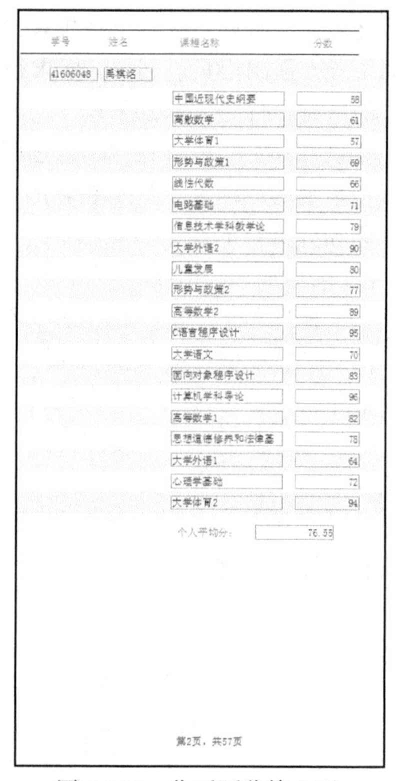

图 6.106　分页预览第 2 页

6.5　打 印 报 表

6.5.1　报表页面设置

在报表页面设置中，可以设置打印纸的尺寸、页边距以及列数等，自定义页面设置的操作步骤如下：

(1) 在数据库窗口中单击“页面设置”选项卡。

(2) 在“页面大小”组中单击“纸张大小”按钮的下拉箭头，打开“纸张大小”列表框，列表中共列出 21 种纸张。用户可以从中选择合适的纸张，如图 6.107 所示。

(3) 在“页面大小”组中单击“页边距”按钮的下拉箭头，打开“页边距”列表框，列表中共列出 3 个选项。用户可以从中选择合适的页边距，如图 6.108 所示。

(4) 在“页面布局”组中单击“纵向”和“横向”按钮可以设置打印纸的方向，单击“页面设置”按钮打开“页面设置”对话框。

图 6.107 纸张大小列表

图 6.108 页边距列表

(5) 在“打印选项”选项卡中进一步设置页边距，如图 6.109 所示；在“页”选项卡中设置打印纸的方向和纸张大小，如图 6.110 所示；在“列”选项卡中可以修改在打印纸上输入的列数和列尺寸等，如图 6.111 所示。

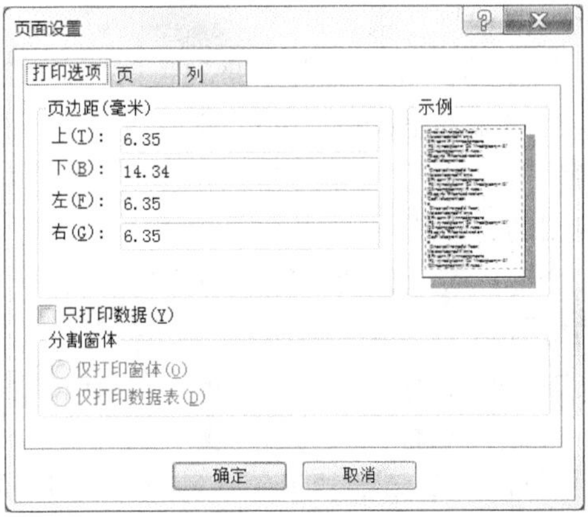

页面设置
打印选项 页 列
页边距(毫米)
上(T): 6.35
下(B): 14.34
左(F): 6.35
右(G): 6.35
示例
只打印数据(Y)
分割窗体
仅打印窗体(O)
仅打印数据表(D)
确定 取消

图 6.109 “打印选项”选项卡

图 6.110 “页”选项卡

图 6.111 “列”选项卡

6.5.2 打印预览

打印预览是指打印之前先在屏幕上查看打印的样式，对报表中可能存在的错误和格式方面的不足进行修改，确认打印内容和格式正确无误后再正式打印。这样既可以大大提高工作效率，又能够节省纸张。

操作方法是选择选项卡“文件”→“打印”→“打印预览”命令，打开“打印预览”对话框，显示报表一页中的全部数据。

6.5.3 打印报表

在打印预览中查看打印内容和格式正确无误后，就可以打印输出了。

打印报表的具体步骤如下：

(1) 选定报表，在设计视图或打印预览视图中打开报表。

(2) 选择“文件”选项卡的“打印”命令，或按 Ctrl + P 组合键，打开“打印”对话框，如图 6.112 所示。单击“确定”按钮，即可完成报表的打印。

在“打印”对话框中可以进行如下设置：

(1) 从“名称”下拉列表框中选择要使用的打印机。

(2) 在“打印范围”选项组中选择打印全部内容或指定打印页的范围。

(3) 在“份数”选项组中指定要打印的份数。

(4) 如果当前尚未配置打印机，可以选中“打印到文件”复选框，将文档打印到文件。如果要配置打印机选项，那么可以单击“属性”按钮进行配置。

(5) 如果需要调整页边距和列的设置，单击左下角的“设置”按钮，打开如图 6.113 所示的“页面设置”对话框。

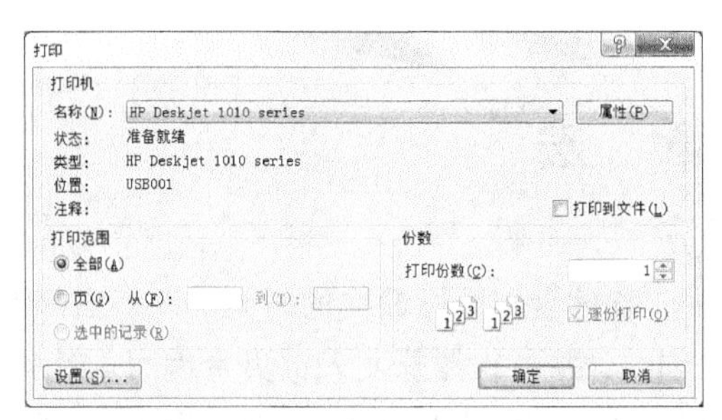

图 6.112 “打印”对话框

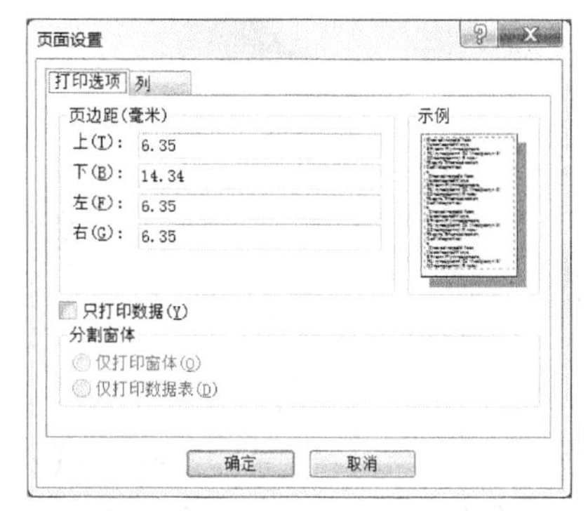

图 6.113 “页面设置”对话框

第7章　宏

宏可自动执行经常使用的任务，从而节省键盘和鼠标操作的时间。许多宏都是使用 Visual Basic for Applications (VBA) 创建，并由软件开发人员负责编写。但是，某些宏可能会引发潜在的安全风险，具有恶意企图的人员(也称为黑客)可以在文件中引入破坏性的宏，从而在计算机或网络中传播病毒。

宏是 Access 2010 的重要对象之一。在具体使用过程中，用户根据需要，可以调用系统提供的宏，或者根据需要编写自身需要功能的宏。宏是执行选定任务的操作或操作集合，其中的每个操作实现的特定功能是由 Access 本身提供的。

本章主要介绍宏的基本操作。

7.1　宏　概　述

宏是一种功能强大的工具，可以将宏看作是一种简化的编程语言，或者批处理程序。Access 中的宏是指一个或多个操作命令的集合，其中每个操作实现特定的功能，宏可以自动完成一系列操作。

用户在使用 Access 数据库中各种对象(表、查询、窗体、报表、宏和模块)去实现某项操作任务时，常需要多个操作动作才能够完成，很多情形下这些操作任务是按照一定的顺序进行的。例如，要打印输出一份报表，用户在打印输出报表对象之前，可能要做一系列的检查工作：先打开有关“表”对象浏览原始数据，再打开有关“查询”对象进行筛选条件的检查或重新设置，甚至还要打开有关的“窗体”对象进行对照浏览。由于这些操作对象分别放置在数据库的不同对象窗口中，若用户没有使用宏和模块功能，要执行的上述一连串操作任务只能在各个对象窗口间频繁进行切换、查找等操作。随着操作任务的不断增加，这些重复性的工作必然会让用户感到烦琐和不方便。Access 提供的“宏”对象正是解决此类问题的有效方法。

Access 2010 中对宏的功能进行了进一步增强和扩展，创建宏更加方便，宏的功能更加强大，能完成更为复杂的工作。

7.1.1　宏的定义

宏是一种特殊的代码，是一个或多个操作命令的集合，其中的每个操作均能实现特定的功能，如打开窗体、预览报表等。在数据库操作中，将一些使用频率较高、存在一定操作顺序和规律的一系列连贯操作设计为一个宏，执行一次该宏即可将多个操作同时完成，从而方便了用户对数据库的操作。

在 Access 2010 中，按照宏的程序流程，宏可以分为四种类型：操作序列宏、宏组、条件宏和子宏。

宏组(Group)是宏的集合，把多个宏对象组织在一个宏组中，需要说明的是，Access 2010 中的宏组与之前版本的宏组在概念上和目的上都有很大的区别。这里的组实际上是为了更好地管理宏，把相关的宏操作组成一个程序块，把若干操作目的相关的宏创建成一个宏组来简化宏的结构。一个复杂的数据库系统很可能有数百个宏协同工作，通过建立宏组更有效地管理数据库中的宏对象。当宏中含有多个宏组时，其按照宏组的排列顺序依次运行。

条件宏(If)是在特定条件下才执行的宏。条件宏的条件是一个逻辑表达式，条件宏将根据逻辑表达式运算结果为“真”或“假”而确定是否进行宏操作。

子宏(Submacro)是共同存储在一个宏名下的一组宏的集合，该集合通常只作为一个宏引用。当包含多个子宏的宏运行时，默认只运行第一个子宏。在外部以“宏对象名.子宏名”的方式来调用。

在 Access 2010 中，宏的功能非常强大，它可以单独控制其他数据库对象的操作，也可以作为窗体或报表中控件的事件代码控制其他数据库对象的操作，还可以成为实用的数据库管理系统菜单栏的操作命令，从而控制整个管理系统的操作流程。

7.1.2　常用宏操作

宏也是一种操作命令，它的本质和菜单操作命令是一样的，只是它们对数据库施加作用的时间及条件有所不同。菜单命令一般用在数据库的设计过程中，而宏操作则可以在数据库中自动执行。

Access 2010 中共有 60 多种基本宏操作命令，按照不同功能归为八类。具体分类如图 7.1 所示。

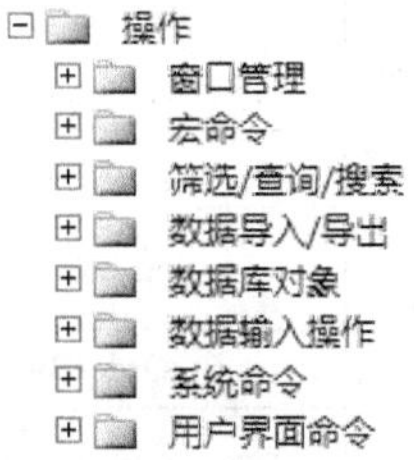

操作
- 窗口管理
- 宏命令
- 筛选/查询/搜索
- 数据导入/导出
- 数据库对象
- 数据输入操作
- 系统命令
- 用户界面命令

图 7.1　八类基本的宏操作

通过这些基本的宏操作，可以组合成许多宏组操作。但在实际应用过程中，很少单独使用这些宏操作，通常将这些基本宏操作按照一定的顺序组合起来，以完成一种特定任务。这些宏操作可以通过窗体中控件的某个事件触发来实现，也可在数据库的运行过程中自动实现。本书选择了常用的宏操作进行介绍，详见表 7.1 所示。

表 7.1 宏的基本操作

分类	宏	功能
窗口管理	CloseWindows	关闭指定的 Access 窗口，如果没有指定窗口，则关闭激活的窗口
	MaximizeWindows	最大化激活窗口使它充满 Microsoft Access 窗口
	MinimizeWindows	最小化激活窗口使之成为 Microsoft Access 窗口底部的标题栏
	MoveAndSizeWindows	移动并调整激活窗口。如果不输入参数，则 Microsoft Access 使用当前设置。度量单位为 Windows "控制面板"中设置的标准单位(英寸或厘米)
	RestoreWindows	将最大化或最小化的窗口还原到原来的大小。此操作会一直影响到激活的窗口
宏命令	CancelEvent	取消导致该宏(包含该操作)运行的 Microsoft Access 事件。例如，如果 BeforeUpdate 事件使一个验证宏运行并且验证失败，则使用这种操作可取消数据更新
	ClearMacroError	清除 MacroError 对象中的上一个错误
	OnError	定义错误处理行为
	RunCode	执行 Visual Basic Function 过程，若要执行 Sub 过程或事件过程，需创建调用 Sub 过程或事件过程的 Function 过程
	RunDataMacro	运行数据宏
	RunMacro	执行一个宏。可用该操作从其他宏中执行宏、重复宏、恢复宏，基于某一条件执行宏，或将宏附加于自定义菜单命令
	StopAllMacros	停止正在运行的所有宏。如果回应和系统消息的显示被关闭，此操作也会将它们都打开。在符合某一出错条件时，可使用这个操作来终止所有的宏
	StopMacro	停止当前正在运行的宏。如果回应和系统消息的显示被关闭，则此操作也会将它们都打开。在符合某一出错条件时，可使用这个操作来终止一个宏
筛选/查询/搜索	ApplyFilter	在表、窗体或报表中应用筛选、查询或者 SQL WHERE 子句可限制或者排序来自表中的记录，或者来自窗体、报表的基本表或者查询中的记录
	FindNexRecord	查找符合最近的 FindRecord 操作或"查找"对话框中指定条件的下一条记录，使用该操作可移动到符合同一条件的记录
	FindRecord	查找符合该操作参数指定的准则的第一条或下一条记录。记录能在激活的窗体或数据表中查找
	OpenQuery	打开选择查询或交叉表查询，查询可在"数据表"视图、"设计"视图或"打印预览"中打开
	Refresh	刷新视图中的记录
	RefreshRecord	刷新当前记录
	SearchForRecord	基于某个对象条件在对象中搜索记录
	SetFilter	在表、窗体或报表中应用筛选、查询或者 SQL WHERE 字句可限制或者排序来自表中的记录，或者来自窗体、报表的基本表或者查询中的记录
	SetOrderBy	对表中的记录或者来自窗体、报表的基本表或查询中的记录应用排序
	ShowAllRecords	从激活的表、查询或窗体中删除任何应用的筛选，可显示表或结果集中的所有记录或者窗体的基础表或查询中的所有记录
数据导入/导出	AddContactFromOutlook	添加来自 Outlook 中的联系人
	ExportWithFormatting	将指定数据库对象的数据输出为 Microsoft Excel(.xls)、格式文本(.rtf)、MO-DOS 文本(.txt)、HTML(.html)或者快照(.snp)格式
	SaveAsOutlookContact	将当前记录另存为 Outlook 联系人

续表

分类	宏	功能
数据库对象	GoToRecord	在表、窗体或查询结果集中的指定记录成为当前记录
	OpenForm	在“窗体”视图、“设计”视图、“打印预览”或“数据表”视图中打开窗体
	OpenReport	在“设计”视图或“打印预览”中打开报表或立即打印该报表
	OpenTable	在“数据表”视图、“设计”视图或“打印预览”中打开表
	PrintObject	打印当前对象
	PrintPreview	当前对象的“打印预览”
数据输入操作	DeleteRecord	删除当前记录
	EditListItems	编辑查阅列表中的项
	SaveRecord	保存当前记录
系统命令	Beep	使计算机发出嘟嘟声。使用此操作可表示错误情况或重要的可视性变化
	CloseDatabase	关闭当前数据库
	QuitAccess	退出 Microsoft Access，从几种保存选项中选择一种
用户界面命令	AddMenu	为窗体或报表将菜单添加到自定义菜单栏
	MessageBox	显示含有警告或提示消息的消息框。常用于验证失败时显示一条消息
	NavigateTo	定位到指定的“导航窗格”组和类别
	Redo	重复最近的用户操作
	SetMenuItem	为激活窗口设置自定义菜单(包括全局菜单)上菜单项的状态(启用或禁用，选中或不选中)。仅适用于用菜单栏宏所创建的自定义菜单
	UndoRecord	撤销最近用户操作

7.2　宏 的 操 作

利用宏进行数据库操作，提高了用户管理数据的效率。下面介绍宏的各种操作。

7.2.1　宏设计工具

Access 2010 包含一个新的宏生成器，使用宏生成器不仅可以更轻松地创建、编辑和自动化数据库逻辑，还可以更高效地工作，减少编码错误，并轻松地整合更复杂的逻辑以创建功能强大的应用程序。单击“创建”选项卡“宏与代码”组中的“宏”按钮，进入宏设计器窗口，如图 7.2 所示。

单击“设计”选项卡，共有“工具”、“折叠/展开”和“显示/隐藏”三个选项组，包括了常见的宏操作相关功能。

宏的创建与设计一般都是在“宏生成器”中完成的，根据需要在操作目录中选择系统提供的宏操作或程序流程进行宏的设计。

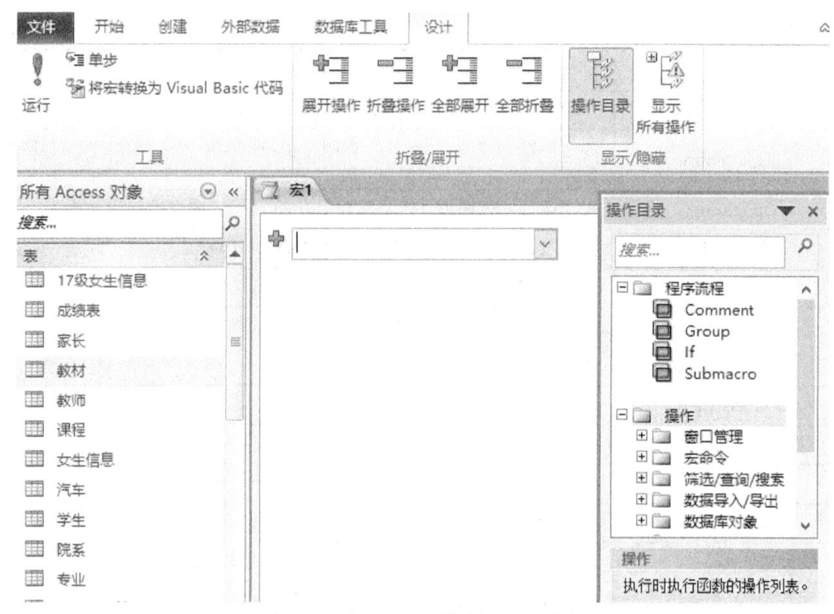

图 7.2　宏工具“设计”选项卡

7.2.2　创建宏

在 Access 2010 中，通过宏设计器创建宏。在宏设计窗口中对宏进行编辑，包括设置宏条件、宏操作、宏操作参数，添加或删除宏以及更改宏顺序等一系列操作。按照宏中宏命令的组织方式，宏可以分为操作序列宏、宏组、条件宏和子宏。下面分别介绍其创建过程。

1. 操作序列宏的创建

操作序列宏是一个或多个宏操作命令的集合，每个宏操作均能实现一定的功能，每个宏操作按照顺序关系依次列，运行时按顺序从第一个宏操作依次往下执行。

创建操作序列宏是宏操作的基础。创建操作序列宏通常包括三个步骤：

(1) 添加基本宏操作(必需)。

(2) 设置所添加宏操作的参数(视实际操作需求而定，非必需)。

(3) 添加备注(非必需，为以后调试和以后阅读需要，建议添加)。

【例 7.1】　在学生管理数据库中创建一个操作序列宏，用来打开“学生”、“成绩表”数据表及“综合成绩”查询。

操作步骤如下：

(1) 打开学生管理数据库，单击“创建”选项卡“宏与代码”选项组中的“宏”按钮，打开　“宏”生成器窗口，创建了一个新宏。

(2) 如果设计窗口没有“操作目录”对话框，则选择“设计”选项卡“显示/

隐藏”组中“操作目录”，显示如图 7.3 所示“操作目录”对话框，其中选择“程序流程”中的“Comment”，或单击宏操作占位符组合框的 ，打开下拉列表框，如图 7.4 所示，选择“Comment”。

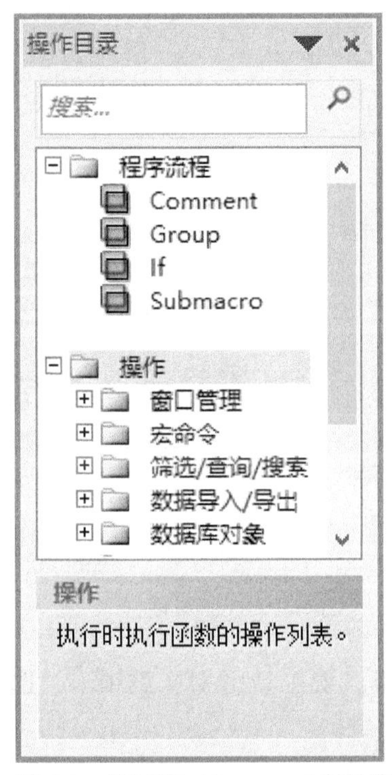

图 7.3　“注释”(Comment)宏操作

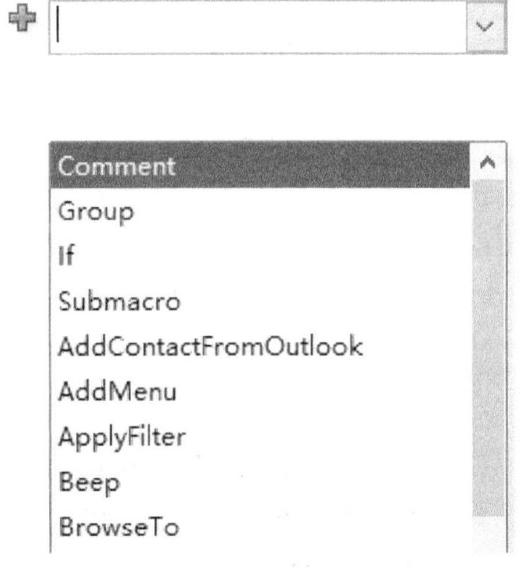

图 7.4　为“注释”操作添加内容

(3) 在“Comment”宏操作对话框中输入信息“打开学生数据表”。

(4) 通过“操作目录”对话框，将“数据库对象”中的“OpenTable”添加到宏设计器，如图 7.5 所示。“OpenTable”操作有三个参数需要设置，三个参数分别代表“表名称”、“视图”和“数据模式”。通过点选参数下拉菜单，对每个参数进行设置，本例中这三个参数分别设置为“学生”、“数据表”和“只读”。

(5) 重复操作(2)～(4)，添加注释“打开成绩表”，增加“OpenTable”操作，设置参数为“成绩表”、“数据表”及“只读”。

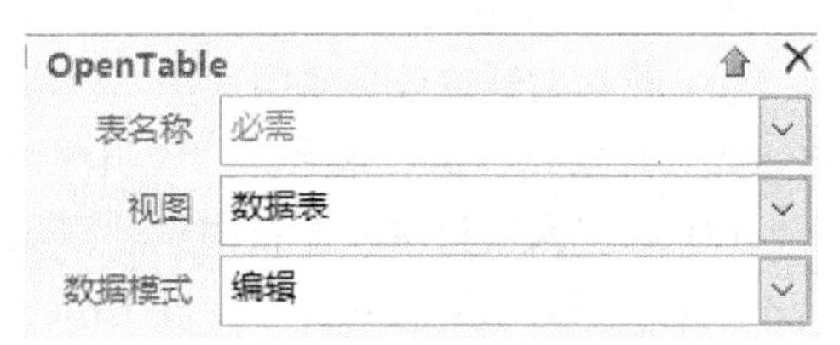

图 7.5　“OpenTable”对话框

(6) 展开“操作目录”窗格中的“筛选/查询/搜索”组，如图 7.6 所示。把“OpenQuery”操作拖到宏操作占位符组合框中，在图 7.7 上可以看到，“OpenQuery”操作有三个参数需要设置，三个参数分别代表“查询名称”、“视图”和“数据模式”。

通过点选参数下拉菜单，对每个参数进行设置，本例中这三个参数分别设置为“综合成绩”、“数据表”和“编辑”。

图 7.6　“筛选/查询/搜索”

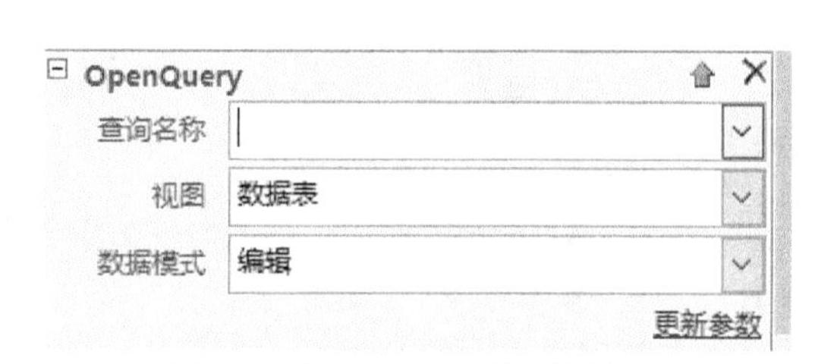

图 7.7　“OpenQuery”对话框

(7) 保存宏，名称改为“顺序打开对象”。打开“宏工具/设计”选项卡，选择“工具”组中的“运行”按钮，运行宏。

2. 宏组的创建

当一个数据库中创建的宏的数量很多时，将相关的宏分组到不同的宏组中有助于更好地管理宏。也就是说，使用宏组的目的仅仅是更加有序地管理数据库中的宏对象。当宏中含有多个宏组时，其按照宏组的排列顺序依次运行。

【例 7.2】　在学生管理数据库中创建一个宏，宏名称为“宏组测试”，要求宏中包含两个宏组，分别用来打开和关闭“学生”数据表。

操作步骤如下：

(1) 在学生管理数据库中选择“创建”选项卡“代码与宏”组中“宏”按钮，进入宏设计窗口，保存宏名为“宏组测试”。

(2) 在“操作目录”窗格中把程序流程中的“Group”拖到“添加新操作”组合框中(也可以双击“Group”)，在 Group 后面文本框中输入宏组名“打开数据表”。

(3) 在 Group 组内按照例 7.1 方法添加 OpenTable 操作，打开“学生”数据表。

(4) 在“操作目录”窗格中依次选择“操作”、“系统命令”和“Beep”，将 Beep 操作添加至 Group 组内，如图 7.8 所示。

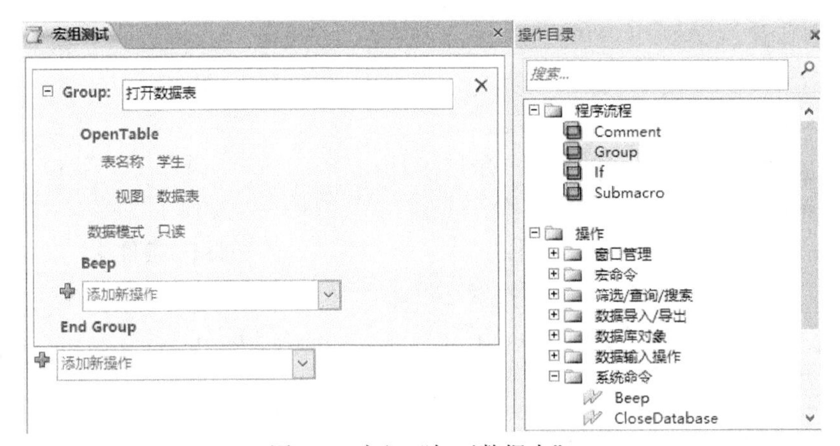

图 7.8　宏组“打开数据表”

(5) 单击宏设计窗口下方的“添加新操作”组合框，选择“Group”操作，创建一个新的宏组，Group 后面文本框中输入宏组名“关闭数据表”。

(6) 依次添加两个新操作“MessageBox”和“CloseWindow”，如图 7.9 所示。

(7) 运行“宏组测试”宏，查看运行情况。

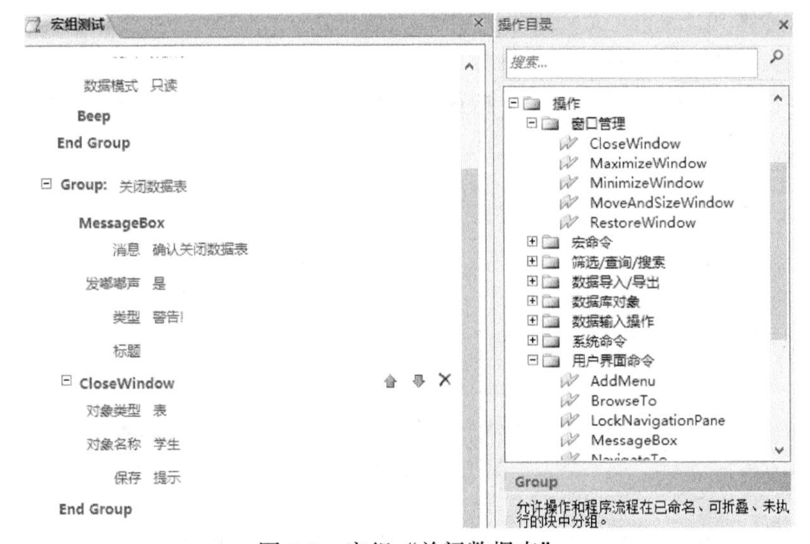

图 7.9　宏组“关闭数据表”

3. 条件宏的创建

在有些情况下，用户希望在某个特定条件为真时才执行一个或多个操作，即使用条件来控制宏的流程。这就需要创建条件宏。条件操作宏的创建与操作序列宏的创建基本相同，仅需要在设计视图中打开操作目录窗格，把 If 拖放在“添加新操作”上面(或者在“添加新操作”下拉菜单中选择“If ”)，然后在 If 后面的文本框中输入条件表达式。

If 结构基本表示有下面三种方式。

方式 1：	方式 2：	方式 3：
If　条件　Then	If　条件　Then	If　条件 1　Then
操作	操作 1	操作 1
End if	Else	Else if 条件 2
	操作 2	操作 2
	End if	End if
单分支表示	双分支表示	多条件分支

在 If 的双分支语句执行过程中，首先对条件进行判定，如果成立，则执行操作 1；否则，执行操作 2。

If 表达式中条件可以是关系表达式，也可以是逻辑表达式，只要能够判定出真假值就可以。

【例 7.3】 创建一个宏，用来判定当前年份是否是闰年，如果是，输出结果“是闰年”，否则输出“不是闰年”。

操作步骤如下：

(1) 打开数据库，进入宏设计界面。

(2) 在“操作目录”窗格中，把程序流程中的“If ”拖到“添加新操作”组合框中(也可以双击“If ”)，如图 7.10 所示。

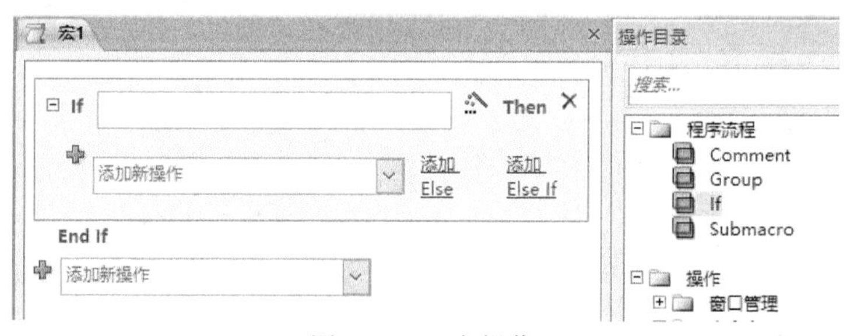

图 7.10　If 宏操作

(3) 在 If 的“条件表达式”对话框中选择条件，或者单击“ ”打开“表达式生成器”对话框，输入条件表达式：

```
(Year(Date()) Mod 400=0) Or (Year(Date()) Mod 4=0 And Year(Date())
Mod 100<>0)
```

(4) 在第一个“添加新操作”组合框中单击下拉箭头，在打开的列表中选择“MessageBox”，在“操作参数”窗格的“消息”行中输入“是闰年”，其他参数默认。

(5) 单击“If ”中“添加 Else”按钮，在新的“添加新操作”组合框中用(4)的方法添加 MessageBox，输入参数“不是闰年”，操作界面如图 7.11 所示。

图 7.11　If 结构及参数

(6) 保存并按照提示把宏名改为“条件宏”。

(7) 运行宏，结果根据当前系统的年份决定，如果是 400 的倍数或者是 4 的倍数但不是 100 的倍数，输出“是闰年”，否则输出“不是闰年”。

4. 子宏的创建

创建子宏与其他宏基本相同，一个宏中可以包含多个子宏，每个子宏都有自己的宏名，方便单独调用。子宏的创建仅需要在设计视图中打开“操作目录”窗格，把“Submacro”拖放在“添加新操作”上面(或者在“添加新操作”下拉菜单中选择“Submacro”)，在子宏后面文本框中输入子宏名，在“添加新操作”中选择新的操作即可，即在“子宏”和“End Submacro”之间添加各种宏操作。引用宏中子宏的格式是“宏名.子宏名”。

一个宏里可以有多个子宏，各个子宏之间都是独立的，互不相关。每个子宏都能够单独运行，即如果在“宏”对象窗口中，通过双击运行一个包含多个子宏的宏，则只能运行该宏中第一个子宏名下的操作命令，从第二个宏名之后的子宏不会自动执行。其他子宏可以通过“RunMacro”来调用。

7.2.3　嵌入宏

在 Access 2010 中，根据宏创建时所依附的位置，宏可以分为独立宏、嵌入宏和数据宏。宏对象(有时称为独立的宏)是一个独立的对象，窗体、报表或控件的事件都可以调用宏对象中的宏。前面创建的宏都是包含在宏对象中的独立宏，这些宏对象将显示在导航窗格中的“宏”下。

宏也可以嵌入在窗体、报表或控件的事件属性中，嵌入的宏成为所嵌入的对象或控件的一部分。嵌入的宏在导航窗格中不显示。通常使用嵌入的宏来自动执行特定于特定的窗体或报表的任务。

实际上，当用户在窗体上使用向导创建一个命令按钮执行某些操作时，就是在单击按钮事件中创建了一个嵌入宏，单击按钮时运行这个嵌入宏所定义的操作。除了使用向导创建嵌入宏以外，通常创建嵌入宏的方法都是先选择要嵌入的事件，然后再编辑嵌入的宏。如果属性框包含“[嵌入的宏]”字样，则意味着已为此事件创建了宏。

【例 7.4】 在学生管理数据中，为“教师”数据表创建快速窗体，在窗体中嵌入宏，在窗体中删除数据时弹出提醒信息，用来确认操作。

操作步骤如下：

(1) 打开学生管理数据库。

(2) 在数据库导航窗格选择“教师”数据表，单击“创建”选项组“窗体”选项卡中“窗体”按钮，快速创建“教师”窗体。

(3) 进入“教师”窗体的设计视图，在属性表中将内容选择为“窗体”，如图 7.12 所示。

图 7.12　窗体设计器及属性表

(4) 在属性表的“事件”选项组中选择“确认删除前”，单击其右侧“...”按钮，打开宏设计窗口，宏设计如图 7.13 所示。

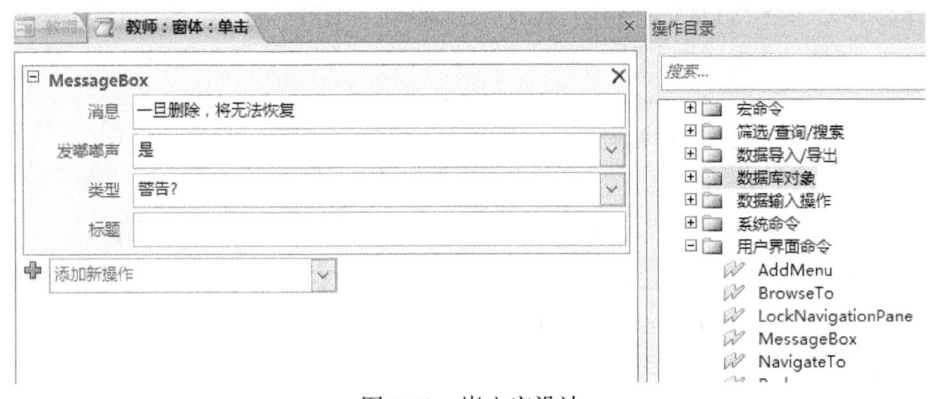

图 7.13　嵌入宏设计

(5) 进入窗体视图，该宏将在删除记录时触发运行，弹出对话框如图 7.14 所示。

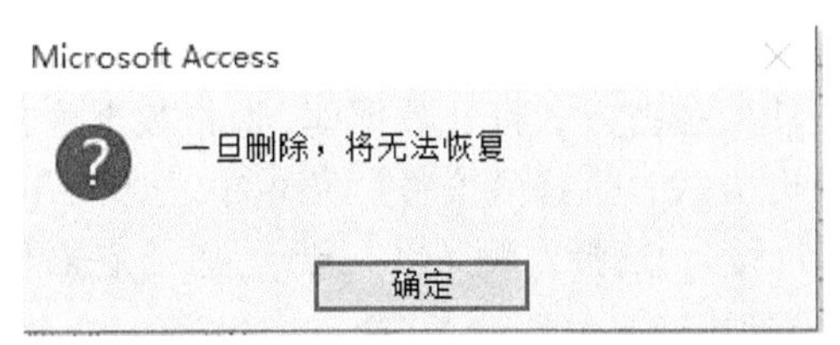

图 7.14　删除确认

7.2.4　数据宏

数据宏是 Access 2010 中新增的一项功能，该功能允许在表事件(如添加、更新或删除数据等)中添加逻辑。数据宏类似于 Microsoft SQL Server 中的“触发器”。下面介绍如何创建和调试数据宏。

在数据表视图中查看表时，可从“表”选项卡管理数据宏，数据宏不显示在导航窗格的“宏”下。有两种主要的数据宏类型：一种是由表事件触发的数据宏(也称“事件驱动的”数据宏)；另一种是为响应按名称调用而运行的数据宏(也称为“已命名的”数据宏)。

1. 事件驱动的数据宏

每当在表中添加、更新或删除数据时，都会发生表事件。可以编写一个数据宏程序，使其在发生这三种事件中的任一种事件之后，或发生删除或更改事件之前立即运行。使用以下过程将数据宏附加到表事件中：

(1) 在导航窗格中，双击要向其中添加数据宏的表。

(2) 在“表”选项卡的“前期事件”组或“后期事件”组中单击要向其中添加宏的事件。例如，要创建一个在删除表记录后运行的数据宏，可单击“删除后”按钮。注意：如果一个事件已具有与其关联的宏，则该事件的图标将在功能区上突出显示。Access 打开“宏生成器”时，如果以前已为该事件创建了宏，则 Access 显示现有宏。

(3) 添加需要宏执行的操作。

(4) 保存并关闭宏。

2. 已命名的数据宏

已命名的或“独立的”数据宏与特定表有关，但不是与特定事件相关。可以从任何其他数据宏或标准宏调用已命名的数据宏。

(1) 在导航窗格中双击要向其中添加数据宏的表。

(2) 在“表”选项卡上的“已命名的宏”组中单击“已命名的宏”，然后单击“创建已命名的宏”。

【例 7.5】 在学生管理数据库的“课程”数据表中，新插入记录的课程学分在 1 到 5 之间，否则给出错误提示信息，不允许插入。

设置数据宏，首先使用独占方式打开数据库，通常数据库打开方式为共享方式。

(1) 设置数据库打开方式，选择“文件”菜单中“选项”命令，打开如图 7.15 所示“Access 选项”对话框，选择左侧“客户端设置”，在右侧的“默认打开模式”中选择“独占”。

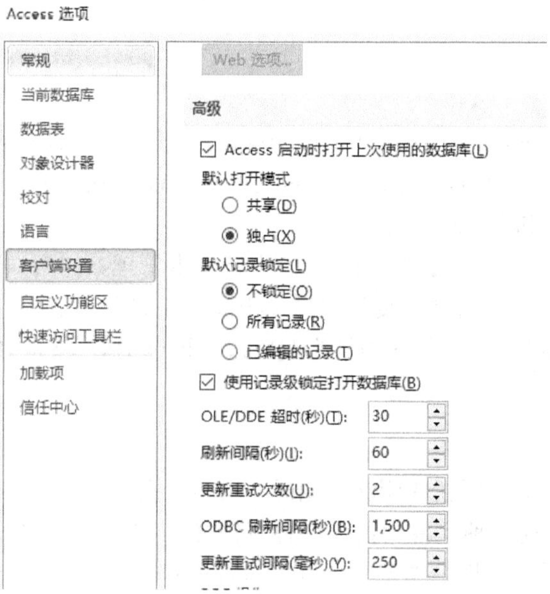

图 7.15　Access 选项

(2) 打开学生管理数据库，选择“课程”数据表，查看表内容。

(3) 选择“表格工具”中“表”选项卡，如图 7.16 所示。

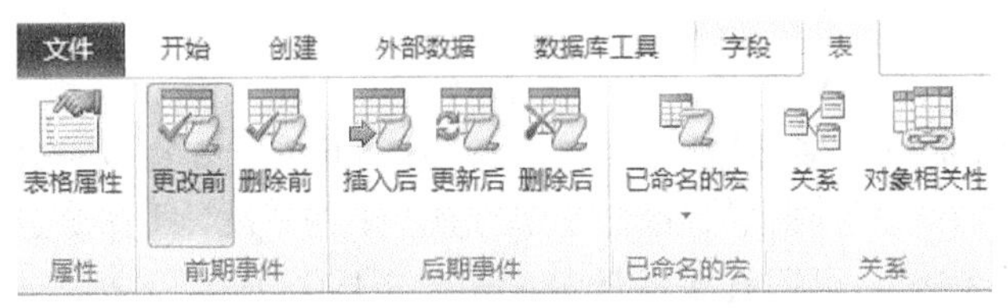

图 7.16 “表”选项卡

(4) 选择“前期事件”选项组中“更改前”选项，打开宏设计窗口。

(5) 添加程序流程 If，设置条件，添加数据操作 RaiseError，设置如图 7.17 所示。

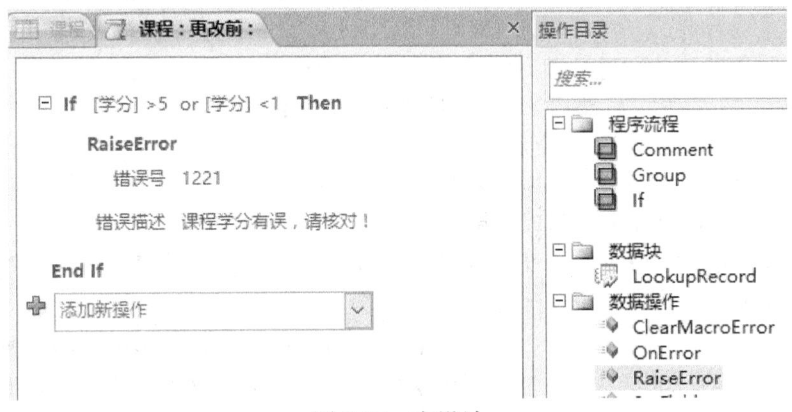

图 7.17 宏设计

(6) 保存并关闭宏。

(7) 在“课程”数据表中输入数据进行验证，当学分字段的数值不在 1 到 5 之间时，给出提示信息，如图 7.18 所示。

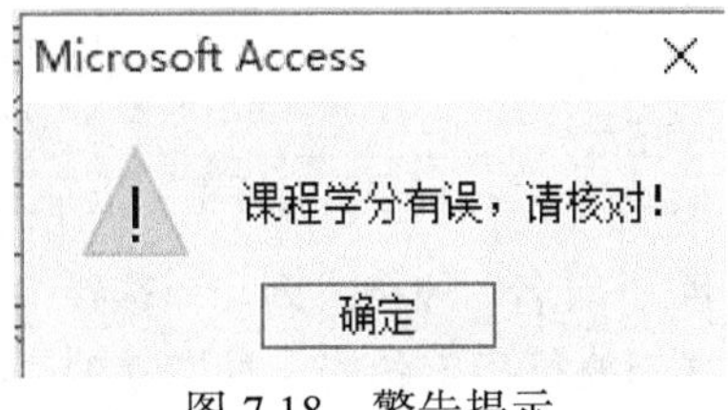

图 7.18 警告提示

调试数据宏：有些常见的宏调试工具(如“单步执行”命令和 MessageBox 宏操作等)不适用于数据宏。但是，如果在使用数据宏时遇到问题，可以结合 OnError、RaiseError 和 LogEvent 宏操作来使用应用程序日志表帮助查找数据宏错误。

7.3 宏的运行和调试

对于不含子宏的宏，可直接指定宏名进行调用运行；对于含有子宏的宏，如果直接指定宏名运行时，仅运行该宏中的第一个子宏，后面的其他子宏不会被运行，如果需要调用其他子宏，需要用“宏名.子宏名”格式来指定调用。

7.3.1　宏的运行

Access 2010 提供了多种运行宏的方法，归纳起来主要有以下几类：

(1) 打开宏的“设计视图”，单击“宏工具”下的“设计”命令选项卡的“工具”组下的“运行”按钮，可以直接运行宏，如图 7.19 所示。

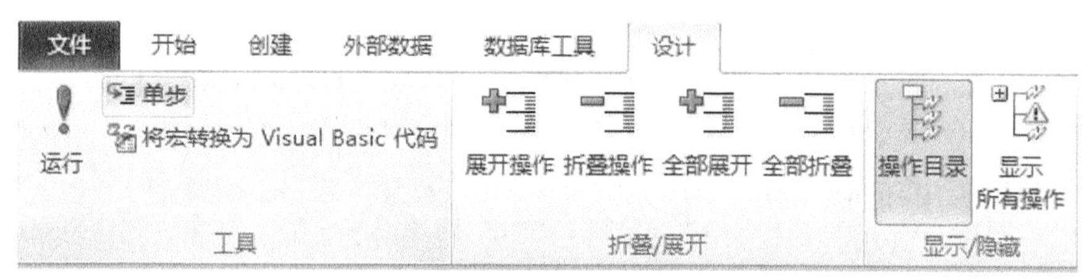

图 7.19　通过“工具”栏运行宏

(2) 查看“导航窗格”上的“宏对象”列表，双击宏名，可以直接运行(或者右键单击“宏名”，在弹出的快捷菜单中选择“运行”)。

(3) 在 Access 2010 窗口中选择“数据库工具”选项卡“宏”选项组中“运行宏”按钮，弹出“执行宏”对话框，如图 7.20 所示。

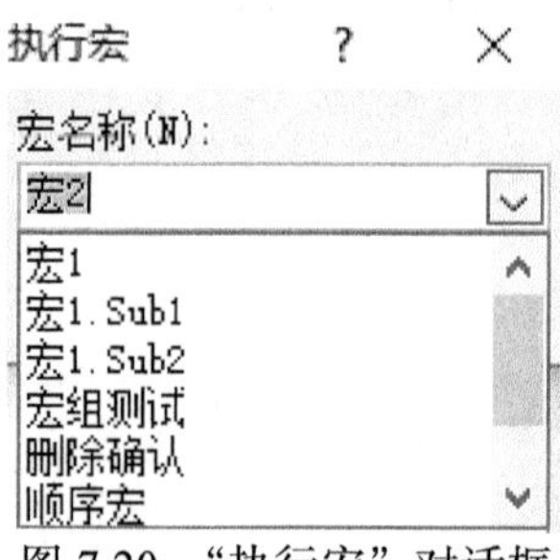

图 7.20　“执行宏”对话框

在“宏名称”组合框的下拉菜单中列出了所有可以单独运行的宏的宏名，对于包含子宏的宏，该下拉列表以“宏名.子宏名”的格式列出。选择要运行的宏名或者子宏名，单击 “确定”按钮运行宏。

(4) 通过将窗体、报表或控件中的事件(如按钮的单击事件等)属性设置为宏的名称来运行宏。在某对象的“属性表”的某个事件的属性值组合框的下拉列表中列出所有宏的宏名，对于包含子宏的宏，该下拉列表以“宏名.子宏名”的格式列出。选择某个宏名或者子宏名，当该控件的此事件发生时，则立刻执行指定的宏，如图 7.21 所示。

说明：如果在控件的事件下拉列表框中仅选择了包含子宏的宏名，则控件的该事件发生时，仅触发该宏的第一个子宏。

(5) 从另一个宏中调用并运行宏。在“宏生成器”窗格中单击“添加新操作”组合框右端的下拉按钮，在弹出的下拉列表中选择“RunMacro”项，展开 RunMacro 操作设计窗格。在“宏名称”组合框的下拉菜单中列出了所有可以单独运行的宏的宏名，对于包含子宏的宏，该下拉列表以“宏名.子宏名”的格式列出，选择要运行的宏名或者子宏名，如图 7.22 所示。

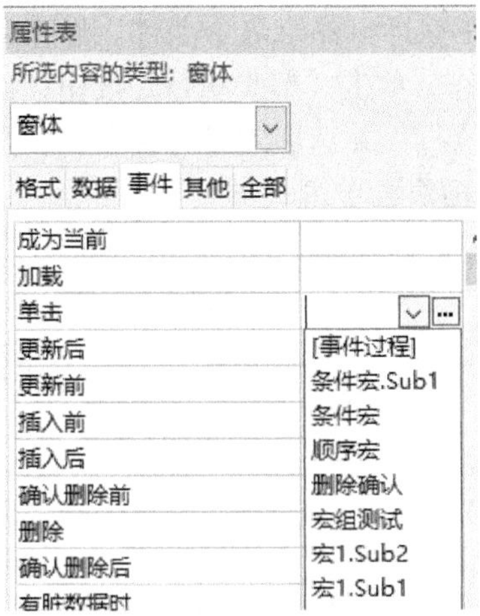

图 7.21　事件触发运行宏 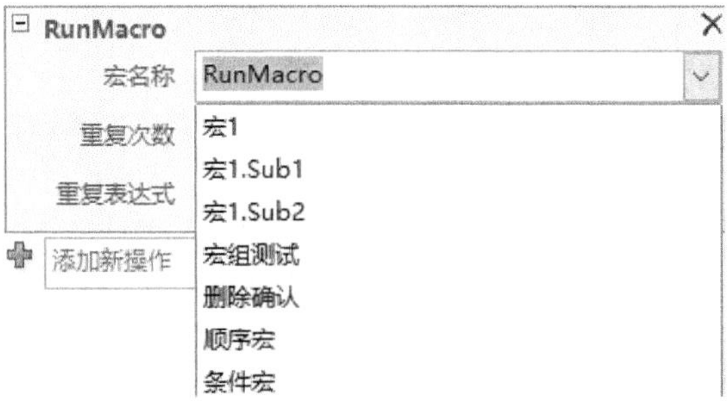　　　　图 7.22　通过“RunMacro”调用并运行宏

(6) 自动运行 AutoExec 宏。Access 2010 中设置了一个特殊的宏名 AutoExec，如果宏对象的名字存为 AutoExec，那么在打开数据库时将自动执行 AutoExec 宏中定义的所有操作。

7.3.2　宏的调试

在运行宏的过程中，当执行的操作产生非预期结果时，通过调试工具可以观察宏的运行流程和运行结果，从而帮助查找宏中存在的错误，并排除错误。Access 2010 还提供了“单步”执行的方式来查找宏中存在的问题。“单步”执行一次只运行宏的一个操作，方便观察宏的运行流程和每一个操作的运行结构，从而找到问题。

“单步”执行宏的操作步骤如下：

(1) 打开某个具体的 Access 数据库后，在宏设计视图下单击“宏工具”下的“设计”命令选项卡的“工具”组中的“单步”按钮，确认“单步”按钮被选中(“单步”两个字背景变深)。

(2) 单击“工具”组中的“运行”按钮，弹出“单步执行宏”对话框，系统进入调试状态，如图 7.23 所示。

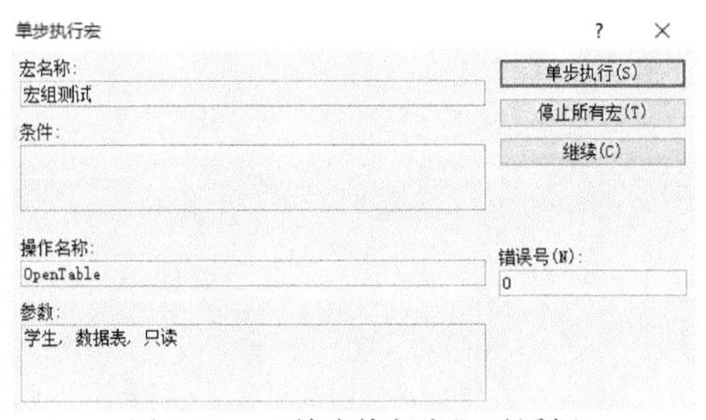

图 7.23　“单步执行宏”对话框

(3) 在“单步执行宏”对话框中，显示出当前正在运行的宏名、条件、操作名称和参数等信息。如果需要单步执行当前显示的操作，单击“单步执行”按钮；如果发现错误，单击“停止所有宏”按钮，停止宏的执行，并返回宏设计视图；如要关闭“单步执行宏”对话框并继续执行宏的未完成操作，单击“继续”按钮。

第 8 章　VBA 程序设计

在 Access 系统中，利用宏对象可以进行一些简单事件的响应处理，如打开一个窗体或打印一个报表等。但宏的功能有限，不能直接运行 Windows 下的复杂程序，也不能自定义一些复杂的函数，更不能实现计算机中较为复杂的操作，如创建用户自定义函数、复杂的流程控制、错误处理等。由于宏的局部性，因此在给数据库设计一些特殊的功能时，需要用到“模块”对象处理。而“模块”对象是由 VBA (Visual Basic for Applications)语言实现的。

8.1　面 向 对 象

VBA 是 Microsoft Office 办公软件的内置编程语言。VBA 与 Visual Basic 一样，都是以 Basic 语言作为语法基础的高级语言，使用了对象、属性、方法和事件等面向对象的编程概念。

8.1.1　基本概念

Access 是一种面向对象的开发环境，内嵌的 VBA 采用目前主流的面向对象机制和可视化编程环境，它具备模块化、分层化的特点，同时拥有一系列面向对象的基本特征，用户可以从中体会到面向对象编程的种种好处。面向对象编程中有以下几个重要的概念。

(1) 对象：面向对象编程的基本概念，指由描述该对象属性的数据以及可以对这些数据施加的所有操作封装在一起构成的统一体。对象可以看成是一个独立的单元。

(2) 类：指对具有相同数据和相同操作的一组相似对象的描述。

(3) 实例：由某个特定的类描述的一个具体的对象。可以说，类是运行时创建对象实例的模板，按照这个模板建立的一个个具体对象就称为类的实例。

(4) 属性：是类中用于描述对象特征的数据，是对客观世界实体性质的抽象。属性由属性名和属性值组成。各个对象之所以能够分开，是因为它们的属性值不完全相同。例如，区分不同的圆，就是看它们的圆心和半径，改变了这些属性值，就改变了圆这个对象的基本特征。

(5) 方法：对象所能执行的操作。换言之，就是对象所能够提供的服务。VBA

中的方法(服务)由过程或函数所组成。

(6) 消息：要求某个对象执行在定义它的那个类中所定义的方法的规格说明。VBA 中定义的每个对象可以通过消息接受用户的操作并做出识别和响应。另外，系统本身也能提供激活对象所需要的消息。

8.1.2　特点

目前存在着多种类型面向对象的编程语言，不同类型的编程语言其具体事项各不相同，但它们的特点是一致的。

(1) 抽象性：指对一个类或对象需要考虑其与众不同的特征，而无需考虑类或对象的所有信息，以便于用户集中精力来使用对象的主要特征，而忽略对象的内部细节。适当的抽象可以使用户和程序员的工作得到简化。这是在面向对象的程序设计中普遍采用的一种策略。

(2) 封装性：指将对象等属性和方法代码都集中在一个模块中，从而达到隐藏对象内部数据结构和代码细节的目的。对象就像一个黑盒子，对私有数据的访问或处理只能通过共有的方法来进行。用户可以自由使用一个对象，而不必理解类的内部实现方法。

(3) 继承性：指在面向对象的程序设计中，子类能够自动地共享基类中定义的数据和方法的性质。继承性使得相似的对象可以共享程序代码和数据结构，从而消除了类的冗余属性和方法。

(4) 多态性：指子类对象可以像父类对象一样使用，同样的消息可以发给父类对象，也可以发给子类对象。不同的对象按照它所属的类动态选用方法来响应。也就是说，在运行时，不同的对象能依据其类型确定调用哪一个函数。

此外，面向对象还具有重载等特点，有兴趣的用户可以参考专门描述面向对象方法的书籍。

8.1.3　优点

与传统方法相比，面向对象方法无疑具有更多的优点，这使它成为当今程序设计的发展方向。

(1) 面向对象方法与人类的习惯思维方法吻合。面向对象方法使用显式世界的概念抽象地思考问题，从而自然地解决问题。该方法用对象的观点把事物的属性和行为两方面的特征封装在一起，使人们能够很自然地模拟客观世界中的实体，并按照人类思维的习惯方式建立起问题领域的模型。

(2) 面向对象方法的可读性好。采用面向对象方法，用户只需要了解类和对象的属性和方法，而无需知道它内部实现的细节就可以放心地使用。

(3) 面向对象方法的稳定性好。面向对象方法以对象为中心，用对象来模拟客观世界中的实体。当软件的需求发生改变时，往往不需要付出很大的代价就能够做出修改。

(4) 面向对象方法的可重用性好。用户可以根据需要将已定义好的类对象添加到软件中，或者从已有类派生出一个可以满足当前需要的类。这个过程就像用集成电路来构造计算机硬件一样。

(5) 面向对象方法的可维护性好。一方面，面向对象方法允许用户通过操作类的定义和方法很容易地对软件做出修改；另一方面，它使软件易于测试和调试。

8.2　模块与 VBA

VBA 是 Microsoft Office 系列软件的内置编程语言，是新一代标准宏语言，简单易学。VBA 的语法与独立运行的 VB(Visual Basic)编程语言互相兼容，两者都来源于编程语言 Basic。VBA 从 VB 中继承了主要的语法结构，但 VBA 不能在一个环境中独立运行，也不能创建独立的应用程序，必须在 Access 或 Excel 等应用程序的支持下才能使用。

模块式 Access 数据库中的一个数据库对象，其代码以 VBA 语言编写。通俗地说，模块是 Access 数据库中用于保存 VBA 程序代码的容器。模块基本上是由声明、语句(Sub 和 Function)和过程组成的集合，它们作为一个已命名的单元存储在一起，对 VBA 程序代码进行组织。

Access 2010 包含标准模块和类模块两种基本类型的模块。

1) 标准模块

标准模块包含与任何其他对象都无关的常规过程，以及可以从数据库任何位置运行的经常使用的过程。标准模块可以提供整个数据库的其他过程使用的 Sub 过程和 Funtion 过程。

标准模块通常安排一些公共类模块里的过程调用。在各个标准模块内部也可以定义私有变量和私有过程仅供本模块内部使用。

标准模块中的公共变量或公共过程具有全局特性，在整个应用程序里起作用，生命周期伴随应用程序的运行而产生、随其关闭而结束。

2) 类模块

类模块是可以包含新对象定义的模块。在创建一个类实例时，也同时创建了一个新对象，此后，模块中定义的任何对象都会变成该对象的属性或方法。

一般地，类模块又可以分为以下三种。

(1) 窗体模块：指与特定的窗体相关联的类模块。当用户向窗体对象中增加代码时，用户将在 Access 数据库中创建新类。用户为窗体所创建的事件处理过程是这个类的新方法。用户使用事件过程对窗体的行为以及用户操作进行响应。

(2) 报表模块：指与特定的报表相关联的类模块，包含响应报表、报表段、页眉和页脚所触发事件的代码。对报表模块的操作与对窗体模块的操作类似。

(3) 独立的类模块：在 Access 2010 中，类模块可以不依附于窗体和报表而独立存在。这种类型的类模块可以为自定义对象创建定义。独立的类模块列于数据库窗口中，用户可以方便地找到它。

3) 独立的类模块与标准模块的区别

独立的标准模块与类模块的主要区别在于范围和生命周期。独立的类模块没有相关的对象，声明的任何常量和变量都仅在代码运行的时候是可用的。

8.2.1　模块创建

Access 没有提供创建模块的向导，创建模块必须采用编写程序的方式。下面通过例子来展示如何创建模块。

【例 8.1】　在“学生管理”数据库中创建一个“第一个模块”的新模块(以后各例题的 VBA 程序过程均保存在此模块中)。

(1) 建立模块。单击“创建”，然后单击数据库窗口工具栏上的“模块”按钮，如图 8.1 所示，系统会打开如图 8.2 所示的 VBE(Visual Basic Editor)窗口，用户可在 VBE 窗口中编写 VBA 程序代码。

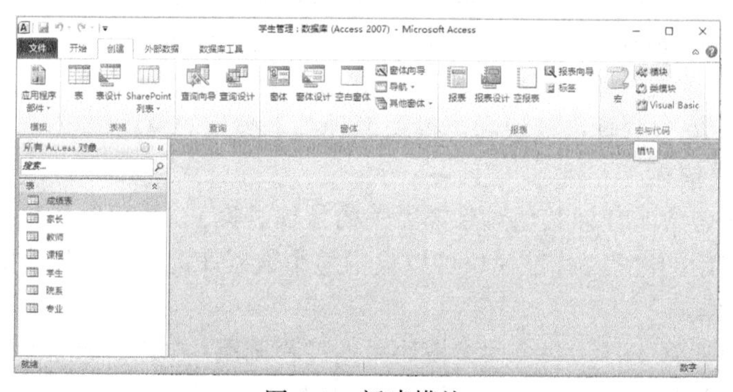

图 8.1　新建模块

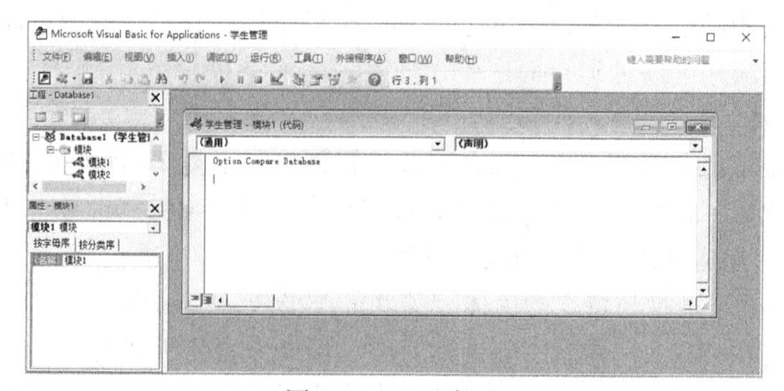

图 8.2　VBE 窗口

(2) 保存模块，单击“文件”→“保存学生管理”的“保存”按钮，系统将提示为模块命名，这里输入“第一个模块”。此时保存的模块是空的，没有任何代码，后面介绍的例题将会在这里面添加代码。

【例 8.2】　在“第一个模块”模块中创建一个 Hello 过程，运行后弹出对话框，显示“同学们好!”。

(1) 双击“第一个模块”模块，在打开的代码窗口中输入“Sub Hello”并按回车键，代码窗口将出现如图 8.3 所示的完整过程构架。

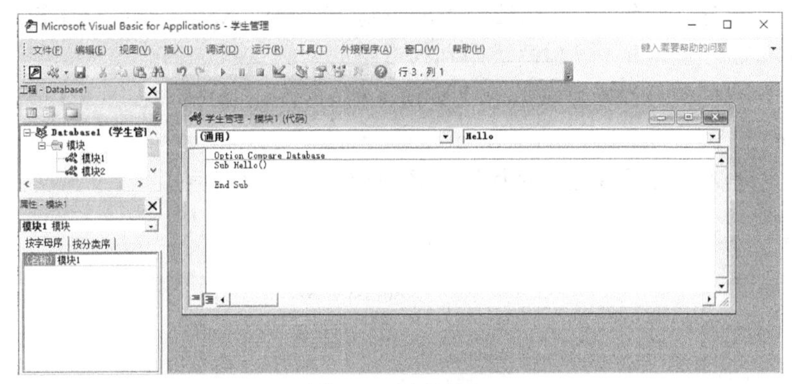

图 8.3　过程构架

(2) 在 Sub Hello()和 End Sub 之间输入下面的代码：MsgBox "欢迎来到陕西师范大学!"。

(3) 将光标置于过程中，单击“运行”→“运行子过程/用户窗体”命令，Hello 过程被执行，运行过程如图 8.4 所示，运行结果如图 8.5 所示。

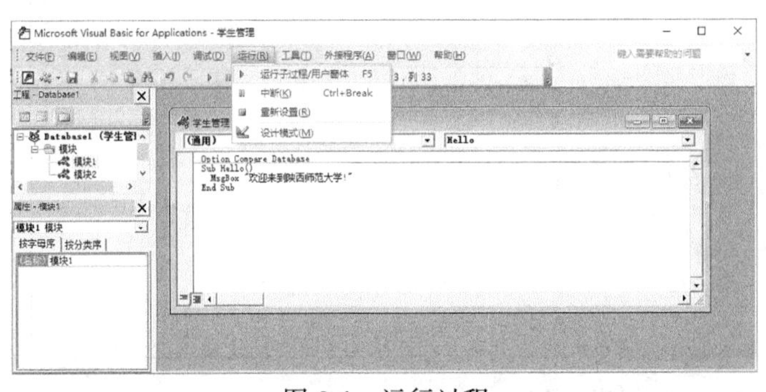

图 8.4　运行过程　　　　　　　　　　　　图 8.5　运行结果

(4) 单击菜单“文件”→“保存”命令，将 Hello 过程保存在当前模块中。

8.2.2　模块组成

模块是装着 VBA 代码的容器。一个模块包含一个声明区域，包含一个或多个过程，如图 8.6 所示。过程是模块的单元组成，分为 Sub 过程和 Function 过程两种，都是用 VBA 代码编写而成的。

1) 声明区域

声明部分主要包括：Option 声明、变量或常量或自定义数据类型的声明。

模块中使用的 Option 声明语句主要有以下三种：

(1) Option Base 1：声明模块中数组的下标默认下界为 1，不声明则默认下界为 0。

(2) Option Compare Database：声明模块中字符串要进行比较时，将根据数据库的区域 ID 确定排序级别进行比较；不声明则按字符的 ASCII 码进行比较。

(3) Option Explicit：强制模块用到的变量必须先进行声明。

此外，有关变量、常量或自定义数据类型的声明语句格式将在 8.3 节中介绍。

2) Sub 过程

Sub 过程又称为子过程，是执行一系列操作，无返回值。

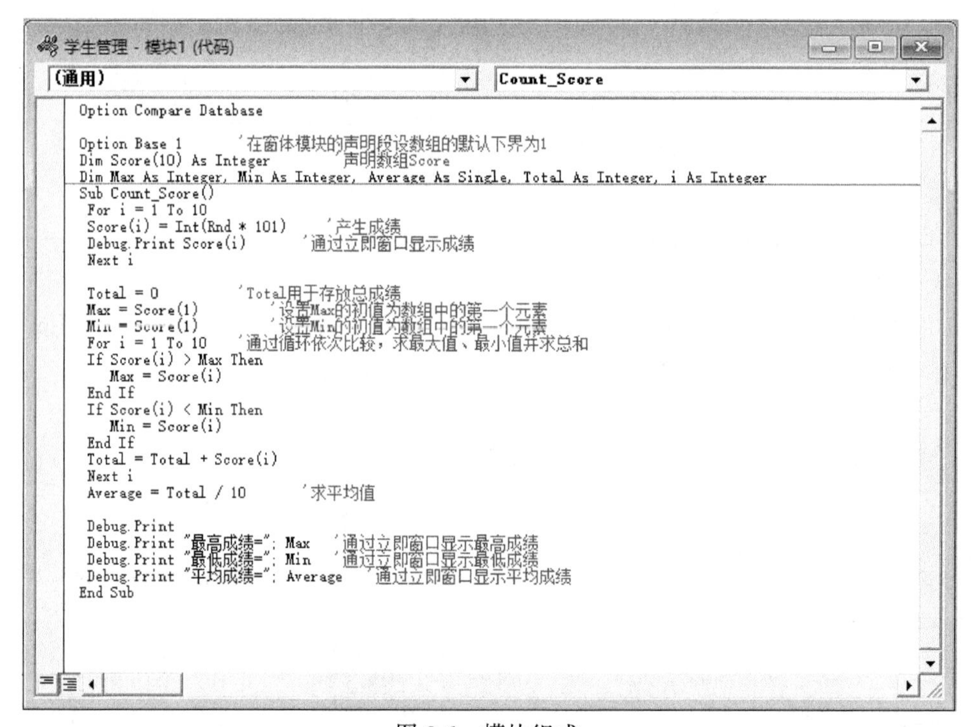

图 8.6　模块组成

Sub 过程的定义如下：

```
Sub 过程名(形参列表)
    [VBA 程序代码]
End Sub
```

VBA 提供了一个关键字 Call 调用该子过程。此外，可以通过过程名调用该子过程，此时，过程名后不能带有一对圆括号。

3) Function 过程

Function 过程又称为函数过程，和 Sub 过程一样，执行一系列操作，但有返回值。

Function 过程的定义格式如下：

```
Function 过程名(形参列表)
    [VBA 程序代码]
End Function
```

函数过程不能通过关键字 Call 来调用执行，需要直接应用函数过程名并后带一对圆括号来调用执行。

8.3　VBA 编程环境与编程方法

VB 是一种面向对象程序设计语言，微软公司将其引用到其他应用程序中。在 Office 的成员 Word、Excel 和 Access 中，这种夹在应用程序中的 VB 版本称为 VBA。因此，从某种意义上讲，VBA 是 VB 的子集。

Access 内部提供了功能强大的向导机制，能处理基本的数据库操作。若在此基础上再编写适当的 VBA 程序代码，可以极大地改善程序功能。当某些操作不能通过其他 Access 对象实现或实现起来比较困难时，可以在模块中编写 VBA 程序代码，以完成这些复杂任务。

8.3.1　Visual Basic 编辑器

Access 提供了一个 VBA 的编程环境 VBE 窗口，即 Visual Basic 编辑器窗口，它是编写和调试 VBA 程序代码的重要环境。

Access 模块分成类模块和标准模块两种，它们进入 VBE 环境方式也有所不同。

对于类模块，有如下四种方法进入 VBE：

(1) 单击工具栏中的“查看代码”按钮，打开 VBE 窗口，进入 VBE 环境。

(2) 进入相应窗体或报表设计视图，右键单击窗体左上角的黑块“■”，在弹出的快捷菜单中选择“事件生成器”命令(如图 8.7 所示)，弹出一个“选择生成器”对话框，如图 8.8 所示，选择“代码生成器”命令，即可进入 VBE 窗口。

(3) 进入相应窗体或报表的属性对话框，选择“事件”选项卡，单击其中的某个事件，即可看到该栏右侧的“…”引导标记，如图 8.9 所示；单击后选择“代码生成器”命令，即可进入 VBE 窗口。

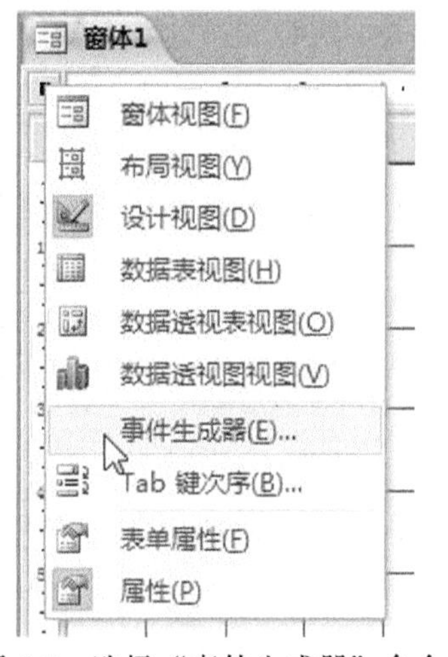

图 8.7　选择“事件生成器”命令

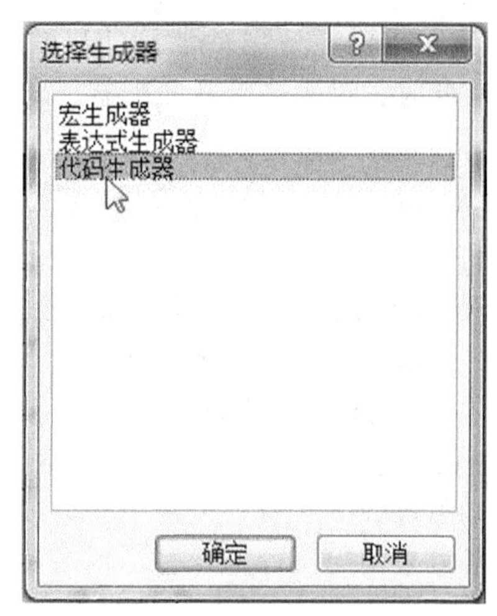

图 8.8　“选择生成器”对话框

(4) 打开某个控件属性对话框，单击鼠标右键，选择“属性”选项卡中的“事件”选项，再选择“事件过程”选项，单击属性栏右侧的“…”引导标记，如图 8.10 所示，即可进入 VBE 窗口。

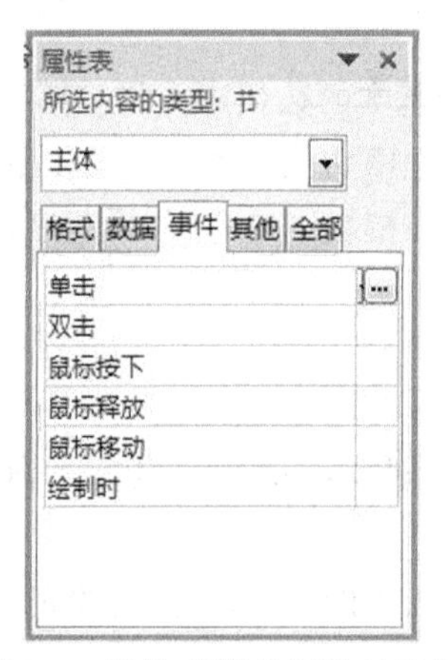

图 8.9　窗体或报表属性对话框

图 8.10　控件属性对话框

对于标准模块，进入 VBE 有三种方法：

(1) 在数据库窗口中选择“创建”→“模块”或“类模块”命令，启动 VBE 编程窗口，并创建一个空白标准模块，如图 8.2 所示。

(2) 在数据库窗口中选择“创建”→“Visual Basic”命令；或按 Alt+F11 组合键即可进入 VBE，如图 8.11 所示。之后，选择“插入”→“模块”或“类模块”或“过程”，若选择前两者，则会创建一个如图 8.2 所示的空白标准模块。

图 8.11　Visual Basic 编程器界面

(3) 对于已存在的标准模块，只需要从数据库窗体对象列表选择“模块”对象，双击要查看的模块对象，便打开 VBE 窗口，进入 VBE 环境，并显示该模块已有的代码。

VBE 窗口主要由标准工具栏、工程窗口、属性窗口和代码窗口等组成，如图 8.12 所示。此外，通过 VBE 窗口菜单栏中的“视图”菜单还可显示立即窗口、本地窗口及监视窗口，如图 8.13 所示。

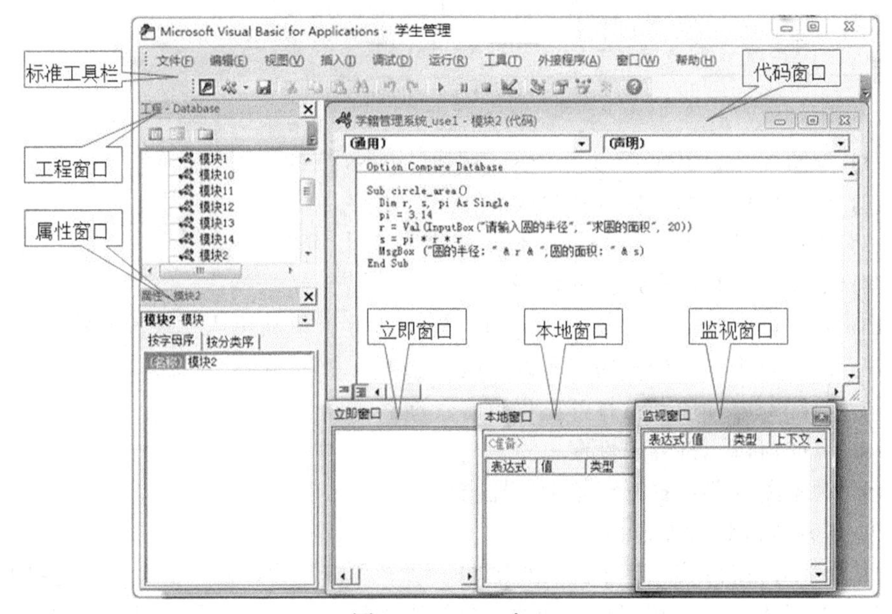

图 8.12　VBE 窗口

图 8.13　VBE 窗口中的“视图”菜单

1) 标准工具栏

VBE 窗口中的标准工具栏如图 8.14 所示。

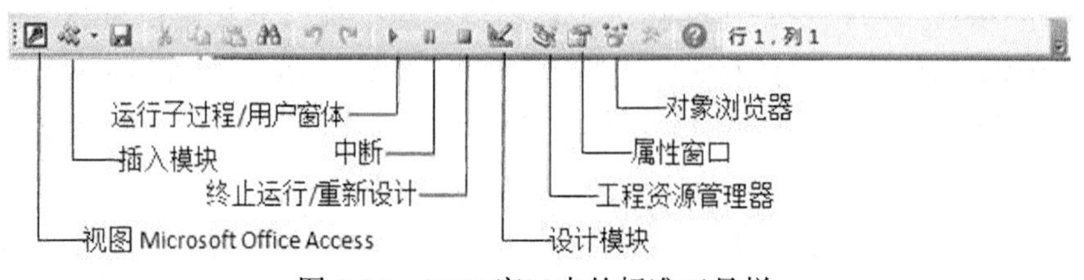

图 8.14　VBE 窗口中的标准工具栏

(1) 视图 Microsoft Office Access：切换 Access 数据库窗口。

(2) 插入模块：用于插入新模块。

(3) 运行子过程/用户窗体：运行模块程序。

(4) 中断：中断正在运行的程序。

(5) 终止运行/重新设计：结束正在运行的程序，重新进入模块设计状态。

(6) 设计模块：设计模块和非设计模块切换。

(7) 工程资源管理器：打开工程资源管理器窗口。

(8) 属性窗口：打开属性窗口。

(9) 对象浏览器：打开对象浏览器窗口。

2) 工程资源管理器窗口

单击 VBE 窗口菜单栏中的“视图”→“工程资源管理器”命令，即可打开工程资源管理器窗口。工程资源管理器窗口简称工程窗口。在工程窗口中的列表框当中列出了应用程序的所有模块文件。单击“查看代码”按钮可以打开相应代码窗口，单击“查看对象”按钮可以打开相应对象窗口，单击“切换文件夹”按钮可以隐藏或显示对象分类文件夹。

双击工程窗口上的一个模块或类，相应的代码窗口就会显示出来。

3) 属性窗口

单击 VBE 窗口菜单栏中的“视图”→“属性”命令，即可打开属性窗口。在属性窗口中列出了所选对象的各个属性，分“按字母序”和“按分类序”两种查看形式。可以直接在属性窗口中编辑对象的属性，这种编辑方法属于“静态”设置方法；也可以在代码窗口中通过使用 VBA 代码编辑对象的属性，这种编辑方法属于“动态”设置方法。

4) 代码窗口

单击 VBE 窗口菜单栏中的“视图”→“代码窗口”命令，即可打开代码窗口。可以通过代码窗口编写、显示以及编辑 VBA 程序代码。实际操作时，在打开各模块的代码窗口后，可以查看不同窗体或模块中的代码，并且可以在它们之间做复制以及粘贴。

5) 立即窗口

单击 VBE 窗口菜单栏中的“视图”→“立即窗口”命令，即可打开立即窗口。在立即窗口中，可以键入或粘贴一行代码，然后按下 Enter 键来执行该代码，但立即窗口中的代码不能保存。

(1) 若在立即窗口键入“Print 3*8”，则在下一行输出的结果是“24”。

(2) 若在立即窗口键入“? 15+20”，则在下一行输出的结果是“35”。

(3) 若在立即窗口键入“? Mid(“shaanxi”,4,2)”，则在下一行输出的是“an”，如图 8.15 所示。

注意：“Print”命令与“?”命令的功能相同，都是在立即窗口中输出结果值。

此外，在 VBE 代码中，若使用形如“Debug.Print 表达式”的语句，也将在立即窗口中输出该表达式的结果值。例如，语句 Debug.Print 20-15 在立即窗口输出结果值是 5。

图 8.15 立即窗口

6) 本地窗口

单击 VBE 窗口菜单栏中的“视图”→“本地窗口”命令，即可打开本地窗口。在本地窗口中，可以自动显示所有当前过程中的变量及变量值。

7) 监视窗口

单击 VBE 窗口菜单栏中的“视图”→“监视窗口”命令，即可打开监视窗口。

当工程中定义了监视表达式时，监视窗口就会自动出现。

8.3.2　VBA 编程方法

VBA 提供面向对象的设计功能和可视化编程环境。编写 VBA 程序的目的就是通过计算机执行 VBA 程序代码以解决数据库中的实际问题，因此，创建用户界面是面向对象程序设计的第一步。在 Access 中，用户界面的基础是窗体以及窗体上的控件，一般是在设计窗体(或报表)之后，才编写窗体或窗体上某个控件的事件过程。下面通过一个具体实例来说明 VBA 程序设计的方法及步骤。

学生成绩表　窗体2

姓名	课程名称	分数
彭卫杰	高等数学2	95
张希雅	高等数学2	91
张馨	高等数学2	80
陈源	高等数学2	56
吕梦鸽	高等数学2	92
郭雅静	高等数学2	55
吕梦鸽	高等数学2	59
吴燕妮	高等数学2	73
禹棋洺	高等数学2	89
李文浩	高等数学2	93
陈睿	高等数学2	88
孟旭莹	高等数学2	93
汶得强	高等数学2	59
李道渊	高等数学2	63
刘宁	高等数学2	60
杜嘉蓉	高等数学2	88
郑晓龙	高等数学2	58
孙丽丽	高等数学2	59
魏钰冰	高等数学2	60

图 8.16　学生成绩表

【例 8.3】　根据已有的“学生成绩表”(如图 8.16 所示)，计算每个学生每门课的最终成绩，最终成绩的计算方法为：分数*0.8+20。

(1) 创建用户界面，即创建一个计算最终成绩窗体，如图 8.17 所示。创建用户界面是面向对象程序设计的第一步，用户界面的基础是窗体及窗体上的控件，同时要根据需要对它们进行属性设置。

(2) 选择事件并打开 VBE。

① 在窗体设计视图中右键单击“计算最终成绩”按钮，打开相应的“属性”窗口，弹出一个如图 8.18 所示的“属性表” 对话框。

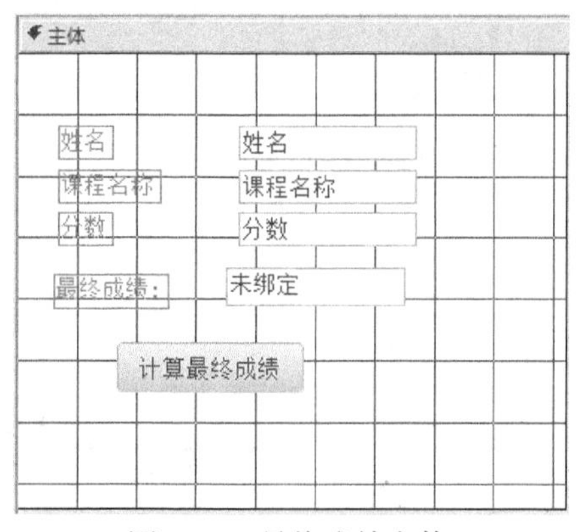

图 8.17　最终成绩窗体

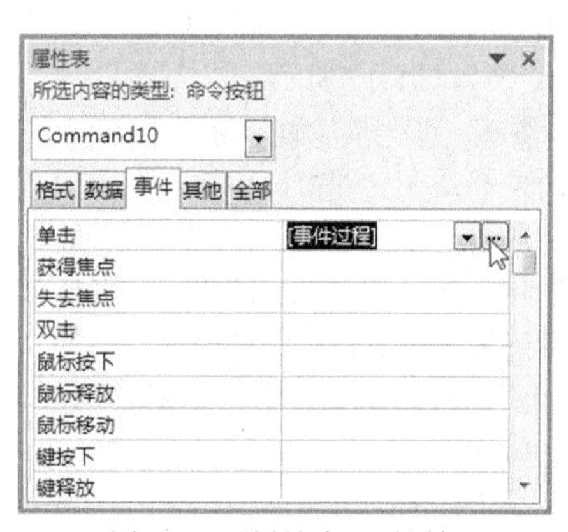

图 8.18　“属性表”对话框

② 切换到“事件”项，选定“单击”事件行，显示“V”和“…”两个按钮。

③ 单击按钮“V”，并在弹出的下拉列表中选择“事件过程”选项。

④ 单击按钮“…”，打开 VBE。

(3) 在 VBE 中编写程序代码。打开 VBE 后，光标自动停留在所选的事件过程框架内，在其位置处输入“[最终成绩] = [分数] * 0.8 + 20”VBA 代码，如图 8.19 所示。最后一行 End Sub 为过程代码的结束标志。输入完所有代码之后，选择“文件”→“保存”命令，保存过程代码，然后关闭 VBE。

(4) 运行程序。双击该窗体，即可进入窗体的运行状态，如图 8.20 所示。此时，要计算某条记录的总评成绩，只需单击“计算最终成绩”按钮即可。

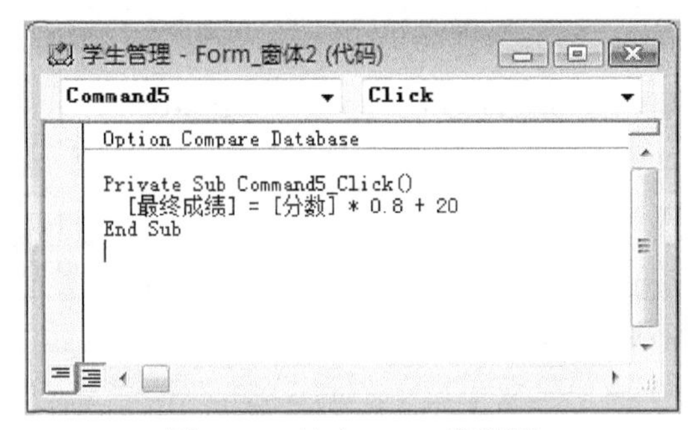

图 8.19　输入 VBA 代码图

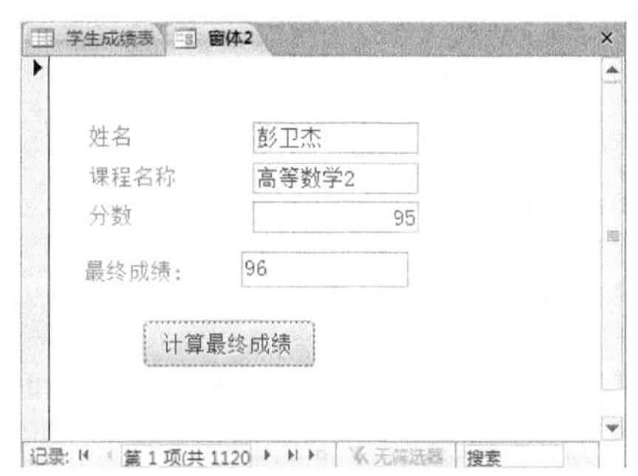

图 8.20　过程代码运行结果

Access 的 VBE 编辑环境提供了 VBA 代码的开发和调试工具，如图 8.12 所示，其中的代码窗口顶部包含两个组合框，左侧为对象列表，右侧为过程列表。操作时，从左侧组合框选定一个对象后，右侧过程组合框中会列出该对象的所有事件过程，再从该对象事件过程列表选项中选择某个事件名称，系统会自动生成相应的事件过程模块板，用户可在其中添加 VBA 代码。

双击工程窗口中任何类或对象，都可以在代码窗口中打开相应代码并进行编辑处理。

在代码窗口中编辑 VBA 代码时，系统提供了如下一些编辑的辅助功能。

1) 自动显示提示信息

在代码窗口中输入程序代码时，VBE 会根据情况显示不同的生成器提示信息。

(1) 输入控件名。当输入已有的控件名后接着输入英文的句号字符“.”时，VBE 会自动弹出该控件可用的属性和方法列表。注意，如果不会弹出该控件的属性和方法列表，那么肯定是该控件名称输入有误，这样可以给用户一个提醒。

(2) 输入函数。当输入已有函数名时，VBE 会自动列出该函数的使用格式，包括其参数提示信息。例如，当输入函数名及左圆括号“MsgBox(”时，显示 MsgBox 函数的参数提示信息如图 8.21 所示。

(3) 输入命令。对于输入命令代码，在关闭 VBE 窗口时，VBE 会自动对该命令代码进行语法检查。

2) F1 帮助信息

可以将光标停留在某个语句命令上并按 F1 键，系统会立刻提供相关命令的帮助信息。也可以在代码窗口中选择某个“属性”名或选择“方法”名，然后按 F1 键，系统会立刻提供该“属性”或“方法”的功能说明、语法格式及使用范畴等帮助信息。例如，选择 MsgBox (图 8.22)，按 F1 键便显示出 MsgBox 的帮助信息，如图 8.23 所示。

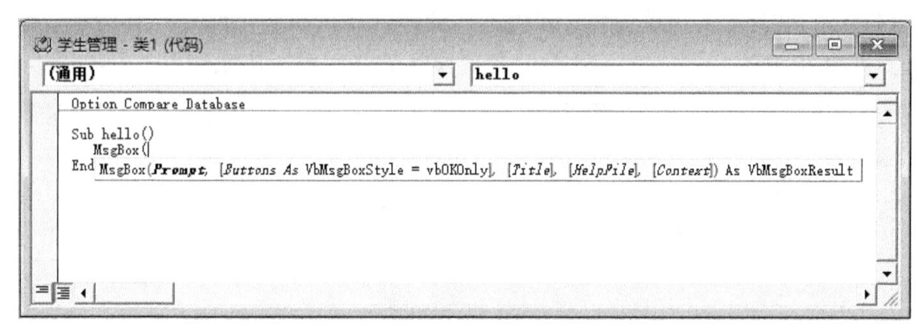

图 8.21　MsgBox 函数的参数提示信息

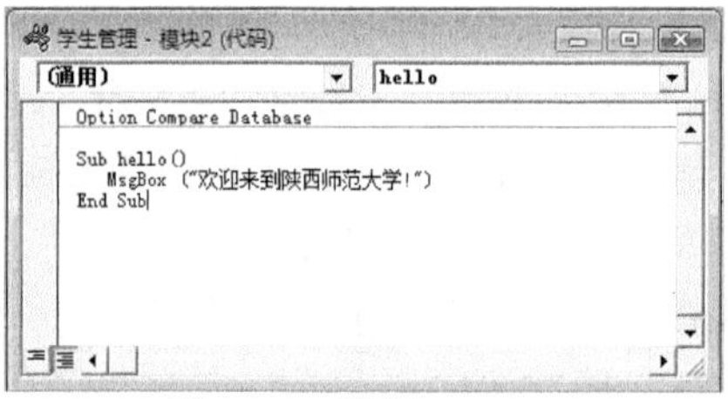

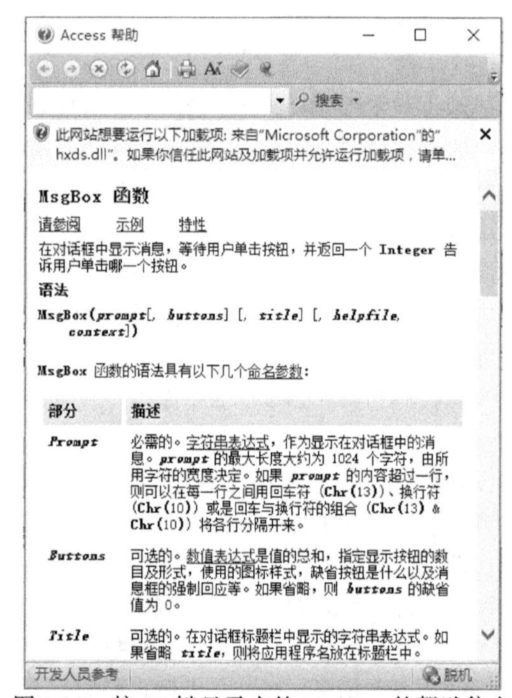

图 8.22　选择 MsgBox　　图 8.23　按 F1 键显示出的 MsgBox 的帮助信息

8.4　VBA 编程基础

VBA 应用程序包括两个主要部分，即用户界面和程序代码。其中，用户界面由窗体和控件组成，而程序代码则由基本的程序元素组成，包括数据类型、常量、变量、内部函数、运算符和表达式等。

8.4.1　数据类型

数据是程序的重要组成部分，也是程序处理的对象。为便于程序的数据处理，每一种程序设计语言都规定了若干种基本数据类型。在各种程序设计语言中，数据类型的规定和处理方法基本相似，但又各有特点。VBA 提供了较为完备的数据类型，Access 数据表中的字段使用的数据类型(OLE 对象和备注字段数据类型除外)在 VBA 中都有对应的类型。由 VBA 系统定义的基本数据类型共有 11 种，每一种数据类型所使用的关键字、占用的存储空间和数值范围是各不相同的，如表 8.1 所示。

表 8.1　VBA 基本数据类型

数据类型	关键字	类型符	占字节数	范　围
字符型	Byte	无	1	0～255
逻辑型	Boolean	无	2	True 与 False
整型	Integer	%	2	–32768～32767
长整型	Long	&	4	–2147483648～2147483647
单精度型	Single	!	4	负数：-3.402823×10^{38}～-1.401298×10^{-45} 正数：1.401298×10^{-45}～3.402823×10^{38}
双精度型	Double	#	8	负数：$-1.79769313486232\times10^{308}$～$-4.94065645841247\times10^{-324}$ 正数：$4.94065645841247\times10^{-324}$～$1.79769313486232\times10^{308}$
货币型	Currency	@	8	–922337203685477.5808 ~ 922337203685477.5807
日期型	Date(time)	无	8	100-01-01～9999-12-31
字符型	String	$	与字符串长度有关	0～65535

在使用 VBA 代码中的字节型、整型、长整型、单精度型和双精度型等的常量和变量与 Access 的其他对象进行数据交换时，必须符合数据表、查询、窗体和报表中相应的字段属性。

说明：

(1) 字符串型(String，类型符$)：字符串型是一个字符序列，包括除双引号和 Enter 键以外可打印的所有字符。一个字符串的前后要用英文的双引号""括起来，故英文的双引号""作为字符串的定界符号，如“2008 年”的长度为 5。长度为 0 的字符串(即"")称为空字符串。

字符串有两种，即变长字符串与定长字符串。变长字符串的长度不确定，变长字符串最多可包含大约 20 亿(2^{31})个字符。定长字符串的长度是确定的，定长字符串可包含 1 到大约 1000(2^{16})个字符。

(2) 布尔型数据(Boolean)：该类型数据只有两个值：True 或 False。布尔型数据转换为其他类型数据时，True 转换为−1，False 转换为 0；其他类型数据为布尔型时，0 转换为 False，其他转换为 True。

(3) 日期型数据(Date)：任何可以识别的文本日期数据可以赋给日期变量。“日期/时间”类型数据必须前后用英文“#”括住。

日期可以用“/”、“,”、“、”和“-”分隔开，可以是年、月、日，也可以是月、日、年的顺序。时间必须用英文的冒号“:”分隔，顺序是：时、分、秒。

例如，#1999-08-11 10:25:00pm#、#08/23/2008#、#03-25-2007 20:30:00#等都是有效的日期型数据，在 VBA 中会自动转换成 mm/dd/yyy(月/日/年)的形式。

(4) 变体类型(Variant)：是所有没有显式声明(用 Dim、Private、Public 或 Static 等语句)为其他类型变量的数据类型，该数据类型并没有类型符。

变体类型是一种特殊的数据类型，除了定长字符串类型及用户自定义类型外，可以包含其他任何类型的数据；变体类型还可以包含 Empty、Error、Nothing 和 Null 等特殊值，使用时可以用 VarType 与 TypeName 两个函数来检查 Variant 型变量中数据的具体对应数据类型。

VBA 规定，如果没有显式声明或使用类型说明符来定义变量的数据类型，默认为变体类型。

8.4.2 常量与变量

1. 常量

常量是指在程序运行过程中其值不能改变的量。常量的使用可提高程序代码的可读性，并且能使程序代码更加容易维护。

在 VBA 中，常量有直接常量、符号常量、系统常量和内部常量。

1) 直接常量

直接常量直接出现在代码中，即通常的数值或字符串值，也称为字面常量，它的表示形式决定它的类型和值。举例如下：

字符型：“陕西师范大学计算机科学学院”

数值型：3.14、-25、1.3679E-15

日期型：#2017-11-18#

逻辑型：True、False

2) 符号常量

在 VBA 编程过程中，符号常量使用关键字 Const 来定义。

定义符号常量的格式：

Const 常量名 = 变量值

常量名的命名规则同变量，符号常量定义时不需要为常量指明数据类型，该符号常量的数据类型由常量值决定，VBA 会自动按存储效率最高的方式来决定其数据类型。

符号常量一般要求大写命名，以便与变量区分，如

```
Const PI=3.14
```

在该程序代码中，用户就可以用 PI 代替圆周率 3.14。

若在模块的声明区中定义符号常量，则建立一个所有模块都可使用的全局符号常量，一般是在 Const 前加上 Global 或 Public 关键字，如

```
Global const PI =3.14
```

这一符号常量会涵盖全局范围或模块级范围。

3) 系统常量

系统常量是 Access 系统内部包含有若干个启动时就建立的系统常量，有 True、False、Yes、No、On、Off 和 Null 等，编码时可以直接使用这些系统常量，不需要声明。

4) 内部常量(也称固有常量)

VBA 提供了一些预定义的内部符号常量。Access 内部常量以前缀 ac 开头。一般来说，来自 Access 库常量以“ac”开头，来自 ADO 库的常量以“ad”开头，而来自 Visual Basic 库的常量则以“vb”开头，如 acForm、adAddNew、vbCurrency。

用户可以通过“对象浏览器”来查看所有可用的对象库中的固有常量列表。在列表“成员”中选择一个常量后，它的数值将出现在“对象浏览器”窗口的底部，如图 8.24 所示的“Const acCmdAboutMicrosoftAccess = 35”。一个好的编程习惯是尽可能地使用常量名字而不使用它们的数值。用户不能将这些内部常量的名字作为用户自定义常量或变量的名字。

图 8.24 “对象浏览器”显示的内部常量

2. 变量

变量是在程序运行期间其值可以发生变化的量。实际上，变量是内存中的临时存储单元，用于存储数据。由于计算机处理数据时，必须要将数据装入内存，因此，在高级语言程序中，需要将存放数据的内存单元命名，通过内存单元名(即变量名)来访问其中的数据。一个变量有变量名、数据类型和变量值三个要素。在 VBA 代码中，通过变量名来引用变量。

1) 变量的命名

变量名的命名规则如下：

(1) 变量名的命名同名字段命名一样，变量名必须以字母(或汉字)开头。

(2) 变量名可以包含字母、数字或下划线字符，但不能包含标点符号或空格。

(3) 变量名的字符个数不能超过 255 个字符。

(4) 变量命名不能使用 VBA 的关键字(如 For、To、Next、If、While 等)。

VBA 中的变量命名不区分字母大小写，如“a”和“A”代表的是同一个变量。例如，a、b_1、st_x 等可以作为变量名，但 1a、b.1、x-1、y5、s/3 不可作为变量名。

2) 显式变量

变量先声明(即先定义)后使用是较好的程序设计习惯。可以在模块设计窗口的顶部说明区域中，加入 Option Explicit 语句来强制要求所有变量必须先定义才能使用。

显式声明变量的基本格式：

Dim 变量名 [As 类型关键字][, 变量名[As 类型关键字]][...]

其中“As 类型关键字”用于指明该变量的数据类型。如果省略[As 类型关键字]部分，则默认定义该变量为 Variant 数据类型，如

```
Dim i As Integer
Dim j As Long, n AsSingle, t As String, f As Boolean, x
```

其中 x 定义为变体类型。

```
Dim xy As String, xz As String *8,
```

注意：xy 是变长的字符串型变量，xz 是定义的 8 个字符长度的字符串型变量。

此外，下面这个声明语句

```
Dim a As Integer, b As Long, c As Single
```

也可以用类型符代替类型关键字来定义变量，即可以改写为

```
Dim a%, b&, c!
```

3) 隐式变量

隐式变量(或称隐含变量)是指没有直接定义，而是借助一个值(或一个表达式值)指定赋给变量的方式建立变量。当在变量名称后没有附加类型符来指明隐含变量的数据类型时，默认为变体类型，如

```
m=3.14
```

该语句定义一个变体类型变量 m 的值是 3.14。

下面语句建立了一个整型数据类型的变量：

```
k%=73
```

4) 作用域

在 VBA 编程中，由于变量声明的位置和方式不同，所以变量的作用范围也有所不同，这就是变量的作用域。在变量的作用域范围内，称该变量是可见的。

下面列出了 VBA 中变量作用域的三个层次。

(1) 局部变量。在模块过程内部声明的变量称为局部变量。局部变量仅在过程代码执行时才可见。在子过程或函数过程中声明或不用 Dim...As 关键字声明而直接使用变量作用域都属于局部范围。局部变量仅在该过程范围中有效。

(2) 模块级变量。在模块中的所有过程之外的起始位置声明的变量称为模块级变量。模块级变量在该模块运行时，在该模块所包含的所有子过程和函数过程中均可见。在模块级变量声明区域，用 Dim...As 关键字声明的变量的作用域就属于模块范围。

(3) 全局变量。在标准模块的所有过程之外的起始位置声明的变量称为全局变量，全局变量在运行时，在所有模块的所有子过程与函数过程中都可见。在标准模块的变量声明区域，用 Public...As 关键字声明的变量的作用域就属于全局范围。

5) 变量的生命周期

变量的生命周期是指变量在运行时有效的持续时间。变量的持续时间是从变量声明语句所在的过程第一次运行到代码执行完毕并将控制权交回调用它的过程为止的时间。每次子过程或函数过程被调用时，以 Dim···As 语句声明的局部变量会设定默认值，常用的变量默认值为 0，字符串型变量的默认值为空字符串("")，布尔型变量的默认值为 False。这些局部变量具有与子过程或函数过程等长的持续时间。

要在过程的实例间保留局部变量的值，可以用 Static 关键字代替 Dim 以声明静态(Static)变量。静态变量的持续时间是整个模块执行的时间，但它的有效作用范围是由其声明位置决定的。

当用 Dim 说明的局部变量不可见时，它们并不占用内存。在大量使用数组的情形下，局部变量的这一特征对提高内存的使用率特别有用。

8.4.3　运算符与表达式

程序中对数据的操作，其本质就是指对数据的各种运算。被运算的对象，如常数、常量和变量等称为操作数，运算符则是用来对操作数进行各种运算的操作符号。VBA 中的运算符可以分为算术运算符、字符串运算符、关系运算符和逻辑运算符四种。诸多操作数通过运算符连成一个整体后，成为一个表达式。

1. 算术运算符与算术表达式

VBA 提供的算术运算符如表 8.2 所示。其中“–”运算符在单目运算(单个操作数)中作取负号运算，在双目运算符(两个操作数)中作算术减法运算。运算优先级指的是当表达式中含有多个运算符时各运算符执行的优先顺序。表 8.2 中的运算符从上至下按优先级的非增顺序排列。

表 8.2　算术运算符

运　算	运算符	例　子	结　果
指数运算	^	3^2	9
取负运算	–	–3	–3
乘法运算	*	3*2	6
浮点除法运算	/	10/3	3.333333333
整数除法运算	\	10\3	3
取模运算	Mod	10 Mod 3	1
加法运算	+	3 + 3	6
减法运算	–	10 – 3	7

2. 字符串连接符与字符串表达式

VBA 中，字符串连接符有两个：“&”和“+”，它们的作用都是将两个字符串连接起来。举例如下：

```
Dim s As String        '变量定义
s="陕师大"&"计科院"              '返回"陕师大计科院"
s="陕师大"+"计科院"              '返回"陕师大计科院"
s="陕师大"& 2017 &"届毕业生"     '返回"陕师大 2017 届毕业生"
s="陕师大"+ 2017 +"届毕业生"     '返回运行错误信息
```

在 VBA 中，“+”既可以作加法运算符，也可用作字符串连接符，而“&”专门用作字符串连接符，即当两个被连接的数据都是字符串型时，它们的作用相同。当字符串型和数值型连接时，若用“&”连接运算符，则会把数值型数据都转化成字符串型后再连接；若用“+”连接运算符，如图 8.25 所示，则会出现语法错误，如图 8.26 所示。

3. 关系运算符与关系表达式

关系运算符是双目运算符，用来对两个常数或表达式的值进行比较，比较的结果为逻辑值，即若关系成立，则返回 True，否则返回 False。在 VBA 中，True 用 1 表示，False 用 0 表示。VBA 共提供了六个关系运算符，如表 8.3 所示。

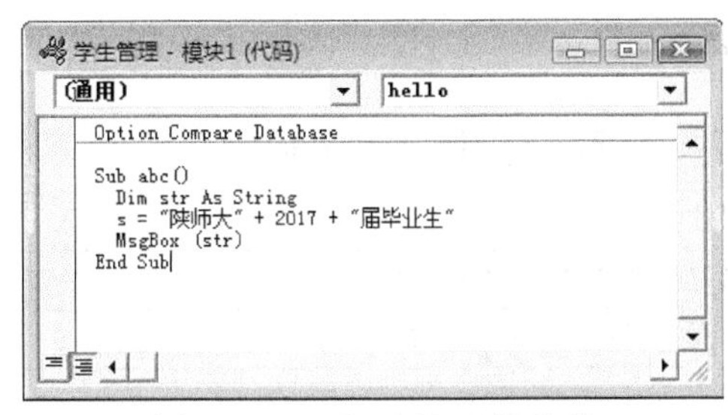

图 8.25　“+”连接运算程序

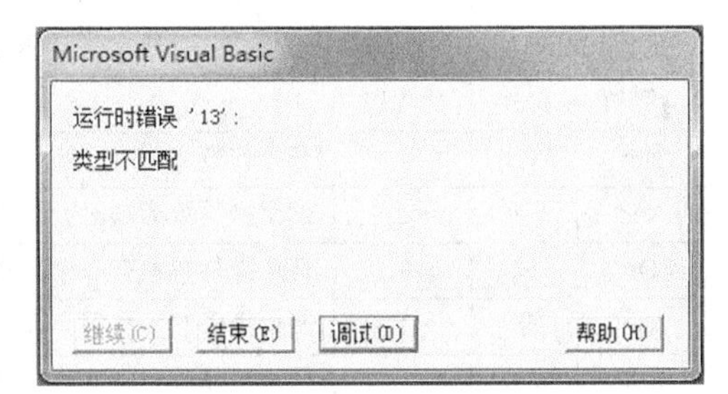

图 8.26　出错信息

表 8.3　关系运算符

运算符	含　义	例　子	结　果
=	相等	3=3	真
<>	不相等	3<>5	真
>	大于	3>5	假
>=	大于等于	5>=3	真
<	小于	3<5	真
<=	小于等于	5<=3	假

用关系运算符既可进行数值的比较，也可以进行字符串的比较，在比较时应注意以下规则：

(1) 当两个操作数均为数值型时，按其大小比较。

(2) 当两个操作数均为字符型时，按字符的 ASCII 码值从左到右逐一比较，即首先比较两个字符串的第 1 个字符，其 ASCII 码值大的字符串大；如果第 1 个字符相同，则比较第 2 个字符，依次类推，直到出现不同的字符为止。举例如下：

```
"abcd">"abCD"                    '结果为 True
```

(3) 汉字字符大于西文字符。

(4) 所有关系运算符的优先级相同。

4. 逻辑运算符与逻辑表达式

逻辑运算符的作用是对操作数进行逻辑运算，操作数可以是逻辑值(True 或 False)或关系表达式，运算结果是逻辑值 True 或 False。逻辑运算符除 Not 是单目运算符外，其余的都是双目运算符。在 VBA 中，逻辑运算符共有六种。表 8.4 列出了 VBA 中的逻辑运算符及其运算优先级等。

下面给出各种逻辑运算的应用实例。

【例 8.4】　设 a=2，b=5，c=8，则下列逻辑运算的过程及结果如下。

(1) Not(a>b)的值为 True。具体运算过程为

```
Not(a>b)→Not(2>5)→Not(False)→True
```

(2) a+b=c And a.b>c 的值为 False。具体的运算过程为

```
a+b=c And a.b>c→2+5=8 And 2.5>8→False And True→False
```

表 8.4　逻辑运算符

运算符	含义	优先级	说　明
Not	取反	1	当操作数为假时，结果为真；当操作数为真时，结果为假
And	与	2	两个操作数为真时，结果才为真
Or	或	3	两个操作数中有一个为真时，结果为真；否则为假
Xor	非	3	两个操作数不相同，即一真一假时，结果才为真；否则为假
Eqv	异或	4	两个操作数相同，结果才为真
Imp	蕴含	5	第 1 个操作数为真、第 2 个操作数为假时，结果才为假，其余结果均为真

(3) a<>b Or c<>b 的值为 True。具体运算过程为

```
a<>b Or c<>b→2<>5 Or 8<>5→True Or True→True
```

(4) a+c>a+b Xor c>b 的值为 False。具体运算过程为

```
a+c>a+b Xor c>b→2+8>2+5 Xor 8>5→True Xor True→False
```

5. 运算符优先顺序

在一个表达式中进行若干操作时，每一部分都会按预先确定的顺序进行计算求解，称这个顺序为运算符的优先顺序。

在表达式中，当运算符不止一种时，要先处理算术运算符，接着处理比较运算符，然后再处理逻辑运算符。所有比较运算符的优先顺序都相同；也就是说，要按它们出现的顺序从左到右进行处理。

运算符的优先级说明如下：

(1) 优先级：算术运算符>连接运算符>关系运算符>逻辑运算符。

(2) 所有关系运算符的优先级相同时，按从左到右的顺序进行运算。

(3) 算术运算符必须按表 8.5 中“算术运算符”栏(纵向)所示优先顺序进行运算，相同优先级的算术运算符(如* / 或+–)按从左到右的顺序进行运算。

(4) 逻辑运算符必须按表 8.5 中“逻辑运算符”栏(纵向)所示优先顺序进行运算。

(5) 括号优先级最高。可以用括号改变优先顺序，强令表达式的某些部分优先运行。

表 8.5　运算符的优先级

<table>
<tr><td>优先级</td><td colspan="4">高 ◀———————— 低</td></tr>
<tr><td></td><td>算术运算</td><td>连接运算符</td><td>关系运算符</td><td>逻辑运算符</td></tr>
<tr><td rowspan="6">高
▲
│
低</td><td>指数运算(^)</td><td rowspan="6">字符串连接(&)
字符串连接(+)</td><td>等于(=)</td><td>Not</td></tr>
<tr><td>取负(–)</td><td>不等于(<>)</td><td>And</td></tr>
<tr><td>乘法和除法(*/)</td><td>小于(<)</td><td>Or</td></tr>
<tr><td>整除法(\)</td><td>大于(>)</td><td></td></tr>
<tr><td>求模运算(Mod)</td><td>小于等于(<=)</td><td></td></tr>
<tr><td>加法和减法(+–)</td><td>大于等于(>=)</td><td></td></tr>
</table>

8.4.4　常用内部函数

函数是具有特定运算、能完成特定功能的模块，如求一个数的平方根、正弦值等，或求一个字符串的长度、取其子串等。由于这些运算或者操作在程序中会经常使用到，因此 VBA 提供了大量的内部函数(也称标准函数)供用户在编程时调用。内部函数按其功能可分成数学函数、转换函数、字符串函数、日期和时间函数等。

标准函数一般用于表达式中，有的能和语句一样使用，标准函数的调用格式如下：

函数名([<实参 1>][, <实参 2>][, <实参 3>][…])

其中函数名必不可少，函数的实参(实际参数)放在函数名后的圆括号中，每两个实参之间要用英文的逗号分隔开。实参可以是常量、变量或表达式。函数可以没有实参，也可以有一个或多个实参。每个函数被调用时，都会返回一个值。函数的实参和返回值都有特定的数据类型与其相对应。

下面按分类介绍一些常用标准函数的使用。

1. 数学函数

数学函数用来完成一些基本的数学计算，其中一些函数的名称与数学中相应函数的名称相同。表 8.6 列出了常用的数学函数，其中函数参数 N 为数值表达式。

表 8.6　常用的数学函数

函数名称	含义	实例	结果
Abs(N)	取绝对值	Abs(-7.65)	7.65
Sqr(N)	平方根	Sqr(81)	9
Cos(N)	余弦函数	Cos(1)	.54030230586814
Sin(N)	正弦函数	Sin(2)	.909297426825682
Tan(N)	正切函数	Tan(1)	1.5574077246549
Exp(N)	以 e 为底的指数函数，即 e^x	Exp(3)	20.086
Log(N)	以 e 为底的自然对数	Log(10)	2.3
Sgn(N)	符号函数	Sgn(−3.5)	−1
Fix(N)	取整	Fix(−2.5) Fix(2.5)	−2 2
Int(N)	取小于或者等于 N 的最大整数	Int(−2.5) Int(2.5)	−3 2
Round(N)	四舍五入取整	Round(−2.5) Round(2.5)	−3 3
Rnd(N)	产生一个[0,1]之间的随机数	Rnd	0～1 内的随机数
Randomize	初始化随机数生成器	—	—

随机函数 Rnd 可以模拟自然界中各种随机现象，它可产生一个(0，1)范围内(即大于 0 并且小于 1)的随机数。在实际操作时，要先使用无参数的 Randomize 语句初

始化随机数生成器，以产生不同的随机数序列，每次调用 Rnd 即可得到这个随机数序列中的一个。

2. 转换函数

在编码时可以使用数据类型转换函数将某些操作的结果表示为特定的数据类型，如将十进制数转换成十六进制数，将单精度数转换成货币型数，将字符转换成对应的 ASCII 码等。常用的转换函数如表 8.7 所示，其中函数参数 C 为字符表达式，N 为数值表达式。

3. 字符串函数

字符串函数用来完成对字符串的一些基本操作和处理，如求取字符串的长度、截取字符串的子串、除去字符串中的空格等。VBA 提供了大量的字符串函数，给字符类型变量的处理带来了极大的方便。字符串函数如表 8.8 所示，其中函数参数 C、C1、C2 为字符表达式，N、N1、N2 为数值表达式；M 值表示所采用的比较方法：−1 表示由 Option Compare 来确定比较结果，0 表示比较二进制值，1 表示比较汉字。

表 8.7　常用的转换函数

函数名	含义	实例	结果
Asc(C)	字符转换成 ASCII 码	Asc("A")	65
Chr$(N)	ASCII 码值转换成字符	Chr$(65)	A
Hex(N)	十进制转换成十六进制	Hex(99)	63
Lcase$(C)	大写字母转换为小写字母	Lcase$("AaBb")	"aabb"
Oct[$](N)	十进制转换成八进制	Oct[$](99)	143
Str$(N)	数值转换成字符串	Str$(123.456)	"123.456"
Ucase$(C)	小写字母转换成大写字母	Ucase$("abc")	"ABC"
Val(C)	数学字符串转换为数值	Val("123.456")	123.456

表 8.8　字符串函数

函数名	功能	实例	结果
Len(C)	求字符串长度	Len("中国 China")	7
LenB(C)	字符串所占的字节数	LenB("AB 高等教育")	12
Left(C,N)	取字符串左边 N 个字符	Left("ABCDEFG",3)	"ABC"
Right(C,N)	取字符串右边 N 个字符	Right("ABCDEFG",3)	"EFG"
Mid(C,N1[,N2])	从字符串的 N1 位置开始向右取 N2 个字符，默认 N2 到串尾	Mid("ABCDEFG",2,3)	"BCD"
Space(N)	产生 N 个空格的字符串	Space(3)	□□□

续表

函数名	功能	实例	结果
Ltrim(C)	去掉字符串左边的空格	Ltrim("□□□ABCD")	"ABCD"
Rtrim(C)	去掉字符串右边的空格	Rtrim("ABCD□□□")	"ABCD"
Trim(N)	去掉字符串两边的空格	Trim("□□□ABCD□□")	"ABCD"
InStr([N1,]C1,C2[,M])	查找字符串 C2 在 C1 中出现的开始位置，找不到为 0	InStr("ABCDEFG","EF")	5
String(N,C)	返回由 C 中首字符组成的 N 个字符串	String(3, "ABCDEF")	"AAA"

4. 日期和时间函数

日期和时间函数可以显示日期和时间，如求当前的系统时间、求某一天是星期几等。常用的日期函数如表 8.9 所示，其中函数参数 C 表示字符串表达式，N 表示数值表达式。

表 8.9　日期函数

函数名	功能	实例	结果
Date[()]	返回当前的系统日期	Date$()	2005-5-25
Now	返回当前的系统日期和时间	Now	2005/5/25 10:50:30AM
Day(C|N)	返回日期代号(1～31)	Day("97,05,01")	1
Hour(C|N)	返回小时(0～24)	Hour(#1:12:56#)	13
Minute(C|N)	返回分钟(0～59)	Minute(#1:12:56#)	12
Month(C|N)	返回月份代号(1～12)	Month("97,05,01")	5
MonthName(N)	返回月份名	MonthName(1)	一月
Second(C|N)	返回秒(0～59)	Second(#1:12:56PM#)	56
Time[()]	返回系统时间	Time	11:26:53AM
WeekDay(C|N)	返回星期代号(1～7) 星期日为 1，星期一为 2	WeekDay("2,06,20")	5(即星期四)
WeekDayName(N)	返回星期代号(1 ~ 7)转换为星期名称，星期日为 1	WeekDayName(5)	星期四
Year(C|N)	返回年代号(1753 ~ 2078)	Year(365)相对于(1899,12,30)为 0 天后 365 天的代号	1900

对各函数进行如下说明：

1) 获取系统日期和时间函数

举例如下：

```
D=Date      '返回系统日期，如 2014-09-27
T=Time      '返回系统时间，如 10:13:14
```

```
DT=Now      '返回系统日期和时间，如 2014-09-27 10:13:42
```

2) Weekday 函数

格式：Weekday(<日期表达式>[，W])

Weekday 函数返回 1～7 的整数，表示星期几。Weekday 函数中参数 W 为可选项，是一个指定一星期的第一天是星期几的常数。如果省略 W 参数，默认 W 值为 1(即 vbSunday)，即默认一星期的第一天是星期日。

W 参数的设定值如表 8.10 所示。

表 8.10　指定一星期的第一天的常数

常数	值	描述
VbSunday	1	星期日
VbMonday	2	星期一
VbTresday	3	星期二
VbWednesday	4	星期三
VbThursday	5	星期四
VbFirday	6	星期五
VbSaturday	7	星期六

【例 8.5】　举例如下：

```
T=#2014-9-18#
yy=Year(T)          '返回 2014
mm=Month (T)        '返回 1
dd=Day (T)          '返回 28
wd=Weekday (T)      '返回 1，因为 2014-9-28 为星期日
wy=Weekday(T,3)'返回 6，因为指定一星期第一天是星期二，星期日返回 6
```

3) DateAdd 函数

格式：DateAdd(<间隔类型>), <间隔值>, <日期表达式>)

对日期表达式表示的日期按照间隔类型加上指定的时间间隔值作为该函数返回值。

其中，间隔类型参数表示时间间隔，为一个字符串，其设定值如表 8.11 所示。间隔参数表示时间间隔的数目，数值可以为正数(得到未来的日期)或负数(得到过去的日期)。

4) DateDiff 函数

格式：DateDiff(<间隔类型>, <日期 1>, <日期 2>[, W1][, W2])

返回日期 1 和日期 2 之间按照间隔类型所指定的时间间隔数目。

表 8.11　“间隔类型”参数设置值

设置	描述	设置	描述
yyyy	年	w	一周的日数
q	季	ww	周
m	月	h	时
y	一年的日数	n	分钟
d	日	s	秒

其中，间隔类型参数表示时间间隔，为一个字符串。参数 W1 是一个指定一星期的第一天是星期几的常量，如果省略 Wl，则默认 W1 值为 1(即 vbSunday)，即默认一星期的第一天是星期日。W1 参数设定值如表 8.10 所示。参数 W2 是指定一年的第一周的常量，如果省略 W2，默认 W2 值为 1(即 vbFirstJanl)，即默认包含 1 月 1 日的星期为第一周，其参数设定值如表 8.12 所示。

表 8.12　指定第一周的常数

常数	值	描述
vbFisrtJan1	1	从包含 1 月 1 日的星期开始(默认值)
vbFisrtFourDays	2	从第一个其大半个星期在新一年的一周开始
vbFisrtFullWeek	3	从第一个无跨年度的星期开始

5) DatePart 函数

格式：DatePart(<间隔类型>, <日期>[, W1][,W2])

返回日期中按照间隔类型所指定的部分值。参数 W1、W2 与 DateDiff 函数参数相同。

6) DateSerial 函数

格式：DateSerial(表达式 1, 表达式 2, 表达式 3)

返回由表达式 1 值为年、表达式 2 值为月、表达式 3 值为日组成的日期值。

其中，每个参数的取值范围应该是可接受的，即日的取值范围应在 1～31 内，而月的取值范围应在 1～12 内。此外，当任何一个参数的取值超出可接受的范围时，它会适时进位到下一个较大的时间单位。例如，如果指定了 43 天，则这个天数解释成一个月加上多出来的日数，多出来的日数将由其年份与月份来决定。

8.5　VBA 程序语句

VBA 程序是由若干 VBA 语句构成。一个 VBA 语句是能够完成某项操作的一条命令。VBA 程序语句按照其功能不同分为以下两大类型。

1) 声明语句

声明语句用于命名和定义常量、变量、数组和过程等。在定义了这些内容的同时，也定义了它们的生命周期与作用范围，这取决于定义位置(局部、模块或全局)和使用的关键字(Dim、Public、Static 或 Global 等)。

例如，有一程序段如下：

```
Sub Sample()
    Const pi=3.14
    Dim I as Integer, K as As Long
    I = 2* pi * 5
End Sub
```

上述语句定义了一个子过程 Sample。当这个子过程被调用运行时，包含在 Sub 与 End Sub 之间的语句都会执行。Const 声明语句定义了一个名为 pi 的符号常量。Dim 声明语句则定义了一个名为 I 的整型变量和一个名为 K 的长整型变量。

2) 执行语句

执行语句用于执行赋值操作、调用过程，以实现各种流程控制。执行语句一般分为如下三种结构。

(1) 顺序结构：按照语句顺序顺次执行，即程序从左至右、自顶向下执行语句。顺序结构最简单，如赋值语句、过程调用语句等。

(2) 选择结构：根据条件值选择执行路径，如条件语句。

(3) 循环结构：重复执行某一段程序语句，如循环语句。

下面分别介绍 VBA 程序结构和各种流程控制语句。

8.5.1　顺序结构

1. 赋值语句

赋值语句在任何程序设计语言中都是最基本的语句，它可以赋值给某个变量。赋值语句的格式为

变量名=表达式

其中“变量名”可以是普通变量，也可以是对象的属性；“表达式”可以是任何类型的表达式，但其类型一般要与“变量”的类型一致。举例如下：

```
Dim A%, Sum, Ch1$
A=123
Sum=86.50
Ch1="Li Ming"
Command1.Caption="计算总评成绩"
```

使用赋值语句时需要注意以下几点：

(1) 执行赋值语句首先要计算“=”号(称为赋值号)右边表达式的值，然后将此值赋给赋值号左边的变量或对象属性。

例如，“语句 A=A+3”表示将变量 A 的值加 3 后的结果再赋给变量 A，而不表示等号两边的值相等。

(2) 赋值号左边必须是变量或对象属性。例如，“A+2=A”为错误的赋值语句，因为赋值号左边的“A+2”不是一个合法的变量名。

(3) 变量名或对象属性名的类型应与表达式的类型相容。所谓相容是指赋值号左右两边数据类型一致，或者右边表达式的值能够转化为左边变量或对象属性的值。举例如下：

```
Dim A As Integer
A=56.789        '非整型数据赋值给整型变量，四舍五入后再赋值给变量 A
A="123.45"      '将数字字符串赋值给整型变量，变量 A 中存放 123
A="12abc"       '错误，字符串“12abc”无法转换成数字，类型不匹配
```

(4) 变量未赋值时，数值类型变量的默认值为 0，字符串变量的默认值为“Null”。

(5) 不能在一个赋值语句中同时给多个变量赋值。举例如下：

```
Dim x%, y%, z%
x=y=z=1
```

执行赋值语句前，变量 x、y、z 的默认值为 0。VBA 在编译时，将右边两个“=”作为关系运算符处理，最左边的一个“=”作为赋值运算符处理。执行该语句时，先进行“y=z”比较，结果为 True；接着进行“True=1”比较(True 转换为-1)，结果为 False；然后将 False(False 转换为 0)赋值给 x=0。因此，最后 3 个变量的值还是 0。正确写法应该是分别用三条赋值语句进行赋值。

2. 输入语句

程序对数据进行处理的基本流程为：首先接收数据，然后进行计算，最后将计算结果以完整有效的方式提供给用户。因此，把加工的初始数据从某种外部设备(如键盘)输入到计算机中，并把处理结果输出到指定的设备(如显示器)，这是程序设计语言具备的基本功能。在 VBA 过程中允许用户通过 InputBox 函数用输入对话框或文本框(TextBox)接收用户输入的数据。

1) 使用 InputBox 函数接收用户输入的数据

InputBox 函数可以打开一个对话框，并以该对话框作为用户输入数据的界面，等待用户输入数据和单击按钮，当用户单击“确定”按钮或按回车键时，函数返回用户输入的数值。当用户单击“取消”按钮，该函数将返回长度为零的空字符串("")。其语法格式为

InputBox (prompt[, title] [, default] [, xpos] [, ypos])

格式说明如下：

(1) prompt(提示信息)：该项不能省略，是字符串表达式，在对话框中作为信息显示，可为汉字，提示用户输入数据的范围和作用。

(2) title(标题)：该项为可选项，是字符串表达式，用作对话框标题栏的题目。如果省略，则在标题栏中显示当前的应用程序名。

(3) default(默认值)：该项为可选项，是字符串表达式。若对话框的输入区无输入数据，则以默认值作为输入数据，显示在对话框的文本框中；若无默认值，则文本框为空白，等待用户输入数据。

(4) xpos(x 坐标位置)和 ypos(y 坐标位置)：这两项为可选项，是整型表达式，作用是指定对话框左上角在屏幕上显示的位置。如果该参数采用默认值，则对话框显示在屏幕中心。

【例 8.6】　编写 FunctionA 过程，运行显示如图 8.27 所示的对话框。

图 8.27　“输入框例子”对话框

在数据库窗口中选中“创建”对象→“宏与代码”中的“Visual Basic”按钮进入 VBE 窗口，在代码窗口中输入如图 8.28 所示的程序代码。

单击菜单“运行”→“运行子过程/用户窗体”，将会出现一个如图 8.27 所示的对话框。

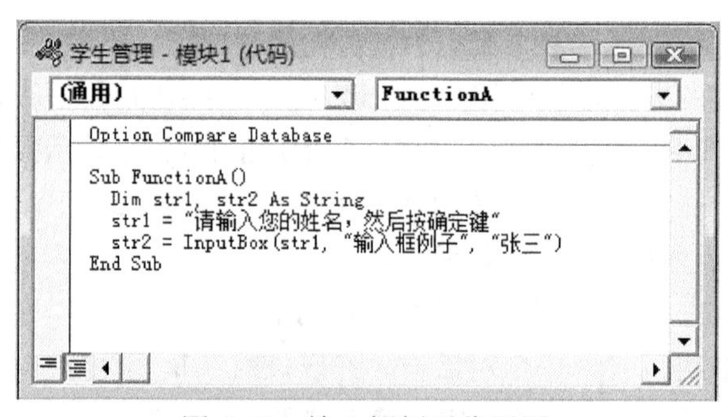

图 8.28　输入框例子代码图

“输入框例子”对话框上有“确定”和“取消”两个按钮，文本框的默认值为“张三”，若要输入其他值，则在输入值后，单击“确定”按钮或按回车键，对话框消失，输入的数据作为函数的返回值赋给了变量 str2。

2) 使用文本框 TextBox 接收用户输入的数据

文本框控件在工具箱中的名称为 TextBox，在 VBA 中，可以使用文本框控件作为输入控件，在程序运行时接收用户输入的数据。文本框接收的数据是字符型数据，若要把其值赋给其他类型的变量或对象，则要使用类型转换函数。

3. 输出语句

在程序设计中对输入的数据进行加工后，往往需要将数据输出，包括文本信息的输出和图形信息的输出。在 VBA 中可以使用消息框函数(MsgBox)或过程、Print 方法、文本框(TextBox)控件来实现输出。

1) 用消息框函数(MsgBox)输出提示信息

VBA 提供的 MsgBox 函数的功能是打开一个消息对话框，并在该对话框中显示消息，等待用户单击按钮，并返回一个整数告诉用户单击了哪一个按钮，它与 InputBox 相对应的。这两个函数可以实现人机对话。调用 MsgBox 函数的格式为

MsgBox(prompt[, buttons] [, title])

说明：

(1) prompt(提示信息)：该参数是 MsgBox 函数中必需的、唯一不能省略的选项。该参数是字符串表达式，作为显示在对话框中的消息，表示要在对话框中显示的内容。本参数的最大长度大约为 1024 个字符，由所用字符的宽度决定。如果本参数的内容超过一行，则可以在每一行之间用回车符(Chr(13))、换行符(Chr(10))或是回车与换行符的组合(Chr(13)&Chr(10))将各行分隔开来。

(2) buttons(按钮值)：该参数可选的。它是整型表达式，指定显示按钮的数目和形式、使用的图标样式、默认按钮以及消息框的强制回应等。如果省略 buttons 参数，默认值为 0，该参数按钮的整型表达式中的各项值如表 8.13 所示。在表 8.13 中，第一组值(0～5)描述了对话框中显示的按钮的类型与数目；第二组值(16, 32, 48, 64)描述了图标的样式；第三组值(0, 256, 512)说明哪一个按钮是缺省(默认)值；而第四组值(0, 4096)则决定消息框的强制返回性。将这些数字以“+”号连接起来以生成 buttons 参数值的时候，只能由每组值取用一个数字。

表 8.13　buttons 参数的各组的设置值

常量	值	说明
vbOKOnly	0	只显示“确定”按钮
VbOKCancel	1	显示“确定”和“取消”按钮
VbAbortRetryIgnore	2	显示“终止”、“重试”和“忽略”按钮
VbYesNoCancel	3	显示“是”、“否”和“取消”按钮
VbYesNo	4	显示“是”和“否”按钮
VbRetryCancel	5	显示“重试”和“取消”按钮
VbCritical	16	显示“关键信息”图标
VbQuestion	32	显示“警告询问”图标

续表

常量	值	说明
VbExclamation	48	显示“警告消息”图标
VbInformation	64	显示“通知消息”图标
vbDefaultButton1	0	第一个按钮是缺省值(缺省设置)
vbDefaultButton2	256	第二个按钮是缺省值
vbDefaultButton3	512	第三个按钮是缺省值
vbDefaultButton4	768	第四个按钮是缺省值
vbApplicationModal	0	应用程序强制返回；应用程序一直被挂起，直到用户对消息框作出响应才继续工作
vbSystemModal	4096	系统强制返回；全部应用程序都被挂起，直到用户对消息框作出响应才继续工作
vbMsgBoxHelpButton	16384	将 Help 按钮添加到消息框
VbMsgBoxSetForeground	65536	指定消息框窗口作为前景窗口
vbMsgBoxRight	524288	文本为右对齐
vbMsgBoxRtlReading	1048576	指定文本应为在希伯来和阿拉伯语系统中从右到左显示

(3) title(对话框标题)：该参数可选，用于指定在对话框标题栏中要显示的字符串表达式。如果省略本参数 title，则将应用程序名放在对话框的标题栏中。

MsgBox 函数有返回值，如果不需要 MsgBox()函数的返回值，也可以使用 MsgBox 过程，这样更加简练。MsgBox 函数的返回值如表 8.14 所示。

表 8.14　MsgBox 函数的返回值

常数	值	说明
vbOK	1	确定
vbCancel	2	取消
vbAbort	3	终止
vbRetry	4	重试
vbIgnore	5	忽略
vbYes	6	是
vbNo	7	否

【例 8.7】　编写 functionB 过程，运行结果显示如图 8.29 所示界面。

(1) 在数据库窗口中选中“创建”对象，单击“宏与代码”中的“Visual Basic”按钮进入 VBE 窗口，在代码窗口中输入如图 8.30 所示的程序代码。

(2) 单击“运行”→“运行子过程/用户窗体”，将弹出一个如图 8.30 所示的窗口。

图 8.29　MsgBox 函数运行界面

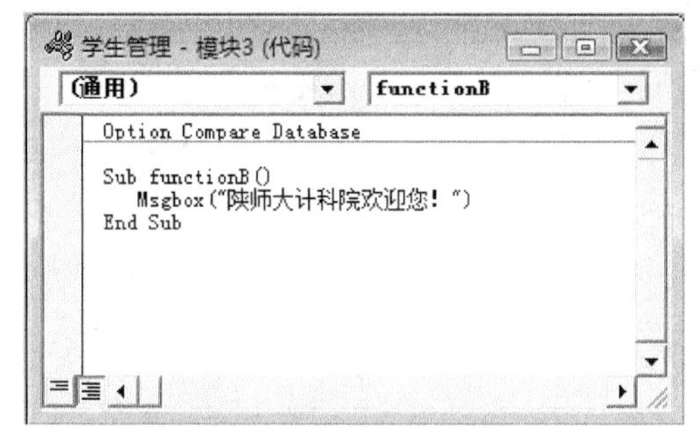

图 8.30　MsgBox 例子程序

2) 用 Print 方法输出数据

在 VBA 中，可以使用 Print 方法在立即窗口中输出数据。其格式如下：

Debug.Print[表达式列表][,|;]

【例 8.8】　编写 functionPrint 过程，运行结果通过立即窗口输出。

(1) 在数据库窗口中选中“创建”对象，单击“宏与代码”中的“Visual Basic”按钮进入 VBE，在 VBE 中选择“插入”→“模块”，弹出一个代码输入窗口，在代码窗口中输入如图 8.31 所示的程序代码。

(2) 单击“视图”→“立即窗口”，在屏幕上会弹出一个立即窗口，如图 8.32 所示。

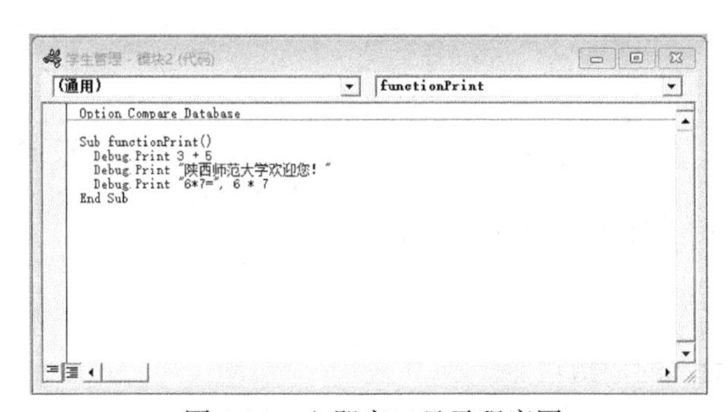

图 8.31　立即窗口显示程序图

图 8.32　立即窗口

(3) 单击“运行”→“运行子过程/用户窗体”，弹出如图 8.33 所示的宏名称选择对话框，选择 functionPrint，单击“运行”，在立即窗口将会出现如图 8.34 所示的信息。

【例 8.9】　编写一个程序，实现输入一个球的体积，显示该球的体积。

程序代码如下：

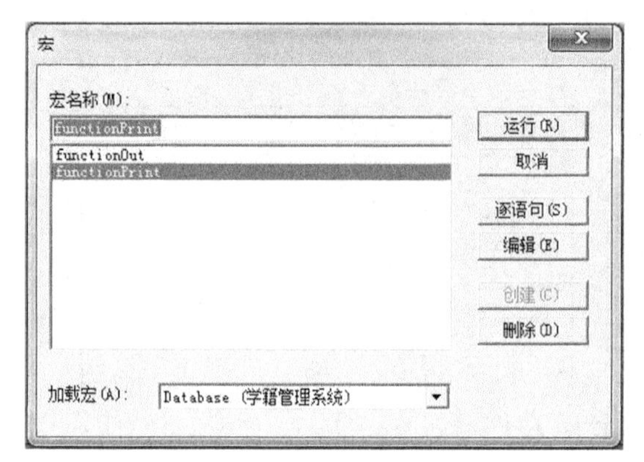

图 8.33　宏名称选择对话框

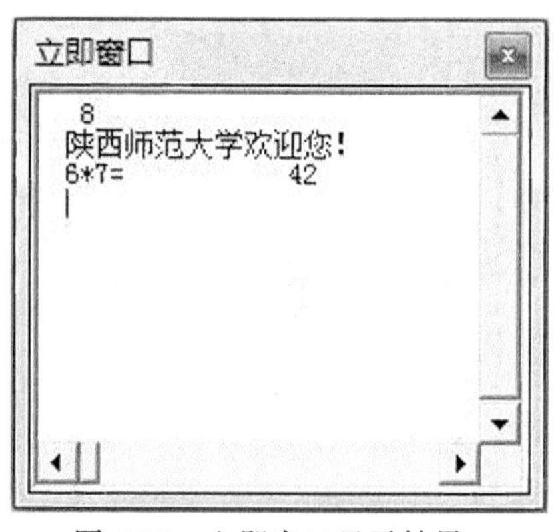

图 8.34　立即窗口显示结果

```
Sub circle_area()
    Dim r, s, pi As Single
    pi = 3.14
    r = Val(InputBox("请输入球的半径", "求球的体积", 10))
    s = 4 * pi * r * r * r
    MsgBox ("球的半径: " & r & ", 球的体积: " & s)
End Sub
```

程序运行后将弹出如图 8.35(a)所示的输入球半径界面，在文本框中可以输入球的半径，单击“确定”按钮，将弹出相应的运算结果，如图 8.35(b)所示。

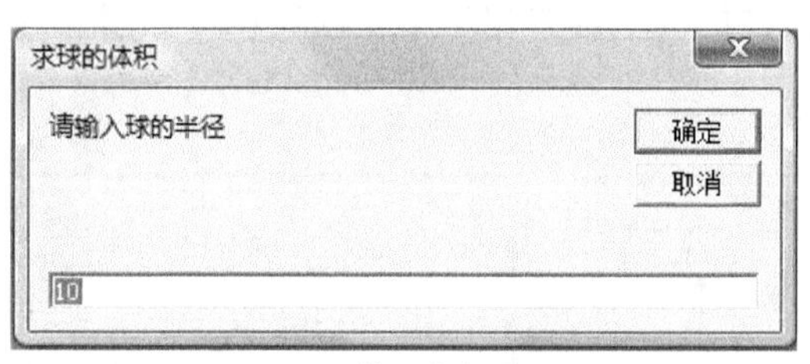

(a) 输入半径界面

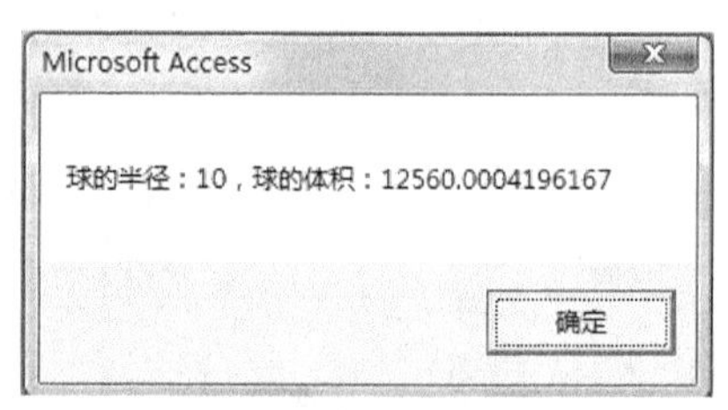

(b) 运算结果

图 8.35　例 8.9 运算过程及结果

3) 用文本框控件输出数据

在 VBE 中，文本框控件有简单的输出功能。

8.5.2　选择结构

选择结构根据条件是否成立决定程序的执行方向，在不同的条件下进行不同的运算。在 VBA 中，选择结构是由 If 语句、Select Case 语句、Iff 语句、Switch 语句、Choose 语句等来实现的。

1. If 语句

If 语句也称为条件语句，有三种基本语句形式：单分支条件语句、双分支条件语句和多分支条件语句。

1)单分支条件语句“If …Then”

单分支结构根据给出的条件是 True 或 False 来决定执行或不执行分支的操作。该语句有两种格式：

(1) If<表达式>Then <语句>

(2) If<表达式>Then
　　<语句块>
　End If

格式(1)称为行 If 语句，格式(2)称为块 If 语句。表达式可以是关系表达式、逻辑表达式或算术表达式。对于算术表达式，VBA 将 0 作为 False、非 0 作为 True 处理。

在 If …Then 之后可以是一条语句或多条语句。若为多条语句，则必须写在一行上，且语句间必须用“;”分隔。语句块可以是一条语句或多条语句，可以写在一行或多行上。

If 语句执行过程为：首先计算表达式的值，若表达式的值为非 0(True)，则执行“<语句>”或“<语句块>”；否则执行该语句的后续语句。图 8.36 给出了执行单分支条件语句的流程。

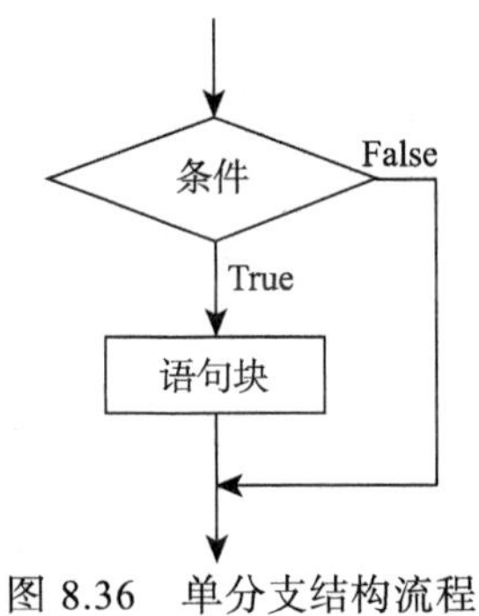

图 8.36　单分支结构流程

【例 8.10】　输入一个整数，输出该数是“偶数”还是“奇数”。

在数据库窗口中选择“模块”对象，单击“新建”按钮进入 VBE 编程窗口，在代码窗口中输入如下代码：

```
Sub define_even()
  Dim i As Integer
  i = Val(InputBox("请输入一个整数"))
  If i Mod 2 = 0 Then
    MsgBox ("是偶数")
  Else
    MsgBox ("是奇数")
  End If
End Sub
```

选择“运行”→“运行子过程/用户窗体”命令，当运行到 InputBox 函数时弹出如图 8.37 所示的对话框，程序要求用户输入一个整数，如输入“5”后单击“确定”按钮，则系统会弹出显示“是奇数”的消息框，如图 8.38 所示。

2) 双分支条件语句“If …Then…Else”

双分支结构根据给出的条件是 True 或 False 来决定执行两个分支中的哪一个，该结构由“If …Then…Else”语句实现，其语句格式有两种：

(1) If <表达式>　Then <语句 1> Else <语句 2>

图 8.37　要求输入一个整数

图 8.38　判断结果

(2) If <表达式> Then
　　<语句块 1>
　Else
　　<语句块 2>
　End If

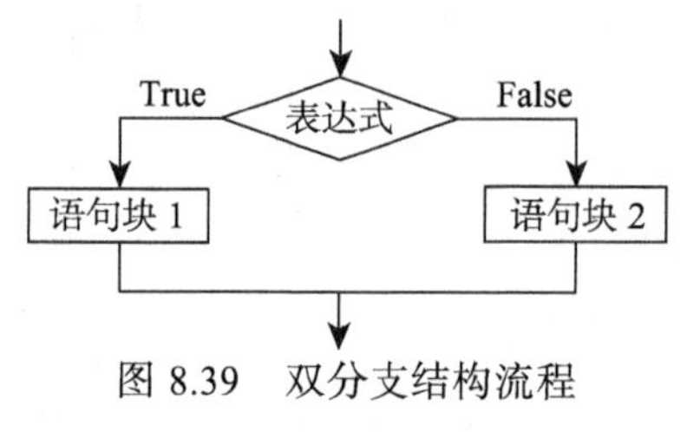

图 8.39　双分支结构流程

格式(1)称为行 If 语句，其内容必须写在一行上；格式(2)称为块 If 语句。

运行双分支条件语句时，首先计算表达式的值，若表达式的值为非 0(True)，则执行<语句 1>或 <语句块 1>；否则执行 <语句 2> 或 <语句块 2>。图 8.39 给出了执行双分支条件语句的流程。

【例 8.11】　根据以下分段函数，任意输入一个 x 值，求出 y 值。

$$y=\begin{cases}-x^2+4, & x>0\\ x^2-4, & x\leqslant 0\end{cases}$$

分析：该分段函数表示当 $x>0$ 时，用公式 $y=-x^2+4$ 求解 y 的值；当 $x\leqslant 0$ 时，用公式 $y=x^2-4$ 求解 y 的值。在选择条件时，既可以选择 $x>0$ 为条件，也可以选择 $x\leqslant 0$ 为条件。这里选择 $x>0$ 为条件，当条件为真时，执行 $y=-x^2+4$，为假时执行 $y=x^2-4$。

程序代码如下：

```
Private Sub calculateIf_Click()
        Dim x As Single
        x = Val(InputBox("请输入 x 的值"))
        If x > 0 Then
               y = -x ^ 2 + 4
        Else
               y = x ^ 2 - 4
        End If
        MsgBox ("函数的值为" & y)
End Sub
```

程序运行后会弹出一个如图 8.40 所示的对话框，输入 x 值后，单击“确定”按钮，会显示出计算结果，如图 8.41 所示。

图 8.40　输入 x 的值

图 8.41　计算结果

3) 多分支条件语句 If···Then···ElseIf

在实际应用中，处理问题常常需要进行多次判断或需要多种条件，并根据不同的条件执行不同的分支，这就要用到多分支结构。其语句格式如下：

```
If <表达式 1> Then
   <语句块 1>
ElseIf <表达式 2> Then
      <语句块 2>
......
ElseIf <表达式 n> Then
      <语句块 n>
[ Else <语句块 n + 1>]
End If
```

多分支条件语句的作用是根据不同条件表达式的值确定执行哪一个语句块。首先计算<表达式 1>，如果其值为非 0(True)，则执行 <语句块 1>；否则按顺序计算<表达式 2>、<表达式 3>······一旦遇到表达式值为非 0(True)，就执行该分支的语句块。End If 作为整个条件分支语句的结束。图 8.42 表示执行多分支条件语句的流程。

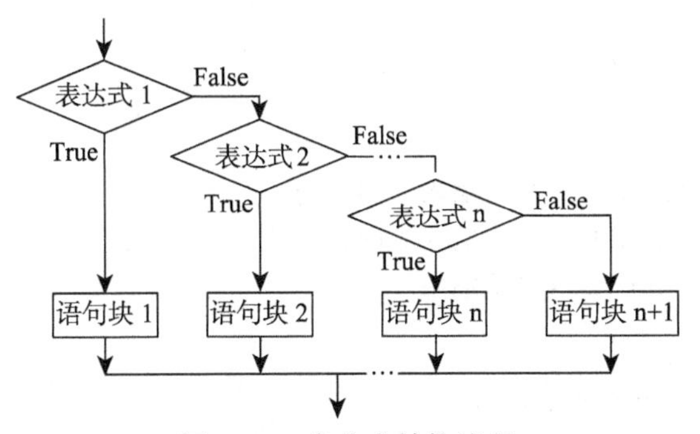

图 8.42　多分支结构流程

【例 8.12】　学生成绩分五个等级：成绩小于 60 分为“不及格”；大于等于 60 分且小于 70 分为“及格”；大于等于 70 分且小于 80 分为“中等”；大于等于 80 分且小于 90 分为“良好”；大于等于 90 分为“优秀”。试编写过程 Grade 判断学生成绩的等级。

程序代码如下：

```
Sub multi_select()
      Dim score As Single
      score = Val(InputBox("请输入学生成绩"))
      If score < 60 Then
           MsgBox ("该成绩为不及格")
      ElseIf score < 70 Then
           MsgBox ("该成绩为及格")
      ElseIf score < 80 Then
           MsgBox ("该成绩为中等")
      ElseIf score < 90 Then
           MsgBox ("该成绩为良好")
      Else
           MsgBox ("该成绩为优秀")
      End If
End Sub
```

程序运行后会弹出一个如图 8.43 所示的输入成绩对话框，输入成绩后，单击“确定”按钮，会显示出该成绩所对应的成绩等级，如图 8.44 所示。

图 8.43　输入成绩

图 8.44　对应的成绩等级

【例 8.13】　判断一元二次方程 $ax^2+bx+c=0$ 有多少个实根。

程序代码如下：

```
Sub slove_root()
   Dim a, b, c As Single
   Dim dat As Single
   a = Val(InputBox("请输入 a 的值"))
   b = Val(InputBox("请输入 b 的值"))
   c = Val(InputBox("请输入 c 的值"))
   dat = b^2-4.a.c
   If dat > 0 Then
     MsgBox ("有两个解")
   ElseIf dat = 0 Then
     MsgBox ("有一个解")
   Else
     MsgBox ("无解")
   End If
End Sub
```

运行程序后会弹出要求输入 a、b、c 的值的对话框，如图 8.45(a)～(c)所示。输入后，单击“确定”按钮，会显示该一元二次方程解的情况，如图 8.45(d)所示。

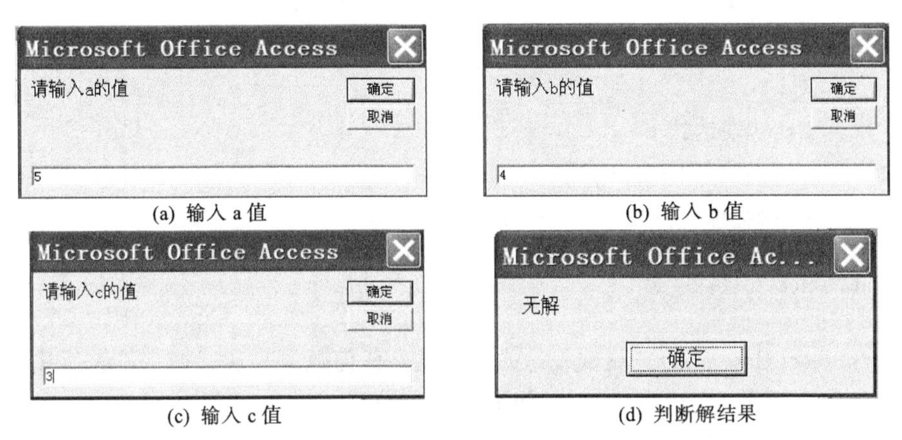

(a) 输入 a 值　(b) 输入 b 值　(c) 输入 c 值　(d) 判断解结果

图 8.45　例 8.13 运行过程及结果

4) If 语句的嵌套

If 语句的嵌套是指在一个 If 语句的语句块中又完整地包含另一个 If 语句。If 语句的嵌套形式可以有多种，其中最典型的嵌套形式为

```
If <表达式 1> Then
  If <表达式 11> Then
  …
   End If
  …
End If
```

另外，If 语句嵌套还可发生在双分支 If 语句的 Else 语句块中或多分支 If 语句的 ElseIf 语句块中。在使用嵌套的 If 语句编写程序时，应该采用缩进形式书写程序，这样可使程序代码看上去结构清晰、可读性强，便于修改调试。还要注意：不管书写格式如何，Else 或 End If 都将与前面最靠近的未曾配对的 If 语句相互配对，构成一个完整的 If 结构语句。

2. Select Case 语句

Select Case 语句也称为情况语句，是一种多分支选择语句，用来实现多分支选择结构。虽然可以用前面介绍过的多分支 If 语句或嵌套的 If 语句来实现多分支选择结构，但如果分支较多，则分支或嵌套的 If 语句层数较多，程序会变得冗长而且可读性降低。为此，VBA 提供的 Select Case 语句以更直观的形式来处理多分支选择结构。Select Case 语句的格式如下：

```
Select Case<测试表达式>
```

　　　Case<表达式 1>
　　　　　<语句块 1>
　　　Case<表达式 2>
　　　　　<语句块 2>
　　　……
　　　Case<表达式 n>
　　　　　<语句块 n>
　　　Case Else
　　　　　<语句块 n + 1>
　　End Select

说明：

(1) Select Case 后的“测试表达式”可以是任何数值表达式或字符表达式。

(2) Case 后的<表达式>可以是如下形式之一：

① <表达式 1>[,<表达式 2>][,<表达式 3>]…

例如，“Case1, 3, 5”表示<测试表达式>的值为 1，3 或 5 时将执行该 Case 语句之后的语句组。

② <表达式 1>To<表达式 2>

例如，“Case 2 To 15”表示<测试表达式>的值在 2 到 15 之间(包括 2 和 15)时将执行该 Case 语句之后的语句组；“Case"A"To"Z"”表示<测试表达式>的值在“A”到“Z”之间(包括“A”和“Z”)时将执行该 Case 语句之后的语句组。

③ Is<关系运算符><表达式>

例如，“Case Is>=10”表示<测试表达式>的值大于或等于 10 时将执行该 Case 语句之后的语句组。

以上三种形式可以同时出现在同一个 Case 语句之后，各项之间用逗号隔开。例如，“Case1, 3, 10 To 20, Is<0”表示<测试表达式>的值为 1 或 3，或在 10 到 20 之间(包括 10 和 20)，或小于 0 时将执行该 Case 语句之后的语句组。

(3) <测试表达式>只能是一个变量或一个表达式，且其类型应与 Case 后的表达式类型一致。

(4) Select Case 语句也可以嵌套，但每个嵌套的 Select Case 语句必须要有相应的 End Select 语句。

(5) 不要在 Case 后直接使用逻辑运算符来表示条件。例如，表示 0≤X≤3 有下面三种方法。

方法 1：

```
Select Case X
 Case X>=0 And X<=3
 …
End Select
```

方法 2：

```
Select Case X
 Case 0 To 3
 …
End Select
```

方法 3：

```
If X>=0 And X<=3 Then
 …
End If
```

其中，方法 1 错误，方法 2 和方法 3 正确，从中可发现 Select Case 语句表达条件的方式比 If 语句更为简洁。

【例 8.14】　用 Select Case 语句实现例 8.13。

程序代码如下：

```
Sub slove_root2()
    Dim a, b, c As Single
    Dim dat As Single
    a = Val(InputBox("请输入 a 的值"))
    b = Val(InputBox("请输入 b 的值"))
    c = Val(InputBox("请输入 c 的值"))
    dat = b^2 - 4*a*c
    Select Case dat
    Case Is < 0
         MsgBox ("无解")
    Case Is = 0
         MsgBox ("有一个解")
    Case Else
         MsgBox ("有两个解")
    End Select
End Sub
```

3. IIf 语句

调用格式：IIf(条件表达式，表达式 1，表达式 2)

IIf 函数是根据“条件表达式”的值来决定函数返回值。若“条件表达式”的值为 True，则返回“表达式 1”的值；若“条件表达式”的值为 False，则函数返回“表达式 2”的值。

【例 8.15】　用 IIf 语句实现例 8.13。

程序代码如下：

```
Sub slove_root3()
    Dim a, b, c As Single
    Dim dat As Single
    Dim s As String
    a = Val(InputBox("请输入 a 的值"))
    b = Val(InputBox("请输入 b 的值"))
```

```
    c = Val(InputBox("请输入 c 的值"))
    dat = b ^ 2 - 4 * a * c
    s = IIf(dat > 0, "有两个解", IIf(dat = 0, "有一个解", "无解"))
    MsgBox (s)
End Sub
```

4. Switch 语句

调用格式：Switch(条件表达式 1，表达式 1[，条件表达式 2，表达式 2…，条件表达式 n，表达式 n])

Switch 函数分别根据“条件表达式 1”、“条件表达式 2”直至“条件表达式 n”的值来决定函数返回值。条件表达式是由左至右进行计算判断的，而表达式则会在第一个相关的条件表达式的值为 True 时作为函数返回值返回。如果其中有部分不成对，则会产生一个运行错误。

【例 8.16】 用 Switch 语句实现例 8.13。

程序代码如下：

```
Sub slove_root4()
    Dim a, b, c As Single
    Dim dat As Single
    Dim s As String
    a = Val(InputBox("请输入 a 的值"))
    b = Val(InputBox("请输入 b 的值"))
    c = Val(InputBox("请输入 c 的值"))
    dat = b ^ 2 - 4 * a * c
    s = Switch(dat > 0, "有两个解", dat = 0, "有一个解", dat < 0,
"无解")
    MsgBox (s)
End Sub
```

8.5.3 循环结构

在实际应用中，很多问题的解决需要在程序中重复执行一组语句或过程。例如，要输入全校学生的成绩、求若干个数之和、统计本单位所有员工的工资等。这种重复执行一组语句或过程的结构称为循环结构。VBA 支持两种类型的循环结构：For 循环和 Do...Loop 循环。

1. For 循环语句

For 循环语句是计数型循环语句，用于控制循环次数已知的循环结构。其语句格式如下：

For 循环变量=初值 To 终值 [Step 步长]
    语句块
    [Exit For]

Next 循环变量

说明：

(1) 参数“循环变量”、“初值“、“终值”和“步长”必须为数值型的。语句块称为循环体。

(2)“步长”为循环变量的增值，其值可正可负，但不能为 0。若步长为正，则只有当“初值”小于等于“终值”时执行“语句块”，否则不执行；若步长为负，则只有当“初值”大于等于“终值”时执行“语句块”，否则不执行。若步长值为 1，Step 1 可以省略不写。

(3) Exit For 语句的作用是退出循环，可以出现在循环体中的任何位置。一般与一个条件语句配合使用才有意义。

(4) 循环体被执行的次数是由初值、终值和步长确定的，其计算公式为“循环次数= Int((终值−初值)/步长+1)”。

(5) For 循环语句的执行过程如下：

① 把“初值”赋给“循环变量”。

② 检查“循环变量”的值是否超过“终值”，如果超过就结束循环，执行 Next 后面的语句；否则执行一次“循环体”。

③ 每次执行完“循环体”后，把“循环变量 + 步长”的值赋给“循环变量”，转到第②步继续循环。这里所说的“超过”有两种含义，即大于或小于。当步长为正值时，循环变量大于终值为“超过”；当步长为负值时，循环变量小于终值为“超过”。

图 8.46 表示了执行 For 循环语句的流程。

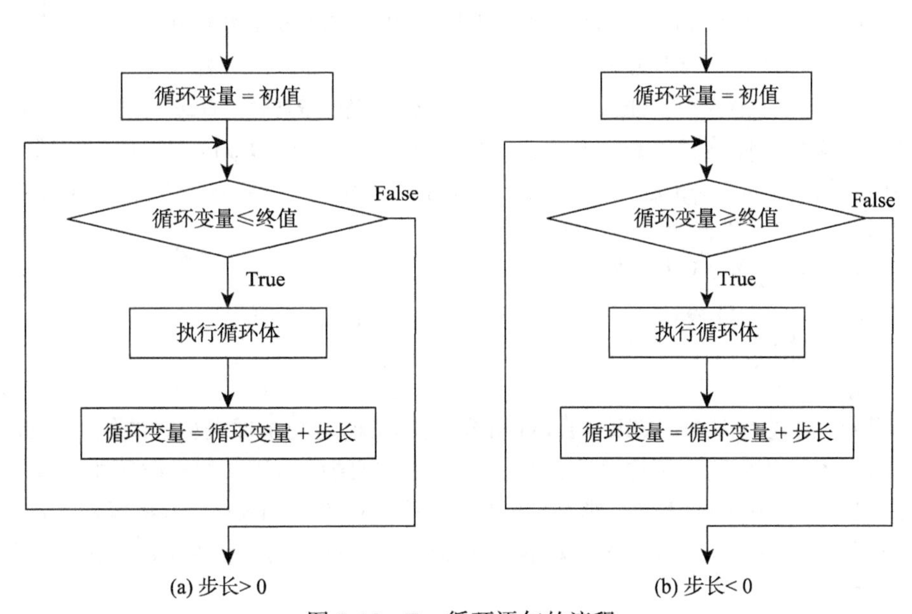

图 8.46　For 循环语句的流程

【例 8.17】　求数列 1+4+7+ ⋯ +*n* 的和。

程序代码如下：

```
Sub sum1()
   Dim n, i, sum As Integer
   n = Val(InputBox("请输入 n 的值"))
   sum = 0
   For i = 1 To n Step 3
          sum = sum + i
   Next i
   MsgBox ("结果为" + str(sum))
End Sub
```

运行程序后会弹出一个要求输入 n 的值的对话框，如图 8.47 所示。输入 n 值后，单击“确定”按钮，会输出计算结果，如图 8.48 所示。

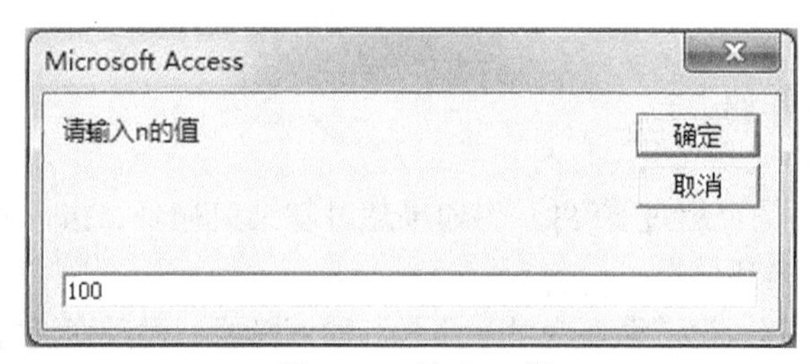

图 8.47　输入 n 值

图 8.48　输出计算结果

2. Do⋯Loop 循环语句

Do⋯Loop 循环语句是条件型循环语句，用于控制循环次数事先无法确定的循环结构，既可以实现当型循环，也可以实现直到型循环，是一种通用、灵活的循环结构。Do⋯Loop 循环可以根据需要决定是条件表达式的值为 True 时执行循环体，还是一直执行循环体直到条件表达式的值为 True。在 Do⋯Loop 循环语句格式中，循环体是指 Do 与 Loop 之间的语句组，而语句组是由一个或多个 VBA 语句组成。

Do⋯Loop 循环有如下四种语句格式：

1) Do⋯Loop 循环语句格式 1

Do While <条件表达式 1>

　　语句组

Loop

说明：格式 1(即 Do While⋯Loop 格式)循环结构是在条件表达式的值为 True 时执行循环体，并持续到条件表达式的值为 False 时结束循环。如果循环体内有包含“Exit Do”的 If 条件语句，则在<条件表达式 1>的值为 True 时，将执行 Exit Do 语句而退出循环。若开始时条件就不成立(即条件表达式的值是 False)，则循环体一次也不执行。

【例 8.18】　通过编写程序，用格式 1(即 Do While…Loop 格式)循环语句求 1 到 200 之间能够整除 23 的所有数，并使用“立即窗口”的“Print”方法输出所有的数及循环体运行次数。

程序代码如下：

```
Sub Do_Loop1()
   Dim n, i, iteration As Integer
   i = 0
   iteration = 0
   n = 1
   Do While n <= 100
      If (n Mod 23) = 0 Then
          i = i + 1
          Debug.Print n
      End If
      n = n + 1
      iteration = iteration + 1
   Loop
   Debug.Print "总共有" & i & "个数"
   Debug.Print "循环了" & iteration & "次"
End Sub
```

运行程序后显示运算结果如图 8.49 所示。

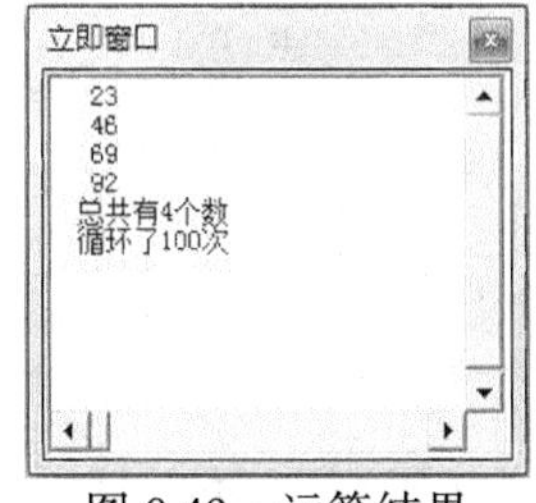

图 8.49　运算结果

2) Do…Loop 循环语句格式 2

Do Until<条件表达式 1>

　　语句组

Loop

说明：格式 2(即 Do Until…Loop 格式)循环结构是在条件表达式的值为 False 时重复执行循环体，直至条件表达式的值为 True 时结束循环。如果循环体内有包含“Exit Do”的 If 条件语句，则在<条件表达式 1>的值为 True 时，将执行 Exit Do 语句而退出循环。如果开始时条件就成立(即条件表达式的值是 True)，则循环体一次也不执行。

【例 8.19】　用格式 2(即 Do Until…Loop 格式)实现例 8.18。

程序代码如下：

```
Sub Do_Loop2()
   Dim n, i, iteration As Integer
   i = 0
   iteration = 0
   n = 1
   Do Until n > 100
      If (n Mod 23) = 0 Then
          i = i + 1
          Debug.Print n
      End If
      n = n + 1
      iteration = iteration + 1
```

```
    Loop
    Debug.Print "总共有" & i & "个数"
    Debug.Print "循环了" & iteration & "次"
End Sub
```

运行程序后显示运算结果如图 8.49 所示。

3) Do…Loop 循环语句格式 3

Do
　　语句块
Loop While <条件表达式 3>

说明：格式 3(即 Do…Loop While 格式)循环结构首先执行一次循环体，执行到 Loop 时判断条件表达式的值。如果条件表达式的值为 True，则继续执行循环体，直至条件表达式的值为 False 时结束循环。如果循环体内包含“Exit Do”的 If 条件语句，则在<条件表达式 1>的值为 True 时，将执行 Exit Do 语句而退出循环。不管 While 之后的条件表达式是什么，循环体也至少会执行一次。

【例 8.20】 用格式 3(即 Do…Loop While 格式)实现例 8.18。

程序代码如下：

```
Sub Do_Loop3()
    Dim n, i, iteration As Integer
    i = 0
    iteration = 0
    n = 1
    Do
        If (n Mod 23) = 0 Then
            i = i + 1
            Debug.Print n
        End If
        n = n + 1
        iteration = iteration + 1
    Loop While n <= 100
    Debug.Print "总共有" & i & "个数"
    Debug.Print "循环了" & iteration & "次"
End Sub
```

运行程序后显示运算结果如图 8.49 所示。

4) Do...Loop 循环语句格式 4

Do
语句块
Loop Until<条件表达式 4>

格式 4 (即 Do…Loop Until 格式)循环结构首先执行一次循环体，执行到 Loop 时判断条件表达式的值，如果条件表达式的值为 False，则继续执行循环体，直至条件表达式的值为 True 时结束循环。如果循环体内有包含“Exit Do”的 If 条件语句，则在<条件表达式 1>的值为 True 时，将执行 Exit Do 语句而退出循环。不管

Until 之后的条件表达式的值是什么，循环体也至少会执行一次。

【例 8.21】　用格式 4 (即 Do…Loop Until 格式)实现例 8.18。

程序代码如下：

```
Sub Do_Loop4()
    Dim n, i, iteration As Integer
    i = 0
    iteration = 0
    n = 1
    Do
       If (n Mod 23) = 0 Then
           i = i + 1
           Debug.Print n
       End If
       n = n + 1
       iteration = iteration + 1
    Loop Until n > 100
    Debug.Print "总共有" & i & "个数"
    Debug.Print "循环了" & iteration & "次"
End Sub
```

运行程序后显示运算结果如图 8.49 所示。

3. While…Wend 循环语句

For…Next 循环语句适合于解决循环次数事先能够确定的问题。对于只知道控制条件，但不能预先确定需要执行多少次循环体的情况，可以使用 While…Wend 循环语句。

While…Wend 循环只要指定的条件为 True，则会重复执行循环体中的语句，其一般格式为

While…Wend 条件表达式
　循环体
Wend

While…Wend 循环语句执行过程如下：

(1) 判断条件表达式的值是否为真，如果条件表达式的值是 True，就执行循环体；否则(即条件表达式的值是 False)，结束循环，转去执行 Wend 下面的语句。

(2) 执行 Wend 语句，转到“步骤(1)”执行。

While…Wend 循环如果开始时条件就不成立(即条件表达式值是 False)，则循环体一次也不执行。While…Wend 循环语句本身不能修改循环条件，所以必须在 While…Wend 循环语句的循环体内设置相应语句，使得整个循环趋于结束，以避免死循环。

【例 8.22】　用 While…Wend 循环语句实现例 8.18。

程序代码如下：

```
Sub Do_Loop5()
```

```
    Dim n, i, iteration As Integer
    i = 0
    iteration = 0
    n = 1
    While n <= 100
        If (n Mod 23) = 0 Then
            i = i + 1
            Debug.Print n
        End If
        n = n + 1
        iteration = iteration + 1
    Wend
    Debug.Print "总共有" & i & "个数"
    Debug.Print "循环了" & iteration & "次"
End Sub
```

运行程序后显示运算结果如图 8.49 所示。

8.5.4 程序编写规则

在编写 VBA 程序语句代码时，要遵守一定的规则，不能超越其规定来自由发挥。VBA 的主要规定如下：

(1) 通常每个语句占一行，如果要在一行中编写多个语句，则每两个语句之间必须用英文的冒号“:”分隔。举例如下：

```
a=0 : i=i+1
Text0.Value ="你好!" : Text0.Enabled =True
```

(2) 当一条语句很长时，一行编写不下，可使用续行符(一个空格后面跟随一个下划线“-”)，将长语句分成多行。举例如下：

```
Msgbox("各位"&name&"先生/女士：欢迎您使用"&-
"Access2010 版本的教材！")
```

(3) 在 VBA 代码中，不区分字母的大小写，如 SUM 与 Sum 是等同的。

(4) 当输入一行语句并按下回车键后，如果该行代码以红色文本显示(有时伴有错误信息出现)时，则表明该行语句代码存在语法错误，用户应更正。

可多增加一些注释语句，VBA 支持注释语句，以增加程序代码的可读性。注释语句可以添加到程序模块的任何位置，并且默认以绿色文本显示。

在 VBA 程序中，注释可以通过以下两种方式实现。

(1) 使用 Rem 语句。

使用格式为：Rem 注释语句

(2) 用英文单引号'。

使用格式为：'注释语句

注释语句可写在某个语句的后面，也可以单独占据一整行，但当把 Rem 格式注释语句写在某个语句后面的同一行时，必须在该语句与 Rem 之间用一个英文的冒号“:”分隔开。

此外，可以通过选中两行或多行代码后，通过单击“编辑”工具栏(图 8.50)上的“设置注释块”按钮或“解除注释块”按钮来对该代码块添加或删除注释符号“'”。

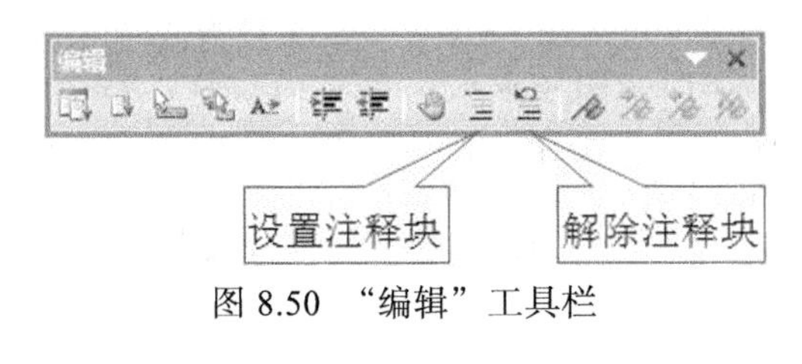

图 8.50　“编辑”工具栏

8.6　数　　组

在实际应用中，往往会有大量相关的、有序的和同一性质的数据需要处理。例如，要统计某个班同学的数学成绩平均分，或要将某个班同学的数学成绩按从高到低排序，这样成批数据需要处理的问题就可以用数组来解决。

8.6.1　基本概念

数组是一个在内存中顺序排列的，由若干相同数据类型的变量组成的数据集合。数组的每个成员称为数组元素，每一个数组元素都有唯一的下标，通过数组名和下标，可以唯一标识和访问数组中的每一个元素。数组元素的表示形式为

数组名(下标 1[，下标 2…])

其中，“下标”表示数组元素在数组中的顺序位置。只有一个下标的数组表示一维数组，如 a(3)；有两个下标的数组表示二维数组，如 b(2,6)；有多个下标的数组表示多维数组。下标的取值范围不能超出数组定义的上、下界范围。

如果在定义数组时确定了数组的大小，即确定了下标的上、下界取值范围，数组元素的个数在程序运行过程中固定不变，称其为静态数组；如果在定义数组时暂时不能确定数组的大小，在使用时根据需要重新定义其大小，称其为动态数组。

8.6.2　静态数组

声明静态数组的形式如下：

Dim 数组名(下标 1[，下标 2…])[As 数据类型]

说明：

(1) “数组名”必须是一个合法的变量名。

(2) “下标”必须为常数，不可以是表达式或变量。例如，数组声明

```
Dim x(10) As Single
```

是正确的，而数组声明

```
n = 10
Dim x(n) As Single
```

则是错误的。

(3) 下标的形式为：[常数 1 To]常数 2。其中，“常数 1” 称为下界，“常数 2” 称为上界。下标下界最小可为–32768，上界最大可为 32767，若省略下界，则其默认值为 0。例如，以下数组声明均合法：

```
Dim a(1 to 50) As single
Dim b(—2 to 3) As single
```

(4) 一维数组的大小，即数组元素个数的计算公式为 “上界–下界+1”。举例如下：

```
Dim a(100) As single
Dim b(—2 to 3) As single
```

其中，数组 a 的大小为：100-0+1=101 个元素；数组 b 的大小为：3–(–2)+1=6 个元素。

(5) 子句 As 说明数组元素的类型，可以是 Integer、Long、Single、Double、Boolean、String(可变长度字符串)、String*n(固定长度字符串)、Currency、Byte、Date、Object、Variant、用户定义类型或对象类型。如果省略该项，则与前述简单变量的声明一样，默认为变体类型数据。举例如下：

```
Dim s(50) As Integer
```

该语句声明了数组 s，其元素类型为整数，下标范围为 0～50，共有 51 个元素。若在程序中使用 s(–1)或 s(51)等，则系统会提示“下标越界”。

声明数组后，计算机为该数组分配存储空间，数组中各元素在内存中占一片连续的存储空间，且存放的顺序与下标顺序一致。

【例 8.23】 编写一个程序，要求用随机函数产生 10 位同学的考试成绩，求最高分、最低分和平均分，并用立即窗口显示出来。

分析：10 位同学的成绩可以设置一个一维数组 Score 来存储。求最高分、最低分实际上就是求一组数据的最大值、最小值的问题；求平均分必须先求出 10 个数据之和，再除以 10 即可。

求 10 个数的最大值，可以按以下方法进行：

(1) 设一个存放最大值的变量 Max，其初值为数组中第 1 个元素，即 Max=Score(1)。

(2) 用 Max 分别与数组元素 Score(2)，Score(3)，…，Score(10)进行比较，如果数组中的某个数 Score(i)大于 Max，则用该数替换 Max，即 Max=Score(i)。所有数据比较完后，Max 中存放的即为所有数组元素的最大数。求最小值的方法与求最大值的方法类似。

程序代码如下：

```
Option Base 1              '在窗体模块的声明段设数组的默认下界为 1
Dim Score(10) As Integer       '声明数组 Score
Dim Max As Integer, Min As Integer, Average As Single, Total As Integer, i As Integer
Sub Count_Score()
   For i = 1 To 10
```

```
        Score(i) = Int(Rnd*101)       '产生成绩
        Debug.Print Score(i)      '通过立即窗口显示成绩
    Next i

    Total = 0      'Total 用于存放总成绩
    Max = Score(1)       '设置 Max 的初值为数组中的第一个元素
    Min = Score(1)       '设置 Min 的初值为数组中的第一个元素
    For i = 1 To 10      '通过循环依次比较，求最大值、最小值并求总和
        If Score(i) > Max Then
            Max = Score(i)
        End If
        If Score(i) < Min Then
            Min = Score(i)
        End If
        Total = Total + Score(i)
    Next i
    Average = Total / 10       '求平均值

    Debug.Print
    Debug.Print "最高成绩="; Max       '通过立即窗口显示最高成绩
    Debug.Print "最低成绩="; Min       '通过立即窗口显示最低成绩
    Debug.Print "平均成绩="; Average '通过立即窗口显示平均成绩
End Sub
```

运行程序后会输出计算结果，如图 8.51 所示。

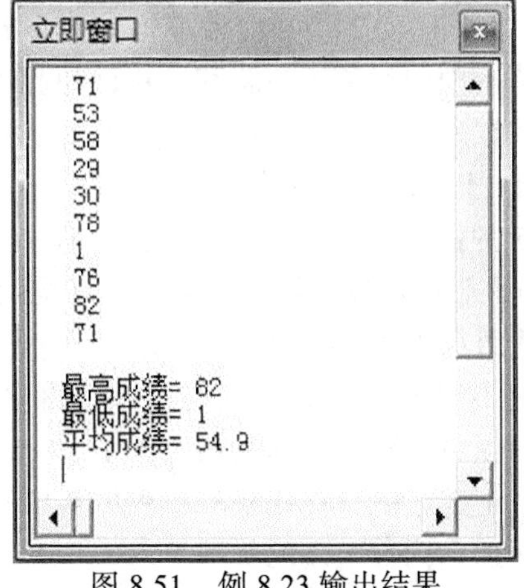

图 8.51 例 8.23 输出结果

8.7 面向对象编程

面向过程的程序设计方法称为功能分解，即自顶向下。以两个人下五子棋为例，

面向过程的设计方法是先决定两人中谁先手，然后是先手者下一子，判断游戏是否结束，后手者下一子，判断游戏是否结束……可以看到无论是猜先、落子还是最后的判胜负，它们都是一场五子棋游戏中不能再分割的逻辑单位。程序员的工作是先将这些最底层的功能进行编码并测试，然后将这些功能自底向上装配在一起，直到得到一个完整功能的应用程序。

在这种体系中，着眼点是一个个最基本的功能，数据是为了实现这些功能而设计的，它是后于功能的。当问题的规模不大时，面向过程的设计方法因其逻辑关系明确，实现简单而备受程序员们的青睐。但是当问题规模扩大到大中型软件时，一个项目的代码量不是一个人可以单独完成的。小组的分工与合作成为解决代码量大的方法，但是这又向程序员之间的配合提出了新的挑战，同时数据共用导致的不安全、代码重用率低等问题也阻碍着面向过程的方法在大型软件工程中的发展。

面向对象编程(object oriented programming，OOP，又称面向对象程序设计)是一种计算机编程架构。面向对象编程的一条基本原则是计算机程序是由单个能够起到子程序作用的单元或对象组合而成。面向对象编程达到了软件工程的三个主要目标：重用性、灵活性和扩展性。为了实现整体运算，每个对象都能够接收信息、处理数据和向其他对象发送信息。

区别于面向过程的“先功能后数据”思想，面向对象的程序设计方法把状态(数据)和行为(功能)捆绑在一起，形成了对象。当遇到一个具体的问题时，只需要将一个系统分解成一个个的对象，同时将状态和行为封装在对象中。

面向对象(Object Oriented，OO)是当前计算机界关心的重点，它是 20 世纪 90 年代软件开发方法的主流。面向对象的概念和应用已超越了程序设计和软件开发，扩展到很宽的范围，如数据库系统、交互式界面、应用结构、应用平台、分布式系统、网络管理结构、CAD 技术、人工智能等领域。

面向对象编程与传统的面向过程编程方法相比具有一系列优点。

(1) 面向对象方法与人类的习惯思维方法吻合。面向对象方法使用现实世界的概念抽象地思考问题，从而自然地解决问题。该方法用对象的观点把事物的属性和行为两方面的特征有机地封装在一起，使人们能够很自然地模拟客观世界中的实体，并按照人类思维的习惯方式建立问题的模型。

(2) 面向对象方法的可读性好。采用面向对象方法，用户只需要了解类和对象的属性及方法，而无需知道它内部实现的细节。

(3) 面向对象方法的稳定性好。面向对象方法以对象为中心，用对象来模拟客观世界中的实体。当软件的需求发生改变时，往往不需要付出很大的代价就能够做出修改。

(4) 面向对象方法的可重用性好。用户可以根据需要将已定义好的类或对象添加到软件中，或者从已有类派生出一个可以满足当前需要的类。这个过程就像用集成电路来构造计算机硬件一样。

(5) 面向对象方法的可维护性好。面向对象方法允许用户通过操作类的定义和方法，很容易地对软件做出修改。另一方面，它使软件易于测试和调试。

面向对象程序设计是一种以对象为基础，以事件来驱动对象的程序设计方法，使得面向对象编程成为当今程序设计的主流。VBA 是面向对象的程序设计语言。

对象是 VBA 应用程序的基础构件。在开发一个 Access 数据库应用系统时，必须先建立各种对象，然后围绕对象进行程序设计。在 Access 中，表、查询、窗体、报表等是对象，字段、窗体和报表中的控件(如标签、文本框、按钮等)也是对象。

Access 采用面向对象程序开发环境，其数据库可以方便地访问和处理表、查询、窗体、报表、页、宏和模块等对象。VBA 中可以使用这些对象以及范围更为广泛的一些可编程对象，如“记录集”等。

每个对象均有名称，称为对象名。每个对象都有属性、方法、事件等。

对象有效的名称必须符合 Access 的标准名规则，窗体、报表、字段等对象的名称不能超过 64 个字符，控件对象名称长度不能超过 255 个字符。

对于未绑定控件，默认名称是控件的类型加上一个唯一的整数。例如，对于新建的文本框控件，其默认名称为 Text0、Text1 等，以此类推。

对于绑定控件，如果通过从字段列表中拖放字段来创建控件，则对象的默认名称是记录源中字段的名称。

在“设计视图”(如窗体“设计视图”或报表“设计视图”等)窗口中，如果要修改某个对象的名称，可在该对象“属性”对话框中，对“名称”属性更改新的对象名称。同一窗体中报表的控件名称不能相同。但不同窗体和报表上的控件的名称可以相同。

Access 数据库由表、查询、窗体、报表、页、宏和模块对象列表构成，形成不同的类。

Access 数据库窗口左侧显示的就是数据库的对象，单击其中的任一对象类，可以打开相应对象窗口。而且，其中有些对象内部还包含有对象，如窗体、报表等。

8.7.1　对象属性

每种对象都具有一些属性以相互区分。对象属性是描述对象的特征。

对象的每个属性都有一个默认值，这在“属性”对话框中可以看到。如果不改变该值，应用程序就使用该默认值，如果默认值不能满足要求，就要对它重新设置。

在 VBA 代码中，对象属性的引用方式如下：

对象名.属性名

例如：“标签”控件 Label0 的“标题”属性 Caption 的引用方式是：Label0.Caption。

Access 中“对象”可以是单一对象，也可以是对象的集合。例如，Label0.Caption

属性表
所选内容的类型：标签
Label0
格式　数据　事件　其他　全部

名称	Label0
标题	label0
可见	是
宽度	2.3cm
高度	1.201cm
上边距	4.898cm
左	3.799cm
背景样式	透明
背景色	背景 1

图 8.52　“设计视图”中“属性”对话框

中的 Label0 表示一个“标签”对象，Reports.Item(0)表示报表集合中的第一个报表对象。

在可视化的“设计视图”(如窗体“设计视图”或报表“设计视图”等)窗口中，若要查看或设置某一对象的属性，可以通过“属性”对话框来进行，不过此时在“属性”对话框中列出的属性名为中文，如图 8.52 所示。

实际上，Access 窗体、报表或控件的属性有很多，部分常用的属性如表 8.15～表 8.18 所示。

表 8.15　窗体常用的格式属性

窗体常用格式属性	作用
AutoVenter	设置窗体打开时，是否放置在屏幕的中部
BorderStyle	设置窗体的边框样式
Caption	设置窗体的标题内容
CloseButton	设置是否在窗体中显出关闭按钮
ControlBox	设置是否在窗体中显出控制框
MinMaxButtons	设置是否在窗体中显出最小化和最大化按钮
NavigationButtons	设置是否显出导航按钮
Picture	设置窗体的背景图片
RecordSelector	设置是否显示记录选定器
ScrollBars	设置是否显示滚动条

表 8.16　窗体常用的数据属性

窗体常用数据属性	作用
RecordSource	设置窗体的数据来源
OrderBy	设置窗体中记录的排序方式
AllowAdditions	设置窗体中的记录是否可以添加
AllowDeletions	设置窗体中的记录是否可以删除
AllowEdits	设置窗体中的记录是否可以编辑
AllowFiters	设置窗体中的记录是否可以筛选

表 8.17　文本框常用属性

文本框属性	作用
BackColor	设置文本框的背景颜色，如设置蓝色：text0.BackColor=RGB(0, 0, 255)
ForeColor	设置文本框的字体颜色，如设置红色：text0.ForeColor=RGB(255, 0, 0)
BorderColor	设置文本框的边框颜色
BorderStyle	设置文本框的边框样式
Enabled	设置文本框是否可用，True 为可用，False 为不可用
Name	设置文本框的名称
Locked	设置文本框是否可编辑
Value	设置文本框中显示的内容
Visible	设置文本框是否可见，True 为可见，False 为不可见(隐藏)
Text	设置文本框中显示的文本(要求文本框先获得焦点)
InputMask	设置文本框的输入掩码。当设置为"密码"时，输入字符均以*显示

表 8.18　命令按钮常用属性

命令按钮常用属性	作用
Caption	设置命令按钮上要显示的文字
Cancel	设置命令按钮是否也是窗体上的"取消"按钮
Default	设置命令按钮是否是窗体上的默认按钮
Enabled	设置命令按钮是否可用
Picture	设置命令按钮上要显示的图形

此外，Access 中还提供一个重要的对象：DoCmd 对象。但 DoCmd 对象没有属性，只有一些方法。

8.7.2　对象变量

Access 建立的数据库对象及其属性均可看成是 VBA 程序代码中的变量及其指定的值来加以引用。

Access 中窗体与报表对象的引用格式分别为

Forms!窗体名!控件名[.属性名]

Reports!报表名!控件名[.属性名]

其中，关键字 Forms 表示窗体对象集合，Reports 表示报表对象集合。英文的感叹号"!"用于分隔开父子对象。若省略".属性名"部分，则为该控件的默认属性名。

如果在本窗体的模块中引用，可以使用 Me 代替 forms!窗体名称，窗体对象的引用格式变为

Me!控件名称[.属性名]

例如，要在 VBA 代码中引用窗体“学生成绩”中名为“学号”的文本框控件，可使用下面 3 个语句之一：(注：下面这 3 个语句的效果是一样的)

```
Forms!学生成绩!学号.Value="41301001"
Forms!学生成绩!学号="41301001"        '省略属性名 Value
Forms!学生成绩![学号]="41301001"      '用英文方括号括住文本框控件名“学号”
```

例如，如果在窗体“学生成绩”的模块中，引用本窗体“学生成绩”中名为“学号”的文本框控件，可以使用 Me 代替 Forms!学生成绩，则上面的三个语句变为

```
Me!学号.Value="41301001"
Me!学号="41301001"          '省略属性名 Value
Me![学号]="41301001"        '用英文方括号括住文本框控件名“学号”
```

此外，还可以使用 Set 关键字来建立空间对象的变量。当需要多次引用对象时，这样处理很方便。例如，要多次操作引用窗体“学生成绩”中的控件“姓名”的值时，可以使用以下方式：

```
Dim txtName As Control                 '定义控件类型变量
Set txtName = Forms!学生成绩!姓名        '指定引用窗体空间对象
TxtName="张红峰"                        '操作对象变量
```

借助将变量定义为对象类型并使用 Set 语句将对象指派到变量的方法，可以将任何数据库对象指定为变量的名称。当指定给对象一个变量名时，则不是创建而是引用内存的对象。

【例 8.24】 在窗体上输入加数 1 和加数 2 值，并输出“加数 1+加数 2”的结果。

(1) 创建用户界面，即创建一个如图 8.53 所示的“加法器”窗体。

(2) 将三个文本框的名称分别改为“加数 1”、“加数 2”和“和”。

(3) 定义“计算”为单击事件，并输入如下事件过程程序：

```
Private Sub calculate_Click()
    Forms!加法器!和.Value = Val(Forms!加法器.加数 1.Value) +
Val(Forms!加法器.加数 2.Value)
End Sub
```

(4) 双击该窗体，在窗体中输入加数 1 和加数 2 值，单击“计算”按键，则输出计算结果，如图 8.54 所示。

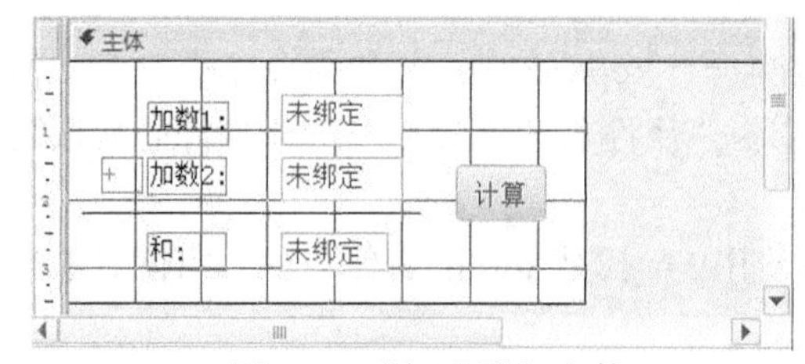

图 8.53 “加法器”窗体

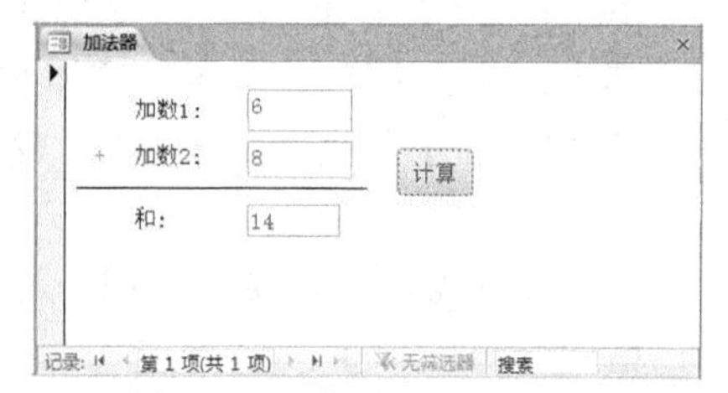

图 8.54 “加法器”设计结果

8.7.3 对象事件

事件是 Access 窗体或报表及其上的控件等对象可以“辨识”的动作，是对象对外部操作的响应。例如，在程序执行时，单击命令按钮会产生一个 Click 事件。事件的发生通常是用户操作的结果，事件在某个对象上发生或对某个对象发生。Access 可以响应多种类型的事件，包括鼠标单击、数据更改、窗体打开或关闭及许多其他类型的事件。

在 Access 数据库系统里，可以通过两种方式来处理窗体、报表或控件的事件响应：一是使用宏对象来设置时间属性；二是为某个事件编写 VBA 代码过程，完成指定动作，这样的代码过程称为时间过程或事件响应代码。

每个对象都有一系列的预先定义的事件集。例如，命令按钮能响应单击、获取焦点、失去焦点等事件，可以通过“属性”对话框中的“事件”选项卡查看。

实际上，Access 窗体、报表或控件的事件有很多，其中部分对象事件如表 8.19～表 8.23 所示。

表 8.19 窗体对象的部分事件

事 件	说明
Load	窗体加载时发生事件，Open 事件比 Load 事件先发生
Unload	窗体卸载时发生事件
Open	窗体打开时发生事件，Open 事件比 Load 事件先发生
Close	窗体关闭时发生事件
Click	窗体单击时发生事件
DoubleClick	窗体双击时发生事件
MouseDown	窗体鼠标按下时发生事件
KeyPress	窗体键盘击键时发生事件
KeyDown	窗体键盘按下时发生事件

表 8.20 报表对象的部分事件

事 件	说明
Open	报表打开时发生事件
Close	报表关闭时发生事件

表 8.21 命令按钮对象的部分事件

事 件	说明
Click	按钮单击时发生事件
DblClick	按钮双击时发生事件
Enter	按钮获得输入焦点之前发生事件
GetFoucs	按钮获得输入焦点时发生事件
MouseDown	按钮上鼠标按下时发生事件
KeyPress	按钮上键盘击键时发生事件

表 8.22　标签对象的部分事件

事 件	说明
Click	标签单击时发生事件
DblClick	标签双击时发生事件

表 8.23　文本框对象的部分事件

事 件	说明
BeforeUpdate	文本框内容更新前发生事件
AfterUpdate	文本框内容更新后发生事件
Enter	文本框获得输入焦点之前发生事件
GetFoucs	文本框获得输入焦点时发生事件
LostFoucs	文本框失去输入焦点时发生事件

在 Access 中，事件过程是事件处理程序，与事件一一对应，它是为响应由用户或程序代码引发的事件或由系统发出的事件而运行的过程。过程包含一系列的 VBA 语句，用以执行操作或计算值。用户编写的 VBA 程序代码放置在称为过程的单元中。例如，需要命令按钮响应 Click 事件，就把完成 Click 事件功能的 VBA 程序语句代码放置到该命令按钮 Click 的事件过程中。

虽然 Access 系统对每个对象都预先定义了一系列的事件集，但要判定它们是否响应某个具体事件以及如何响应事件，就需要用户自己去编写 VBA 程序代码。

事件过程的形式如下：

```
Private Sub 对象名_事件名()
    [事件过程 VBA 程序代码]
End Sub
```

8.8　数据库编程

在开发 Access 数据库应用系统时，为了能开发出更实用、更有效的 Access 数据库应用程序，以便能快速、有效地管理好数据，还应掌握 VBA 的数据库编程方法。

为了在 VBA 程序代码中能方便地实现对数据库访问功能，VBA 语言提供了相应的通用接口技术。VBA 通过 Microsoft Jet 数据库引擎工具支持对数据库的访问。所谓数据库引擎实际上是一组动态链接库，当程序运行时连接 VBA 程序而实现对数据库的访问。数据库引擎是应用程序与物理数据库之间的桥梁，它以一种通用接口方式，使各种类型物理数据库对用户而言都具有统一的形式和相同的数据访问与处理方法。

在 VBA 语言中，提供了如下三种基本的数据库访问接口：

(1) 开放数据库互连应用编程接口(Open DataBase Connectivity API，ODBC API)。

(2) 数据访问对象(Data Access Objects，DAO)。

(3) Active 数据对象(ActiveX Data Objects，ADO)。

在 VBA 数据程序设计中，通过数据库引擎可以访问如下三种类型的数据库：

(1) 本地数据库，即 Access 数据库。

(2) 外部数据库，即所有的索引顺序访问方法(ISAM)数据库。

(3) ODBC 数据库，即符合开放数据库连接(ODBC)标准的数据库，如 Oracle、Microsoft SQL Server 等。

8.8.1　数据访问对象

数据访问对象(DAO)是 VBA 语言提供的一种数据访问接口，包括数据库、表和查询的创建等功能，通过运行 VBA 程序代码可以灵活地控制数据访问的各种操作。

当用户在 Access 模块设计中要使用 DAO 的访问对象时，首先应该增加一个对 DAO 库的引用。Access 2010 的 DAO 引用库为 DAO 3.6，其引用设置方法为：先进入 VBA 编程环境，即打开 VBE 窗口，单击菜单栏中的“工具”→“引用”项，弹出“引用”对话框，如图 8.55 所示，从“可使用的引用”的列表项中选中“Microsoft DAO 3.6 Object Library”项，然后单击“确定”按钮。

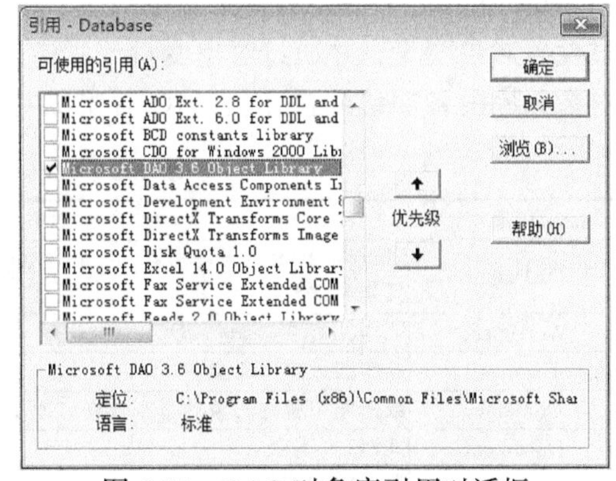

图 8.55　DAO 对象库引用对话框

1. DAO 模型结构

DAO 模型的分层结构图如图 8.56 所示。它包含了一个复杂的可编程数据关联对象的层次，其中 DBEngine 对象处于最顶层，它是模型中唯一不被其他对象所包含的数据库引擎本身。层次低一层的对象是 Errors 和 Workspaces 对象。层次再低一层的对象，如 Errors 对象的低一层对象是 Error；Workspaces 对象的低一层对象是 Workspace。Databases 对象的低一层对象是 Database；Database 对象的低一层对象是 Containers、QueryDefs、RecordSets、Relations 和 TableDefs；以此类推，在此不作详列。其中对象名的尾字符为“s”的那些对象(如 Errors、Workspaces、Databases、TableDefs、Fields 等)是集合对象，集合对象下一层包含其成员对象。

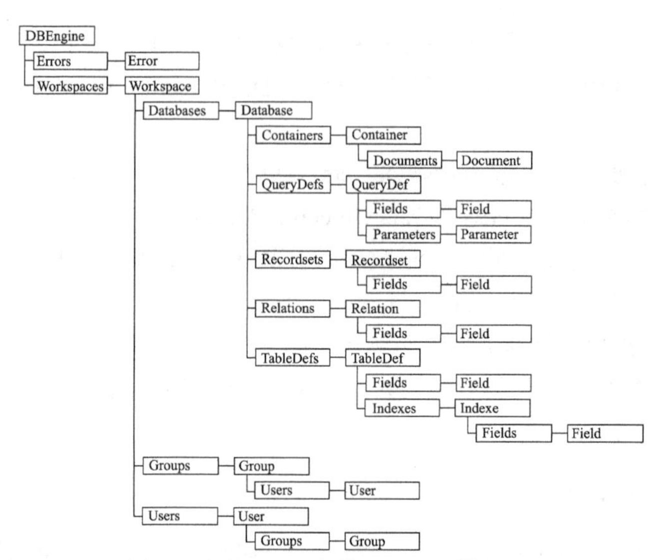

图 8.56　DAO 对象模型的分层结构图

DBEngine 下的各种对象分别对应于被访问数据库的不同部分。在 VBA 程序通过设置对象变量，并通过对象变量调用访问对象的方法与设置访问对象属性，实现对数据库的各项访问操作。DAO 对象说明如表 8.24 所示。

表 8.24　DAO 对象说明

对象	说明
DBEngine	Microsoft Jet 数据库引擎。它是 DAO 模型的最上层对象，而且包括并控制 DAO 模型中的其余全部对象
Workspace	工作区
Database	操作的数据库对象
Container	数据库中各种对象的基本数据，如使用权限等
Document	文档
QueryDef	数据库查询信息
Parameter	参数查询中的参数
RecordSet	数据操作返回的记录集
Relation	数据表之间的关系
TableDef	数据库中的表
Field	字段，包含数据类型和属性等
Index	数据表中定义的索引字段
Group	数据库中的组
User	使用数据库的用户信息
Error	包含使用 DAO 对象产生的错误信息

2. DAO 对象变量声明

DAO 对象必须通过 VBA 程序代码来控制和操作。在代码中，必须先设置对象变量，然后通过对象变量使用其下的对象，或者对象的属性和方法。

同普通的声明一样，DAO 对象变量声明的关键字可以是 Dim、Private、Public 等。声明对象变量的语句格式为

Dim 对象变量名 As 对象类型

举例如下：

```
Dim Wk As Dao.Workspace              '声明 Wk 为工作区对象变量
Dim Db As Dao.Database               '声明 Db 为数据库对象变量
```

3. 对象变量赋值

Dim 只是声明了对象变量的类型,对象变量的值必须通过 Set 赋值语句来赋值。Set 赋值语句的格式为

Set 对象变量名称 = 对象指定声明

举例如下：

```
Set Wk = DBEngine.Workspace(0)        '打开默认工作区(即 0 号工作区)
Set Db = Wk.OpenDatabase("e:\access\学生管理.accdb")    '打开数据库
```

4. DAO 对象的属性和方法

1)Database 对象的常用属性和方法

Database 对象代表数据库，Database 对象的常用属性如表 8.25 所示，Database 对象常用的方法如表 8.26 所示。

表 8.25　Database 对象的常用属性

属性	说明
Name	标识一个数据库对象的名称
Updatable	标识数据库对象是否可以被更新(为 True 可以更新，为 False 不可以更新)

表 8.26　Database 对象的常用方法

方法	说明
CreatQueryDef	创建一个新的查询对象
CreatTableDef	创建一个新的表对象
CreatRelation	建立新的关系
OpenRecordSet	创建一个新的记录集
Excute	执行一个 SQL 查询
Close	关闭数据库

说明：

(1) TableDef 对象代表数据库结构中的表结构。若要创建一个 TableDef 对象，需要使用 Dstabase 对象的 CreatTableDef 方法。

使用 CreatTableDef 方法的语句格式为

Set Tb =Db.CreateTableDef("<表名>")　　　　创建数据表

其中，Tb 为表对象变量，Db 为数据库对象变量，<表名>为要创建的表的名称。

(2) 如要创建一个 RecordSet 对象，需要使用 Database 对象的 OpenRecordSet 方法。

使用 OpenRecordSet 方法的语句格式为

Set Re = Db.OpenRecordSet(source，type，options，lockedit)

其中，Re 是记录集对象变量，Db 是数据库对象变量，source 是记录集的数据源，通常在简单情况下，type、option 和 lockedit 等三个参数也可以省略。举例如下：

```
Set Re = DBEngine.Workspaces(0).Dstabases(0).OpenRecordSet ("用户表")
```

或

```
Set  Re  =  DBEngine.Workspaces(0).Dstabases(0).OpenRecordSet
("select*from 用户表")
```

2) TableDef 对象的 CreatField 方法

使用 TableDef 对象的 CreatField 方法可创建表中的字段。

使用 CreatField 方法的语句格式为

Set fed = Tb.CreateField(name，type，size)

其中，fed 是字段对象变量，Tb 是表对象变量，name 是字段名，type 是字段的数据类型，要用英文字符表示，如 dbText 表示文本型，dbInteger 表示整型，size 表示字段大小。

3) RecordSet 对象的常用属性和方法

RecordSet 对象代表一个表或者查询中的所有记录，提供了对记录的添加、删除和修改等操作的支持。RecordSet 对象的常用属性和常用方法如表 8.27 所示和表 8.28 所示。

表 8.27　RecordSet 对象的常用属性

属性	说明
Bof	若为 True，则记录指针指向记录集的第一个记录之前
Eof	若为 True，则记录指针指向记录集的最后一个记录之后
Filter	设置筛选条件过滤出满足条件的记录
RecordCount	返回记录集对象中的记录个数
NoMatch	使用 Find 方法时，如果没有匹配的记录，则为 True，否则为 False

表 8.28　RecordSet 对象的常用方法

方法	说明
AddNew	添加新记录
Delete	删除当前记录
Eidt	编辑当前记录

续表

方法	说明
FindFirst	查找第一个满足条件的记录
FindLast	查找最后一个满足条件的记录
FindNext	查找下一个满足条件的记录
FindPrevious	查找前一个满足条件的记录
Move	移动记录指针
MoveFirst	把记录指针移动到第一个记录
moveLast	把记录指标移到最后一个记录
MoveNext	把记录指针移到前一个记录
MovePrevious	把记录指针移到前一个记录
Requery	重新运行查询，以更新 RecrordSet 中的记录

5. DAO 访问数据库

在 VBA 编程中，利用 DAO 实现对数据库访问时，要先创建对象变量，再通过对象的方法和属性来进行操作。

下面通过例子介绍利用 DAO 实现对数据库访问的一般语句和步骤。

【例 8.25】　根据学生管理中的“学生”表(如图 8.57 所示)统计男女生人数。

学生

学号	专业编号	姓名	性别	出生日期	E_mail
41601016	30503	刘肃然	女	1997/5/8	135****5682@qq.com
41602005	50101	刘成	男	1997/10/6	135****5692@qq.com
41602035	50101	李胜青	女	1999/12/30	135****5685@qq.com
41603001	40104	吴燕妮	男	1998/7/11	135****5704@qq.com
41603034	40104	陈睿	女	1999/1/7	135****5707@qq.com
41604012	50202	陈亚丽	女	1998/8/11	135****5696@qq.com
41604026	50202	谢培茹	男	1999/11/11	135****5687@qq.com
41605023	70201	陈威君	男	1998/1/17	135****5688@qq.com
41605048	70201	张倩	男	1999/11/16	135****5679@qq.com
41606030	80403	曹慧敏	男	1997/5/16	135****5729@qq.com
41606048	80403	禹祺洺	女	1998/7/6	135****5705@qq.com
41607005	70504	孙丽丽	女	1999/2/16	135****5715@qq.com
41607038	70504	黄屿璁	男	1998/11/23	135****5732@qq.com
41607044	70504	陈倩	男	1999/12/24	135****5683@qq.com
41608021	50301	夏和义	女	1997/11/2	135****5709@qq.com
41609035	130202	徐钟寅	女	1999/6/15	135****5727@qq.com
41609044	130202	郭泽华	女	1999/7/22	135****5680@qq.com
41610026	120202	耿梦巍	女	1998/9/18	135****5695@qq.com
41610027	120202	刘宁	女	1999/10/29	135****5712@qq.com
41610035	120202	吕梦鸽	女	1997/2/19	135****5701@qq.com
41610042	120202	陈源	男	1999/3/21	135****5700@qq.com
41610046	120202	王静怡	男	1998/11/22	135****5731@qq.com
41611011	82701	秦可楠	男	1999/1/5	135****5693@qq.com
41611027	82701	任欣	女	1999/12/10	135****5734@qq.com

记录: 第 1 项(共 55 项　无筛选器　搜索

图 8.57　“学生”表

过程代码如下：

```
Public Sub Calculate_number()
   Dim female, male As Integer
   Dim Ws As DAO.Workspace
   Dim Db As DAO.Database
   Dim Rs As DAO.Recordset
   Dim x As DAO.Field
   Set Db = CurrentDb()
   Set Rs = Db.OpenRecordset("学生表")
```

```
    Set x = Rs.Fields("性别")
    female = 0
    male = 0
    Do While Not Rs.EOF
       If x = "女" Then
         female = female + 1
       Else
         male = male + 1
       End If
       Rs.MoveNext
    Loop
    MsgBox ("女生数:" + str(female) + "   男生数:" + str(male))
    Db.Close
End Sub
```

图 8.58　男女生人数显示窗口

运行过程 Calculate_number，弹出一个显示男女生人数的窗口，如图 8.58 所示。

【例 8.26】 在当前数据库中创建一个名为“教师表”的表，表结构如表 8.29 所示，主键是“教师ID”字段。

表 8.29 “教师表”的表结构

字段名	教师 ID	教师姓名	职称	年龄
数据类型	dbInteger	dbText	dbText	dbInteger
字段大小	10	8	8	10
说明	整型	文本型	文本型	整型

Command 命令按钮的单击事件过程 VBA 程序代码如下：

```
Private Sub 创建教师表_Click()
    Dim Wk As dao.Workspace                      '工作区对象变量的声明
    Dim Db As dao.Database                       '数据库对象变量的声明
    Dim Tb As TableDef                           '表对象变量的声明
    Dim fed As Field                             '字段对象变量的声明
    Dim idx As Index                             '索引对象变量的声明
    Set Wk = DBEngine.Workspaces(0)              '打开下标为 0 的工作区
    Set Db = Wk.Databases(0)                '打开下标为 0 数据库(即当前数据库)
    Set Tb = Db.CreateTableDef("教师表")         '创建名为"用户表"的表
    Set fed = Tb.CreateField("教师 ID", dbInteger)   '创建字段
    Tb.Fields.Append fed                         '添加字段进集合对象 Fields
    Set fed = Tb.CreateField("教师姓名", dbText, 8)  '创建字段
    Tb.Fields.Append fed
    Set fed = Tb.CreateField("职称", dbText, 8)      '创建字段
    Tb.Fields.Append fed
    Set fed = Tb.CreateField("年龄", dbInteger)      '创建字段
```

```
    Tb.Fields.Append fed
    Set idx = Tb.CreateIndex("pk1")          '创建索引 pk1
    Set fed = idx.CreateField("教师 ID")      '创建索引字段
    idx.Fields.Append fed                    '添加索引
    idx.Unique = True                        '设置索引唯一
    idx.Primary = True                       '设置主键
    Tb.Indexes.Append idx                    '添加索引 idx 进集合对象 Indexes
    Db.TableDefs.Append Tb                   '添加表 tbf 进集合对象 TableDefs
    Db.Close                                 '关闭当前数据库
    Set Db = Nothing                         '回收数据库对象变量 Db 的内存占用空间
End Sub
```

程序运行后新建了一个“教师表”，如图 8.59 所示。

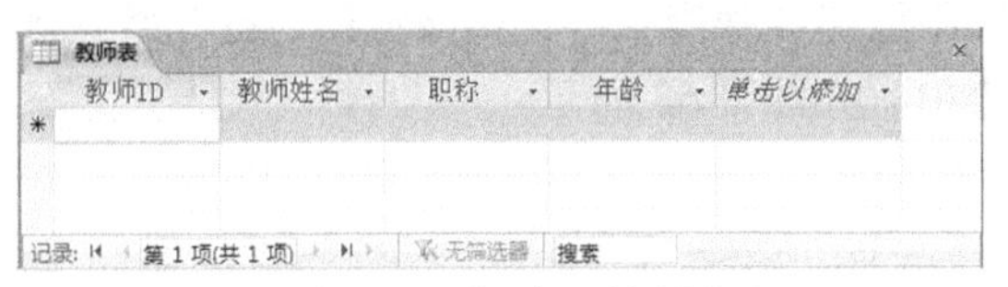

图 8.59　新建“教师表”

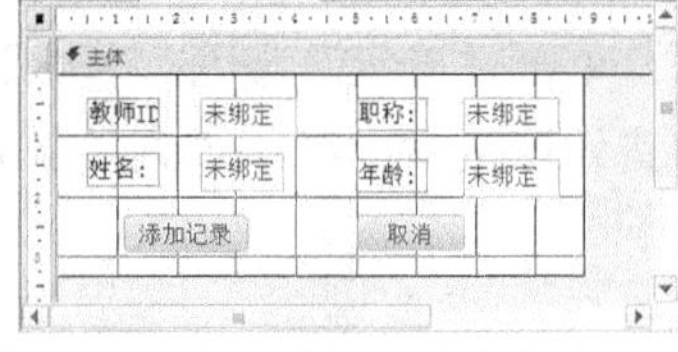

图 8.60　添加教师记录窗体设计视图

【例 8.27】　在实现的当前数据库中的“教师表”添加新记录，添加教师记录窗体设计视图如图 8.60 所示。

该窗体类模块中的全部 VBA 程序代码如下：

```
Option Compare Database
Dim rst As dao.Recordset
Dim rst1 As dao.Recordset
Dim db As dao.Database

Private Sub Command10_Click()
    Dim k As Integer
    Set db = DBEngine.Workspaces(0).Databases(0)
    Set rst = db.OpenRecordset("教师表")
    If Nz(教师 ID.Value) = "" Or Nz(姓名.Value) = "" Or Nz(职称.Value)
= "" Or Nz(年龄.Value = "") Then
        MsgBox "各个数据项不能为空，请重新输入", vbOKOnly,"错误提示！"
        教师 ID.SetFocus
    Else
        intid = 教师 ID.Value
        rst.AddNew
        rst("教师 ID") = 教师 ID.Value
        rst("教师姓名") = 姓名.Value
        rst("职称") = 职称.Value
        rst("年龄") = 年龄.Value
        k = MsgBox("确认要添加该记录么？", vbOKCancel, "确认提示！")
```

```
            If k = 1 Then
                rst.Update
            Else
                rst.CancelUpdate
            End If
        End If
        rst.Close
        db.Close
    End Sub

    Private Sub Command11_Click()
        DoCmd.Close
    End Sub
```

双击“添加教师记录”窗体，出现“教师表添加记录”对话框，如图 8.61 所示，在对话框中输入教师信息，单击“添加纪录”按钮，弹出如图 8.62 所示的对话框，单击“确定”按钮，将该记录添加到教师表中。关闭该窗体，打开教师表，可以看到该记录已经添加到了教师表中，如图 8.63 所示。

图 8.61　“教师表添加记录”对话框

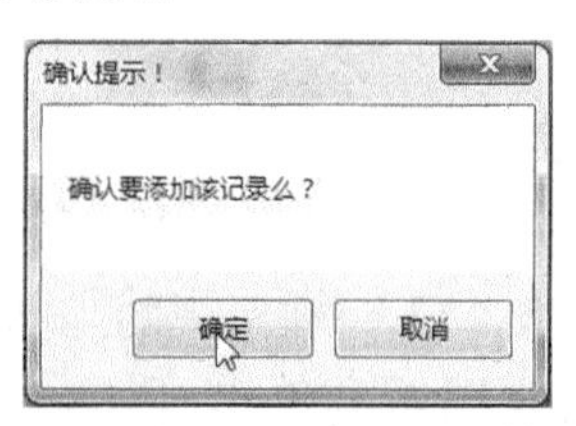

图 8.62　提示对话框

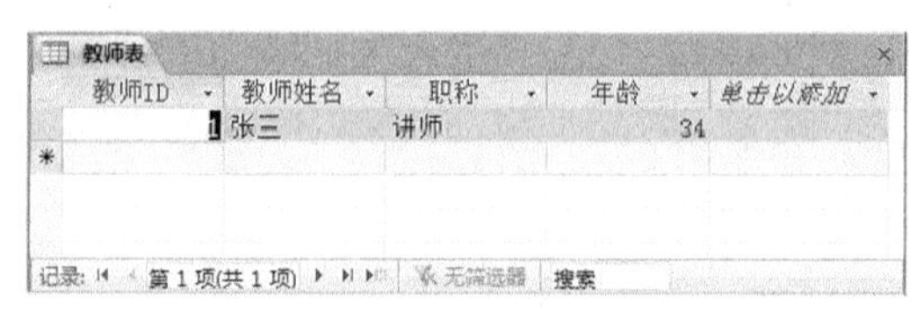

图 8.63　添加记录后的教师表

8.8.2　ActiveX 数据对象

ActiveX 数据对象(ActiveX Data Objects，ADO)是基于组件的数据库编程接口，它可以对来自多种数据提供者的数据进行读取和写入操作。ADO 可使客户端应用程序能够通过 OLE DB 提供者访问和操作数据库服务器中的数据。ADO 具有易于使用、速度快、内存支出低和占用磁盘空间少等优点。ADO 支持用于建立客户端/服务器和基于 Web 的应用程序的主要功能。

在 Access 模块设计时要使用 ADO 的各个数据对象，也需要增加对 ADO 库的引用。Access 2010 的 ADO 引用库为 ADO 2.5，其引用的设置方式为：先进入 VBA 编程环境，即打开 VBE 窗口，单击菜单栏中的“工具”，单击“工具”菜单中的“引用”项，弹出“引用”对话框，从“可使用的引用”列表项中，选中“Microsoft ActiveX Data Objects 2.5 Library”项，然后单击“确定”按钮。

需要指出的是，当打开一个新的 Access 2010 数据库时，Access 会自动增加一个对 Microsoft ActiveX Data Objects 2.5 Library 库的引用。

ADODB 前缀是 ADO 类型库的短名称，它用于识别与 DAO 同名对象的 ADO 对象。例如，ADODB.RecordSet 与 DAO 中的 RecordSet 可区别出来。

1. ADO 模型结构

ADO 对象模型提供一系列数据对象供使用，但 ADO 接口与 DAO 接口不同，ADO 对象不需派生，大多数对象都可以直接创建(Field 和 Error 除外)，没有对象的分级结构。使用时，只需在程序中创建对象变量，并通过对象变量来调用访问对象方法、设置访问对象属性，实现对数据库的各项访问操作。ADO 只需要 9 个对象和 4 个集合(对象)就能提供其整个功能，如表 8.30 所示。

2. ADO 对象变量的声明

ADO 对象是通过 VBA 程序代码来控制和操作。在代码中，必须设置对象变量，然后再通过对象变量使用对象，或者对象的属性和方法。

声明对象变量的语句格式：

Dim 对象变量名称 As ADODB.对象类型

举例如下：

```
Dim con As New ADODB.Connection        '声明一个连接对象变量
Dim Re As New ADODB.RecordSet          '声明一个记录集对象变量
```

注意：ADODB 是 ADO 类型库的短名称，用于识别与 ADO 中同名的对象。例如，DAO 中有 RecordSet 对象，ADO 中也有 RecordSet 对象，为了能够区分开来，在 ADO 中声明 RecordSet 类型对象变量时，用上 ADDOB.RecordSet。总之，在 ADO 中声明对象变量时，一般都要用上前缀“ADODB.”。

表 8.30　ADO 对象说明

对象或集合	说明
Connection 对象	是与数据之间的唯一会话。在使用客户端/服务器数据库系统的情况下，该对象可以等价与服务器的实际网络连接
Command 对象	用来定义针对数据源运行过的具体命令，例如 SQL 查询
Recordset 对象	表示从基本表或命令执行的结果所得到的整个记录集合，所有 Recordset 对象均由记录(行)和字段(列)组成
Record 对象	表示来自 Recordset 或提供者的一行数据。该行数据可以表示数据库记录或某些其他类型的对象(例如文件或目录)，这取决于提供者
Stream 对象	表示二进制或文本数据的数据流。例如，XML 文档可以加载到数据流中以便进行命令输入，也可以作为查询结果从某些提供者那里返回。Stream 对象可用于对包含这些数据流的字段或记录进行操作
Parameter 对象	表示基于参数化查询或存储过程的 Command 对象相关联的参数
Fields 对象	表示一列普通数据类型数据，每个 Field 对象对应于 recordset 中的一列
Property 对象	表示由提供者定义的 ADO 对象特征。ADO 对象有两种类型的属性：内置属性和动态属性。内置属性是指那些已在 ADO 中实现并且任何新对象可以立即使用的属性。Property 对象是提供者定义的动态属性的容器

续表

对象或集合	说明
Error 对象	包含有关数据访问错误的详细信息，这些错误与提供者的单个操作有关
Fields 集合	包含 Recordset 或 Record 对象的多有 Field 对象
Properties 集合	包含对象特定实例的所有 Property 对象
Parameters 集合	包含 Command 对象的所有 Parameter 对象
Errors 集合	包含为响应单个提供者相关失败而创建的所有 Error 对象

3. ADO 对象的属性和方法

1) Connection 对象的常用方法

(1) Open 方法：通过使用 Connection 对象的 Open 方法建立和数据源的连接。

Open 方法的语句格式为

Dim 连接对象变量名 As New ADODB.Connection

连接对象变量名.Open ConnectionString, UserID, Password, OpenOptions

例如，创建与“学生管理.accdb”数据库连接的语句为

```
Dim cnn As New ADODB.Connection        '声明一个连接对象变量 cnn
cnn.Open"Provider=Microsoft.Jet.OLEDB.4.0;Data              Source=
E:\access\学生管理.accdb"
```

(2) Close 方法:通过使用 Connection 对象的 Close 方法来关闭与数据源的连接。

Close 方法的语句格式为

连接对象变量名.Close

注意：该语句可以关闭 Connection 对象，断开应用程序与数据源的连接。但是 Connection 仍在内存中，释放 Connection 对象变量的方法采用下面语句：

Set 连接对象变量名=nothing

例如，关闭与“学生管理.accdb”连接语句为

```
cnn.Close
Set cnn = nothing
```

(3) 如果指定的数据源就是当前已经打开的数据库，则必须通过 CurrentProject 对象的 Connection 属性来取得连接。

语句格式为

Dim 连接对象变量名 As New ADODB.Connection

Set 连接对象变量名=CurrentProject.Connection

例如，创建与当前已经打开的数据库的连接的语句为

```
Dim cnn As ADODB.Connection
Set cnn = CurrentProject.Connection
```

2) RecordSet 对象的常用属性和方法

建立 RecordSet 对象的语句格式为

Dim 记录集对象变量名 As ADODB.Recordset

Set 记录集对象变量名 = New ADODB.Recordset

RecordSet 对象的常用属性和常用方法如表 8.31 和表 8.32 所示。

表 8.31　RecordSet 对象的常用属性

属性	说明
Bof	若为 True，记录指针指向记录集的顶部(即指向第一个记录之前)
Eof	若为 True，记录指针指向记录集的底部(即指向最后一个记录之后)
RecordCount	返回记录集对象中的记录个数

表 8.32　RecordSet 对象的常用方法

方法	说明
Open	打开一个 RecordSet 对象
Close	关闭一个 RecordSet 对象
AddNew	在 RecordSet 对象中添加一个记录
Update	将 RecordSet 对象中的数据保存(即写入)到数据库
CancelUpdate	取消对 RecordSet 对象的更新操作
Delete	删除 RecordSet 对象中的一个或多个记录
Find	在 RecordSet 中查找满足指定条件的行
Move	移动记录指针到指定位置
MoveFirst	把记录指针移到第一个记录
MoveLast	把记录指针移到最后一个记录
MoveNext	把记录指针移到下一个记录
MovePrevious	把记录指针移到前一个记录
Clone	复制某个已存在的 RecordSet 对象

3) Command 对象的常用属性和方法

建立 Command 对象的语句格式为

Dim 对象变量名 As ADODB.Command

Set 对象变量名=New ADODB.Command

Command 对象的常用属性和常用方法如表 8.33 和表 8.34 所示。

表 8.33　Command 对象的常用属性

属性	说明
ActiveConnection	指明 Connection 对象
CommandText	指明查询命令的文本内容，可以是 SQL 语句

表 8.34　Command 对象的常用方法

方法	说明
Execute	执行在 CommandText 属性中指定的 SQL 查询命令

4. ADO 访问数据库

在 VBA 编程中，利用 ADO 实现对数据库访问时，要先创建对象变量，再通过对象方法和属性来进行操作。

注意：在 Access 的 VBA 语言中，为 ADO 提供了类似 DAO 的数据库打开快捷方式，即 CurrentProject.Connection，它指向一个默认的 ADODB.Connection 对象。

参考文献

付冰. 2012. 数据库基础与应用——Access 2010. 北京：科学出版社.

科教工作室. 2011. Access 2010 数据库应用. 2 版. 北京：清华大学出版社.

刘侍刚，路纲，彭亚莉. 2013. Access 数据库原理及其应用. 西安：西安电子科技大学出版社.

刘卫国. Access 2010 数据库应用技术. 2013. 北京：人民邮电出版社.

施兴家，王秉宏. 2013. Access 2010 数据库应用基础教程. 北京：清华大学出版社.

王军委，李妍，徐杰. 2012. Access 2010 数据库应用基础教程. 3 版. 北京：清华大学出版社.

相世强，李绍勇. 2014. Access 2010 中文版入门与提高. 北京：清华大学出版社.

张满意. 2012. Access 2010 数据库管理技术实训教程. 北京：科学出版社.

张强，杨玉明. 2011. Access 2010 中文版入门与实例教程. 北京：电子工业出版社.

张玉洁，孟祥武. 2013. 数据库与数据处理——Access 2010 实现. 北京：机械工业出版社.